합격만을 추구하는 전기 전문 수험서

최신경향 한국전기설비규정 반영

전기응용 및 공사재료

ELECTRICITY

공사·공단·NCS
전기공사기사 필기
전기공사산업기사 필기

전기응용 및 공사재료

Chapter 1
전기응용

- 1장 조명공학 · 6
  - 출제예상문제 · 28
- 2장 전열공학 · 50
  - 출제예상문제 · 60
- 3장 전기철도 · 70
  - 출제예상문제 · 79
- 4장 전기화학 및 정전기 응용 · 88
  - 출제예상문제 · 94
- 5장 전력용 반도체 · 104
  - 출제예상문제 · 111
- 6장 전동기 응용 · 120
  - 출제예상문제 · 128
- 7장 자동제어 · 136
  - 출제예상문제 · 141

Chapter 2
공사재료

- 1장 전선 및 케이블 · 148
  - 출제예상문제 · 155
- 2장 배선재료와 공구 · 166
  - 출제예상문제 · 173
- 3장 배관·배선 공사 · 182
  - 출제예상문제 · 189
- 4장 가공인입선 및 배전선 공사 · 204
  - 출제예상문제 · 211
- 5장 고압 및 저압 배전선 공사 · 222
  - 출제예상문제 · 228
- 6장 피뢰설비 및 접지공사 · 234
  - 출제예상문제 · 241
- 7장 기타 공사 재료 · 246
  - 출제예상문제 · 251

Chapter 3
전기공사기사 과년도 기출문제

2021년 1회	260
2021년 2회	263
2021년 4회	267
2022년 1회	270
2022년 2회	273
2022년 4회	277
2023년 1회	281
2023년 2회	284
2023년 4회	288
2024년 1회	291
2024년 2회	294
2024년 3회	297
2025년 1회	300
2025년 2회	304
2025년 3회	307

Chapter 4
전기공사산업기사 과년도 기출문제

2021년 1회	314
2021년 2회	317
2021년 4회	321
2022년 1회	324
2022년 2회	328
2022년 4회	331
2023년 1회	335
2023년 2회	338
2023년 4회	342
2024년 1회	345
2024년 2회	348
2024년 3회	352
2025년 1회	355
2025년 2회	359
2025년 3회	362

ELECTRICITY

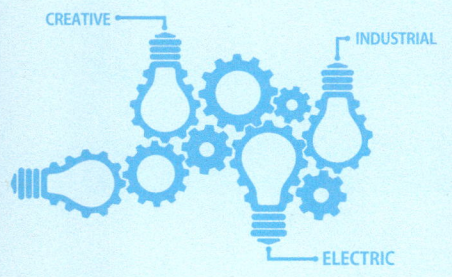

Chapter

01

전기응용

1장 조명공학
2장 전열공학
3장 전기철도
4장 전기화학 및 정전기 응용
5장 전력용 반도체
6장 전동기 응용
7장 자동제어

Chapter 01 조명공학

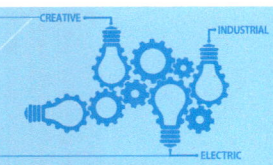

출제경향분석

제1장 조명공학에서 조명공학 계산법을 다루었으며 시험에 자주 출제가 되는 내용은 다음과 같다.
1. 조명의 기초량 계산
2. 광원의 발광 현상
3. 광원
4. 조명설계

콕콕 포인트

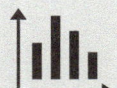

참고

파장의 단위
$1[nm] = 10^{-3}[\mu m] = 10[\text{Å}] = 10^{-9}[m]$

참고

비시감도 = $\dfrac{\text{임의의 파장의 시감도}}{\text{최대시감도}(680[lm/W])}$

Q 포인트문제 1

파장이 가장 긴 빛은?
① 적색 ② 노랑
③ 파랑 ④ 보라색

A 해설

색상	파장[nm]	색상	파장[nm]
보라색	380~430	파랑색	430~452
녹색	452~550	노랑색	550~590
주황색	590~640	빨강색	640~760

정답 ①

FAQ

연색성이란 무엇인가요?

답

 물체는 분광 분포가 다른 광원을 비추면 각각 다른 색으로 보이는데 조명에 의한 물체의 색깔을 결정하는 광원의 성질을 연색성이라 한다.

1 빛의 개요

1. 방사속 $\Phi[W]$

전자파로서 전달되는 에너지를 방사(복사)라고 하며 어떤 광원으로부터 에너지가 방사되고 있을 때, 단위 시간에 어떤 면을 통과하는 방사에너지의 양을 방사속(복사속)이라고 한다. 그 단위는 와트[W]를 사용한다.

2. 전자파

1) 전자파의 파장이 긴 순서

우주선(小) - 감마선 - X선 - 자외선 - 가시광선 - 적외선 - 마이크로파(大)

2) 가시광선의 파장의 범위

가시광선을 사람의 눈으로 감광 할 수 있는 파장

색 상	보라색	파랑색	녹색	노랑색	주황색	빨강색
파장[nm]	380~430	430~452	452~550	550~590	590~640	640~760

3) 파장

$\lambda = \dfrac{C}{f}[nm]$, 주파수 : $f = \dfrac{C}{\lambda}[Hz]$

여기서 공기(진공)중 광속도(전자파 속도) $C ≒ 3 \times 10^8 [m/s]$

4) 최대 시감도

시감도란 어떤 파장의 에너지가 빛으로써 느껴지는 정도를 시감도(Luminous efficiency)라고 한다.

① 파장 : 555[nm]   ② 발광효율 : 680[lm/W]   ③ 색상 : 황록색

2 조명의 기초량 계산

1. 광속 F [lm]

광속은 광원에서 나오는 $380 \sim 760$ [nm]의 방사속을 시감에 기초하여 눈으로 보아 빛으로 느끼는 크기를 나타낸 것으로서 빛의 양이라고도 한다.
단위로는 루멘(lumen, 기호 : [lm])을 사용한다.

- 구광원 : $F = 4\pi I$ [lm]
- 원통광원 : $F = \pi^2 I$ [lm]
- 반구광원 : $F = 2\pi I$ [lm]
- 평판(면)광원 : $F = \pi I$ [lm]

2. 광도 I [cd]

광원에서 어떤 방향의 광도(luminous intensity)라 함은 단위 입체각당 광속을 말하며 빛의 세기라고도 하고 단위로는 칸델라(candela, 기호 : [cd])를 사용한다.

$$I = \frac{F}{\omega} [\text{lm/sr} = \text{cd}]$$

- 입체각 ω [sr]
  ① 점광원 둘레의 전입체각(구의 입체각) : $\omega = 4\pi$ [sr]
  ② 평면각 : $\omega = 2\pi(1 - \cos\theta)$ [sr]
- 구 광원에서 광도값 = 평균구면광도 $I = \frac{F}{4\pi}$ [cd]

FAQ

균등점광원이 무엇인가요?

답

▶ 모든 방향의 광도가 균등한 광속의 점광원을 균등 점광원이라고 한다.

참고

점광원으로 부터 h 만큼 떨어진 지점의 광도

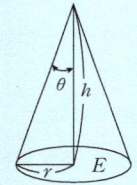

$I = \frac{F}{\omega}$ [cd]

$\omega = 2\pi(1 - \cos\theta)$

$I = \frac{F}{2\pi(1-\cos\theta)} = \frac{E \cdot S}{2\pi(1-\cos\theta)}$

에 의해서 계산된다.

여기서, $\cos\theta = \frac{h}{\sqrt{h^2 + r^2}}$,

면적 $S = \pi r^2$ [m²]

FAQ

완전 확산면이 무엇인가요?

답

▶ 어떤 방향에서 바라 보아도 휘도가 동일한 면을 완전 확산면이라고 하며 광원의 경우 완전 확산성 광원이라 한다.

필수확인 O·X 문제

난이도 ★★☆☆☆   최근기출년도 00. 08. 17 | 1차 | 2차 | 3차 |

1. 복사속의 단위는 와트 [W]이다. ·· ( )
2. 빛의 파장이 가장 밝게 느껴지는 파장은 680 [nm]이다. ················· ( )
3. 광속의 단위는 [cd]이다. ·· ( )

상세해설

1. (○)
2. (×) ① 파장 : 555 [nm] ② 발광효율 : 680 [lm/W]
3. (×) 광속의 단위는 루멘[lm]이고 광도의 단위는 칸델라[cd]이다.

참고

반지름이 $r[m]$인 등휘도 완전 확산성 구 광원의 휘도

$B = \dfrac{I}{S} = \dfrac{I}{\pi r^2} = \dfrac{F}{4\pi \times \pi r^2}[nt]$

구 $F = 4\pi I[lm]$

Q 포인트문제 2

눈부심을 일으키는 램프의 휘도의 한계는 얼마인가?

① $0.5[cd/cm^2]$ 이하
② $1.0[cd/cm^2]$ 이하
③ $3.0[cd/cm^2]$ 이하
④ $5[cd/cm^2]$ 이하

A 해설

사람이 눈부심을 느끼는 한계는 $0.5[cd/cm^2=sb]$
$=0.5\times 10^4[cd/m^2=nt]$이다.

정답 ①

Q 포인트문제 3

그림과 같은 간판을 비추는 광원이 있다. 간판 면상 P점의 조도를 $200[lx]$로 하려면 광원의 광도 $[cd]$는? (단, P점은 광원 L을 포함하고 간판의 직각인 면상에 있으며 또 간판의 기울기는 직선 LP와 $30°$이고 LP 간은 $1[m]$이다.)

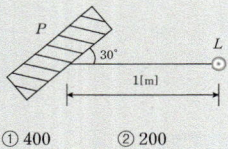

① 400 ② 200
③ 100 ④ 50

A 해설

간판 P점 위에 생긴 조도
$E_P = \dfrac{I}{r^2}\cos\theta[lx]$

여기서, θ는 수직면에서의 각이므로 $30°$가 아닌 $\theta = 90° - 30° = 60°$이다.

$I = \dfrac{E_P \cdot r^2}{\cos\theta} = \dfrac{200 \times 1^2}{\cos 60°}$
$= \dfrac{200}{\frac{1}{2}} = 400[cd]$

정답 ①

3. 휘도 $B[nt]$: 단위 면적당 광도라 하며 눈부심의 정도

$$B = \dfrac{I}{S}[cd/m^2=nt]$$

- $[cd/cm^2=sb]$ 는 스틸브(stilb, 기호 : [sb])
- $[cd/m^2=nt]$ 는 니트(nit, 기호 : [nt])
- ※ 단위 환산 $1[ex] = 10^{-4}[ph]$, $1[ph] = 10^4[lx]$
- 여기서, $I[cd]$: 광도, $S[m^2]$: 임의의 방향에서 본 겉보기 면적

※ 사람이 눈부심을 느끼는 한계 : $0.5[cd/cm^2=sb] = 0.5 \times 10^4[cd/m^2=nt]$

4. 조도 $E[lx]$

어떤 물체에 광속이 입사하면 그 면은 밝게 빛나게 되고, 그 밝은 정도를 조도(intensity of illumination)라고 한다. 조도의 크기는 어떤 면에 입사되는 광속의 밀도를 나타내고, 단위로는 럭스(lux, 기호 : [lx])를 사용한다.

1) 거리의 역제곱 법칙

일정 광도의 점광원으로부터 떨어져 있는 여러 곳의 조도는 거리에 따라 달라진다. 광도 $I[cd]$인 균등 점광원을 반지름 $r[m]$인 구의 중심에 놓을 경우, 구면 위의 모든 점의 조도 $E[lx]$는 다음과 같다.

$$E = \dfrac{F}{S} = \dfrac{4\pi I}{4\pi r^2} = \dfrac{I}{r^2}[lm/m^2=lx]$$

- $1[lm/m^2] = 1[lx]$ 럭스
- $1[lm/cm^2] = 10^4[lx] = 1[ph]$ 포토
- ※ 단위 환산 $1[lx] = 10^{-4}[ph]$, $1[ph] = 10^4[lx]$
- 여기서, $I[cd]$: 광도, $S[m^2]$: 피조면의 면적

여기서, 구면 위의 조도 E는 광원의 광도 I에 비례하고 거리 r의 제곱에 반비례한다.

2) 입사각의 코사인 법칙

물체의 어떤 면에 평행 광속이 입사될 경우, 조도는 입사되는 평행 광속에 대해 그 피조면이 얼마나 기울어져 있는지의 그 입사각에 따라 달라진다.

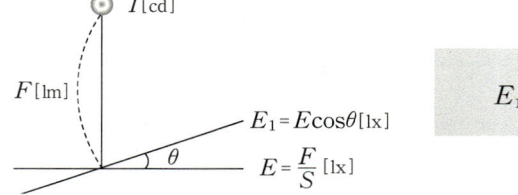

$E_1 = E\cos\theta[lx]$
$E = \dfrac{F}{S}[lx]$

$E_1 = \dfrac{I}{r^2}\cos\theta[lx]$

3) 조도의 분류

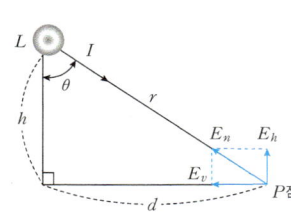

- 법선 조도 : $E_n = \dfrac{I}{r^2}$ [lx]

- 수평면 조도 : $E_h = E_n \cos\theta = \dfrac{I}{r^2}\cos\theta = \dfrac{I}{h^2}\cos^3\theta$ [lx]

- 수직면 조도 : $E_v = E_n \sin\theta = \dfrac{I}{r^2}\sin\theta = \dfrac{I}{d^2}\sin^3\theta$ [lx]

여기서, $r = \sqrt{h^2+d^2}$ [m], $\cos\theta = \dfrac{h}{r}$, $\sin\theta = \dfrac{d}{r}$

4) 수평면 조도가 최대가 되기 위한 광원의 높이 h와 거리 d

① 높이 h가 일정 시 수평거리 $d = \dfrac{h}{\sqrt{3}}$

② 수평거리 d가 일정 시 높이 $h = \dfrac{d}{\sqrt{2}}$

5) 수평면조도와 수직면조도가 같게 되는 조건

$\cos\theta = \sin\theta$ 즉 $\theta = 45°$가 되므로 $h = d$일 때 수평면조도와 수직면 조도가 같게 된다.

5. 빛의 원리 [반사율·투과율·흡수율]

- 반사율 $\rho = \dfrac{\text{반사광속}}{\text{입사광속}} \times 100$ [%]

- 투과율 $\tau = \dfrac{\text{투과광속}}{\text{입사광속}} \times 100$ [%]

- 흡수율 $\delta(\alpha) = \dfrac{\text{흡수광속}}{\text{입사광속}} \times 100$ [%]

※ $\rho + \tau + \delta = 1$

필수확인 O·X 문제 난이도 ★★★☆☆ 최근기출년도 00. 08. 17 | 1차 | 2차 | 3차 |

1. 휘도란 눈부심의 정도를 나타낸다. ·· (   )
2. 점광원으로부터 떨어져 있는 곳의 조도는 거리에 항상 반비례한다. ······ (   )
3. 조도는 분류시 조도의 종류는 법선 조도, 수평면 조도, 수직면 조도가 있다. (   )

상세해설

1. (O)
2. (X) 거리 역제곱 법칙으로 $E = \dfrac{I}{r^2}$ [lx] 이므로 거리에 제곱에 반비례한다.
3. (O)

Q 포인트문제 4

그림과 같이 바닥 BC에서 높이 3[m], 벽 AB에서 거리 4[m] 되는 곳에 있는 광원 L에 의하여 모서리 B의 바닥에 생긴 조도가 20[lx]일 때 B로 향하는 방향의 광도[cd]는 약 얼마인가?

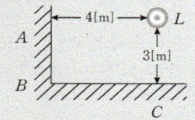

① 780   ② 833
③ 900   ④ 950

A 해설

B 모서리 바닥위에 생긴 조도는 수평면 조도 $E_h = \dfrac{I}{r^2}\cos\theta$[lx]

를 이용 $20 = \dfrac{I}{5^2} \times \dfrac{3}{5}$

광도 $I = \dfrac{20 \times 5^3}{3} = 833$ [cd]

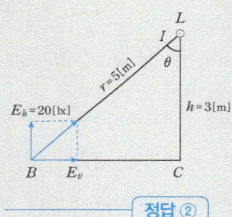

정답 ②

Q 포인트문제 5

어떤 유리판에 1000[lm]을 조사하여 700[lm]이 반사되고 250[lm]이 투과하였다. 이 유리의 흡수율[%]은?

① 5   ② 10
③ 15   ④ 20

A 해설

빛의 원리는 $\rho + \tau + \delta = 1$이므로 흡수된 광속은
$F = 1000 - 700 - 250 = 50$[lm]

흡수율 $= \dfrac{\text{흡수된 광속}}{\text{총발생 광속}} = \dfrac{50}{1000}$
$= 0.05 \times 100$[%] $= 5$[%]

정답 ①

6. 광속 발산도 R [rlx]

1) 광속 발산도

발광면의 단위 면적으로부터 발산되는 광속으로 발산 광속의 밀도를 광속 발산도(luminous emittance)라 하고, 단위로는 래드럭스(radlux, 기호 : [rlx])를 사용한다.

$$R = \frac{F}{S} [\text{rlx}]$$

여기서, F [lm] : S [m²]에서 발산되는 광속, S [m²] : 발산면적
구광원 : $S = 4\pi r^2$ [m²], 반구광원 : $S = 2\pi r^2$ [m²]

2) 광속발산도와 조도와의 관계

$$R = \frac{F}{S}\eta = \eta E = \rho E = \tau E = \pi B [\text{rlx}]$$

- $\eta = \dfrac{\tau}{1-\rho} \times 100 [\%]$: 글로브 효율
- $R = \eta E = \eta \dfrac{I}{r^2}$ [rlx] : 글로브에서의 광속 발산도
- $R = \rho E$ [rlx] : 반사면을 기준으로 한 광속 발산도
- $R = \tau E$ [rlx] : 투과면을 기준으로 한 광속 발산도
- $R = \pi B$ [rlx] : 완전 확산 면에서의 광속 발산도

7. 조명효율의 종류

1) 글로브의 효율

$$\eta = \frac{\tau}{1-\rho} \times 100 [\%]$$

2) 전등(램프) 효율 : 소비전력 P [W]에 대한 전 광속 F [lm]의 비

$$\eta = \frac{F}{P} [\text{lm/W}]$$

3) 발광 효율 : 방사속 Φ [W]에 대한 전 광속 F [lm]의 비

$$\varepsilon = \frac{F}{\Phi} [\text{lm/W}]$$

참고

수평면 조도의 최대 조건

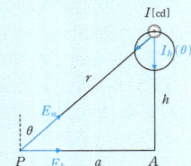

① 수평면 조도가 최대인 점을 P라 하고 A점으로부터 a [m]의 거리에 있다고 한다.
점 P에 대하여 그 방향의 형광등의 광도 I는 $I = I_h \sin\theta$
P점의 $I_h(\theta)$방향의 조도
$E_n = \dfrac{I_h}{r^2}\cos\theta$ [lx], $\cos\theta = \dfrac{h}{r}$ 이므로
$E_n = \dfrac{I_h}{h^2}\cos^3\theta$ [lx]
P점의 수평면 조도 E_h는
$E_h = E_n \sin\theta = \dfrac{I_h}{h^2}\cos^3\theta \sin\theta$ [lx]
수평면 조도의 최대값은
$\dfrac{dE_h}{d\theta} = \dfrac{I_h(\cos^4\theta - 3\sin^2\theta\cos^2\theta)}{h^2}$가
0이 되는 점이므로 이를 정리하면
$\cos^4\theta - 3\sin^2\theta\cos^2\theta(\cos^2\theta - 3\sin^2\theta)$
$= 0$, $\cos^2\theta - 3\sin^2\theta = 0$,
$\cos^2\theta - 3(1-\cos^2\theta) = 0$,
$4\cos^2\theta = 3$, $4\left(\dfrac{1}{2} - \dfrac{1}{2}\cos 2\theta\right) = 3$,
$\cos 2\theta = \dfrac{1}{2}$, 이때 $\tan\theta = \dfrac{1}{\sqrt{3}}$.
$\tan\theta = \dfrac{a}{h}$ 이므로 $a = \dfrac{h}{\sqrt{3}}$ [m]

② 점 P의 수평면 조도
$E_h = \dfrac{I_h}{(h^2+a^2)^{3/2}}$ [lx],
$\dfrac{d}{dh}E_h = \dfrac{d}{dh}\left\{\dfrac{Ih}{(h^2+a^2)^{3/2}}\right\} = 0$

E_h가 최대가 되는 h의 값은 $\dfrac{dE_h}{dh} = 0$
이 되는 곳이다.
$I\left\{(h^2+a^2)^{-3/2} - h \cdot \dfrac{3}{2}(h^2+a^2)^{-3/2}\right.$
$\left. \cdot 2h\right\} = 0$
$h^2 + a^2 - 3h^2 = 0$, $h = \dfrac{a}{\sqrt{2}}$

참고

완전 확산 면에서의 광속 발산도
구 광원 일때
$R = \dfrac{F}{S} = \dfrac{4\pi I}{4\pi r^2} = \dfrac{4\pi B \cdot S}{4\pi r^2} = \dfrac{B\pi r^2}{r^2}$
$= \pi B$ 이다.

8. 조도 계산의 응용

1) 점광원으로부터 h만큼 떨어진 반지름 r의 원형면의 조도

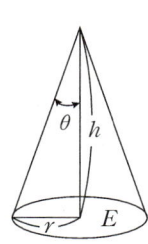

$$E = \frac{F}{S} = \frac{2\pi(1-\cos\theta)I}{\pi r^2}[\text{lx}]$$

여기서, 광도 $I = \frac{F}{\omega}[\text{cd}]$

입체각 $\omega = 2\pi(1-\cos\theta) = 2\pi\left(1 - \frac{h}{\sqrt{h^2+r^2}}\right)[\text{cd}]$

$I = \frac{F}{2\pi(1-\cos\theta)} = \frac{E \cdot S}{2\pi(1-\cos\theta)}[\text{cd}]$

2) 단위 구법

$$E = \pi B \sin^2\theta [\text{lx}]$$

참고 입체각의 크기

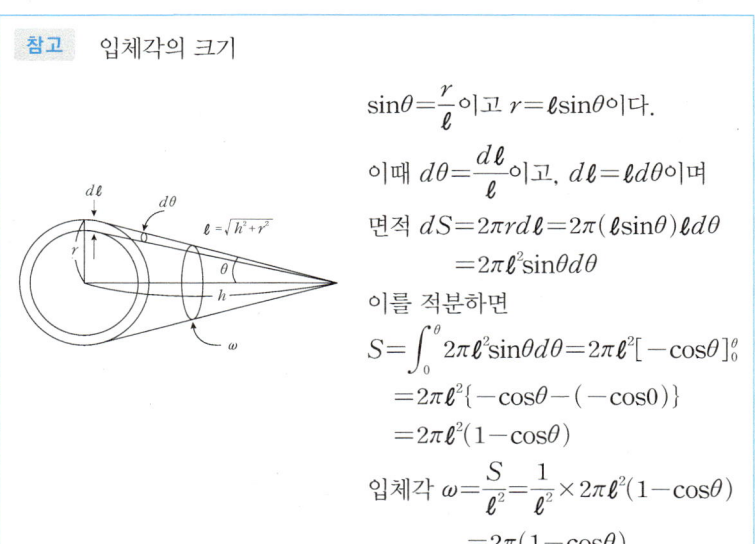

$\sin\theta = \frac{r}{\ell}$이고 $r = \ell\sin\theta$이다.

이때 $d\theta = \frac{d\ell}{\ell}$이고, $d\ell = \ell d\theta$이며

면적 $dS = 2\pi r d\ell = 2\pi(\ell\sin\theta)\ell d\theta$
$= 2\pi\ell^2\sin\theta d\theta$

이를 적분하면

$S = \int_0^\theta 2\pi\ell^2\sin\theta d\theta = 2\pi\ell^2[-\cos\theta]_0^\theta$
$= 2\pi\ell^2\{-\cos\theta - (-\cos 0)\}$
$= 2\pi\ell^2(1-\cos\theta)$

입체각 $\omega = \frac{S}{\ell^2} = \frac{1}{\ell^2} \times 2\pi\ell^2(1-\cos\theta)$
$= 2\pi(1-\cos\theta)$

필수확인 O·X 문제 난이도 ★★☆☆☆   최근기출년도 00. 08. 17   [1차] [2차] [3차]

1. 발광면의 단위 면적으로부터 발산되는 광속으로 발산 광속의 밀도를 광속 발산도라고 한다. ·· ( )
2. 발광 효율이란 방사속 $\Phi[\text{W}]$에 대한 전 광속 $F[\text{lm}]$의 비를 말한다. ····· ( )
3. 완전 확산면이란 어떤 방향에서 바라보아도 휘도가 동일한 면을 말한다. ···· ( )

상세해설
1. (O)
2. (O)
3. (O)

콕콕 포인트

Q 포인트문제 6

지름 40[cm]인 완전 확산성 구형 글로브의 중심에 모든 방향의 광도가 균일하게 120[cd]되는 전구를 넣고 탁상 2[m]의 높이에서 점등하였다. 탁상 위의 조도는[lx]는? (단, 글로브 내면의 반사율 40[%], 투과율은 50[%]이다.)

① 약 30   ② 약 25
③ 약 20   ④ 약 15

A 해설

글로브 아래 직하조도이므로
$E = \frac{I}{r^2}\eta[\text{lx}]$이고

여기서 글로브의 효율
$\eta = \frac{\tau}{1-\rho}$이므로

$E = \frac{120}{2^2} \times \frac{0.6}{1-0.4} = 30[\text{lx}]$

정답 ①

Q 포인트문제 7

모든 방향으로 860[cd]의 광도를 갖는 전등을 직경 4[m]의 원형 탁자 중심에서 수직으로 3[m] 위에 점등 하였다. 이 원형 탁자의 평균 조도는 얼마인가?

① 72[lx]   ② 126[lx]
③ 144[lx] ④ 180[lx]

A 해설

높이 $h = 3[\text{m}]$,
피조면의 반지름 $r = \frac{d}{2} = \frac{4}{2} = 2[\text{m}]$,
광도 $I = 860[\text{cd}]$

$E = \frac{F}{S} = \frac{\omega I}{S}$

$= \frac{2\pi(1-\cos\theta)I}{\pi r^2}[\text{lx}]$이고

$E = \frac{2\pi\left(1 - \frac{3}{\sqrt{2^2+3^2}}\right) \times 860}{\pi 2^2}$

$= 72.218 ≒ 72[\text{lx}]$

여기서, 광도 $I = \frac{F}{\omega}[\text{cd}]$

입체각 $\omega = 2\pi(1-\cos\theta)$
$= 2\pi\left(1 - \frac{h}{\sqrt{h^2+r^2}}\right)[\text{sr}]$

정답 ①

Q 포인트문제 8

반지름 a, 휘도 B인 완전 확산성 구면 광원의 중심에서 h되는 거리의 점에서 이 광원의 중심으로 향하는 조도는 얼마인가?

① πB ② $\dfrac{\pi B a^2}{h^2}$

③ $\pi B a^2 h$ ④ $\dfrac{\pi B a}{h}$

A 해설

구형 광원에 의한 조도

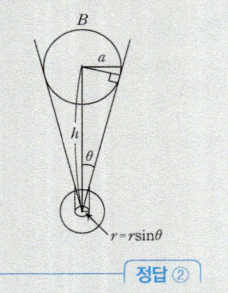

정답 ②

참고

단면적에 따른 루소선도 계산

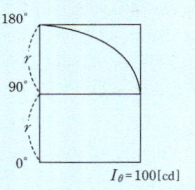

① 상반구 광속 :

$$F = \dfrac{2\pi}{r} \times \dfrac{1}{4}(\pi \times r^2)$$
$$= \dfrac{2\pi}{100} \times \dfrac{1}{4}(\pi \times 100^2) = 493 \,[\text{lm}]$$

② 하반구 광속 :

$$F = \dfrac{2\pi}{r} \times (r \times I_\theta)$$
$$= \dfrac{2\pi}{100} \times (100 \times 100) = 628 \,[\text{lm}]$$

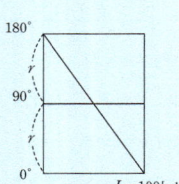

① 상반구 광속 : 면적 $S = \dfrac{1}{4} r I_\theta$ 이므로

---

3) 점광원이 아닌 광원의 크기가 존재하는 경우의 조도

① 반구형 천장, 평원판 광원에 의한 조도 계산

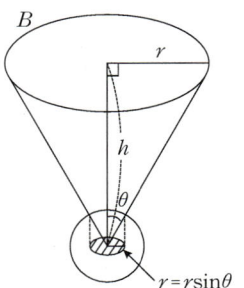

$$E = \pi B \sin^2\theta = \pi B \left(\dfrac{r}{\sqrt{h^2+r^2}}\right)^2 = \dfrac{\pi B r^2}{h^2+r^2} \,[\text{lx}]$$

② 구형 광원에 의한 조도

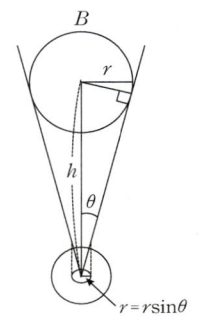

$$E = \pi B \sin^2\theta = \pi B \dfrac{r^2}{h^2} \,[\text{lx}]$$

여기서, $\sin\theta = \dfrac{r}{h}$

4) 노출조도 : 조도의 시간 적분

$$E_t = E \cdot t \,[\text{lx} \cdot \text{s}]$$

9. 배광곡선과 루소선도

1) 배광곡선

광원의 중심을 통과하는 평면상의 광속 분포를 극좌표형식으로 나타낸 것으로 수직면 상의 광도 분포를 표시하는 수직배광곡선을 말한다.

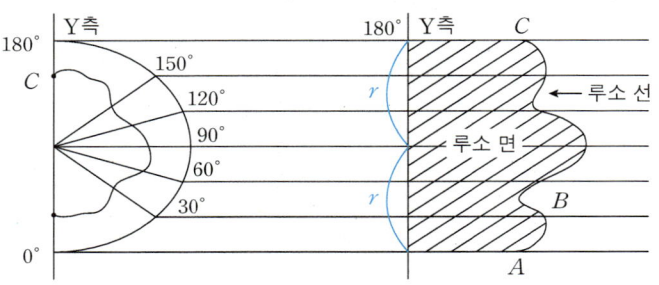

2) 루소선도

배광곡선을 횡축에는 광도를 종축에는 수직선과 이루는 각도를 이루고 각각의 θ에 따르는 광도를 연결한선

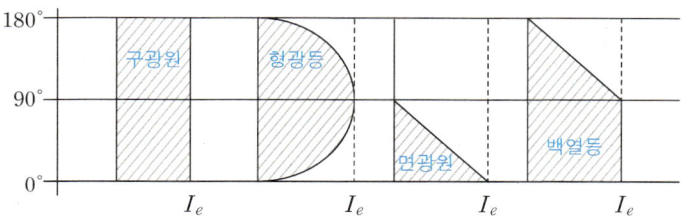

3) 루소선도법에 의한 전 광속 계산

수직 배광 곡선으로부터 도형을 이용하여 전 광속을 구하는 방법 즉 배광곡선으로부터 루소선도를 그리고 루소선도에 의하여 주어진 단면적을 구한다.

광원의 전 광속 $F = \dfrac{2\pi}{r} \times S = a\dot{S}\,[\text{lm}]$

여기서, $r = I_\theta$: 반지름, $S\,[\text{m}^2]$: 루소 그림의 면적

10. 측광

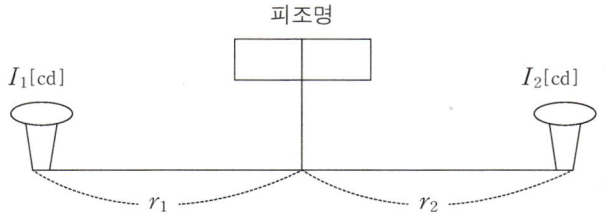

양광원의 조도와 반사율이 같다면 거리 역제곱의 법칙에 의하여 조도는 $E_1 = \dfrac{I_1}{r_1^2}$, $E_2 = \dfrac{I_2}{r_2^2}$ 이고, $E_1 = E_2$ 평형인 조건에서 $\dfrac{I_1}{r_1^2} = \dfrac{I_2}{r_2^2}$ 을 만족하면 피측구의 광도를 측정할 수 있다.

▎필수확인 O·X 문제   난이도 ★★☆☆☆   최근기출년도 00. 08. 17   [1차] [2차] [3차]

1. 단위 구법에 의한 조도는 $E = \pi B \cos^2\theta\,[\text{lx}]$ 이다. ············( )
2. 루소선도법에서 반지름과 횡축에 광도는 같다. ··············( )

상세해설

1. (×) 단위 구법에 의한 조도는 $E = \pi B \sin^2\theta\,[\text{lx}]$ 이다.
2. (○)

$F = \dfrac{2\pi}{100} \times \dfrac{1}{4}(100 \times 100)$
$= 50\pi = 157\,[\text{lm}]$

② 하반구 광속 : 면적 $S = \dfrac{3}{4}rI_\theta$ 이므로

$F = \dfrac{2\pi}{100} \times \dfrac{3}{4}(100 \times 100)$
$= 150\pi = 471\,[\text{lm}]$

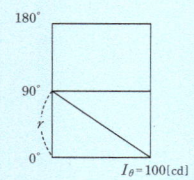

① 상반구 광속 :

$F = \dfrac{2\pi}{r} \times (r \times I_\theta)$
$= \dfrac{2\pi}{100} \times (100 \times 0) = 0\,[\text{lm}]$

② 하반구 광속 :

$F = \dfrac{2\pi}{r} \times \dfrac{1}{2}(r \times I_\theta)$
$= \dfrac{2\pi}{100} \times \dfrac{1}{2}(100 \times 100)$
$= 100\pi = 314\,[\text{lm}]$

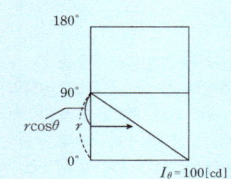

배광곡선 식

$I_\theta : I = r\cos\theta$
$I_\theta \cdot r : I \cdot r\cos\theta$
$I_\theta = 100\cos\theta$

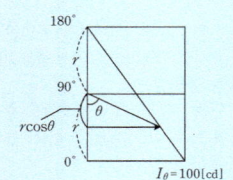

배광곡선 식

$I_\theta : I = r(1+\cos\theta) : 2$
$I_\theta \cdot 2r : I \cdot r(1+\cos\theta)$
$I_\theta = \dfrac{100}{2}(1+\cos\theta) = 50(1+\cos\theta)$
$I_\theta = 50(1+\cos\theta)$

3 광원의 발광 현상

1. 온도방사[복사]

온도를 높이면 백열상태가 되어 여러 가지 파장이 전자파로 복사되는 현상으로 온도가 높으면 발광하므로 열 손실이 커 효율이 나쁘며 휘도가 크다. 대표적인 광원으로 백열전구, 할로겐램프, 탄소아크등이 있다.

1) 흑체 온도

① 색온도 : 어느 광원의 광색이 흑체의 광색과 같을 때 온도
② 복사온도 : 임의의 복사체의 전복사속이 흑체의 전복사속과 같을 때의 온도
③ 휘도온도 : 어느 광원의 휘도가 흑체의 휘도와 같을 때 온도

2) 색온도

어느 광원의 광색이 어떤 온도의 흑체 광색과 같은 색을 내는 흑체의 온도를 말한다.
① 주광색 : 6000～6500 [K]
② 백 색 : 4000～4500 [K]
③ 온백색 : 3000～3500 [K]

3) 온도의 크기 비교

색온도＞진온도＞휘도온도＞복사온도

2. 온도방사의 법칙

1) 스테판 볼츠만의 법칙

흑체의 전 복사에너지는 절대 온도 T [K] 4승에 비례하며 복사온도계의 기본 원리이다.

$$W = \sigma T^4$$

여기서, 스테판 볼츠만 상수 $\sigma = 5.68 \times 10^{-8}$ [W/m²·K⁴], 절대 온도 T [K]

2) 빈의 변위 법칙

흑체의 분광 방사(복사) 발산도가 최대가 되는 파장은 그 흑체의 절대온도 T [K]에 반비례한다.

$$\lambda_m = \frac{b}{T} \,[\text{m}]$$

여기서, b (상수) = 2896 [μm·K], 절대 온도 T [K], 파장 λ_m

FAQ

흑체란 무엇인가요?

답

▶ 흑체란 흑체에 투사되는 복사를 전부 흡수하여 흡수율이 100[%]인 물체를 말한다.

참고

열원(熱源)의 발열체 온도를 T_1[°K], 피열체의 온도를 T_2[°K], 물체의 크기, 거리, 형태, 복사율 등에 따라서 결정되는 상수를 ϕ, 스테판-볼츠만(Stefan Blotzmann)의 상수를 σ라 할 때 발열체의 표면 전력 밀도
$W_d = \phi\sigma(T_1^4 - T_2^4)$ [W/cm²],
$\sigma = 5.68 \times 10^{-8}$ [W/m²·K⁴]

참고

- 형광 : 자극이 작용하는 동안만 발광하고 자극이 없으면 발광을 멈추는 것을 말한다.
- 인광 : 자극이 없어진 후에도 수 분 또는 수 시간을 발광을 지속하는 것을 말한다.

3) 플랭크의 방사법칙

흑체에서 분광 방사 속의 발산도를 나타내며 광고온계의 측정원리로 사용된다.

$$P_\lambda = \frac{C_1}{\lambda^5} \frac{1}{e^{C_2/\lambda T}} [\text{W/cm}^2 \cdot \mu]$$

여기서, C_1, C_2 : 플랭크 정수, 절대 온도 : $T[\text{K}]$, 파장 : λ

3. 루미네선스 : 빛을 발생시키는 온도 복사를 제외한 모든 발광현상

1) 루미네선스의 종류

① 전기 루미네선스 : 기체중의 방전을 이용한 것으로 네온관등, 수은등, 나트륨등이 있다.

② 복사 루미네선스 : 형광이나 인광의 파장은 원래의 빛의 파장과 같거나 그보다 길어진다는 스토크스의 법칙을 이용한 형광등이 있다.

③ 파이로 루미네선스 : 증발하기 쉬운 원소를 불꽃 속에 넣을 때 불꽃 속 기체가 발광하는 현상으로 발염 아크등이 있다.

④ 전계 루미네선스 : E.L 등과 같은 고체 내 전계(전장)에너지의 변환에 의한 발광

⑤ 생물 루미네선스 : 생물의 특수 산화 작용에 의해 발광하는 것으로 반딧불과 같은 야광충 및 오징어가 있다.

⑥ 결정 루미네선스 : 화학반응 중 결정을 이루며 발광하는 것으로 황산소다, 황산칼리가 있다.

⑦ 열 루미네선스 : 금강석, 대리석, 형석 등을 가열하면 일어나는 발광 현상이다.

필수확인 O·X 문제   난이도 ★★★☆☆   최근기출년도 00. 08. 17   [1차] [2차] [3차]

1. 어느 광원의 광색이 흑체의 광색과 같을 때 온도를 색온도라 한다. ……… (　)
2. 온도의 크기 순서는 색온도 > 진온도 > 복사온도 > 휘도온도 이다. ……… (　)
3. 흑체의 전 복사에너지는 절대 온도 $T[\text{K}]$ 4승에 반비례 한다. ……… (　)
4. 증발하기 쉬운 원소를 불꽃 속에 넣을 때 불꽃 속 기체가 발광 하는 현상을 복사 루미네선스라 한다. ……………………………………………… (　)

상세해설

1. (O)
2. (×) 색온도 > 진온도 > 휘도온도 > 복사온도
3. (×) 흑체의 전 복사에너지는 절대 온도 $T[\text{K}]$ 4승에 비례한다.
4. (×) 증발하기 쉬운 원소를 불꽃 속에 넣을 때 불꽃 속 기체가 발광 하는 현상을 파이로 루미네선스라 한다.

참고

파센 법칙

기체 중에 평등 전계 하에서 방전개시 전압은 기체의 압력과, 전극 거리와의 곱의 함수가 된다.

$$V \propto p \times d$$

여기서, $V[\text{V}]$: 방전개시전압,
$P[\text{Pa}]$: 기압,
$d[\text{mm}]$: 전극사이의 거리

Q 포인트문제 9

써클라인(환형) 형광등은 다음 중 어떤 루미네슨스를 이용한 것인가?

① 전기 루우미네슨스
② 복사 루우미네슨스
③ 열 루우미네슨스
④ 음극선 루우미네슨스

A 해설

복사 루미네선스

형광이나 인광의 파장은 원래의 빛의 파장과 같거나 그보다 길어진다는 스토크스의 법칙을 이용한 형광등이 있다.

정답 ②

Q 포인트문제 10

파이로 루우미네슨스를 이용한 것은?

① 텔레비전 영상
② 수은등
③ 형광등
④ 발염 아아크등

A 해설

파이로 루미네선스

증발하기 쉬운 원소를 불꽃 속에 넣을 때 불꽃 속 기체가 발광하는 현상으로 발염 아크등이 있다.

정답 ④

4 광원

1. 백열 전구

1) 구조 및 재료

베이스	황동판, 내식성알루미늄
외부도입선	구리, 니켈 도금 철선, 듀우밋선
봉합부도입선	듀밋선
내부도입선	구리, 니켈 도금 철선, 듀밋선
앵커	몰리브덴선
필라멘트	텅스텐(최고온도 2800~3200[K])

참고 - 듀우밋선
듀밋선 이라고도 하며 42[%] 정도의 니켈을 함유한 철-니켈 합금선에 동을 피복한 것

2) 필라멘트

① 필라멘트의 구비조건
  ⓐ 융해점이 높을 것
  ⓑ 고유저항이 클 것
  ⓒ 높은 온도에서 기계적 강도 크고 증발성이 적을 것
  ⓓ 선팽창 계수가 적을 것
  ⓔ 전기저항의 온도계수가 (+)일 것
  ⓕ 경제적이며 가공이 용이 할 것
② 필라멘트의 2중 코일 사용하는 이유
  수명을 길게 하고 효율을 높이기 위하여 2중 코일을 사용한다.

3) 게터(getter)

필라멘트에 바르는 물질로 전구 내에 남아 있는 공기와 결합하여 필라멘트 산화를 방지하여 수명을 길게 하고 유리구의 흑화를 방지한다.

① 게터의 종류
  ⓐ 적린 게터 : 40[W] 이하 진공 전구
  ⓑ 질화 바륨 게터 : 40[W] 이상 가스 주입 전구
② 흑화의 원인
  ⓐ 필라멘트의 온도가 높은 경우
  ⓑ 필라멘트의 증발 비율이 높은 경우
  ⓒ 배기가 불량인 경우

참고 - 백열등 특성
① 동정곡선 : 에이징후 필라멘트가 승화하여 가늘어지면서 저항이 증가하고 전류 및 광속은 감소하는 과정을 동정이라 하며 전류, 광속, 효율, 시간의 변화를 그래프상에 나타낸 것을 동정곡선이라 한다.
② 수하특성 : 부하전류가 증가하면 전압은 급격히 감소
③ 수명
  ⓐ 유효 수명 : 광속 값이 처음 값의 80[%] 될 때까지 사용하는 시간
  ⓑ 단선 수명 : 필라멘트가 단선 될 때까지 사용
  ⓒ 단선율 = $\dfrac{\text{전구의 단선수}}{\text{전구의 총수}}$
④ 전압특성
  $\dfrac{F}{F_0} = \dfrac{E}{E_0} = \dfrac{I}{I_0} = \left(\dfrac{V}{V_0}\right)^{3.6}$
  · F, E, I, V : 변화된 값
  · F_0, E_0, I_0, V_0 : 정격값
  $\dfrac{L}{L_0} = \left(\dfrac{V}{V_0}\right)^{-14} = \left(\dfrac{V_0}{V}\right)^{14}$
  · L : 변화된 수명
  · L_0 : 정격 전압에서 수명

4) 백열전구의 가스봉입

① 가스 봉입 이유
  ⓐ 필라멘트의 증발억제
  ⓑ 수명증가
  ⓒ 발광효율의 증가

② 봉입 가스 : 아르곤(Ar)과 질소(N)을 봉입한다.
  ⓐ 아르곤 $Ar(90\sim96[\%])$: 열전도율이 작아 가스손을 줄일 수 있으나 단점은 가격이 비싸다.
  ⓑ 질소 $N(4\sim10[\%])$: 산화 방지 및 아크를 방지하여 수명을 길게 한다.

5) 백열전구 특성

① 수명과 효율 : $1000[h]$, $7\sim22[lm/W]$
② 전구의 특성 시험
  구조시험, 초 특성시험, 동정특성시험, 수명시험, 베이스의 치수와 접착강도 시험
  ⓐ 동정특성 시험 : 점등 500시간 후 전류와 광속관계를 나타낸 것
  ⓑ 초 특성 시험 : 점등 100시간 후 전류와 광속관계를 나타낸 것
  ⓒ 에이징 : 정격전압보다 $10[\%]$ 높은 전압으로 점등하여 필라멘트특성을 안정화시키는 작업으로 시간은 40~60분 정도가 적당하다.

Q 포인트문제 11

백열 전구의 앵커에 사용되는 재료는?

① 철   ② 크롬
③ 망간   ④ 몰리브덴

A 해설

베이스	황동판, 내식성알루미늄
외부도입선	구리, 니켈 도금 철선 듀밋선
봉합부도입선 또는 봉착부도입선	듀밋선 = 니켈강에 구리를 피복(유리와 팽창 계수가 같다.)
내부도입선	구리, 니켈 도금 철선 듀밋선
앵커(지지선)	몰리브덴선(부착계수가 좋다.)
필라멘트 (발광체)	텅스텐(최고온도 $2800\sim3200[K]$)

정답 ④

■ 필수확인 O·X 문제   난이도 ★★☆☆☆   최근기출년도 00. 08. 17   1차 2차 3차

1. 봉합부 도입선의 재료는 구리에 니켈강을 피복한 것이다. ············· (   )
2. 백열전구 필라멘트의 전기저항의 온도계수는 +이다. ················ (   )
3. 백열전구의 필라멘트를 2중 코일 구조로 하는 이유는 흑화 방지이다. ····· (   )
4. 가스입 전구에 아르곤 가스를 넣을 때 질소를 봉입하는 이유는 아크방지이다. (   )

상세해설

1. (×) 듀밋선으로 니켈강에 구리를 피복한 것이다.
2. (○)
3. (×) 수명을 길게 하고 효율을 높이기 위하여 2중 코일을 사용한다.
4. (○)

2. 형광등 [F]

방전에서 발생된 자외선으로 유리관 내면의 형광물질을 자극하여 발광하는 방전등

1) 구조

① 안정기 : 방전등의 전압전류특성은 마이너스 특성으로 일정전압의 전원에 연결하면 전류가 급속히 증대되어 방전등을 파괴할 수 있으므로 이를 방지하기 위한 장치를 말한다.(안정기 역률 50~60[%], 고 역률 안정기는 85[%])

② 형광등 점등 : 바이메탈(가동전극)이 떨어지는 순간 글로우 방전이 일어나 깜빡거리며 점등

③ 형광등 점등회로 방식 : 글로우 스타트, 래피드 스타트, 전자 스타트, 순시 기동

2) 온도 및 광속

① 효율(40~80[lm])이 최대가 되는 주위온도 20~25[℃]일 때 관벽 온도는 40~45[℃]

② 형광 방전등의 형광물질 자극 파장 2537Å

③ 광속

   ⓐ 전광속 : 점등 100시간 후 광속 측정(초특성)

   ⓑ 동정특성 광속 : 점등 500시간 후 광속 측정

3) 발광 순서

열음극 - 자외선 - 형광물질 자극 - 빛

※ 스토크스 법칙 : 발광체가 발산하는 복사의 파장은 조사된 복사의 파장보다 항상 길다.

4) 형광등의 특징

① 백열전구와 비교 시 효율이 48~80[lm/W](평균 60[lm/W])으로 높고 수명(7000[h])이 길다.

② 임의의 광색을 얻을 수 있고 온도의 영향을 받는다.

③ 휘도가 낮다.

④ 부속장치가 필요해 비싸며 역률이 나쁘다.

⑤ 점등 시간이 오래 걸리며 플리커 현상이 있다.

⑥ 열방사가 적다.

5) 형광등의 플리커 현상 방지

① 직류 전원 사용, 전원의 주파수를 크게 한다.

② 3상 전원의 접속을 바꾼다.

③ 전류의 위상을 바꾼다.(콘덴서 이용)

Q 포인트문제 12

형광 방전등에서 효율이 가장 낮은 것은?
① 녹색   ② 적색
③ 백색   ④ 주황색

A 해설

광색에 의한 효율이 높은 순 : 녹색 > 백색 > 주광색 > 적색
효율이 높은 순으로 적면 녹색, 백색, 주광색, 적색으로 된다.

정답 ②

Q 포인트문제 13

형광등의 점등회로 방식이 아닌 것은?
① 글로우 스타트 방식
② 루소 스타트 방식
③ 래피드 스타트 방식
④ 전자 스타트 방식

A 해설

형광등 점등회로 방식
글로우 스타트, 래피드 스타트, 전자 스타트, 순시 기동

정답 ②

참고

형광체의 종류 및 광색
① 텅스텐산칼슘($CaWO_4$-Sb) 청색
② 텅스텐산마그네슘($MgWO_4$) 청백색
③ 규산아연($ZnSiO_3$-Mn) 녹색(효율 최대)
④ 규산카드뮴($CdSiO_2$-Mn) 등색
⑤ 붕산카드뮴(CdB_2O_5) 핑크색(정육점)
※ 광색에 의한 효율이 높은 순 : 녹색 > 백색 > 주광색 > 적색

3. 나트륨등[N] : 나트륨 증기 중의 방전을 이용

1) 특징
① 투시력이 좋아 안개 지역, 터널, 주사액의 불순물 검출 등에 사용된다.
② 단색 광원으로 옥내 조명에 부적당하며 인공 광원 중 효율이 가장 좋다.
③ 복사에너지 대부분이 5890[Å]에 D선이고, 비시감도가 좋다.(나트륨등의 분광 분포에서 D선의 에너지는 전 방사 에너지의 76[%])

2) 나트륨등의 효율
① 저압 나트륨등 : 이론상 효율 510[lm/W], 실제효율 190[lm/W]
② 고압 나트륨등 : 이론상 효율 395[lm/W], 실제효율 80~150[lm/W]
※ 가장 적당한 효율은 80~150[lm/W]이며 문제에서 나트륨등의 효율을 물어볼 시 고압 나트륨등이 기준이다.

4. 수은등[H] : 수은 증기중의 방전을 이용

1) 구조
고압 수은등은 발광관의 온도를 고온유지 하여 지속적으로 발광하기 위하여 발광관과 외관의 2중관 구조로 되어 있다.

2) 점등시간
점등시간은 8분이고 재 점등 시간은 10분이다.

3) 수은등의 종류
① 고압 수은등 (저압 및 초고압 명시가 없을 때 고압수은등으로 본다.)
  ⓐ 봉입가스 1 기압
  ⓑ 효율 20~55[lm/W]이고 도로조명, 공원 조명에 사용
② 초고압 수은등
  ⓐ 봉입가스 10기압이상
  ⓑ 효율 40~70[lm/W] 보건용 조명, 영화 촬영 영사기 조명에 이용

참고

광색에 의한 형광등 분류
① 주광색 D : 5700~7100[K]
② 주백색 N : 4600~5400[K]
③ 백색 W : 3900~4500[K]
④ 온백 WW : 3200~3700[K]
⑤ 전구색 L : 2600~3150[K]

Q 포인트문제 14
나트륨등의 D선의 에너지는 전 복사 에너지의 몇 [%]인가?
① 56   ② 66
③ 76   ④ 86

A 해설
나트륨등의 분광 분포에서 D선의 에너지는 전 방사 에너지의 76[%]이다.

정답 ③

참고

저압 수은등
① 봉입가스 0.01[mmHg] (10^{-2})기압
② 스펙트럼 에너지 파장 : 2537[Å]
③ 효율 5~10[lm/W]이고 자외선 살균등에 사용

필수확인 O·X 문제   난이도 ★★☆☆☆   최근기출년도 00. 08. 17

1. 형광등의 효율이 최대가 되는 주위온도 20~25[℃]일 때 이다. ( )
2. 형광등의 동정특성 광속은 점등 100시간 후 광속 측정이다. ( )
3. 인공 광원중 나트륨등의 최대 효율은 80~150[lm/W]이다. ( )

상세해설
1. (○)
2. (×) 동정특성 광속 : 점등 500시간 후 광속 측정
3. (○)

5. 메탈할라이드 등[M] : 금속할로겐증기를 사용

1) 특징

① 연색성이 좋다.
② 고 휘도이며 1등 당 광속이 많고 배광 제어가 용이하다.
③ 수명이 길고 효율($75 \sim 105$[lm/W])이 높다
④ 점등 부속장치 필요하므로 가격이 비싸다.
⑤ 시동전압이 높으며 점등 방향이 수평이 되어야 한다.
⑥ 광색은 백색이다.

6. 크세논등[X] : 봉입한 크세논 가스중의 방전을 이용

1) 특징

① 봉입가스 압력 10 기압 정도
② 연색성이 가장 좋다 즉 분광에너지와 주광에너지 분포가 비슷하다.
※ 연색성이 가장 좋은 조명은 크세논등이고 가장 나쁜 조명은 나트륨등이다.

7. 네온관등[네온사인]

가늘고 긴 유리관의 양단에 전극을 봉입하고 수[mmHg] 불활성가스의 방전에 이용한 냉음극 방전등

1) 특징

① 발광원리 : 양광주
② 용도 : 광고등(네온사인용)
③ 2차 전압 : 3000[V], 6000[V], 9000[V], 12000[V], 15000[V]

2) 봉입가스 방전색상

봉입가스	네온관등 발광색	
네온(Ne)	투명유리관	등적색
	청색유리관	등색
아르곤(Ar) + 수은(Hg)	투명유리관	청색
	청색유리관	녹색
헬륨(He)	투명유리관	백색
	청색유리관	황갈색
아르곤(Ar)	투명유리관	고동색

참고

페닝효과
수은이나 불활성가스와 같은 준안정상태를 형성하는 기체에 극히 미량의 다른 기체를 혼합시 방전개시전압이 매우 낮아지는 현상

참고

연색성이 좋은 순서
크세논등 → 백열등 → 주광색형광등 → 메탈할라이드등 → 수은등 → 나트륨등(가장 좋음)

FAQ

양광주란 무엇 인가요?

답

▶ 가이슬러 방전관의 글로 방전에서, 패러데이 암부에서 확산하여 흘러온 전자는 다시 가속되어 전자에 의한 기체의 충돌 전리가 일어나 발광한다. 이것을 양광주라 한다.

참고

각등의 효율 범위
① 나트륨 램프 : 80~150[lm/W]
② 메탈핼라이드램프 : 75~105[lm/W]
③ 형광 램프 : 48~80[lm/W]
④ 수은 램프 : 35~55[lm/W]
⑤ 할로겐 램프 : 20~22[lm/W]
⑥ 백열 전구 : 7~22[lm/W]

나트륨등 → 메탈할라이드등 → 형광등 → 수은등 → 할로겐램프 → 백열전구

8. 특수 전구 및 특수 광원

1) 할로겐전구 : 온도복사를 이용

① 특징
  ⓐ 백열전구에 비해 소형
  ⓑ 발생광속이 많고, 광색은 적색
  ⓒ 고 휘도이며 배광제어 용이
  ⓓ 할로겐 사이클에 의해 흑화가 거의 발생 하지 않음
  ⓔ 온도 복사이므로 온도(250[℃])가 높고 휘도가 큼

② 정격
  ⓐ 용량 : 500~1500[W]
  ⓑ 효율 : 20~22[lm/W]
  ⓒ 수명 : 2000~3000[h]

③ 용도 : 경기장과 같은 옥외 투광조명, 자동차용, 복사기용, 히터용

2) 적외선전구 : 복사열을 이용

① 특징 : 시설이 간단하고 효율이 좋다.
② 용도 : 적외선에 의한 가열로 표면 건조용으로 도장건조 또는 염색(방직)공업 및 인쇄공업
③ 필라멘트의 온도 : 2500[K]

필수확인 O·X 문제   난이도 ★★★☆☆   최근기출년도 00. 08. 17   1차 2차 3차

1. 연색성이 가장 좋은 광원은 메탈할라이드등이다. ·········· ( )
2. 조명의 효율이 가장 좋은 순으로 표현하면 나트륨등 → 메탈할라이드 등 → 형광등 → 수은등 → 할로겐램프 → 백열전구이다. ·········· ( )
3. 투명 네온관등에 아르곤과 수은가스를 같이 봉입시 방전색은 청색이다. ····· ( )
4. 흑화가 거의 일어나지 않는 광원은 적외선 전구이다. ············ ( )

상세해설
1. (×) 연색성이 가장 좋은 조명은 크세논등이고 가장 나쁜 조명은 나트륨등 임
2. (○)
3. (○)
4. (×) 할로겐 전구는 흑화가 거의 발생 하지 않음

참고

HID(High Intensity Discharge Lamp) 램프
고효율(고휘도) 방전등으로 고압 수은 램프, 고압 나트륨 램프, 메탈할라이드 등이 있다.

Q 포인트문제 15

등기구의 표시 중 H자로 표시가 있는 것은 어느 등인가?
① 백열등   ② 수은등
③ 형광등   ④ 나트륨등

A 해설

형광등 : F, 수은등 : H, 나트륨등 : N, 메탈할라이드등 : M, 크세논등 : X

정답 ②

Q 포인트문제 16

백열전구의 일종이며, 백열 전구에 비하여 소형이며 발생 광속이 크고 배광의 제어가 쉽다. 광학계 조명 기구와 조합하여 원거리 대상물 조명에 좋다. 점등 시 전구의 외피 온도는 250[℃] 정도로 주의를 요하며 사용 중 이동을 삼가야 하는 전구는?
① 사진용 전구
② 할로겐 전구
③ 적외선 전구
④ 영사용 전구

A 해설

할로겐 전구
백열전구의 일종으로 온도복사를 이용한 전구이며, 특징은 다음과 같다.
① 백열전구에 비해 소형
② 발생광속이 많고, 광색은 적색
③ 고 휘도이며 배광제어 용이
④ 할로겐 사이클에 의해 흑화가 거의 발생 하지 않음.
⑤ 온도 복사이므로 온도(250[℃])가 높고 휘도가 크다.

정답 ②

FAQ

글로우방전이 어떤 것을 뜻하는 건가요?

답

▶ 글로우방전이란 가늘고 긴 유리관을 진공으로 한 다음에 수[mmHg]의 압력으로 기체를 봉입 후 관 양단에 전극을 설치한 후 전극 간에 고전압을 인가하면 방전이 발생하여 전류가 흘러 발광하는 것을 말합니다.

참고

EL등
① 색상이 다양하며 소재가 견고하다.
② 전력소비절감 및 수명이 길다.

참고

명시 조명의 조건
① 조도가 알맞게 설계가 되어야 한다.
② 시야에 눈부심을 느끼는 것이 존재하지 않아야 한다.
③ 시 작업 내에 보려는 부분과 그 주위 부분사이의 밝기, 빛색의 틀림 즉 대비가 알맞아야 한다.
④ 시 작업 내에 보려는 부분의 움직임 즉 시속도와 움직임이 작아야 한다.
⑤ 광색이 주광색에 가까워야 한다.
※ 명시조명은 사무실, 교실, 공장, 병원 등에 적용하고 분위기 조명은 음식점, 극장 등에 적용한다.

3) 네온전구

음극 글로우를 이용하며 교류에서 반 사이클마다 음극에서만 발광하는 전구

① 특징
  ⓐ 음극만 발광하므로 직류 극성의 판별에 이용
  ⓑ 일정 전압에서만 점등되므로 검전기, 교류의 최대값의 측정에 쓰인다.
  ⓒ 빛의 관성이 없고 어느 범위 내에서는 광도와 전류가 비례하므로 오실로그래프에 이용된다.
  ⓓ 소비전력이 5[W] 정도로 작아 표시등, 종야등, 파이롯트등 등에 사용된다.

② 봉입가스 방전색상

가스의 종류	네온 (Ne)	수은 (Hg)	아르곤 (Ar)	나트륨 (Na)	헬륨 (He)	수소 (H_2)	이산화탄소 (CO_2)	질소 (N_2)
발광색	주홍	청록	붉은보라	노랑	붉은노랑	장미색	흰색	황

4) 내진형 전구

진동이 심한 장소에서 필라멘트의 지지선이 많은 내진형구조로 만든 전구
- 용도 : 선박, 철도, 차량 등 진동이 많은 장소에 설치

5) EL 등

Zn_nS(황화 아연) 을 반도체 분말을 플라스틱이나 글라스 유전체에 넣고 전계를 가하면 전계 루미네선스에 의하여 발광하는 등
- 특징 및 용도 : 면광원 고체등 이라고도 하며 효율이 10[lm/W] 정도이므로 일반용 조명으로는 사용하지 않으며 표시등 및 장식용등으로 사용한다.

6) 탄소아크등

용도는 휘도가 큰 점광원이 얻어지므로, 영사기, 투광기 등의 광원으로 사용된다.

7) 무영등

간접조명이며 그림자가 발생하지 않아 의료 수술실에 사용하는 등을 말한다.

5 조명 설계

1. 조명의 분류

1) 조명설계의 목적

동작과 물체를 명확하게 보이게 하고 눈의 피로를 최소화한 명시 조명과 사람의 심리를 움직이게 하는 분위기를 그때의 생활 행동에 알맞도록 하는 분위기 조명으로 구분할 수 있다.

2) 명시 조명의 조건
① 밝음
② 색
③ 대비
④ 크기
⑤ 움직임(시간)

3) 조명기구 및 조명방식
① 조명기구
   ⓐ 루버 : 빛을 아래쪽으로 확산시키면 눈부심을 적게 하는 조명 기구
   ⓑ 글로브 : 확산성 유백색 유리로 눈부심을 작게 하는 조명기구
   ⓒ 반사형 투광 기구 : 반사형 투광기구의 반사면 사용 물질은 초산은
② 조명기구 배치에 의한 분류
   ⓐ 전반 조명 : 작업면의 전체를 균일한 조도가 되도록 조명하는 방식으로 작업의 위치가 변동하여도 기구 배치를 변경 할 필요가 없다.
   ⓑ 국부 조명 : 작업에 필요한 장소마다 그 곳에 맞는 조도를 얻는 방식
   ⓒ 전반 국부 병용 조명 : 작업 면 전체는 비교적 낮은 조도의 전반조명을 실시하고 필요한 장소에만 높은 조도가 되도록 국부조명을 하는 방식(공장, 사무실, 교실)
③ 조명기구 배광에 의한 분류

조명방식	하향광속 [%]	상향광속 [%]
직접조명	100~90	0~10
반 직접조명	90~60	10~40
전반 확산조명	60~40	40~60
반 간접조명	40~10	60~90
간접조명	10~0	90~100

   ⓐ 직접조명 : 광속 이용율은 최대이나 그림자가 발생한다.
   ⓑ 간접조명 : 광속 이용율은 최소이나 그림자가 없다.

필수확인 O·X 문제   난이도 ★★★☆☆   최근기출년도 00. 08. 17   1차 2차 3차

1. 네온전구는 부글로우를 이용하여 음극에서만 발광한다. ········ (   )
2. 고체등이며 전계 루미네선스를 이용한 등을 EL등 이라한다. ····· (   )
3. 반사형 투광기구 반사면에 바르는 물질은 황산이다. ·········· (   )
4. 하향광속이 22[%] 이면 반직접조명이다. ················· (   )

상세해설
1. (O)
2. (O)
3. (×) 반사형 투광기구의 반사면 사용 물질은 초산은
4. (×) 하향광속이 22[%]이면 반 간접 조명이다.

참고

높이에 따른 조명기구 명칭
① 5[m]이하 : 배조형
② 5~10[m]이하 : 강조형
③ 10~15[m]이하 : 집조형
④ 15[m]이상 : 투광형
※ 반사형 투광 기구의 반사면에 초산은이 사용 된다.

참고

① 직접조명의 장점
   ⓐ 조명률이 크므로 소비전력은 간접조명의 1/2~1/3이다.
   ⓑ 설비비가 저렴하며 설계가 단순하다.
   ⓒ 그늘이 생기므로 물체의 식별이 입체적이다.
② 간접조명의 장점
   ⓐ 천장 전반이 광원으로 되어 있으므로 눈부심이 없다
   ⓑ 밝음의 차이와 그림자가 없는 균등한 조도를 얻을 수 있는 조명 방식

Q 포인트문제 17

직접 조명기구의 하향 광속 비율이 가장 적당한 것은?
① 10~40[%] ② 40~60[%]
③ 60~90[%] ④ 90~100[%]

A 해설

조명방식	하향광속 [%]	상향광속 [%]
직접조명	100~90	0~10
반 직접 조명	90~60	10~40
전반 확산 조명	60~40	40~60
반 간접 조명	40~10	60~90
간접조명	10~0	90~100

정답 ④

2. 조명기구의 설치 및 간격

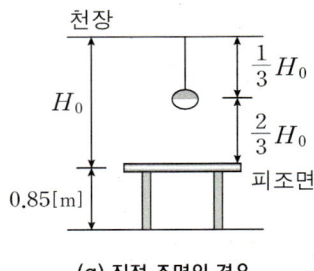
(a) 직접 조명의 경우

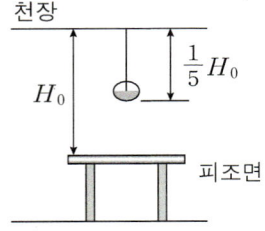
(b) 간접 및 반간접 조명의 경우

1) 등 고(등의 설치 높이) H
① (반) 직접 조명 : 피조면에서 광원까지
② (반) 간접 조명 : 피조면에서 천장까지

2) 등기구 설치 간격 (등기구와 등기구 중심 간의 거리)
(1) 등기구와 등기구 사이 설치 간격 : $S \leq 1.5H$ (전반조명 기준)
(2) 등기구와 벽면 사이 간 격
　① $S \leq H/2$ (벽면을 사용하지 않을 경우)
　② $S \leq H/3$ (벽면을 사용할 경우)

3. 건축 조명 설계

1) 실지수 : 방의 크기와 모양에 대한 광속의 이용 척도

$$\text{실지수(room index)} \quad K = \frac{XY}{H(X+Y)}$$

여기서, XY : 방의 가로 세로 길이, H : 작업면상에서 광원까지 높이(등고)

2) 광속법에 의한 조명 설계식

$$FUN = DES$$

여기서, N[등] : 전등(광원) 수, F[lm] : 전등 1개의 광속,
NF[lm] : 전체 소요광속, U : 조명율, E[lx] : 평균 조도,
S[m^2] : 면적, $D = \frac{1}{M}$: 감광보상율, $M = \frac{1}{D}$: 유지율

※ 전등수 계산 시 소수점 발생하면 소수점이하 절상한다.

Q 포인트문제 18

방의 폭이 X[m], 길이가 Y[m], 작업면으로부터 광원까지의 높이가 H[m]일 때 실지수 K는?

① $K = \dfrac{H(X+Y)}{X \cdot Y}$

② $K = \dfrac{Y(X+Y)}{X \cdot H}$

③ $K = \dfrac{X \cdot Y}{H(X+Y)}$

④ $K = \dfrac{X(X+Y)}{X \cdot H}$

A 해설

실지수는 방의 크기와 모양에 대한 광속의 이용 척도로서 다음과 같은 실지수를 사용한다.
실지수(room index)

$K = \dfrac{XY}{H(X+Y)}$

여기서, XY : 방의 가로 세로 길이, H : 작업면상에서 광원까지 높이(등고)

정답 ③

참고

조 도 $E = \dfrac{FUN}{DS} = \dfrac{FUNM}{S}$ [lx]

광 속 $F = \dfrac{DES}{UN} = \dfrac{ES}{UNM}$ [lm]

전등 수 $N = \dfrac{DES}{FU} = \dfrac{ES}{FUM}$ [등]

참고

투광기구 : 옥외 조명기구로 사용되며 실내에서는 체육관 등 넓은 장소에 사용

참고

① 전반확산 조명 : 하향광속으로 직접 작업면에 직사시키고 상향광속의 반사광으로 작업면의 조도를 증가
② 반간접 조명 : 병실, 침실 등에 사용

① 조명율

조명율의 결정은 방의 크기와 모양에 따른 실지수, 조명 기구의 종류 및 천장, 벽, 바닥 등의 반사율에 의하여 결정된다.

$$U = \frac{\text{피조면의 광속[lm]}}{\text{광원의 전광속[lm]}} \times 100\,[\%]$$

② 감광 보상율

조명 시설은 사용함에 따라 전구 필라멘트의 증발에 따른 발산 광속의 감소, 유리구 내면의 흑화현상, 등기구 및 실내 반사면의 오손에 따른 흡수율 증가에 의한 것에 의하여 피조면의 조도가 점점 떨어진다. 조도의 감소를 예상하여 소요 전광속에 여유를 주는 것으로 설계 조도 결정을 위한 계수를 말한다.

$$\text{감광 보상율 } D = \frac{1}{M} \qquad \text{보수율(유지율) } M = \frac{1}{D}$$

포인트문제 19

가로 10[m], 세로 20[m]되는 실내 작업장에 광속이 2500[lm]인 40[W] 형광등 20개를 점등하였을 때, 이 작업장의 평균 조도[lx]는? (단, 조명률은 0.5이고 유지율은 1.6이다.)

① 15 ② 25
③ 125 ④ 200

해설

조명설계식을 이용 $NFU = ESD$

조도 $E = \dfrac{NFU}{SD} = \dfrac{NFUM}{S}$

$= \dfrac{20 \times 2500 \times 0.5 \times 1.6}{(10 \times 20)} = 200\,[\text{lx}]$

여기서, N[등] : 전등(광원) 수,
F[lm] : 전등 1개의 광속,
NF[lm] : 전체 소요광속,
U : 조명율, E[lx] : 평균 조도,
S[m²] : 면적, $D = \dfrac{1}{M}$: 감광보상율, $M = \dfrac{1}{D}$: 유지율

정답 ④

포인트문제 20

조명률에 관계없는 사항은?

① 조명 기구
② 방지수
③ 실내면의 반사율
④ 보수 상태

해설

조명율의 결정은 방의 크기와 모양에 따른 실지수, 조명 기구의 종류 및 천장, 벽, 바닥 등의 반사율에 의하여 결정된다.

$U = \dfrac{\text{피조면의광속[lm]}}{\text{광원의전광속[lm]}} \times 100\,[\%]$

정답 ④

참고

도로 조명중 가장 높은 조도가 필요한 장소는 인사 사고 및 차량의 사고 방지를 위하여 교차로가 가장 높은 조도가 필요하다.

필수확인 O·X 문제

난이도 ★★★☆☆   최근기출년도 00. 08. 17   [1차] [2차] [3차]

1. 등의 설치 높이는 직접 조명일 경우 천장에서 피조면 까지 거리의 2/3이다. ( )
2. 전반조명을 기준으로 등기구와 등기구 사이의 간격은 $1.2H$ 이하 이다. ( )
3. 실지수 $= \dfrac{XY}{H(X+Y)}$ 이다. ( )
4. 조도의 감소를 예상하여 소요 전광속에 여유를 주는 것으로 설계 조도 결정을 위한 계수를 조명율이라 한다. ( )

상세해설

1. (O)
2. (X) 등기구와 등기구 사이 설치 간격 : $S \leq 1.5H$
3. (O)
4. (X) 조도의 감소를 예상하여 소요 전광속에 여유를 주는 것으로 설계 조도 결정을 위한 계수를 감광보상율이라 한다.

> **참고**
>
> 균제도란?
> 일정 공간에서 빛의 균일한 분포 정도를 말하며 조도 균제도와 휘도균제도가 있다. 일반적으로 균제도는 조도 균제도를 의미 한다.

> **참고**
>
> 곡선도로 조명 시 주의 사항
> ① 가로등 주를 양쪽 배치 시 대칭 배열을 한다.
> ② 가로등 주를 편측 배치 시 커브 바깥쪽으로 배열을 한다.
> ③ 직선 도로보다 등주의 간격을 짧게 한다.
> ④ 곡률 반경이 클수록(곡률이 작을수록) 등주의 간격은 넓게 한다. 곡률 반경이 작을수록(곡률이 클수록) 등주의 간격을 짧게 한다.

4. 도로 조명 설계

1) 도로조명의 목적

야간의 도로이용자의 시 환경을 개선하여 안전하고 원활 쾌적한 도로 교통을 확보

2) 도로 조명 설계 시 고려사항

① 노면전체를 평균 휘도로 조명
② 알맞은 조도
③ 눈부심의 정도가 적을 것
④ 정연한 배치 및 배열
⑤ 광속의 연색성이 적절한 것
⑥ 주변 풍경과 조화
⑦ 균제도 확보

3) 광속법에 의한 조명 설계식

$$FUN = DES$$

여기서, N[등] : 가로등주 1개, F[lm] : 가로등주 1개의 전체광속,
NF[lm] : 전체 소요광속, U : 조명율, E[lx] : 평균 조도,
S[m²] : 면적, $D = \dfrac{1}{M}$: 감광보상율, $M = \dfrac{1}{D}$: 유지율

5. 건축화 조명의 종류

1) 다운 라이트

천장에 구멍을 뚫어 그 속에 기구를 매입한 방식으로 핀홀라이트, 코퍼 라이트 방식 등

2) 핀홀라이트

다운라이트의 일종으로 아래로 조사되는 구멍을 작게 하거나 렌즈를 달아 복도에 집중 조사되도록 하는 방식

3) 광량 조명

연속 열의 기구를 천장에 넣거나 대들보에 설치하는 방식

4) 광천장 조명

건축구조로 천장에 기구를 설치하고 루버나 확산투과 아크릴판으로 천장으로 마감하는 방식이며 천장전면을 낮은 휘도로 비추는 방식

5) 코브라이트

간접조명이지만 간접조명기구를 사용치 않고 천장 또는 벽의 구조로 만든 것

6) 코너 조명

천장과 벽면의 경계구석이나 또는 동시에 투사하는 실내조명으로 지하도용으로 많이 사용된다.

7) 코니스 조명

코너 조명과 같은 방식이지만 건축적으로 둘레 턱을 만들어 내부에 등기구를 설치하는 방식

8) 루버천장 조명

천장면에 루버판을 부착하고 천장내부에 광원을 배치하는 방식으로 직사 현휘가 없고 낮은 휘도 밝은 직사광을 얻고 싶은 경우에 채택하는 건축화 조명방식

9) 코퍼 조명

천장 면을 여러 형태로(사각 또는 원) 오려내고 다양한 매입기구를 취부하여 실내의 단조로움을 피한 조명방식 천장 면에 매입한 등 기구 하부에는 주로 아크릴판을 부탁하고 천장중앙에 반 간접기구를 매다는 조명방식으로 은행, 1층 홀, 백화점 1층 로비 등에 많이 시설된다.

10) 밸런스조명

벽면을 밝은 광원으로 조명하는 방식으로 숨겨진 램프의 직접 광이 아래쪽 벽, 커튼, 위쪽 천장 면에 비추게 하는 조명방식으로 분위기 조명으로 많이 채택

필수확인 O·X 문제 난이도 ★★☆☆☆ 최근기출년도 00. 08. 17

1. 도로 조명 설계시 곡선도로에서 양측 배치의 경우는 지그재그식 으로 한다. ( )
2. 다운라이트의 일종으로 아래로 조사되는 구멍을 작게하거나 렌즈를 달아 복도에 집중 조사되도록 하는 방식을 핀홀 라이트라 한다. ( )

상세해설
1. (×) 가로등 주를 양쪽 배치 시 대칭 배열을 한다.
2. (○)

Chapter 01 조명공학 출제예상문제

- 우선순위 논점은 전기공사(산업)기사 시험에서 가장 출제 빈도가 높은 문제로써, 수험생분들께서는 각 파트별 우선순위 문제의 논점과 키워드를 학습하시기를 바랍니다.
- 체크 리스트를 작성하시면서 문제의 유형과 학습의 완성도를 스스로 체크 해 보시기를 바랍니다.
- "선생님의 콕콕 포인트"는 틀리기 쉬운 문제의 함정과 문제의 포인트를 집어드립니다. 우선순위 문제풀이의 포인트를 꼭 참고하고 응용문제의 해결능력을 길러 줍니다.

| 번호 | 우선순위 논점 | KEY WORD | 나의 정답 확인 | | | | 선생님의 콕콕 포인트 |
| | | | 맞음 | 틀림(오답확인) | | | |
				이해 부족	암기 부족	착오 실수	
9	광속	구, 평균구면, 전구					광원의 모양에 따른 입체각과 광속계산 식을 암기 할 것
13	광속	반사율, 투과율, 광속					빛의 원리를 이용하여 반사 광속, 투과 광속을 계산 할 것
16	광도	전등효율, 구면광도					전등효율을 이용 광속 계산 후 광도를 계산 할 것
20	광도	원통, 원주, 구면광도					원통의 광속을 먼저 계산 후 구면광도를 계산 할 것
23	조도	광도, 점광원, 떨어진 거리, 기울기 각					조도의 입사각 코사인법칙을 이용하여 계산 할 것
28	조도	반구형 천장, 반구 내 휘도, 떨어진 지점의 조도					반구형 천장, 평원판 광원에 의한 조도 계산식 암기 할 것
32	광속발산도	완전확산면, 광속발산도, 휘도					광속발산도 공식을 암기 할 것
37	광속발산도	반사율, 투과율, 광도, 글로브					광속발산도 공식을 암기 할 것
40	광속발산도	반사율, 조도					반사율만 주었으므로 반사면의 광속발산도 공식을 이용 할 것
44	배광곡선 루소선도	배광곡선, 루소선도					유도 하지 말고 공식만 정확히 암기할 것
48	온도방사	흑체온도, 파장					비인(빈)의 변위 법칙
58	백열전구	전구, 필라멘트					백열전구 필라멘트의 구비조건을 암기 할 것
70	나트륨등	효율이 높은, 투과율이 큰, 안개, 강변도로, 주사액					나트륨등의 특징을 암기 할 것
80	네온전구	음극, 직류극성, 표시등, 종야등, 오실로그래프					네온전구의 특징을 암기 할 것
99	조명설계식	감광보상율, 조명율, 조도					조명설계식을 암기 할 것

★★☆☆☆

01 복사속의 단위는?

① 스테라디안[sr] ② 와트[W]
③ 루우멘[lm] ④ 캔들[cd]

 해설

조명의 기초
방사속(복사속) ϕ[W]
전자파로서 전달되는 이 에너지를 방사(복사)라고 하며 어떤 광원으로부터 에너지가 방사되고 있을 때, 단위 시간에 어떤 면을 통과하는 방사에너지의 양을 방사속(복사속) 이라고 하고, 그 단위는 와트[W]를 사용한다.

★★☆☆☆

02 최대 시감도에서의 발광 효율[lm/W]은?

① 555 ② 680
③ 5550 ④ 6800

해설

조명의 기초
최대 시감도
① 파장 : 555[nm]
② 발광효율 : 680[lm/W]
③ 색상 : 황록색

[정답] 01 ② 02 ②

03 빛의 파장이 몇 [nm]인 때 가장 밝게 느껴지는가?

① 300
② 400
③ 500
④ 555

해설
조명의 기초
2번 해설 참조

04 시감도가 가장 크며 우리의 눈에 가장 잘 반사되는 색깔은?

① 등색
② 녹색
③ 황록색
④ 적색

해설
조명의 기초
2번 해설 참조

05 다음 중 잘못된 것은?

① $1\,[lx] = 1\,[lm/m^2]$
② $1\,[ph] = 1\,[lm/cm^2]$
③ $1\,[ph] = 10^5\,[lx]$
④ $1\,[rlx] = 1\,[lm/m^2]$

해설
조명의 기초량 계산
조도의 단위
① $1[lm/m^2] = 1[lx]$ 럭스
② $1[lm/cm^2] = 10^4[lx] = 1[ph]$ 포토

06 다음 중 단위가 잘못된 것은?

① $1\,[lx] = 1\,[lm/m^2]$
② $1\,[sb] = 10^2\,[nt]$
③ $1\,[sb] = 1\,[cd/cm^2]$
④ $1\,[ph] = 10^4\,[lx]$

해설
조명의 기초량 계산
휘도의 단위
① $[cd/cm^2 = sb]$는 스틸브(stilb, 기호 : sb)
② $[cd/m^2 = nt]$는 니트(nit, 기호 : nt)
※ 단위 환산 $1[nt] = 10^{-4}[sb]$, $1[sb] = 10^4[nt]$

07 다음 설명 중 잘못된 것은?

① 조도의 단위는 $[lx] = [lm/m^2]$이다.
② 광속 발산도 단위 $[lm/m]$이를 [radiant lux]라 하며 $[lx]$로 표시한다.
③ 광도의 단위는 $[lm/sterad]$로 [candela]라 하며 $[cd]$로 표시한다.
④ 휘도 보조 단위는 $[cd/cm^2]$를 사용하고 [stilb]라 하며 $[sb]$로 표시한다.

해설
조명의 기초량 계산
발광면의 단위 면적으로부터 발산되는 광속으로 발산 광속의 밀도를 광속 발산도(luminous emittance)라 하고, 단위로는 래드럭스(radlux, 기호 : $[rlx = lm/m^2]$)를 사용한다.

08 광속이란 무엇인가?

① 복사 에너지를 눈으로 보아 빛으로 느끼는 크기를 나타낸 것
② 단위 시간에 복사되는 에너지의 양
③ 전자파 에너지를 얼마만큼의 밝기로 느끼게 하는가를 나타낸 것
④ 복사속에 대한 광속의 비

해설
조명의 기초량 계산
① 광속은 광원에서 나오는 380~760[nm]의 방사속을 시감에 기초하여 눈으로 보아 빛으로 느끼는 크기를 나타낸 것으로서 빛의 양이라고도 한다. 단위로는 루멘(lumen, 기호 : [lm])을 사용한다.
② 방사속(복사속) $\phi[W]$
③ 조도 $E[lx]$
④ 시감도 $= \dfrac{광속}{복사속}[lm/W]$

[정답] 03 ④ 04 ③ 05 ③ 06 ② 07 ② 08 ①

★★★☆☆

09 평면 구면 광도가 780[cd]인 전구로 부터의 총 발산 광속은 약 얼마인가?

① 9800[cd] ② 9800[lm]
③ 2450[cd] ④ 2450[lm]

해설

조명의 기초량 계산
구 광원의 광속이므로
$F = 4\pi I = 4\pi \times 780 = 9801.769 \fallingdotseq 9800 [\text{lm}]$

★★☆☆☆

10 휘도가 균일한 긴 원통 광원의 축 중앙 수직 방향의 광도가 100[cd]일 때 전 광속은 약 몇 [lm]인가?

① 514 ② 100
③ 986 ④ 1256

해설

조명의 기초량 계산
원통 원주 광원 수직 방향의 광도이므로
$F = \pi^2 I = \pi^2 \times 100 = 986.960 \fallingdotseq 986 [\text{lm}]$

★★☆☆☆

11 반사율 ρ, 투과율 τ, 흡수율 δ일 때 이들의 관계식은?

① $\rho + \tau + \delta = 1$
② $\rho - \tau - \delta = 1$
③ $\dfrac{(\rho + \tau)}{\delta} = 1$
④ $\dfrac{\rho}{(\tau + \delta)} = 1$

해설

조명의 기초량 계산
빛의 원리

반사율 $\rho = \dfrac{\text{반사광속}}{\text{입사광속}} \times 100 [\%]$

투과율 $\tau = \dfrac{\text{투과광속}}{\text{입사광속}} \times 100 [\%]$

흡수율 $\delta(\alpha) = \dfrac{\text{흡수광속}}{\text{입사광속}} \times 100 [\%]$

$\rho + \tau + \delta = 1$이 된다.

★★☆☆☆

12 반사율 41[%], 흡수율 23[%]의 종이의 투과율 [%]은?

① 41 ② 23
③ 36 ④ 64

해설

조명의 기초량 계산
반사율 $\rho = 0.41$, 흡수율 $\delta(\alpha) = 0.23$이고
빛의 원리는 $\rho + \tau + \delta = 1$이므로
투과율 $\tau = 1 - \rho - \delta = 1 - 0.41 - 0.23 = 0.36$이므로
투과율 $\tau = 36[\%]$이다.

★★★☆☆

13 어떤 종이가 반사율 50[%], 흡수율 20[%]이다. 여기서 1200[lm]의 광속을 비추었을 때 투과 광속[lm]은?

① 36 ② 96
③ 360 ④ 960

해설

조명의 기초량 계산
반사율 $\rho = 0.5$, 흡수율 $\delta(\alpha) = 0.2$, 광속 $F = 1200 [\text{lm}]$에서
$\rho + \tau + \delta = 1$이므로
투과율 $\tau = 1 - \rho - \delta = 1 - 0.5 - 0.2 = 0.30$이므로
투과광속 $F_\tau = \tau F = 0.3 \times 1200 = 360 [\text{lm}]$이다.

★★★☆☆

14 반사율 40[%], 투과율 10[%]인 종이에 1000[lm]의 빛을 비추었을 때 흡수되는 광속[lm]은?

① 250 ② 400
③ 500 ④ 650

해설

조명의 기초량 계산
반사율 $\rho = 0.4$, 투과율 $\tau = 0.1$, 광속 $F = 1000 [\text{lm}]$에서
$\rho + \tau + \delta = 1$이므로
투과율 $\delta(\alpha) = 1 - \rho - \tau = 1 - 0.4 - 0.1 = 0.5$이므로
흡수광속 $F_\delta = \delta F = 0.5 \times 1000 = 500 [\text{lm}]$이다.

[정답] 09 ② 10 ③ 11 ① 12 ③ 13 ③ 14 ③

15 휘도가 $B[\text{cd/m}^2]$ 이고 반지름이 $r[\text{m}]$ 인 등휘도 완전 확산성 구 광원의 전광속 $F[\text{lm}]$ 은 얼마인가?

① $4r^2B$ ② $\pi r^2 B$
③ $\pi^2 r^2 B$ ④ $4\pi^2 r^2 B$

해설
조명의 기초량 계산
반지름이 $r[\text{m}]$ 인 등휘도 완전 확산성 구 광원의 휘도
$B = \dfrac{I}{S} = \dfrac{I}{\pi r^2} = \dfrac{F}{4\pi \times \pi r^2}[\text{nt}]$ 를 이용 정리하면
$F = 4\pi^2 r^2 B[\text{lm}]$

16 전등 효율이 $14[\text{lm/W}]$ 인 $100[\text{W}]$ 백열 전구의 구면 광도는 몇 $[\text{cd}]$ 인가?

① 119   ② 111
③ 109   ④ 101

해설
조명의 기초량 계산
전등 효율 $\eta = \dfrac{F}{P}[\text{lm/W}]$을 이용하여 광속을 구하면
$F = P\eta = 100 \times 14 = 1400[\text{lm}]$ 이고
구 광원에서의 광속 $F = 4\pi I[\text{lm}]$ 에서
광도 $I = \dfrac{F}{4\pi} = \dfrac{1400}{4 \times \pi} = 111.408 ≒ 111[\text{cd}]$ 이다.

17 조명에서 칸델라 $[\text{cd}]$ 는 무엇의 단위인가?

① 휘도   ② 조도
③ 광도   ④ 광속발산도

해설
조명의 기초량 계산
① 휘도 $B = \dfrac{I}{S}[\text{cd/m}^2 = \text{nt}]$
② 조도 $E = \dfrac{F}{S}[\text{lm/m}^2 = \text{lx}]$
③ 광도 $I = \dfrac{F}{\omega}[\text{lm/sr} = \text{cd}]$
④ 광속발산도 $R = \dfrac{F}{S}[\text{rlx}]$

18 열전구의 전광속 $1200[\text{lm}]$ 이다. 입체각 $600[\text{sr}]$ 으로 복사되고 있을 때 광도 $[\text{cd}]$ 는 얼마인가?

① 1   ② 2
③ 3   ④ 4

해설
조명의 기초량 계산
광도 $I = \dfrac{F}{\omega} = \dfrac{1200}{600} = 2[\text{cd}]$
여기서, $F[\text{lm}]$: 광속, $\omega[\text{sr}]$: 입체각

19 전광속 F, 양단면엔 빛이 없는 등휘도 완전 확산 원주 광원의 원주축과 θ의 각도를 이루는 방향의 광도는?

① $\dfrac{F\sin\theta}{\pi}$ ② $\dfrac{F\sin\theta}{\pi^2}$
③ $\dfrac{F\sin\theta}{4\pi}$ ④ $\dfrac{F\sin\theta}{2\pi^2}$

해설
조명의 기초량 계산

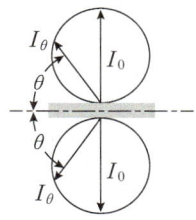

원주 광원의 지름 d, 길이를 l이라 하면
광속 발산도 $R = \dfrac{F}{S} = \dfrac{F}{\pi d l} = \pi B[\text{rlx}]$ 이고
이를 정리하면 휘도 $B = \dfrac{F}{\pi^2 d l}[\text{rlx}]$
이때 수직 방향의 광도 I_0는 수직 투영 면적이 dl이고
휘도 $B = \dfrac{I}{S}[\text{nt}]$, $I = BS[\text{cd}]$를 이용하면
$I_0 = Bdl = \dfrac{F}{\pi^2 dl} dl = \dfrac{F}{\pi^2}$ 이며, 각 방향의 배광은 그림과 같이 구성이 되므로 $I_\theta = I_0 \cos(90° - \theta) = I_0 \sin\theta = \dfrac{F}{\pi^2}\sin\theta[\text{cd}]$ 가 된다.

[정답] 15 ④ 16 ② 17 ③ 18 ② 19 ②

★★★★☆

20 균일한 휘도를 가진 원통(원주) 광원의 축 중앙 수직 방향의 광도가 150[cd] 이다. 이 원통 광원의 구면 광도 [cd] 는 약 얼마인가?

① 117 ② 128
③ 136 ④ 147

🔍 **해설**

조명의 기초량 계산

원통, 원주 광원의 광속 $F = \pi^2 I = \pi^2 \times 150 = 1480.44$ [lm] 이고 구면 광원의 광속식 $F = 4\pi I$ [lm] 을 이용

광도 $I = \dfrac{F}{4\pi} = \dfrac{1480.44}{4 \times \pi} = 117.809$ [cd]

★★★☆☆

21 휘도가 B인 무한히 넓은 등휘도 완전 확산성 천장 바로 아래 h인 거리에 있는 점의 수평조도는?

① $\dfrac{B}{h^2}$ ② $\dfrac{B}{h}$
③ πB ④ $\dfrac{\pi B}{h}$

🔍 **해설**

조명의 기초량 계산

글로브 광원을 평 원판으로 보고 그 중심 바로 아래의 조도는 거리 역제곱 법칙이 성립한다.

$E = \dfrac{I}{r^2}$ [lx] 여기서 휘도 $B = \dfrac{I}{S}$ [nt] 광도는 $I = BS$ [cd]을 적용

이를 정리하면 $E = \dfrac{BS}{r^2} = \dfrac{\pi r^2 B}{r^2} = \pi B$ [lx]이다.

여기서, $r = h$

★★★☆☆

22 20[cm²]의 면적에 0.8[lm] 의 광속이 조사하고 있다. 이 면의 조도는 몇 [lx]인가?

① 200 ② 300
③ 400 ④ 500

🔍 **해설**

조명의 기초량 계산

조도 $E = \dfrac{F}{S}$ [lm/m²=lx] $= \dfrac{0.8}{20 \times 10^{-4}} = 400$ [lx]

★★★★☆

23 점광원 150[cd]에서 5[m] 떨어진 거리에서, 그 방향과 직각인 면과 기울기 60°로 설치된 간판의 조도[lx]는?

① 1 ② 2
③ 3 ④ 4

🔍 **해설**

조명의 기초량 계산

광원에서 r[m] 떨어져서 θ만큼 기울어진 면의 조도 E[lx]는 입사각 코사인 법칙을 이용 $E = \dfrac{I}{r^2}\cos\theta$ [lx] $= \dfrac{150}{5^2} \times \cos 60° = 3$ [lx]

★★★☆☆

24 투과율이 40[%] 인 완전확산성의 유백색 유리판을 천장 뒤에서 조사하여 방바닥에서 본 휘도를 0.4[cd/cm²]로 하려면 천장 뒤의 유리면의 조도[lx]를 구하시오.

① $10^4\pi$ ② $9^4\pi$
③ $7^4\pi$ ④ $6^4\pi$

🔍 **해설**

조명의 기초량 계산

광속발산도 $R = \dfrac{F}{S}\eta = \eta E = \rho E = \tau E = \pi B$ [rlx]에서

조도 $E = \dfrac{\pi B}{\tau}$ [lx], 투과율 $\tau = 0.4$,

휘도 $B = 0.4$ [cd/cm²] $= 0.4 \times 10^4$ [cd/m²]이므로

$E = \dfrac{\pi B}{\tau} = \dfrac{\pi \times 0.4 \times 10^4}{0.4} = 10^4\pi$ [lx]이 된다.

★★★★☆

25 지표상 6[m]의 높이에 백열 전등을 장치하여 가로 조명을 하는 경우에 전등 바로 아래로부터 8[m] 떨어진 P점의 법선 조도[lx]는 ?(단, 전등의 P점을 향하는 방향의 광도는 50[cd] 이다.)

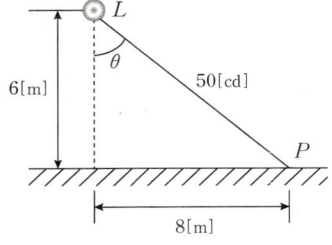

[정답] 20 ① 21 ③ 22 ③ 23 ③ 24 ① 25 ④

① 0.2   ② 0.3
③ 0.4   ④ 0.5

🔍 **해설**

조명의 기초량 계산

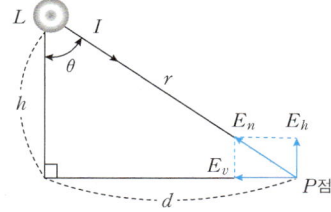

① 법선 조도 : $E_n = \dfrac{I}{r^2}[\text{lx}]$

② 수평면 조도 : $E_h = E_n \cos\theta = \dfrac{I}{r^2}\cos\theta = \dfrac{I}{h^2}\cos^3\theta\,[\text{lx}]$

③ 수직면 조도 : $E_v = E_n \sin\theta = \dfrac{I}{r^2}\sin\theta = \dfrac{I}{d^2}\sin^3\theta\,[\text{lx}]$

여기서 $r = \sqrt{h^2 + d^2}\,[\text{m}]$, $\cos\theta = \dfrac{h}{r}$, $\sin\theta = \dfrac{d}{r}$

P점 법선 조도

$E_n = \dfrac{I}{r^2}[\text{lx}]$, $E_n = \dfrac{50}{(\sqrt{6^2+8^2})^2} = 0.5[\text{lx}]$

★★★☆☆
26 그림과 같이 높이 5[m]의 가로등 A, B가 24[m]의 간격으로 배치되어 있고, 그 중앙 P점에서도 조도계를 A를 향하게 하여 측정한 법선조도가 1[lx], B로 향하게 측정한 조도가 0.8[lx]가 되었다. P점의 수평면 조도가 몇 [lx]인지 구하시오

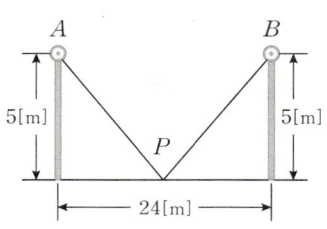

① 1.8   ② 1.66
③ 0.69 ④ 4.32

🔍 **해설**

조명의 기초량 계산

A에 의한 P점에서의 수평면 조도

$E_n = \dfrac{I}{r^2}\cos\theta = E\cos\theta = 1 \times \dfrac{5}{\sqrt{5^2+12^2}} = 0.3846[\text{lx}]$

B에 의한 P점에서의 수평면 조도

$E_n = \dfrac{I}{r^2}\cos\theta = E\cos\theta = 0.8 \times \dfrac{5}{\sqrt{5^2+12^2}} = 0.3076[\text{lx}]$

P점의 수평면 조도는 $E_h = 0.3846 + 0.3076 = 0.6922[\text{lx}]$

★★☆☆☆
27 각 방향의 배광이 균일한 광도 I인 광원을 그림과 같이 배치하였을 경우 수평거리 $a[\text{m}]$가 일정할 때 점 P에서의 수평면 조도가 최대가 되는 광원의 높이 h는 몇 [m]인가?

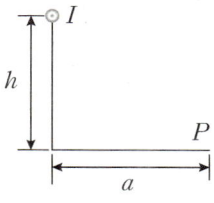

① a ② $\sqrt{2}\,a$
③ $\dfrac{a}{\sqrt{2}}$ ④ $\sqrt{3}\,a$

🔍 **해설**

조명의 기초량 계산

수평면 조도가 최대가 되기 위한 광원의 높이 h와 거리 a

① 높이 h가 일정 시 수평거리 $d = \dfrac{h}{\sqrt{3}}$

② 수평거리 a가 일정 시 높이 $h = \dfrac{a}{\sqrt{2}}$

★★★★☆
28 그림과 같이 반구형(半球形) 천장이 있다. 반지름 r은 30[cm], 반구 내의 휘도는 4,487[Cd/m²]로 균일하다. 이때 $a = 2.5$[m] 거리에 있는 바닥의 P점의 조도는 약 몇 [lx]인가?

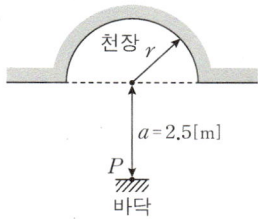

[정답] 26 ③ 27 ③ 28 ②

① 100 ② 200
③ 300 ④ 400

해설

조명의 기초량 계산

반구형 천장, 평원판 광원에 의한 조도 계산

$$E = \pi B \sin^2\theta = \pi B \left(\frac{r}{\sqrt{h^2+r^2}}\right)^2 = \frac{\pi B r^2}{h^2+r^2}[\text{lx}]$$

반지름 $r=0.3[\text{m}]$, 휘도 $B=4487[\text{cd/m}^2]$,
수직거리 $a=h=2.5[\text{m}]$ 대입하면

$$E = \frac{\pi B r^2}{r^2+a^2} = \frac{\pi \times 4487 \times 0.3^2}{0.3^2+2.5^2} = 200.105 ≒ 200[\text{lx}]$$

★★☆☆☆

29 $h[\text{m}]$의 높이에 있는 점광원에 의한 직사 조도에서 수평면 조도와 수직면 조도가 같게 되는 조건은? 단, 광원의 직하점에서 구하는 조도점까지의 거리를 $d[\text{m}]$라 한다.

① $h=0.5d$
② $h=d$
③ $h=1.5d$
④ $h=2d$

해설

조명의 기초량 계산

수평면조도와 수직면조도가 같게 되는 조건

수평면 조도 $E_h = \frac{I}{r^2}\cos\theta[\text{lx}]$, 수직면 조도 $E_v = \frac{I}{r^2}\sin\theta[\text{lx}]$

$\cos\theta = \sin\theta$ 즉 $\theta = 45°$이 되므로 $h=d$일 때 수평면조도와 수직면 조도가 같게 된다.

★★★☆☆

30 완전 확산면은 어느 방향에서 보아도 무엇이 같은가?

① 광속 ② 조도
③ 광도 ④ 휘도

해설

조명의 기초량 계산

완전 확산면이란 어떤 방향에서 바라보아도 휘도가 동일한 면을 완전 확산면 이라고 하며 광원의 경우 완전확산성 광원이라 한다.

★★☆☆☆

31 다음 중 휘도의 단위는 어느 것인가?

① [lx] ② [rlx]
③ [cd] ④ [sb]

해설

조명의 기초량 계산

① 휘도 $B = \frac{I}{S}[\text{cd/m}^2 = \text{nt}]$

② 조도 $E = \frac{F}{S}[\text{lm/m}^2 = \text{lx}]$

③ 광도 $I = \frac{F}{\omega}[\text{lm/sr} = \text{cd}]$

④ 광속발산도 $R = \frac{F}{S}[\text{rlx}]$

★★★★☆

32 완전확산면의 광속 발산도가 $3140[\text{rlx}]$일 때 휘도는 몇 $[\text{Cd/cm}^2]$인가?

① 0.1   ② 3.14
③ 628   ④ 1000

해설

조명의 기초량 계산

광속발산도 $R = \frac{F}{S}\eta = \eta E = \rho E = \tau E = \pi B[\text{rlx}]$

광속 발산도 $R[\text{rlx}]$ 휘도 $B[\text{nt}]$와의 관계는 $R = \pi B[\text{rlx}]$이므로

휘도 $B = \frac{R}{\pi} = \frac{3140}{\pi}[\text{nt} = \text{cd/m}^2] = \frac{3140}{\pi \times 10^4} = 0.1[\text{sb} = \text{cd/cm}^2]$

★★★☆☆

33 반사율 $50[\%]$의 완전 확산성의 종이를 $100[\text{lx}]$의 조도를 비추었을 때 종이의 휘도 $B[\text{Cd/m}^2]$는 약 얼마인가?

① 8   ② 16
③ 20 ④ 28

해설

조명의 기초량 계산

광속발산도 $R = \frac{F}{S}\eta = \eta E = \rho E = \tau E = \pi B[\text{rlx}]$

반사면의 조도 $E[\text{lx}]$와 휘도 $B[\text{nt}]$와의 관계는 $\rho E = \pi B[\text{rlx}]$

[정답] 29 ② 30 ④ 31 ④ 32 ① 33 ②

이므로 휘도 $B = \dfrac{\rho E}{\pi}[\text{cd/m}^2]$이고

반사율 $\rho = 0.5$, 완전 확산면의 조도 $E = 100[\text{lx}]$ 대입 계산하면

$B = \dfrac{\rho E}{\pi} = \dfrac{0.5 \times 100}{\pi} = 15.915 ≒ 16[\text{cd/m}^2]$

★★★☆☆

34 반사율이 50[%], 면적이 50[cm]×40[cm]인 완전 확산면에 100[lm]의 광속을 투사하면 그 면의 휘도는 얼마인가?

① 약 60   ② 약 80
③ 약 100 ④ 약 120

해설

조명의 기초량 계산

광속발산도 $R = \dfrac{F}{S}\eta = \eta E = \rho E = \tau E = \pi B[\text{rlx}]$

반사면의 조도 $E[\text{rlx}]$와 휘도 $B[\text{nt}]$와의 관계는
$\rho E = \dfrac{F}{S}\rho = \pi B[\text{rlx}]$

반사면의 광속발산도 $R = \dfrac{F}{S}\rho = \dfrac{100}{0.5 \times 0.4} \times 0.5 = 250[\text{rlx}]$이고

광속발산도 $R = \pi B[\text{rlx}]$이므로

휘도 $B = \dfrac{R}{\pi} = \dfrac{250}{\pi} = 79.577 ≒ 80[\text{nt}]$

★★☆☆☆

35 40[W] 2중 코일 텅스텐 전구의 표준 광속이 500[lm]이다. 이때 전등 효율[lm/W]은?

① 12.5   ② 11
③ 14   ④ 15.5

해설

조명의 기초량 계산

전등(램프) 효율 : 소비전력 $P[\text{W}]$에 대한 전 광속 $F[\text{lm}]$의 비를 말한다.

$\eta = \dfrac{F}{P}[\text{lm/W}]$

$\eta = \dfrac{F}{P} = \dfrac{500}{40} = 12.5[\text{lm/W}]$

★★☆☆☆

36 200[W] 전구를 우유색 구형 글로브에 넣었을 경우 우유색 유리 반사율을 40[%], 투과율은 50[%]라고 할 때 글로브의 효율[%]을 구하면?

① 40   ② 55
③ 83   ④ 104

해설

조명의 기초량 계산

글로브의 효율 $\eta = \dfrac{\tau}{1-\rho} \times 100[\%]$

$\eta = \dfrac{\tau}{1-\rho} \times 100 = \dfrac{0.5}{1-0.4} \times 100 = 83.333 ≒ 83[\%]$

★★★★☆

37 반사율 ρ, 투과율 τ인 완전 확산성 구형 글로브의 중심에 광도 I의 점광원을 켰을 때, 광속 발산도는?

① $\dfrac{\tau I}{r^2(1-\rho)}$ ② $\dfrac{\rho I}{r^2(1-\rho)}$
③ $\dfrac{4\pi\rho I}{r^2(1-\tau)}$ ④ $\dfrac{\rho\pi I}{r^2(1-\rho)}$

해설

조명의 기초량 계산

광속발산도 $R = \dfrac{F}{S}\eta = \eta E = \rho E = \tau E = \pi B[\text{rlx}]$

$R = \dfrac{F}{S}\eta = \dfrac{4\pi I}{\pi r^2} \times \dfrac{\tau}{1-\rho} = \dfrac{\tau I}{r^2(1-\rho)}[\text{rlx}]$

여기서, 구의 전광속 $F = 4\pi I[\text{lm}]$,

구형 글로브의 면적 $S = 4\pi r^2[\text{m}^2]$, 글로브의 효율 $\eta = \dfrac{\tau}{1-\rho}$

★★☆☆☆

38 완전 확산면의 휘도가 1[stilb]일 때의 광속 발산도[rlx]는?

① π ② $10^4\pi$
③ 4π ④ $10^{-4}\pi$

해설

조명의 기초량 계산

광속발산도 $R = \dfrac{F}{S}\eta = \eta E = \rho E = \tau E = \pi B[\text{rlx}]$

[정답] 34 ② 35 ① 36 ③ 37 ① 38 ②

완전확산면의 광속 발산도 $R=\pi B[\text{rlx}]$을 이용
휘도 $1[\text{nt}]=10^{-4}[\text{sb}]$, $1[\text{sb}]=10^{4}[\text{nt}]$이므로
$R=\pi B=10^{4}\pi[\text{rlx}]$이다.

39 ★★★☆☆
반사율 $10[\%]$, 흡수율 $20[\%]$인 $5.6[\text{m}^2]$의 유리면에 광속 $1000[\text{lm}]$인 광원을 균일하게 비추었을 때, 그 이면의 광속 발산도 $[\text{rlx}]$는? (단, 전등 기구 효율은 $80[\%]$이다.)

① 100
② 114
③ 129
④ 142

해설

조명의 기초량 계산

광속발산도 $R=\dfrac{F}{S}\eta=\eta E=\rho E=\tau E=\pi B[\text{rlx}]$

이면(반대쪽 면)의 광속 발산도 이므로 투과 광속을 이용하여 계산하여야 한다.
빛의 원리 $\rho+\tau+\delta(\alpha)=1$이므로
투과 $\tau=1-\rho-\delta(\alpha)=1-0.1-0.2=0.7$
이면의 광속 발산도 $R=\dfrac{\tau F}{S}\cdot\eta=\dfrac{0.7\times1000}{5.6}\times0.8=100[\text{rlx}]$

40 ★★★☆☆
반사율 $50[\%]$의 완전 확산성의 종이를 $100[\text{lx}]$의 조도로 비추었을 때 종이의 광속 발산도 $[\text{rlx}]$는?

① 50
② 64
③ 70
④ 81

해설

조명의 기초량 계산

광속발산도 $R=\dfrac{F}{S}\eta=\eta E=\rho E=\tau E=\pi B[\text{rlx}]$

반사면을 기준으로 한 광속 발산도 $R=\rho E[\text{rlx}]$이므로
$R=\rho E=0.5\times100=50[\text{rlx}]$

41 ★★☆☆☆
루소 선도에서 광원의 전광속 F의 식은? (단, F : 전광속, r : 반지름, S : 루소선도의 면적이다.)

① $F=\dfrac{2\pi}{r}\times S^2$
② $F=\dfrac{2\pi}{r^2}\times S^2$
③ $F=\dfrac{2\pi}{r^2}\times S$
④ $F=\dfrac{2\pi}{r}\times S$

해설

배광곡선과 루소선도

광원의 전 광속 $F=\dfrac{2\pi}{r}\times S[\text{lm}]$

$r=I_\theta$: 반지름, $S[\text{m}^2]$: 루소 그림의 면적

① 하반구 광속 $F_1=\dfrac{2\pi}{r}\times$ (루소 그림의 $0°\sim90°$ 사이의 면적)$[\text{lm}]$

② 상반구 광속 $F_2=\dfrac{2\pi}{r}\times$ (루소 그림의 $90°\sim180°$ 사이의 면적)$[\text{lm}]$

42 ★★★☆☆
루소선도가 그림과 같은 광원의 배경 곡선의 식을 구하면?

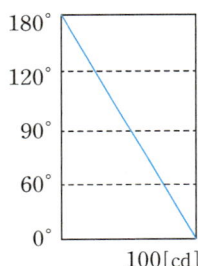

① $I_\theta=\dfrac{\theta}{\pi}\cdot100$
② $I_\theta=\dfrac{\pi-\theta}{\pi}\cdot100$
③ $I_\theta=100\cos\theta$
④ $I_\theta=50(1+\cos\theta)$

해설

배광곡선과 루소선도

비례관계를 이용한 배광곡선 식을 성립하면
$I_\theta : I = r(1+\cos\theta) : 2r$이 된다
이를 정리하면 $I_\theta\cdot 2r = I\cdot r(+\cos\theta)$이고
$I_\theta=\dfrac{100}{2}(1+\cos\theta)=50(1+\cos\theta)$이므로
$I_\theta=50(1+\cos\theta)$

별해

루소선도에서 $\theta=0°$일 때 $I=100[\text{cd}]$, $\theta=90°$일 때 $I=50[\text{cd}]$, $\theta=180°$일 때 $I=0[\text{cd}]$이므로 $I_\theta=50(1+\cos\theta)$이다.

[정답] 39 ① 40 ① 41 ④ 42 ④

43
루소 선도가 그림과 같이 표시되는 광원의 하반구 광속[lm]을 구하면? (단, 이 그림에서 곡선 BC는 4분원이다.)

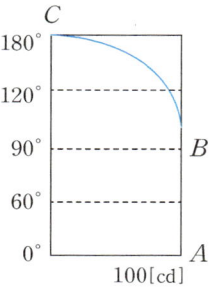

① 245
② 490
③ 628
④ 1120

해설
배광곡선과 루소선도

광원의 전 광속 $F = \dfrac{2\pi}{r} \times S[\text{lm}]$

$r = I_\theta$: 반지름, $S[\text{m}^2]$: 루소 그림의 면적

① 상반구 광속 : $F = \dfrac{2\pi}{r} \times \dfrac{1}{4}(\pi \times r^2)$

$\qquad = \dfrac{2\pi}{100} \times \dfrac{1}{4}(\pi \times 100^2) = 493[\text{lm}]$

② 하반구 광속 : $F = \dfrac{2\pi}{r} \times (\pi \times I_\theta)$

$\qquad = \dfrac{2\pi}{100} \times (100 \times 100) = 628[\text{lm}]$

44
루소 선도가 그림과 같은 광원의 배광 곡선의 식을 구하면?

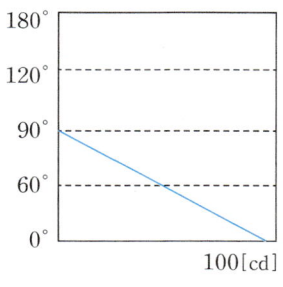

① $I_\theta = 100\cos\theta$
② $I_\theta = 50(1 + \cos\theta)$
③ $I_\theta = \dfrac{2\theta}{\pi} \times 100$
④ $I_\theta = \dfrac{\pi - 2\theta}{\pi} \times 100$

해설
배광곡선과 루소선도

비례관계를 이용한 배광곡선 식을 성립하면 $I_\theta : I = r\cos\theta : r$이 된다. 이를 정리하면 $I_\theta \cdot r = I \cdot r\cos\theta$이고 $I_\theta = 100\cos\theta$이다.

별해
루소선도에서 $\theta = 90°$일 때 $I = 0[\text{cd}]$, $\theta = 0°$일 때 $I = 100[\text{cd}]$ 이므로 $I_\theta = 100\cos\theta$이다.

45
광원의 광색 온도란?

① 백색을 낼 때의 온도
② 같은 색을 낼 때의 백금의 온도
③ 같은 색을 내는 흑체의 온도
④ 같은 색을 내는 열루미네센스의 온도

해설
광원의 발광 현상

어느 광원의 광색이 어떤 온도의 흑체 광색과 같은 색을 내는 흑체의 온도를 말한다.
색온도, 휘도온도, 복사온도 모두 흑체를 기준으로 한 것이다.

46
같은 색을 내는 흑체의 온도는?

① 복사 온도
② 절대 온도
③ 색 온도
④ 휘도 온도

해설
광원의 발광 현상

흑체 온도
① 색온도 : 어느 광원의 광색이 흑체의 광색과 같을 때 온도
② 복사온도 : 임의의 복사체의 전복사속이 흑체의 전복사속과 같을 때의 온도
③ 휘도온도 : 어느 광원의 휘도가 흑체의 휘도와 같을 때 온도

[정답] 43 ③ 44 ① 45 ③ 46 ③

47 연속 스펙트럼의 온도 복사 법칙 중 온도가 높아질수록 파장이 짧아지는 법칙은?

① 스테판 볼츠만의 법칙 ② 빈의 변위 법칙
③ 플랭크의 복사법칙 ④ 웨버와 페크너의 법칙

해설

광원의 발광 현상
비인(빈)의 변위 법칙
흑체의 분광 방사(복사) 발산도가 최대가 되는 파장은 그 흑체의 절대온도 $T[K]$에 반비례한다.

$$\lambda_m = \frac{b}{T}[m]$$

여기서, b(상수)$=2896[\mu m \cdot K]$, 절대 온도 $T[K]$, 파장 λ_m

48 완전 흑체의 온도가 4000[K]일 때 단색 복사 발산도가 최대가 되는 파장은 730[mμ]이다. 최대의 단색 복사 발산도가 555[mμ]인 흑체의 온도[K]는?

① 약 5000 ② 약 5260
③ 약 5380 ④ 약 5730

해설

광원의 발광 현상
최대 스펙트럼 방사 발산도를 생기게 하는 파장 λ_m은
빈의 변위 법칙에 의하여 $\lambda_m \propto \frac{1}{T}$를 이용
비례관계식을 성립하면 $4000 : \frac{1}{730} = x : \frac{1}{555}$이고
$x = \frac{730}{555} \times 4000 = 5261[K]$이 된다.

49 흑체 복사의 최대 에너지의 파장은 그의 온도를 절대 온도 $T[K]$로 표시할 때 어느 것이 맞는가?

① T에 비례 ② $\frac{1}{T}$에 비례
③ $\frac{1}{T^2}$에 비례 ④ 무관계

해설

광원의 발광 현상
47번 해설 참조

50 온도가 200[°K]되는 흑체의 전방사 에너지는 100[°K]일 때의 값의 몇 배가 되는가?

① 2배 ② 4배
③ 8배 ④ 16배

해설

광원의 발광 현상
스테판 볼쯔(츠)만의 법칙
흑체의 전 복사에너지는 절대 온도 $T[K]$ 4 승에 비례하며 복사온도계의 기본 원리이다.
$$W = \sigma T^4$$
여기서, 스테판 볼쯔(츠)만 상수 $\sigma = 5.68 \times 10^{-8}[W/m^2 \cdot K^4]$, 절대 온도 $T[K]$
$W = \sigma(2T)^4 = 16\sigma T^4$이므로, 16배가 된다.

51 일반적으로 태양의 색온도는 몇 [K]인가?

① 6500 ② 7500
③ 8500 ④ 9500

해설

광원의 발광 현상
광색온도
어느 광원의 광색이 어떤 온도의 흑체 광색과 같은 색을 내는 흑체의 온도를 말한다.
① 주광색 : 6000~6500[K](태양의 색온도)
② 백 색 : 4000~4500[K]
③ 온백색 : 3000~3500[K]

52 흑체의 온도 복사에 관한 표현 중 틀린 것은?

① 전복사 에너지는 절대 온도의 4승에 비례한다.
② 최대 에너지는 절대 온도의 2승에 비례한다.
③ 최대 복사 에너지의 파장은 절대 온도에 반비례한다.
④ 흑체의 온도가 높아질수록 최대 복사 에너지 파장은 짧아진다.

해설

광원의 발광 현상
50번 해설 참조

[정답] 47 ② 48 ② 49 ② 50 ④ 51 ① 52 ②

53 복사 루미네선스 중 자극을 주는 조사가 계속되는 동안만 발광 현상을 일으키는 것은?

① 형광
② 마찰
③ 인광
④ 파이로

해설

루미네선스
복사 루미네선스 중 자극을 주는 조사가 계속되는 동안만 발광 현상을 일으키는 것을 형광이라 하고, 자극이 없어진 후에도 수 분 또는 수 시간을 발광을 지속하는 것을 인광이라 한다.

54 방전발광(루미네선스)에서 고압 수은 램프에 속하지 않는 것은?

① 수은 램프
② 할로겐전구
③ 형광 수은 램프
④ 메탈할라이트 램프

해설

루미네선스
루미네선스는 빛을 발생시키는 온도 복사를 제외한 모든 발광현상을 루미네선스(luminescence)라 한다. 그러나 백열전구나 할로겐전구는 온도 복사를 이용한 광원이다.

55 다음의 법칙은 어느 법칙에 해당되는지 문제를 잘 읽고 고르시오.

"평등 전계하에서 방전 개시전압은 기체의 압력과 전극거리와의 곱의 함수가 된다."

① 스토크스의 법칙
② 스테판-볼츠만의 법칙
③ 파센의 법칙
④ 플랑크의 법칙

해설

기체중 방전
파센 법칙
기체 중에 평등 전계 하에서 방전개시 전압은 기체의 압력과, 전극 거리와의 곱의 함수가 된다.
$$V \propto p \times d$$
여기서, $V[V]$: 방전개시전압, $P[Pa]$: 기압,
$d[mm]$: 전극사이의 거리

56 전구의 봉합부 도입선으로 쓰이는 재료는?

① 니켈강에 동을 피복한 것
② 몰리브덴
③ 동에 니켈강을 피복한 것
④ 동선

해설

광원 - 백열전구
전구는 백열전구를 말한다.

베이스	황동판, 내식성알루미늄
외부도입선	구리, 니켈 도금 철선, 듀우밋선
봉합부도입선 또는 봉착부도입선	듀밋선 = 니켈강에 구리를 피복 (유리와 팽창 계수가 같다.)
내부도입선	구리, 니켈 도금 철선, 듀밋선
앵커(지지선)	몰리브덴선(부착계수가 좋다.)
필라멘트(발광체)	텅스텐(최고온도 2800~3200$[K]$)

57 가스를 넣은 전구에서 질소 대신 아르곤을 사용한 이유는?

① 값이 싸다.
② 열의 전도율이 크다.
③ 열의 전도율이 작다.
④ 비열이 작다.

해설

광원 - 백열전구
백열전구의 가스(gas) 봉입
① 가스 봉입 이유
　ⓐ 필라멘트의 증발을 억제
　ⓑ 수명을 길게
　ⓒ 발광효율을 높게 하기 위하여
② 봉입 가스 : 아르곤(Ar)과 질소(N)을 봉입한다.
　ⓐ 아르곤 Ar (90~96[%]) : 열전도율이 작아 가스손을 줄일 수 있으나 단점은 가격이 비싸다.
　ⓑ 질소 N (4~10[%]) : 산화 방지 및 아크를 방지하여 수명을 길게 한다.

[정답] 53 ① 54 ② 55 ③ 56 ① 57 ③

58 백열 전구에 사용되는 필라멘트 재료의 구비 조건에서 잘못된 것은?

① 용융점이 높을 것
② 고유저항이 클 것
③ 높은 온도에서 증발이 적을 것
④ 선팽창계수가 높을 것

해설

광원 – 백열전구
백열전구 필라멘트 재료로서의 필요 조건은 다음과 같다.
① 융해점이 높을 것
② 고유저항이 클 것
③ 높은 온도에서 기계적 강도 크고 증발성이 적을 것
④ 선팽창 계수가 적을 것
⑤ 전기저항의 온도계수가 +일 것
⑥ 경제적이며 가공이 용이 할 것

59 2중 코일 필라멘트 사용시 그 효과는?

① 효율을 좋게 한다.
② 광색을 개선한다.
③ 휘도를 줄인다.
④ 배색을 개선한다.

해설

광원 – 백열전구
필라멘트의 2 중 코일 사용하는 이유는 수명을 길게 하고 효율을 높이기 위하여 2중 코일을 사용한다.

60 방전등의 전압전류 특성은 부특성(負特性)[마이너스]이므로 이것을 일정 전압의 전원에 연결하면 전류가 급속히 증대되어 방전등을 파괴한다. 이것을 방지하기 위하여 필요한 장치는

① 점등관
② 콘덴서
③ 안정기
④ 쵸크 코일

해설

광원 – 형광등
안정기 : 방전등의 전압전류특성은 마이너스 특성으로 일정전압의 전원에 연결하면 전류가 급속이 증대되어 방전등을 파괴할 수 있으므로 이를 방지하기 위한 장치를 말한다.
(안정기 역율 50~60[%], 고 역율 안정기는 85[%])

61 형광 방전등의 효율이 가장 좋으려면 주위 온도[℃]와 관벽 온도[℃]는 각각 어느 것이 적당한가?

① 주위 온도 : 40[℃], 관벽 온도 : 40~45[℃]
② 주위 온도 : 25[℃], 관벽 온도 : 40~45[℃]
③ 주위 온도 : 40[℃], 관벽 온도 : 20~30[℃]
④ 주위 온도 : 25[℃], 관벽 온도 : 20~30[℃]

해설

광원 – 형광등
효율이 최대가 되는 주위온도 20~25[℃]일 때 관벽 온도는 40~45[℃]

62 형광체가 발산하는 복사의 파장은 조사된 복사의 파장보다 항상 길다는 법칙은?

① 플랭크의 법칙
② 스테판볼쯔만의 법칙
③ 스토크의 법칙
④ 빈의 변위법칙

해설

광원 – 형광등
스토크스 법칙 : 발광체가 발산하는 복사의 파장은 조사된 복사의 파장보다 항상 길다.

63 다음 형광 방전관의 색깔 중 색온도가 가장 높은 것은?

① 백색
② 주광색
③ 온백색
④ 적색

해설

광원 – 형광등
광색에 의한 형광등 분류 주광색 : 기호 D,
상관색온도 : 5700~7100[°K]

64 형광등에서 가장 효율이 높은 색깔은?

① 백색
② 적색
③ 주광색
④ 녹색

[정답] 58 ④ 59 ① 60 ③ 61 ② 62 ③ 63 ② 64 ④

> **해설**

광원 – 형광등
광색에 의한 효율이 높은 순 : 녹색 > 백색 > 주광색 > 적색

★★☆☆☆
65 형광체로 쓰이지 않는 것은?

① 텅스텐산 칼슘　　② 규산 아연
③ 붕산 카드뮴　　　④ 황산 나트륨

> **해설**

광원 – 형광등
형광체의 종류 및 광색
① 텅스텐산칼슘(CaWO$_4$ – Sb) 청색
② 텅스텐산마그네슘(MgWO$_4$) 청백색
③ 규산아연(ZnSiO$_3$ – Mn) 녹색(효율최대)
④ 규산카드뮴(CdSiO$_2$ – Mn) 등색
⑤ 붕산카드뮴(CdB$_2$O$_5$) 핑크색(정육점)

★★★☆☆
66 다음에서 정육점 육류 진열장에 조명할 형광등의 형광체는 어느 것이 가장 효과적인가?

① 텅스텐산 칼슘(CaWO$_4$ – Sb)
② 텅스텐산마그네슘(MgWO$_4$)
③ 붕산카드뮴(CdB$_2$O$_5$)
④ 규산아연(ZnSiO$_3$ – Mn)

> **해설**

광원 – 형광등
65번 해설 참조

★★★☆☆
67 형광 램프의 동정 특성에서 광속은 어느 때 측정한 값을 말하는가?

① 제조 직후
② 점등 100시간 후
③ 점등 500시간 후
④ 점등 1000시간 후

> **해설**

광원 – 형광등
형광등 광속 특성
① 전광속 : 점등 100 시간 후 광속 측정(초특성)
② 동정특성 광속 : 점등 500 시간 후 광속 측정

★★★☆☆
68 형광등의 초특성은 어느 때 측정한 값인가?

① 제조직후　　　　② 점등 50시간 후
③ 점등 100시간 후　④ 점등 200시간 후

> **해설**

광원 – 형광등
67번 해설 참조

★★☆☆☆
69 저압 수은 등에서 발산되는 스펙트럼에서 최대 에너지의 파장은?

① 5560[Å]　　　② 3550[Å]
③ 4500[Å]　　　④ 2537[Å]

> **해설**

광원 – 수은등
저압 수은등
① 봉입가스 0.01[mmHg](10^{-2})기압
② 스펙트럼 에너지 파장 : 2537[Å]
③ 효율 5~10[lm/W]이고 자외선 살균등에 사용

★★★★☆
70 방전등의 일종으로 효율이 좋으며 빛의 투과율이 크고 황색의 단색광이며 안개속을 잘 투과하는 등은?

① 나트륨등　　　② 옥소전구
③ 형광등　　　　④ 수은등

> **해설**

광원 – 나트륨등
나트륨등의 특징
① 투시력이 좋아 안개 지역, 터널, 주사액의 불순물 검출 등에 사용된다.

[정답] 65 ④　66 ③　67 ③　68 ③　69 ④　70 ①

② 단색 광원으로 옥내 조명에 부적당
③ 인공 광원 중 효율이 가장 좋다.
④ 복사에너지 대부분이 5890[Å]에 D선이고, 비시감도가 좋다.
　(비시감도 76.5[%])

71 나트륨의 효율은 어떤 범위가 가장 적당한가?

① 20～25[lm/W]　② 25～55[lm/W]
③ 80～150[lm/W]　④ 50～75[lm/W]

해설

광원 – 나트륨등
각등의 효율 범위
① 나트륨 램프 : 80～150[lm/W]
② 메탈 할라이드 램프 : 75～105[lm/W]
③ 형광 램프 : 48～80[lm/W]
④ 수은 램프 : 35～55[lm/W]
⑤ 할로겐 램프 : 20～22[lm/W]
⑥ 백열 전구 : 7～22[lm/W]

72 나트륨등의 이론 효율[lm/W]는 약 얼마인가?

① 255　② 300
③ 395　④ 500

해설

광원 – 나트륨등
나트륨등의 효율을 물어볼 시 고압 나트륨등이 기준이므로 나트륨등의 분광 분포에서 D선의 에너지는 전방사 에너지의 76[%], 비시감도는 0.765, 최대시감도는 680[lm/W]이므로 이론 효율은
$680 \times 0.765 \times 0.76 ≒ 395[lm]$

73 조명 기구 중 효율이 가장 높은 것은?

① 자동차 전구　② 백열 전구
③ 탄소 아크등　④ 형광등

해설

광원
각등의 효율 범위
① 나트륨 램프 : 80～150[lm/W]
② 메탈 할라이드 램프 : 75～105[lm/W]
③ 형광 램프 : 48～80[lm/W]
④ 수은 램프 : 35～55[lm/W]
⑤ 할로겐 램프 : 20～22[lm/W]
⑥ 백열 전구 : 7～22[lm/W]

74 메탈 할라이드 램프의 특징에 해당되지 않는 것은?

① 고휘도 광원이다.
② 광속이 적고 배광 제어가 용이하다.
③ 수명이 길다.
④ 연색성이 양호하다.

해설

광원 = 메탈할라이드 등
메탈할라이드 등의 특징
① 연색성이 좋다.
② 고 휘도이며 1등당 광속이 많고 배광 제어가 용이하다.
③ 수명이 길고 효율(75～105[lm/W])이 높다
④ 점등 부속장치 필요하므로 가격이 비싸다.
⑤ 시동전압이 높으며 점등 방향이 수평이 되어야 한다.
⑥ 광색은 백색이다.

75 메탈 할라이트램프에 대한 설명으로 옳지 않은 것은?

① 고휘도이고 1등당 광속이 많고 배광제어가 쉽다.
② 연색성이 나쁘다.
③ 수명이 길고 효율이 높다.
④ 시동전압이 높으며 점등 방향이 수평이 되어야 한다.

해설

광원 = 메탈할라이드 등
74번 해설 참조

76 등기구 중 특별히 표시할 경우 용량 앞에 각각의 기호를 표시한다. 알맞게 표시된 기호는?

① 형광등 : F　② 수은등 : N
③ 나트륨등 : T　④ 메탈할라이트등 : H

[정답] 71 ③　72 ③　73 ④　74 ②　75 ②　76 ①

해설

광원

형광등 : F, 수은등 : H, 나트륨등 : N, 메탈할라이드등 : M, 크세논등 : X

★★★☆☆
77 HID 램프가 아닌 것은?

① 고압 수은 램프 ② 고압 나트륨 램프
③ 고압 흑소 램프 ④ 메탈 할라이드 램프

해설

광원

HID(High Intensity Discharge Lamp)램프 : 고효율(고휘도) 방전등으로 고압 수은 램프, 고압 나트륨 램프, 메탈할라이드등이 있다.

★★☆☆☆
78 발광에 양광주를 이용하는 조명등은?

① 텅스텐 아크등 ② 네온 전구
③ 탄소 아크등 ④ 네온관 등

해설

광원 – 네온관등

네온관등은 가늘고 긴 유리관의 양단에 전극을 봉입하고 수[mmHg] 불활성가스의 방전에 이용한 냉음극 방전등으로 발광원리는 양광주를 이용한다.
① 양광주 이용 : 네온관등, 수은등 및 형광등
② 음극 글로우 이용 : 네온 전구

★★★☆☆
79 음극만 빛남으로 직류 극성을 판별하는 데 이용되는 것은?

① 형광등 ② 수은등
③ 네온 전구 ④ 나트륨 등

해설

광원 – 특수 전구 및 특수 광원

네온 전구는 음극 글로우 (부글로우)를 이용하며 교류에서 반 사이클마다 음극에서만 발광하는 전구

• 네온전구의 특징
  ① 음극만 발광하므로 직류 극성의 판별에 이용
  ② 일정 전압에서만 점등되므로 검전기, 교류의 파고치값(최대값)의 측정에 쓰인다.
  ③ 빛의 관성이 없고 어느 범위 내에서는 광도와 전류가 비례하므로 오실로그래프에 이용된다.
  ④ 소비전력이 5[W]정도로 작아 표시등, 종야등, 파이롯트등 등에 사용된다.

★★★★☆
80 네온 전구의 용도로서 잘못된 것은?

① 일정한 전압에서 점등 되므로 검전기, 교류 파고값의 측정에 이용할 수 없다.
② 소비전력이 적으므로 배전반의 파이롯트램프 등에 적합하다.
③ 음극글로우를 이용하고 직류 극성 판별용에 사용된다.
④ 네온 전구는 전극간의 길이가 짧으므로 부글로우를 발광으로 이용한 것이다.

해설

광원 – 특수 전구 및 특수 광원

79번 해설 참조

★★★☆☆
81 광질과 특색이 고휘도이고 광색은 적색 부분이 비교적 많은 편이고 발생 광속이 많고 흑화가 거의 일어나지 않는 전동은?

① 할로겐 전구 ② 백열전구
③ 형광등 ④ 수은등

해설

광원 – 특수 전구 및 특수 광원

할로겐 전구 : 백열전구의 일종으로 온도복사를 이용한 전구 특징은 다음과 같다
① 백열전구에 비해 소형
② 발생광속이 많고, 광색은 적색
③ 고 휘도이며 배광제어 용이
④ 할로겐 사이클에 의해 흑화가 거의 발생 하지 않음.
⑤ 온도 복사이므로 온도(250[℃])가 높고 휘도가 크다.

[정답] 77 ③ 78 ④ 79 ③ 80 ① 81 ①

82 다음 램프 중에서 분광 에너지 분포가 주광 에너지 분포와 가장 가까운 것은?

① 형광등　　② 나트륨등
③ 크세논 램프　　④ 고압 수은 램프

> **해설**
> **광원 - 특수 전구 및 특수 광원**
> 크세논등은 높은 압력으로 봉입한 크세논 가스중의 방전을 이용한 방전등이다. 크세논등의 특징은 다음과 같다.
> ① 봉입가스 압력 10 기압 정도
> ② 연색성이 가장 좋다 즉 분광에너지와 주광에너지(자연주광) 분포가 비슷하다.
> 　※ 연색성이 가장 좋은 조명은 크세논등이고 가장 나쁜 조명은 나트륨등이다.

83 발산하는 빛이 자연주광(自然晝光)에 가장 가까운 특징을 갖는 등은?

① 크세논등　　② 나트륨등
③ EL 방전등　　④ 수은등

> **해설**
> **광원 - 특수 전구 및 특수 광원**
> 82번 해설 참조

84 광원의 연색성이 좋은 순으로 바르게 배열한 것으로 어느 것인가?

① 크세논등, 백색형광등, 형광수은등, 나트륨등
② 백색형광등, 형광수은등, 나트륨등, 크세논등
③ 형광수은등, 나트륨등, 크세논등, 백색형광등
④ 나트륨등, 크세논등, 백색형광등, 형광수은등

> **해설**
> **광원 - 특수 전구 및 특수 광원**
> 82번 해설 참조

85 다음 중 일반적으로 휘도가 가장 높은 램프는?

① 백열 전구　　② 탄소 아크등
③ 고압 수은등　　④ 형광등

> **해설**
> **광원 - 특수 전구 및 특수 광원**
> 탄소 아크등의 용도는 휘도가 큰 점광원이 얻어지므로, 영사기, 투광기 등의 광원으로 사용된다.

86 주로 휘도가 낮은 일반 조명에 사용되며 계기 조명 및 표시등에 사용되는 것은?

① 초고압 수은등　　② E L 방전등
③ 저압 수은등　　④ 살균등

> **해설**
> **광원 - 특수 전구 및 특수 광원**
> E・L 등 : Z_nS(황화 아연) 을 반도체 분말을 플라스틱이나 글라스 유전체에 넣고 전계를 가하면 전계 루미네선스에 의하여 발광하는 등으로 면광원 고체등 이라고도 하며 효율이 $10[\text{lm/W}]$ 정도이므로 일반용 조명으로는 사용하지 않으며 표시등 및 장식용등으로 사용한다.

87 특수형광 물질과 유전체를 혼합한 형광체에 교류전압을 가하여 발광시킨 면광원 램프는?

① 나트륨 램프　　② E L 램프
③ 제논 램프　　④ 형광 램프

> **해설**
> **광원 - 특수 전구 및 특수 광원**
> 86번 해설 참조

88 무영등(無影燈)의 사용이 절실히 요구되는 곳은?

① 수술실　　② 초정밀 가공식
③ 축구 경기장　　④ 천연색 촬영실

[정답] 82 ③　83 ①　84 ①　85 ②　86 ②　87 ②　88 ①

해설
광원 – 특수 전구 및 특수 광원
무영등은 간접조명이며 그림자가 발생하지 않아 의료 수술실에 사용하는 등을 말한다.

★★☆☆☆
89 조명 기구를 일정한 높이 및 간격으로 배치하여 방 전체의 조도를 균일하게 조명하는 방식이며 특징은 작업대의 위치가 변하여도 등기구의 배치를 변경시킬 필요가 없다. 가장 적합한 조명 방식은?

① 전반 조명
② 국부 조명
③ 전반 국부 겸용 조명
④ 중점 배열 조명

해설
조명설계
전반 조명 : 작업면의 전체를 균일한 조도가 되도록 조명하는 방식으로 작업의 위치가 변동하여도 기구 배치를 변경 할 필요가 없다.

★★☆☆☆
90 반직접 조명에서 하향광속의 배광은 몇 [%] 인가?

① 0~30
② 30~60
③ 60~90
④ 90~100

해설
조명설계

조명방식	하향광속[%]	상향광속[%]
직접조명	100~90	0~10
반 직접조명	90~60	10~40
전반 확산조명	60~40	40~60
반 간접조명	40~10	60~90
간접조명	10~0	90~100

★★☆☆☆
91 직접 조명의 장점이 아닌 것은?

① 조명률이 크므로 소비전력은 간접조명의 1/2~1/3이다.
② 설비비가 저렴하며 설계가 단순하다.
③ 그늘이 생기므로 물체의 식별이 입체적이다.
④ 등기구의 사용을 최소화하여 조명효과를 얻을 수 있다.

해설
조명설계
- 직접조명의 장점
  ⓐ 조명률이 크므로 소비전력은 간접조명의 1/2~1/3이다.
  ⓑ 설비비가 저렴하며 설계가 단순하다.
  ⓒ 그늘이 생기므로 물체의 식별이 입체적이다.
- 간접조명의 장점
  ⓐ 천장 전반이 광원으로 되어 있으므로 눈부심이 없다
  ⓑ 밝음의 차이와 그림자가 없는 균등한 조도를 얻을 수 있는 조명 방식

★★★☆☆
92 천장 전반이 광원으로 되어 있으므로 눈부심이 없고 밝음의 차이와 그림자가 없는 균등한 조도를 얻을 수 있는 조명 방식은?

① 직접 조명
② 간접 조명
③ 전반 조명
④ 국부 조명

해설
조명설계
91번 해설 참조

★★☆☆☆
93 광원의 전부 또는 대부분을 포위하는 것으로 일반적으로 확산성 유백색 유리로 되어 있으며 눈부심을 적게 하고 그 형상에 따라 배광이 다른 조명기구는?

① 글로브
② 반사갓
③ 투광기
④ 루버

해설
조명설계
- 조명기구
  ⓐ 루버 : 빛을 아래쪽으로 확산시키면 눈부심을 적게 하는 조명기구
  ⓑ 글로브 : 확산성 유백색 유리로 눈부심을 작게 하는 조명기구
  ⓒ 반사형 투광 기구 : 반사형 투광기구의 반사면 사용 물질은 초산은

[정답] 89 ① 90 ③ 91 ④ 92 ② 93 ①

94 반사형 투광 기구의 반사면에 사용되는 물질은?

① 알루미늄　　② 은분
③ 금분　　　　④ 초산은

[해설] 조명설계
반사형 투광 기구의 반사면에 초산은이 사용 된다

95 반간접 조명의 설계에서 등(燈)의 높이란?

① 피조면 에서 등(燈)까지의 높이
② 바닥면 에서 등(燈)까지의 높이
③ 피조면 에서 천장까지의 높이
④ 바닥면 에서 천장까지의 높이

[해설] 조명설계
- 등 고(등의 설치 높이) H
  ⓐ (반) 직접 조명 : 피조면 에서 광원까지
  ⓑ (반) 간접 조명 : 피조면 에서 천장까지

96 옥내 전반 조명에서 바닥면의 조도를 균일하게 하기 위하여 등간격과 등높이와의 관계식은? (단, 등간격 S, 등높이 H이다.)

① $S \leq H/2$　　② $S \leq H$
③ $S \leq 1.5H$　　④ $S \leq 2H$

[해설] 조명설계
- 등기구와 등기구 사이 설치 간격 : $S \leq 1.5H$(전반조명 기준)
- 등기구와 벽면 사이 간 격
  ⓐ $S \leq H/2$(벽면을 사용한다는 말이 없는 경우)
  ⓑ $S \leq H/3$(벽면을 사용하지 않을 경우)

97 방의 가로 6[m], 세로가 9[m], 광원의 높이가 3[m]인 방의 실지수는?

① 162　　② 18
③ 1.8　　④ 1.2

[해설] 조명설계
실지수는 방의 크기와 모양에 대한 광속의 이용 척도로서 다음과 같은 실지수를 사용한다.
실지수(room index) $K = \dfrac{XY}{H(X+Y)} = \dfrac{6 \times 9}{3(6+9)} = 1.2$
여기서, XY : 방의 가로 세로 길이,
　　　　H : 작업면상에서 광원까지 높이(등고)

98 다음 사항 중에서 조명률에 영향을 미치지 않는 것은?

① 방의 면의 반사율　　② 감광 보상률
③ 조명기구의 종류　　④ 실지수

[해설] 조명설계
조명율의 결정은 방의 크기와 모양에 따른 실지수, 조명 기구의 종류 및 천장, 벽, 바닥 등의 반사율에 의하여 결정된다.
$U = \dfrac{\text{피조면의 광속[lm]}}{\text{광원의 전광속[lm]}} \times 100[\%]$

99 평균 구면 광도 100[cd]의 전구 5개를 지름 10[m]인 원형의 방에 점등할 때 조명률 0.5, 감광보상률 1.5라 하면, 방의 평균 조도 [lx]는?

① 약 26　　② 약 35
③ 약 48　　④ 약 59

[해설] 조명설계
조명설계 식을 이용 $FUN = DES$
조도 $E = \dfrac{NFU}{SD}$ [lx] 이때 광속과 면적을 주어지지 않았으므로
계산을 하면 평균 구면광도 $I = \dfrac{F}{4\pi}$ [cd]이고
광속 $F = 4\pi I = 4\pi \times 100 = 400\pi = 1256.637$ [lm]
면적은 원형의 방이므로 $S = \pi r^2 = \pi \times 5^2 = 25\pi = 78.539$ [m²]
$E = \dfrac{FUN}{DS} = \dfrac{1256.637 \times 0.5 \times 5}{1.5 \times 78.539} = 26.666 ≒ 25$ [lx]

[정답] 94 ④　95 ③　96 ③　97 ④　98 ②　99 ①

여기서, N[등] : 전등(광원) 수, F[lm] : 전등 1개의 광속, NF[lm] : 전체 소요광속, U : 조명율, E[lx] : 평균 조도, S[m²] : 면적, $D=\dfrac{1}{M}$: 감광보상율, $M=\dfrac{1}{D}$: 유지율

★★★☆☆
100 가로 10[m], 세로 5[m]인 실내에 광속이 500[lm]인 전등 10개를 점등하였다. 조명률 0.5, 감광 보상률 1.5일 때 실내의 평균 조도[lx]는?

① 7.5
② 20
③ 33.3
④ 133.3

해설
조명설계

조도 $E=\dfrac{NFU}{SD}=\dfrac{10\times500\times0.5}{(10\times5)\times1.5}=33.333$[lx]

여기서, N[등] : 전등(광원) 수, F[lm] : 전등 1개의 광속, NF[lm] : 전체 소요광속, U : 조명율, E[lx] : 평균 조도, S[m²] : 면적, $D=\dfrac{1}{M}$: 감광보상율, $M=\dfrac{1}{D}$: 유지율

★★★☆☆
101 바닥면적 200[m²]의 교실에 전광속 2500[lm]의 40[W] 형광등을 시설하여 평균 조도가 150[lx]로 되게 하려면 설치할 전등수는? (단, 조명률 50[%], 감광보상률 1.25로 한다.)

① 18등
② 20등
③ 26등
④ 30등

해설
조명설계

전등수 $N=\dfrac{ESD}{FU}=\dfrac{150\times200\times1.25}{2500\times0.5}=30$[등]

※ 전등수 계산 시 소수점 발생하면 소수점이하 절상한다.
여기서, N[등] : 전등(광원) 수, F[lm] : 전등 1개의 광속, NF[lm] : 전체 소요광속, U : 조명율, E[lx] : 평균 조도, S[m²] : 면적, $D=\dfrac{1}{M}$: 감광보상율, $M=\dfrac{1}{D}$: 유지율

★★★☆☆
102 작업면에 필요한 조도를 E, 면적을 A, 조명률을 U, 전등수를 N, 광원 1개의 광속을 F, 감광 보상률을 D라고 할 때 실내 조명에서의 전소요 광속은?

① $NF=\dfrac{AED}{U}$
② $F=\dfrac{AEDN}{U}$
③ $NF=\dfrac{AED}{D}$
④ $F=\dfrac{N}{EAD}$

해설
조명설계

전체 소요광속 $NF=\dfrac{ESD}{U}$[lm]

여기서, $A=S$[m²]

★★☆☆☆
103 곡선 도로 조명상 조명 기구의 배치 조건이 가장 적당한 사항은?

① 양측 배치의 경우는 지그재그식으로 한다.
② 한쪽만 배치하는 경우는 커브 바깥쪽에 배치한다.
③ 직선 도로에서 보다 등간격을 조금 더 넓게 한다.
④ 곡선 도로의 곡률 반지름이 클수록 등간격을 짧게 한다.

해설
조명설계
곡선도로 조명 시 주의 사항
① 가로등 주를 양쪽 배치 시 대칭 배열을 한다.
② 가로등 주를 편측 배치 시 커브 바깥쪽으로 배열을 한다.
③ 직선 도로보다 등주의 간격을 짧게 한다.
④ 곡률 반경이 클수록(곡률이 작을수록) 등주의 간격은 넓게 한다.
  곡률 반경이 작을수록(곡률이 클수록) 등주의 간격을 짧게 한다.

★★☆☆☆
104 다음 중 가장 많은 조도가 필요한 장소는?

① 곡선도로
② 교차로
③ 직선도로
④ 경사도로

해설
조명설계
도로 조명중 가장 많은 조도가 필요한 장소는 인사 사고 및 차량의 사고 방지를 위하여 교차로가 가장 많은 조도가 필요하다.

[정답] 100 ③ 101 ④ 102 ① 103 ② 104 ②

★★★☆☆
105 폭 20[m]의 도로 중앙에 6[m]의 높이로 간격 24[m]마다 400[W]의 수은전구를 가설할 때 조명률 0.25, 감광보상율 1.30이라 하면 도로면의 평균 조도[lx]는 얼마인가? (단, 400[W] 수은 전구의 전광속은 23000[lm] 이다.)

① 약 18.4　　② 약 9.2
③ 약 4.6　　④ 약 46

해설
조명설계
양쪽배열(대칭), 지그재그배열 : $S=\dfrac{a \cdot b}{2}[m^2]$,
편측배열(한쪽배열), 중앙배열 : $S=ab[m^2]$
조도 $E=\dfrac{NFU}{SD}=\dfrac{23000 \times 0.25 \times 1}{(20 \times 24) \times 1.3}=9.214 ≒ 9.2[lx]$
여기서, N[등] : 가로등주 1개, F[lm] : 가로등주 1개의 전체광속, NF[lm] : 전체 소요광속, U : 조명율, E[lx] : 평균 조도, S[m²] : 면적, $D=\dfrac{1}{M}$: 감광보상율, $M=\dfrac{1}{D}$: 유지율
a[m] : 도로 폭, b[m] : 등주의 간격

★★★☆☆
106 down-light의 일종으로 아래로 조사되는 구멍을 적게 하거나 렌즈를 달아 복도에 집중 조사되도록 한 조명은?

① pin hole light　　② coffer light
③ line light　　④ cornis light

해설
조명설계
핀홀라이트 : 다운라이트의 일종으로 아래로 조사되는 구멍을 작게 하거나 렌즈를 달아 복도에 집중 조사되도록 하는 방식

★★☆☆☆
107 천정면을 여러 형태로 오려내고 다양한 형태의 매입기구를 취부하며, 높은 천정의 은행 영업실, 대형홀, 백화점 1층 등에 쓰이는 조명은?

① 밸런스 조명　　② 코브 조명
③ 루버 조명　　④ 코퍼 조명

해설
조명설계
코퍼 조명 : 천장 면을 여러 형태로(사각 또는 원) 오려내고 다양한 매입기구를 취부하여 실내의 단조로움을 피한 조명방식으로 천장면에 매입한 등기구 하부에는 주로 아크릴판을 부착하고 천장중앙에 반간접기구를 매다는 조명방식으로 은행, 1층 홀, 백화점 1층 로비 등에 많이 신설된다.

★★★☆☆
108 천장과 벽면 사이에 조명기구를 배치하여 천장과 벽면을 동시에 투사하는 실내조명 방식은?

① 코너조명　　② 코오니스조명
③ 밸런스조명　　④ 광창조명

해설
조명설계
코너조명 : 천장과 벽면의 경계구석이나 또는 동시에 투사하는 실내조명으로 지하도용으로 많이 사용된다.

★★☆☆☆
109 조명기구나 소형전기기구에 전력을 공급하는 것으로 상점이나 백화점, 전시장 등에서 조명기구의 위치를 바꾸기가 빈번한 곳에 사용되는 것은?

① 라이팅 덕트　　② 스포트라이트
③ 다운라이트　　④ 코퍼라이트

해설
조명설계
라이팅덕트 : 금속제 또는 합성수지제 덕트로 상점이나 백화점, 전시장 등에서 전원에서 복수의 조명 기구로의 조명 기구로의 배선을 공통으로 접속 수용하며 조명기구의 위치를 바꾸기가 빈번한 곳에 사용한다.

[정답] 105 ②　106 ①　107 ④　108 ①　109 ①

electrical engineer

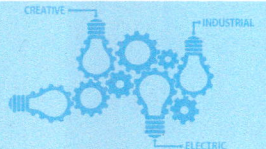

Chapter 02 전열공학

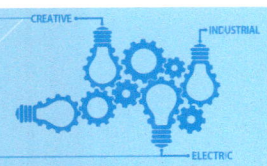

출제경향분석

제2장 전열공학에서 전열공학의 이론 및 계산법을 다루었으며 시험에 자주 출제가 되는 내용은 다음과 같다.

❶ 전열기초
❷ 전기가열의 방식
❸ 전열재료(발열체)
❹ 온도측정
❺ 전기용접

 콕콕 포인트

1 기본 전열공학

1. 전기 가열

1) 전기가열의 특징

① 열효율이 높다.
② 작업환경이 좋다.
③ 제어가 용이하다.
④ 내부 가열을 할 수 있다.
⑤ 매우 높은 온도를 얻을 수 있다.
⑥ 국부가열과 급속가열이 가능하다.
⑦ 조작이 용이하고 작업환경이 좋다.
⑧ 온도 및 가열 시간의 제어가 용이하다.

2) 열량 단위 환산

$$1[J] = 0.2389 ≒ 0.24[cal]$$
$$1[cal] = 4.186[J] ≒ 4.2[J]$$
$$1[kWh] ≒ 860[kcal]$$
$$1[BTU] = 252[cal]$$

3) 열의 전달

① 전도 : 물체를 구성하는 분자의 열운동에 의하여 열에너지가 전해지는 현상
② 대류 : 기체나 액체의 유동에 의한 전달
③ 복사 : 적외선, 빛 등의 전자파로서 전달되는 이 에너지를 방사(복사)라고 하며 복사에너지에 의하여 열의 전달

Q 포인트문제 1

전기 가열의 특징에 해당되지 않는 것은?
① 매우 높은 온도를 얻을 수 있다.
② 내부 가열이 불가능하다.
③ 온도제어 및 조작이 간단하다.
④ 열효율이 매우 좋다.

A 해설

전기가열의 특징
국부가열과 급속가열이 가능하며, 내부 가열을 할 수 있다.

정답 ②

Q 포인트문제 2

1[BTU]는 몇 [kcal]인가?
① 0.252   ② 0.035
③ 4.18   ④ 3.968

A 해설

물 1[lb]을 1[°F] 높이는데 요하는 열량을 1[BUT]라 한다.
1[BUT] = 252[cal]
       = 0.252[kcal]

정답 ①

2. 전열계산 및 발열체 설계

1) 전기회로와 전열회로의 관계

전기회로		전열회로		공업용
명 칭	기호 및 단위	명 칭	기호 및 단위	단 위
전위차	V [V]	온도차	θ [℃]	[℃=deg]
전 류	I [A]	열 류	I [W]	[kcal/h]
저 항	R [Ω]	열저항	R [℃/W]	[℃·h/kcal]
전기량	Q [C]	열 량	Q [J]	[kcal]
전도율	k [℧/m]	열전도율	k [W/m·℃]	[kcal/h·m·℃]
저항율	ρ [Ω·m]	열저항율	ρ [m·℃/W]	—
정전용량	C [F]	열용량	C [J/℃]	[kcal/℃]

2) 전열회로 계산

명 칭	공식
열류	$I = \dfrac{\theta}{R} = \dfrac{kS\theta}{\ell}$ [W]
열저항	$R = \dfrac{\theta}{I} = \rho \dfrac{\ell}{S} = \dfrac{\ell}{kS}$ [℃/W = 열Ω]
열전도율	$k = \dfrac{I\ell}{S\theta}$ [W/m·℃]
열량	$Q = C \cdot \theta$ [J]
열용량	$C = \dfrac{Q}{\theta}$ [J/℃]

여기서, k [W/m·℃] : 열전도율, S [m²] : 단면적, θ [℃] : 온도차, ℓ [m] : 길이

필수확인 O·X 문제   난이도 ★★★☆☆   최근기출년도 00. 08. 17   [1차] [2차] [3차]

1. 전기가열은 내부가열이 불가능하다. ·············· (   )
2. 열의 전달은 전도 대류 복사에 의해 이루어진다. ·············· (   )
3. 열전도율의 공업단위는 [kcal/h·m·deg] 이다. ·············· (   )

상세해설

1. (×) 전기가열은 내부가열 및 외부가열 모두 가능하다.
2. (○)
3. (○) [kcal/h·m·℃] 여기서 [℃=deg]와 같다.

 콕콕 포인트

Q 포인트문제 3

200[W]는 약 몇 [cal/s]인가?
① 4.8[cal/s]
② 48[cal/s]
③ 480[cal/s]
④ 4800[cal/s]

A 해설

1[kWh] ≒ 860[kcal]이고
1[Wh] ≒ 860[cal]이므로
1[h] = 3600[s]을 적용하면
$\dfrac{200 \times 860}{3600} = 47.777 ≒ 48$[cal/s]

정답 ②

참고

트랜지스터 열저항

트랜지스터 $R = \dfrac{T_j - T_a}{P_c}$ [℃/W]

여기서, T_j : 정합온도
T_a : 주위 온도, P_c : 컬렉터 손실

Q 포인트문제 4

열회로의 온도차는 전기 회로의 무엇에 상당하는가?
① 정전 용량   ② 저항
③ 전류   ④ 전압

정답 ④

FAQ

공기의 비열은 어떻게 되나요?

답

▶ 공기의 비열은
$c = 0.25 [\text{kcal}/°\text{C} \cdot \text{kg}]$
입니다.

참고

전열 출력 식
$H(Q) = 0.24P\eta t = cm\theta$
$= cm(T_2 - T_1)[\text{cal}]$

Q 포인트문제 5

$1[\text{kW}]$는 몇 $[\text{kg} \cdot \text{m/s}]$에 해당하는가?

① 550 ② 102
③ 75   ④ 50

A 해설

$1[\text{W}] = 1[\text{J/s}]$,
$1[\text{kg}] = 9.8[\text{N}]$,
$1[\text{J}] = 1[\text{N} \cdot \text{m}]$,
$1[\text{N}] = \frac{1}{9.8}[\text{kg}]$이므로
$1[\text{kW}] = 1000[\text{J/s}]$
$= 1000[\text{N} \cdot \text{m/s}] = \frac{1000}{9.8}$
$= 102.04[\text{kg} \cdot \text{m/s}]$

정답 ②

3) 전열 출력 식

$$H(Q) = 860P\eta t = cm\theta = cm(T_2 - T_1)[\text{kcal}]$$

기화열, 증발열, 잠열을 준 경우

$$H(Q) = 860P\eta t = cm\theta = cm[(T_2 - T_1) + q][\text{kcal}]$$

여기서, $P[\text{kW}]$: 전력, η : 발열효율, $t[\text{h}]$: 시간,

$c[\text{kcal}/°\text{C} \cdot \text{kg}]$: 비열(물 일 경우 비열 $C=1$, 질량 $1[\ell]=1[\text{kg}]$이다.),

$m[\text{kg}]$: 질량, $\theta = (T_2 - T_1)[°\text{C}]$: 온도차

$q[\text{kcal/kg}]$: 기화 잠열(물 $1[\text{kg}]$을 수증기 변화 시 $539[\text{kcal}]$ 필요)

4) 전열선의 표면 전력 밀도

$$W = \frac{P}{S}[\text{W/m}^2]$$

여기서, $P[\text{W}]$: 전력, $S = \pi dl [\text{m}^2]$: 겉 표면적

전력 $P = \frac{W}{t} = \frac{QV}{t} = VI = I^2R = \frac{V^2}{R}[\text{W}]$

5) 도선에서의 전기저항

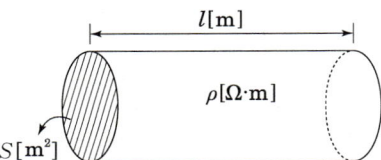

$$R = \rho\frac{l}{S} = \rho\frac{l}{\pi r^2} = \rho\frac{4l}{\pi d^2} = \frac{l}{kS}[\Omega]$$

여기서, $k = \sigma = \frac{1}{\rho}[\mho/\text{m}]$: 도전율, $\rho = \frac{1}{k}[\Omega\text{m}]$: 고유 저항

$l[\text{m}]$: 도선의 길이, $S = \pi r^2 = \frac{\pi d^2}{4}[\text{m}^2]$: 도선의 단면적

$r[\text{m}]$: 도선 단면적의 반지름, $d[\text{m}]$: 도선 단면적의 지름

2 전기 가열의 방식(전기로의 종류)

1. 저항가열

전류에 의한 옴손(줄열)을 이용 피열물을 가열하는 방식

1) 직접 가열 저항로의 종류

도전성의 피열물에 직접 전류를 통하여 가열하는 방식

① 흑연화로

상용주파 단상교류 전원을 사용하는 방식으로 열효율이 최대이며 무정형 탄소 전극으로 2200[℃] 이상의 고온으로 가열하여 이를 흑연화 시키는 저항로를 말한다.

② 카바이트로

상용주파 3상교류 전원을 사용하는 방식으로 생석회와 탄소의 혼합재료에 전류를 인가 시 2200[℃]의 열로 카바이트를 생산하는 저항로를 말한다.

$$CaO + 3C = CaC_2(제품) + CO$$

여기서, CaO : 산화칼슘(생석회), 3C : 코크스

CaC_2 : 카바이트=탄화칼슘, CO : 일산화탄소

③ 카보런덤로

탄화규소를 만드는 노로서 규석과 코크스 등의 탄재를 주원료로 소량의 톱밥과 식염(Nacl)에 직접 통전하여 1800~1900[℃]의 열로 탄화규소를 제조

$$SiO_2 + 3C = SiC(제품) + 2CO$$

여기서, SiO_2 : 이산화규소, 3C : 코크스

SiC : 탄화규소, 2CO : 이산화탄소

필수확인 O·X 문제   난이도 ★★★☆☆   최근기출년도 00. 08. 17   1차 2차 3차

1. 흑연화 전기로는 상용주파 3상 교류를 사용한다. ·············· ( )
2. 흑연화로 카보런덤로는 저항로이다. ························· ( )
3. 저항가열은 전류에 의한 옴손을 이용한 것이다. ·············· ( )

상세해설

1. (×) 흑연화 전기로는 상용주파 단상전원을 사용한다.
2. (○)
3. (○)

콕콕 포인트

Q 포인트문제 5

100[V], 500[W]의 전열기를 90[V]에서 사용할 때의 전력 [W]은?

① 350 ② 405
③ 425 ④ 450

A 해설

열선의 저항을 일정하다고 하면

전력 $P = \dfrac{V^2}{R}$[W]이므로

$P' = P\left(\dfrac{변동전압}{정격전압}\right)^2$

$= 500 \times \left(\dfrac{90}{100}\right)^2 = 405[W]$

정답 ②

Q 포인트문제 6

피열물에 직접 통전하여 발생시키는 방식은 어떤 노인가?

① 직접식 저항로
② 간접식 저항로
③ 아크로
④ 유도로

A 해설

① 직접식 저항로 : 도전성의 피열물에 직접 전류를 통하여 가열하는 방식
② 간접식 가열 저항로 : 저항체(발열체)로부터 열의 방사, 전도, 대류에 의해서 피열물에 전달하여 가열하는 방식으로 형태가 복잡한 금속제품을 균일하게 가열

정답 ①

FAQ

전기로 중 열효율이 가장 좋은 로는 무엇인가요?

답

▶ 직접식이 간접식보다는 열효율이 높고 저항로 중 카보런덤로가 효율이 가장 높으며 로의 효율 순을 보면 저항로 > 아크로 > 유도로이다.

참고
직접 가열 저항로의 또 다른 종류
① 알루미늄 전해로
② 알루미늄 제철로

참고
① 저항로에 전류 $I[A]$가 흐를 때 $t[s]$ 동안에 발생하는 열량
$Q = 0.24I^2Rt$ [cal]
② 아크가열
$Q = 0.24I^2Rt = 0.24EIt$ [cal]
여기서, $I[A]$: 아크전류,
$E[V]$: 아크 전극간 전압

Q 포인트문제 7
무정형 탄소전극 2500[℃] 정도의 고온으로 가열하여 이를 흑연화 시키는데 이용되는 로는?
① 발열체로
② 카아버런덤로
③ 지로식 전기로
④ 흑연화로

A 해설
흑연화로 : 상용주파 단상교류 전원을 사용하는 방식으로 열효율이 최대이며 무정형 탄소 전극으로 2200[℃] 이상의 고온 으로 가열하여 이를 흑연화 시키는 저항로를 말한다.

정답 ④

FAQ
수하특성이란 무엇인가요?

답
▶ 대부분의 전기기기는 공급전압이 올라가면 그 기기의 전류도 함께 상승하여 기기가 더 큰 출력을 내게 됩니다. 하지만 전기 용접을 할 때처럼 어떤 일정한 출력이 요구되는 전기기기의 경우 부하 전류가 증가하면 단자 전압이 저하되므로 그 기계의 출력을 같도록 만들 필요가 있습니다. 이때 전류가 커지면 전압을 낮추어 기기의 출력을 일정하게 하는 것을 수하 특성(垂下特性 : drooping characteristic)이라고 합니다.

2) 간접식 가열 저항로의 종류

저항체(발열체)로부터 열의 방사, 전도, 대류에 의해서 피열물에 전달하여 가열하는 방식으로 형태가 복잡한 금속제품을 균일하게 가열

① 염욕로 : 여러 가지 염과 그의 혼합물 속에 전극을 설치하여 소재를 용해시킨 다음 그 속에 금속 재료를 담가서 가열하는 열 설비이다. 용해열 속에서 가열되므로 산화가 없고 균일하고 빨리 가열된다.
② 클립톨로 : 전극 간에 설치된 탄소 입자를 발열체로 하는 로(탄소+입자점토+도가니)
③ 발열체로 : 탄화규소 발열체를 노벽에 설치하고 열의 전도 복사 대류에 의해 피열물을 가열하는 로

2. 아크가열

수하특성을 이용하여 발생되는 아크로 전극 사이에 발생하는 고온의 아크열 이용하므로 안정 저항 및 안정 리액턴스가 필요

1) 구조

① 전극
    ⓐ 탄소 전극
    ⓑ 흑연 전극
    ⓒ 인조흑연전극(고유저항이 가장 적은 전극)
② 전극재료의 구비 조건
    ⓐ 불순물이 적고 산화 및 소요가 적을 것
    ⓑ 고온에서 기계적 강도가 크고 열팽창률이 적을 것
    ⓒ 열전도율이 작고 도전율이 커서 전류밀도가 클 것
    ⓓ 성형이 유리하며 값이 쌀 것
    ⓔ 피열물에 의한 화학반응이 없고 침식되지 않을 것

2) 아크 가열의 종류

① 저압 아크가열
    ⓐ 직접 : 에루우식 제강로가 있으며 전원은 상용주파 3 상 교류를 이용하며 피열물의 표면만 가열방식이며 제철, 제강에 이용된다.
    ⓑ 간접 : 요동(로킹)식 아크로가 있으며 피열물을 균일하게 가열한다. 구리 알루미늄을 합금 용해 시 이용된다.
② 고압 아크가열 : 공기중 질소 고정. 초산석회 제조 시에 이용되며 센헬로, 포오밍로, 비란게이드 아이덴로가 있다.
③ 진공아크가열 : 제트기, 로켓트, 터빈, 항공기 분야 (설비비가 고가)

3. 유도가열

1) 원리 : 히스테리시스손 과 와류손을 이용 (교류만 사용)
2) 용도 : 제철, 제강, 반도체 정련, 금속의 표면 열처리(표피효과)

3) 특징
  ① 열손실량
    ⓐ 히스테리시스손 : $P_h = fB_m^{1.6}$ [W]
    ⓑ 와류손 : $P_e = (fB_m t)^2$ [W]
  ② 종류
    ⓐ 저주파 유도 가열 : 50~60[Hz] (알루미늄, 구리합금, 아연의 용해)
    ⓑ 중간 주파 유도 가열 : 60[Hz]~10[kHz] (특수강, 비철금속 용해)
    ⓒ 고주파 유도 가열 : 5~20[kHz] 단, 소형로에서는 400[kHz]로 이용(특수강제조)

4. 유전가열

1) 원리 : 전기적 절연물을 직접 가열하는데 사용되는 방식으로 고주파 전계 중에 절연성 피열물을 놓고 여기서 생기는 유전체손을 이용하는 가열 방식
2) 용도 : 목재의 건조, 접착, 비닐막의 접착, 합성수지 공업, 식품공업
3) 특징
  ① 사용 주파수 : 1~200[MHz] (고주파 건조 : 피열물의 내부가열에 용이한 방식)
  ② 유도가열과 유전가열의 공통점은 직류 전원은 사용 불가능 즉 교류만 사용이 가능하다.
  ③ 유전가열의 장단점
    ① 열이 유전체손에 의하여 피열물 자신에 발생하므로, 가열이 균일하다.
    ② 온도 상승 속도가 빠르고, 속도가 임의 제어된다.
    ③ 표면의 소손 및 균열이 없다.
    ④ 전원차단시 가열이 즉시 멈추고 축적된 열에 의한 과열이 없다.
    ⑤ 주파수에 의해 선택가열이 가능하다.
    ⑥ 전 효율이 고주파 발진기의 효율(50~60[%])에 의하여 저하되고 피열물 구조에 때라서 균일한 가열이 되지 않을 수도 있다.
    ⑦ 고주파 전원이 필요하고 설비비가 고가이며 통신 기타 장해를 줄 수 있다.

필수확인 O·X 문제 난이도 ★★★☆☆ 최근기출년도 00. 08. 17 [1차][2차][3차]

1. 염욕로는 간접 저항 가열로이다. .... (   )
2. 저압 아크가열로 초산을 제조 할 수 있다. .... (   )
3. 유도가열과 유전가열은 직류를 사용할 수 없다. .... (   )

상세해설
  1. (O)
  2. (X) 공기중 질소 고정. 초산석회 제조 시에는 고압 아크 가열이다.
  3. (O)

참고

인조흑연전극
전기로에 사용하는 전극 중 주로 제강, 제철용 전기로에 사용되는 아크로에 전극 재료 중 고유저항이 가장 작다.

Q 포인트문제 8
공업용 전극으로 구비해야 할 조건 중 틀린 것은?
① 전극 자체의 전기저항이 작을 것
② 전기 화학적으로 안정하여 내식성을 가질 것
③ 목적으로 하는 반응에 대하여 촉매화설이 높다.
④ 항장력 등의 구조 강도가 작을 것

A 해설

전극재료의 구비 조건
① 불순물이 적고 산화 및 소요가 적을 것
② 고온에서 기계적 강도가 크고 열팽창률이 적을 것
③ 열전도율이 작고 도전율이 커서 전류밀도가 클 것
④ 성형이 유리하며 값이 쌀 것
⑤ 피열물에 의한 화학반응이 없고 침식되지 않을 것

정답 ④

참고

고주파 유전 가열에서 유전체 손에 의한 발열물의 단위체적당 소비전력

$$W_e = \frac{P}{v} = \frac{\omega C V^2 \tan\delta}{Sd}$$

$$= \frac{5}{9}E^2 f\varepsilon_s \tan\delta \times 10^{-12} [\text{W/cm}^3]$$

여기서, $\omega = 2\pi f$[rad] : 각속도,

E[V/cm] $= \dfrac{V}{d}$: 전계,

f[Hz] : 주파수, $\tan\delta$: 유전체 손실각,

$C = \dfrac{\omega S}{d} = \dfrac{\varepsilon_0 \varepsilon_s \cdot S}{d}$[F] : 정전용량,

ε_s : 비유전율,

$\varepsilon_0 = 8.855 \times 10^{-12}$

$= \dfrac{10^{-9}}{36\pi}$[F/m] $= \dfrac{10^{-11}}{36\pi}$[F/cm]

S[cm^2] : 단면적

참고

① 저주파 유도 가열 : 상용주파수 정도의 저주파를 이용하는 방식을 말한다.
② 고주파 유도 가열 : 10[KHz] 이상 정도의 고주파를 이용하는 방식을 말한다.
③ 유도 가열용 전원
  ⓐ 고주파 전동 발전기
  ⓑ 불꽃 간극식 고주파 발생 장치
  ⓒ 진공관 발전기

Q 포인트문제 9

유도 가열은 어떤 원리를 이용한 것인지 다음 중 가장 적당한 것은?
① 줄열   ② 철손
③ 유전체손 ④ 아크손

A 해설

유도가열의 원리
히스테리시스 손과 와류손 즉 철손을 이용(교류만 사용 직류는 사용 불가)

정답 ②

Q 포인트문제 10

내부 가열에 적당한 건조 방식은?
① 자외선 건조
② 적외선 건조
③ 고주파 건조
④ 저항 건조

A 해설

유전가열
• 유전가열 : 전기적 절연물을 직접 가열하는데 사용되는 방식으로 고주파 전계 중에 절연성 피열물을 놓고 여기서 생기는 유전체손을 이용하는 가열 방식
• 고주파 건조 : 피열물의 내부가 열에 용이한 방식

정답 ③

5. 적외선 가열

1) 원리 : 적외선전구의 방사(복사)열에 의하여 피건조물 가열하여 건조

2) 용도 : 방직, 염색, 도장, 수지 가공 등의 공산품의 표면건조에 이용

3) 특징

① 저온 건조에 적합하다.
② 구조와 조작이 간단하다.
③ 설비비 및 유지비가 저렴다.
④ 공산품 표면건조에 적당하고 효율이 좋다.
⑤ 건조 재료의 감시가 용이하고 청결, 안전하다.

3 전열재료

1. 발열체의 구비 조건

① 가격이 저렴할 것
② 선팽창 계수가 작을 것
③ 내열성과 내식성이 클 것
④ 적당한 고유 저항을 가질 것
⑤ 용융, 연화, 산화 온도가 높을 것
⑥ 압연성이 풍부하며 가공이 쉬울 것
⑦ 저항 온도 계수가 (+)로서 그 값은 비교적 적을 것

2. 발열체의 종류 및 온도

금속발열체	니크롬선(가정용, 저항은 구리에 60배)	1종	1100[°C]
		2종	900[°C]
	철-크롬선(공업용, 저항은 구리의 80배)	1종	1200[°C]
		2종	1100[°C]
순금속 발열체	백금		1768[°C]
	몰리브덴		2610[°C]
	탄탈		2886[°C]
	텅스텐		3380[°C]
비금속 발열체	탄화규소(SiC)		1400[°C]

4. 온도측정

1. 저항 온도계 [브리지식 온도계]

1) 원리 : 순수 금속의 저항율이 온도변화에 비례하여 변화하는 것을 이용한 온도계
2) 특징
   ① 측정온도 온도 : $-200 \sim 500[℃]$
   ② 재료 : 백금(Pt), 니켈(Ni), 구리(Cu) 서(더)미스터
   주의 할 점은 텅스텐은 저항의 온도계수가 적으므로 저항 온도계에 사용이 어렵다.

2. 열전 온도계 [셀신 온도계]

1) 원리 : 서로 다른 두 종류 금속의 열전대에 온도차를 주면 기전력 발생하는 제어벡 효과를 이용한 온도계
2) 열전대(열전쌍)의 종류 및 온도

열전대의 종류	온도[℃]
구리 – 콘스탄탄(보통 열전대에 가장 많이 사용)	500
철 – 콘스탄탄	700~800
크로멜 – 알루멜	1100
백금 – 백금로듐(사용온도가 최대이며 공업용으로 사용)	1400

3. 방사(복사) 온도계

1) 원리 : 온도 복사에 관한 스테판 볼츠만 법칙을 이용한 온도계
2) 특징
   ① 측정 대상의 방사율에 따라 온도가 다르므로 온도 보정이 필요하다.
   ② 피 측온물에서 떨어진 위치에서 온도를 기록할 수 있다.
   ③ 온도의 측정범위 $600 \sim 2000[℃]$ 정도로 넓다.
   ④ 측정기구 : 밀리 볼트미터

필수확인 O·X 문제

난이도 ★★☆☆☆   최근기출년도 00. 08. 17   1차 2차 3차

1. 발열체의 저항 온도계수는 부온도 계수이다. ············( )
2. 열전온도계는 톰슨 효과를 이용한 것 이다. ············( )
3. 방사 온도계는 스테판-볼쯔만의 원리를 이용한 것이다. ············( )

상세해설
1. (×) 발열체의 저항 온도계수는 +(양) 온도계수이다.
2. (×) 제어벡효과를 이용한 것이다.
3. (○)

Q 포인트문제 11

적외선 건조의 용도가 아닌 것은?
① 도장건조
② 비닐막 접착
③ 섬유 공업에서 응용
④ 인쇄 잉크의 건조

A 해설

적외선가열은 방직, 염색, 도장, 수지 가공 등의 공산품의 표면 건조에 이용된다.
보기 ②는 유전가열이다.

정답 ②

참고

전기효과의 종류

① 제어벡 효과
  서로 다른 금속(열전대)을 접속하고 접속점을 서로 다른 온도를 유지하면 기전력이 생겨 일정한 방향으로 전류가 흐른다.

② 펠티어 효과
  서로 다른 금속에서 다른 쪽 금속으로 전류를 흘리면 열의 발생 또는 흡수가 일어나는 현상을 펠티어 효과라 하며 전자 냉동기의 원리로 이용한다.

  열펌프 효율 : $1 \leq \eta \rightarrow \dfrac{kcal}{860 \times kW \times h}$

③ 톰슨 효과
  동종의 금속에서 각부에서 온도가 다르면 그 부분에서 열의 발생 또는 흡수가 일어나는 효과를 톰슨 효과라 한다.

④ 핀치 효과
  ⓐ 직류(D.C)전압 인가 시 전류가 도선 중심으로 집중되어 흐르려는 현상
  ⓑ 용융체에 대전류를 인가시 플레밍의 왼손법칙에 의하여 인력이 커지므로 용융체가 도중에 끊어져 전류가 끊어지는 현상을 말하며 압력형 온도계의 원리에 이용된다.

⑤ 표피효과
  도선에 교류를 인가시 전류는 내부로 갈수록 전류와 쇄교하는 자속이 커지고 이에 따른 유도기전력 $e = -N\dfrac{d\phi}{dt}[V]$도 커져서 전류가 잘 흐르지 못한다. 이때 도선 표면의 전류밀도는 증가하고 도선중심의 전류 밀도는 감소하는 현상을 말하며 금속 표면 열처리에 이용한다.

  ⓐ 표피두께

  $\delta = \sqrt{\dfrac{2}{\omega\mu\sigma}} = \dfrac{1}{\sqrt{\pi f \mu \sigma}}[m]$

  여기서, $\omega = 2\pi f [rad/s]$: 각속도(각주파수), $\mu[H/m]$: 투자율, $\sigma = k = \dfrac{1}{\rho}[\mho/m]$: 도전율

  ⓑ 표피효과

  $P = \dfrac{1}{\delta} = \sqrt{\pi f \mu \sigma}$

4. 광고온계

1) 원리 : 온도 복사에 의한 플랭크의 복사(방사)법칙을 이용한 온도계

2) 특징
  ① 지름이 0.1[mm] 까지 측정 가능하여 복사 고온계 보다 강도가 높다.
  ② 온도의 측정범위 2000[°C] 정도이다.

5 전기용접

1. 저항 용접

1) 저항 용접의 종류

① 점 용접(spot welding) : 전구의 필라멘트, 열전대 접점의 용접에 이용
② 돌기용접(projection welding) : 프로젝션 용접이라고도 한다.
③ 이음매 용접(심 용접)(seam welding)
④ 맞대기 용접 : 업셋과 플래쉬(불꽃) 용접이 있다.
⑤ 충격 용접 : 고유저항이 적고 열전도율이 큰 것에 사용(경금속 용접).

2) 저항 용접의 특징

① 방전 용접에 비해 용접주의 온도가 낮다.
② 용접부 부근에만 열의 영향을 받으므로 변형이 적다.
③ 용접시간이 짧아 정밀한 용접이 가능하다.
④ 대전류를 필요하므로 설비비가 고가이다.

2. 아크(방전) 용접

1) 아크 용접의 종류

① 금속 아크용접
② 탄소 아크용접
③ 원자수소 용접

2) 아크 용접의 특징

① 부하 전류가 증가하면 전압은 급격히 감소하는 수하특성을 이용
② 전원 장치는 교류 누설변압기, 직류 타여자 차동복권 발전기
③ 용접용 전원 장치의 최고전압 : 교류 70~100[V], 직류 50~70[V]

3. 특수용접

1) **불활성 가스 아크 용접** : 텅스텐 전극과 금속사이에 방전을 발생시켜 그 방전 주위에 아르곤(Ar), 헬륨(He), 네온(Ne) 등의 불활성 가스를 부어 용접부의 산화를 방지한 용접으로 알루미늄 및 마그네슘, 스텐리스강을 용접 시 이용한다.

▶ 아르곤가스를 헬륨보다 많이 사용하는 이유
 ① 전리전압이 낮아 아크 발생과 유지가 쉽다.
 ② 피포작용이 강하여 기류가 견고하다.
 ③ 가스의 필요양이 적고 가격이 저렴하다.

2) **원자수소 아크용접** : 수소핵융합 에너지를 이용하여 6000[℃] 고열을 발생시켜 경금속이나 구리 및 구리합금, 스테리스강을 용접 시 이용하며 전극 및 용접부가 공기로부터 차단되어 산화 방지효과가 있다.

3) **초음파 용접**
 ① 표면의 전처리가 간단하다.
 ② 가열이 필요하지 않는다.
 ③ 이종 금속의 용접이 가능하다.
 ④ 고체 상태에서의 용접이므로 열적 영향이 적다.
 ⑤ 냉간압접 등에 비하여 가압 하중이 적으므로 변형이 적다.

4. 용접 비파괴 검사

1) **용접 비파괴 검사의 종류**
 ① 자기 검사
 ② X선 투과 시험
 ③ γ(감마)선 투과 시험
 ④ 초음파 탐상기 시험
 ⑤ 방사선 시험

필수확인 O·X 문제 난이도 ★★☆☆☆ 최근기출년도 00. 08. 17 [1차] [2차] [3차]

1. 광고온계는 온도복사에 의한 스테판 – 볼쯔만의 원리를 이용한 것이다. · · · · ( )
2. 저항용접의 종류는 점용접, 돌기 용접, 맞대기 용접, 아크 용접이 있다. · · · · ( )
3. 불활성 용접은 알루미늄 및 마그네슘 용접 시 적당한 용접 방식이다. · · · · ( )

상세해설
 1. (×) 온도 복사에 의한 플랭크의 복사(방사)법칙을 이용한 온도계
 2. (×) 아크 용접은 방전에 의한 용접이므로 저항 용접이 아니다.
 3. (○)

FAQ
저항용접과 방전용접의 차이점이 무엇인가요?

답
▶ ① 저항용접 : 용접하고자 하는 두 금속의 접촉부에 대전류를 인가하여 용접 할 금속간 접촉저항에 의해 발생되는 열을 이용 하는 용접 방법이다.
② 아크 용접 : 용접하려는 금속과 용접용 전극간에 방전되는 아크(방전)열에 의해 금속을 가열하여 용융, 접합하는 용접 방법이다.

참고
① 저항 용접에서의 너깃이란 저항용접에서 접합면의 일부가 녹아 바둑알 모양의 단면으로 오목하게 들어간 부분을 말한다.
② 직류 아크 용접시 용접봉을 용접기의 양극(+)에, 모재를 음극(-)에 연결하면 역극성이고 반대로 하면 양극성이다.
③ 유니온 멜트 용접 : 유니온 카바이드사가 개발한 용접 방식으로 탄소강, 합금강, 비철 합금의 용접에 적용가능하나 비철 금속의 용접에는 적당하지 않다.

Q 포인트문제 11
저항 용접에 속하지 않는 것은?
① 맞대기 저항용접
② 아크용접
③ 불꽃용접
④ 점용접

A 해설
저항 용접의 종류
① 점 용접(spot welding) : 전구의 필라멘트, 열전대 접점의 용접에 이용
② 돌기용접(projection welding) : 프로젝션 용접이라고도 한다.
③ 이음매 용접(심 용접)(seam welding)
④ 맞대기 용접 : 업셋과 플래쉬(불꽃) 용접이 있다.
⑤ 충격 용접 : 고유저항이 적고 열전도율이 큰 것에 사용(경금속 용접)

정답 ②

Chapter 02 전열공학 출제예상문제

- 우선순위 논점은 전기공사(산업)기사 시험에서 가장 출제 빈도가 높은 문제로써, 수험생분들께서는 각 파트별 우선순위 문제의 논점과 키워드를 학습하시기를 바랍니다.
- 체크 리스트를 작성하시면서 문제의 유형과 학습의 완성도를 스스로 체크 해 보시기를 바랍니다.
- "선생님의 콕콕 포인트"는 틀리기 쉬운 문제의 함정과 문제의 포인트를 집어드립니다. 우선순위 문제풀이의 포인트를 꼭 참고하고 응용문제의 해결능력을 길러 줍니다.

번호	우선순위 논점	KEY WORD	나의 정답 확인				선생님의 콕콕 포인트
			맞음	틀림(오답확인)			
				이해 부족	암기 부족	착오 실수	
5	전열계산	저항, 열저항, 발열량					전기저항과 열저항을 이용 할 것
9	전열계산	전기보일러출력, 기화잠열					전열기 출력식을 암기 할 것
17	전기로	제품제조 분자식 CaC_2					CaC_2 : 카바이트로, SiC : 카보런덜로 두 물질의 분자식을 암기할 것
18	전기로	형태가 복잡, 금속 균일, 가열					간접식 가열 저항로의 종류를 암기 할 것
24	전기로	표면 담금질, 국부 가열, 금속 가열					유도가열과 유전가열을 구분하여 암기 할 것
37	전열재료	발열체,온도계수+, 압연성, 내식성, 내열성					발열체의 구비조건을 암기 할 것
39	전열재료	발열체, 최고 온도					발열체의 종류 및 온도를 암기 할 것
41	온도측정	열전대, 고온, 온도 높은, 백금					열전대(열전쌍)의 종류 및 온도를 암기 할 것

★★☆☆☆

01 열이 이동하는 방식에는 전도, 대류, 복사의 세가지 방식이 있다. 다음 중 복사에 해당하는 것은?

① 도체를 통하여 이동한다.
② 기체를 통하여 이동한다.
③ 액체를 통하여 이동한다.
④ 전자파로 이동한다.

해설

전열의 기초
열의 전달
① 전도 : 물체를 구성하는 분자의 열운동에 의하여 열 에너지가 전해지는 현상
② 대류 : 기체나 액체의 유동에 의한 전달
③ 복사 : 적외선, 빛 등의 전자파로서 전달되는 이 에너지를 방사라 하며 복사에너지에 의하여 열의 전달

★★☆☆☆

02 1[kWh] 는 몇 [kcal]인가?

① 4.186 ② 41.86
③ 86   ④ 860

해설

전열의 기초

$$1[J] = 0.2389 ≒ 0.24[cal]$$
$$1[cal] = 4.186[J] ≒ 4.2[J]$$
$$1[kWh] ≒ 860[kcal]$$
$$1[BTU] = 252[cal]$$

★★☆☆☆

03 다음 중 열용량의 단위를 나타내는 것은?

① [J/℃ kg] ② [J/℃]
③ [J/cm² ℃] ④ [J/cm³ ℃]

[정답] 01 ④ 02 ④ 03 ②

해설

전열계산 및 발열체 설계

전열회로	
명 칭	기호 및 단위
온도차	θ [°C]
열 류	I [W]
열저항	R [°C/W]
열 량	Q [J]
열전도율	k [W/m·°C]
열저항율	ρ [m·°C/W]
열용량	C [J/°C]

★★☆☆☆

04 열전도율을 표시하는 단위는?

① [J/kg·deg]　　② [W/m²·deg]
③ [W/m·deg]　　④ [J/m³·deg]

해설

전열계산 및 발열체 설계

3번 해설 참조
[J/kg·deg] : 비열, [W/m²·deg] : 열전달율,
[J/m³·deg] : 체적 비열

★★★☆☆

05 전열기에서 발열선의 지름이 1 [%] 감소하면 저항 및 발열량은 몇 [%] 증감 되는가?

① 저항 2 [%] 증가, 발열량 2 [%] 감소
② 저항 2 [%] 증가, 발열량 2 [%] 증가
③ 저항 4 [%] 증가, 발열량 4 [%] 감소
④ 저항 4 [%] 증가, 발열량 4 [%] 증가

해설

전열계산 및 발열체 설계

전기저항 $R \propto \dfrac{1}{d^2}$ 이고 1 [%] 감소하면 $\dfrac{1}{(1-0.01)^2} = 1.02$ 이므로 저항은 2 [%] 증가하고 발열량 $H(Q) = 0.24P\eta t$ [cal] 에서 전열선의 전압과 저항이 일정하다고 가정시 $P = \dfrac{V^2}{R}$ [W]

$H(Q) \propto \dfrac{1}{R}$ 이고 $\dfrac{1}{1.02} = 0.98$ 이므로 열량은 2 [%] 감소한다.

★★★☆☆

06 전열기 열판의 표면 전력 밀도는 2 [W/cm²] 이다. 600 [W] 전열기의 열판 면적 [cm²] 은?

① 300　　② 200
③ 180　　④ 100

해설

전열계산 및 발열체 설계

전열선의 표면 전력 밀도 $W = \dfrac{P}{S}$ [W/m²] 이므로 이를 이용하면

면적 $S = \dfrac{P}{W} = \dfrac{600}{2} = 300$ [cm²] 이다.

여기서, P [W] : 전력, $S = \pi d l$ [m²] : 겉 표면적

★★★☆☆

07 직경 25 [cm], 길이 1 [m] 의 탄소 전극의 열 저항값 [열Ω] 을 구하여라. (단, 전극의 고유 저항은 2.5 [열Ω·cm] 이다.)

① 0.05　　② 0.5
③ 5　　④ 50

해설

전열계산 및 발열체 설계

열저항 $R = \dfrac{\theta}{I} = \rho \dfrac{l}{S} = \dfrac{1}{kS}$ [°C/W = 열] 이므로

$R = \rho \dfrac{l}{S} = \rho \dfrac{l}{\pi r^2} = \rho \dfrac{4l}{\pi d^2} = 2.5 \times \dfrac{4 \times 100}{\pi \times 25^2} = 0.509 ≒ 0.5$ [열Ω]

★★★☆☆

08 100 [ℓ], 15 [°C] 의 물을 2시간에 45 [°C] 의 온도로 올리는데 필요한 전열기의 용량은 약 몇 [kW] 인가? 단 열효율은 90 [%] 라 한다.

① 2.0　　② 2.5
③ 3.0　　④ 3.5

[정답] 04 ③　05 ①　06 ①　07 ②　08 ①

🔍 **해설**

전열계산 및 발열체 설계
① $H(Q) = 860P\eta t = cm\theta = cm(T_2-T_1)$ [kcal]
② 기화열, 증발열, 잠열을 준 경우 :
$H(Q) = 860P\eta t = cm\theta = cm[(T_2-T_1)+q]$ [kcal]

전열기 용량 $P = \dfrac{cm(T_2-T_1)}{860t\eta} = \dfrac{100 \times (45-15)}{860 \times 2 \times 0.9} = 1.94 ≒ 2$ [kW]

★★★★☆
09 5기압, 150[°C]의 증기를 매시간 1[ton]를 내는 데 소요되는 전기 보일러의 전력은 몇 [kW] 인가? 단, 보일러의 효율은 90[%], 5기압에서의 물의 비등점은 150 [°C], 기화 잠열은 500[kcal/kg] 이고, 보일러 공급수의 온도는 30[°C]이다. (보일러 소요 전력 : P[kW], H : 시간, η : 효율)

① 762   ② 795
③ 801   ④ 814

🔍 **해설**

전열계산 및 발열체 설계
기화열, 증발열, 잠열을 준 경우 :
$H(Q) = 860P\eta t = cm\theta = cm[(T_2-T_1)+q]$ [kcal]
$P = \dfrac{cm[(T_2-T_1)+q]}{860t\eta} = \dfrac{1 \times 100 \times \{(150-30)+500\}}{860 \times 1 \times 0.9}$
$= 801.033 ≒ 801$ [kW]

★★★☆☆
10 15[°C]의 물 4[ℓ]을 용기에 넣고 1[kW] 의 전열기로 가열하여 90[°C]로 하는데 30분이 소요되었다. 이 장치의 효율은 약 몇 [%] 인가? (단, 증발이 없는 경우 $q=0$ 이다.)

① 90   ② 70
③ 50   ④ 30

🔍 **해설**

전열계산 및 발열체 설계
기화열, 증발열, 잠열을 준 경우 :
$H(Q) = 860P\eta t = cm\theta = cm[(T_2-T_1)+q]$ [kcal]

$\eta = \dfrac{cm[(T_2-T_1)+q]}{860Pt} \times 100$ [%]
$= \dfrac{1 \times 4 \times \{(90-15)+0\}}{860 \times 1 \times \dfrac{30}{60}} \times 100$ [%] $= 69.765 ≒ 70$ [%]

★★★☆☆
11 어떤 열기관에 공급된 열량이 200[kcal] 이고, 열기관에서 유효하게 이용된 열량이 140[kcal] 일 때 열기관의 효율은 몇 [%] 인가?

① 60   ② 70
③ 80   ④ 90

🔍 **해설**

전열계산 및 발열체 설계
열기관의 효율은
$\eta = \dfrac{유효 열량}{공급된 열량} \times 100$ [%] $= \dfrac{140}{200} \times 100 = 70$ [%] 가 된다.

★★★☆☆
12 저항 가열은 어떠한 원리를 이용한 것인가?

① 아아크손   ② 유전체손
③ 줄손(열)   ④ 히스테리시스손

🔍 **해설**

전기 가열의 방식 - 저항가열
전류에 의한 옴손(주울열)을 이용 피열물을 가열하는 방식

★★★☆☆
13 흑연화 전기로의 가열 방식은?

① 아크 가열   ② 유전 가열
③ 유도 가열   ④ 저항 가열

🔍 **해설**

전기 가열의 방식 - 저항가열
① 직접 가열 저항로의 종류 : 흑연화로, 카바이트로, 카보런덤로 알루미늄 전해로 알루미늄 제철로
② 간접 가열 저항로의 종류 : 염욕로, 크립톨로, 발열체로

[정답] 09 ③ 10 ② 11 ② 12 ③ 13 ④

14 피열물에 직접 통전하여 발열시키는 직접식 저항로가 아닌 것은?

① 카바이드로 ② 염욕로
③ 흑연화로   ④ 알루미늄로

[해설]
전기 가열의 방식 – 저항가열
13번 해설 참조

15 흑연화로, 카보런덤로, 카바이드로의 가열 방식은?

① 아크로   ② 유전 가열
③ 간접 가열 저항로 ④ 직접 가열 저항로

[해설]
전기 가열의 방식 – 저항가열
13번 해설 참조

16 간접식 저항로에 속하지 않는 것은 어느 것인가?

① 흑연화로
② 발열체로
③ 탄소립로(크립프톨로)
④ 염욕로

[해설]
전기 가열의 방식 – 저항가열
13번 해설 참조

17 제품 제조 과정에서의 화학 반응식이 다음과 같은 전기로는 다음 중 어떤 가열 방식인가?

$$CaO + 3C = CaC_2(제품) + CO$$

① 유전 가열   ② 유도가열
③ 간접 저항 가열 ④ 직접 저항 가열

[해설]
전기 가열의 방식 – 저항가열
13번 해설 참조
카바이트로 : 상용주파 3상 교류 전원을 사용하는 방식으로 생석회와 탄소의 혼합재료에 전류를 인가 시 2200[℃]의 열로 카바이트(드)를 생산하는 저항로를 말한다.

$$CaO + 3C = CaC_2(제품) + CO$$

여기서, CaO : 산화칼슘(생석회), 3C : 코크스
CaC_2 : 카바이트 = 탄화칼슘, CO : 일산화탄소

18 형태가 복잡하게 생긴 금속 제품을 균일하게 가열하는데 가장 적합한 가열 방식은?

① 직접 저항 가열 ② 유도 가열
③ 염욕로   ④ 적외선 가열

[해설]
전기 가열의 방식 – 저항가열
- 간접식 가열 저항로는 저항체(발열체)로부터 열의 방사, 전도, 대류에 의해서 피열물에 전달하여 가열하는 방식으로 형태가 복잡한 금속제품을 균일하게 가열
- 간접 가열 저항로의 종류 : 염욕로, 크립톨로, 발열체로

19 전기로에 사용하는 전극 중 주로 제강, 제철용 전기로에 사용되며 고유 저항이 가장 작은 것은?

① 인조 흑연 전극   ② 고무 천연 흑연 전극
③ 천연 흑연 전극   ④ 무정형 탄소 전극

[해설]
전기 가열의 방식 – 아크가열
인조흑연전극 : 전기로에 사용하는 전극 중 주로 제강, 제철용 전기로에 사용되는 아크로에 전극 재료 중 고유저항이 가장 작다.

20 흑연 전극을 사용한 전기로의 가열 방식은?

① 아크 가열   ② 저주파 유도 가열
③ 유전 가열   ④ 고주파 유도 가열

[정답] 14 ② 15 ④ 16 ① 17 ④ 18 ③ 19 ① 20 ①

해설
전기 가열의 방식 - 아크가열
① 아크가열
  ⓐ 전극
    ㉠ 탄소 전극
    ㉡ 흑연 전극
    ㉢ 인조흑연전극(고유저항이 가장 적은 전극)
② 아크 가열의 종류
  ⓐ 저압 아크가열
    ㉠ 직접 : 에루우식 제강로가 있으며 전원은 상용주파 3 상 교류를 이용하며 피열물의 표면만 가열방식이며 제철, 제강에 이용된다.
    ㉡ 간접 : 요동(로킹)식 아크로가 있으며 피열물을 균일하게 가열한다 구리 알루미늄을 합금 용해 시 이용된다.
  ⓑ 고압 아크가열 : 공기중 질소 고정. 초산석회 제조 시에 이용되며 센헬로, 포오밍로, 비란게이드 아이덴로가 있다.
  ⓒ 진공아크가열 : 제트기, 로켓트, 터빈, 항공기 분야(설비비가 비싸다.)

★★★☆☆
21 에르(Heroult)식 전기로는 어느 방식의 노(爐)인가?
① 직접식 저항로   ② 간접식 저항로
③ 유도로   ④ 아크로

해설
전기 가열의 방식 - 아크가열
20번 해설 참조

★★★☆☆
22 전기로에 사용되는 전극 재료의 구비 조건이 아닌 것은?
① 전기 전도율이 클 것
② 열 전도율이 클 것
③ 고온에 견디며 기계적 강도가 클 것
④ 피열물과 화학작용을 일으키지 않을 것

해설
전기 가열의 방식 - 아크가열
전극재료의 구비 조건
① 불순물이 적고 산화 및 소요가 적을 것
② 고온에서 기계적 강도가 크고 열팽창률이 적을 것
③ 열전도율이 작고 도전율이 커서 전류밀도가 클 것

④ 성형이 유리하면 값이 쌀 것
⑤ 피열물에 의한 화학반응이 없고 침식되지 않을 것

★★★☆☆
23 유도 가열은 다음 중 어떤 원리를 이용한 것인가?
① 줄열   ② 히스테리시스손
③ 유전체손   ④ 아크손

해설
전기 가열의 방식 - 유도가열
유도가열의 원리 : 히스테리시스 손 과 와류손을 즉 철손을 이용(교류만 사용 직류는 사용 불가)

★★★★☆
24 피열물의 표면을 선택적으로 급속 가열해서 표면을 담금질 할 수 있고, 국부 가열과 급속 가열이 가능한 가열 방식은?
① 저항 가열   ② 아크 가열
③ 유전 가열   ④ 유도 가열

해설
전기 가열의 방식 - 유도가열
유도 가열
교류(직류는 사용 할수 없다)에 의한 교번 자기장내에 놓여 진 유도성 물체에 유도된 와전류와 히스테리시스 손 즉 철손 이용하여 가열하는 방식으로 피열물의 표면을 선택적으로 급속 가열해서 표면을 담금질 할 수 있고, 국부가열과 급속가열이 가능하다.
제철, 제강, 반도체 정련, 금속의 표면 열처리(표피효과)에 이용한다.

★★★☆☆
25 고주파 가열 방식에서 유도 가열의 용도는?
① 금속의 열처리   ② 목재의 건조
③ 목재의 접착   ④ 비닐막의 접착

해설
전기 가열의 방식 - 유도가열
24번 해설 참조
목재의 건조, 목재의 접착, 비닐막의 접착은 유전 가열이다.

[정답] 21 ④ 22 ② 23 ② 24 ④ 25 ①

26 다음 유도가열방식에 대한 설명 중 옳지 않은 것은?

① 와전류손에 의한 가열방식이다.
② 상용주파수 정도의 저주파를 이용하는 방식을 저주파 유도가열이라 한다.
③ [kHz] 전도의 고주파를 이용하는 방식을 고주파 유도가열이라 한다.
④ 주파수가 높을수록 침투깊이는 깊다.

해설
전기 가열의 방식 – 유도가열
표피효과에 의한 침투깊이(표피두께) $\delta = \sqrt{\dfrac{2}{\omega\mu\sigma}} = \dfrac{1}{\sqrt{\pi f \mu \sigma}} [m]$
이므로 주파수가 높을수록 침투 깊이는 깊지 않다.
여기서, $\omega = 2\pi f [rad/s]$: 각속도(각주파수), $\mu [H/m]$: 투자율,
$\sigma = k = \dfrac{1}{\rho} [\mho/m]$: 도전율

27 유전가열의 특징을 나타낸 것 중 옳지 않은 것은?

① 온도 상승 속도가 빠르다.
② 반도체의 정련, 단결정의 제조등 특수 열처리가 가능하다.
③ 표면의 소손 균열이 없다.
④ 효율은 좋지 못하며 50~60[%] 정도이다.

해설
전기 가열의 방식 – 유전가열
① 사용 주파수 : 1~200[MHz] (고주파 건조 : 피열물의 내부가열에 용이한 방식)
② 유도가열과 유전가열의 공통점은 직류 전원은 사용 불가능 즉 교류만 사용이 가능하다.
③ 유전가열의 장단점
  • 장점
    ⓐ 열이 유전체손에 의하여 피열물 자신에 발생하므로, 가열이 균일하다.
    ⓑ 온도 상승 속도가 빠르고, 속도가 임의 제어된다.
  • 단점
    ⓐ 전 효율이 고주파 발진기의 효율(50~60[%])에 의하여 억제되고, 회로 손실도 가해지므로 양호하지 못하다.
    ⓑ 고주파 전원이 필요하고 설비비가 고가이다.

28 비닐막 등의 접착에 주로 사용하는 가열 방식은?

① 저항 가열
② 유도 가열
③ 아크 가열
④ 유전 가열

해설
전기 가열의 방식 – 유전가열
유전가열
① 원리 : 전기적 절연물을 직접 가열하는데 사용되는 방식으로 고주파 전계 중에 절연성 피열물을 놓고 여기서 생기는 유전체손을 이용하는 가열 방식
② 용도 : 목재의 건조, 접착, 비닐막의 접착, 합성수지 공업, 식품공업

29 전기적 절연물을 직접 가열하는데 사용되는 방식으로 고주파 전계 중에 절연성 피열물을 놓고 여기서 생기는 유전체손을 이용하는 가열 방식은?

① 유전가열
② 유도가열
③ 저항가열
④ 적외선가열

해설
전기 가열의 방식 – 유전가열
27번 해설 참조

30 다음 중 유전가열의 용도가 아닌 것은?

① 식품 공업
② 기어의 열간 건조
③ 합성수지의 열처리
④ 목재의 건조

해설
전기 가열의 방식 – 유전가열
28번 해설 참조
기어의 열간 건조는 금속의 표면 처리이므로 유도 가열이다.

31 유전 가열과 유도 가열의 공통점은?

① 교류만 사용
② 직류만 사용
③ 도체만 가열
④ 절연체만 가열

[정답] 26 ④ 27 ② 28 ④ 29 ① 30 ② 31 ①

해설
전기 가열의 방식 – 유전가열
유도가열과 유전가열의 공통점은 직류 전원은 사용 불가능 즉 교류만 사용이 가능하다.

★★★☆☆
32 방직, 염색의 건조에 적합한 가열 방식은?

① 적외선 가열
② 전열 가열
③ 고주파 유전 가열
④ 고주파 유도 가열

해설
전기 가열의 방식 – 적외선 가열
적외선가열은 방직, 염색, 도장, 수지 가공 등의 공산품의 표면 건조에 이용된다.

★★☆☆☆
33 적외선 건조에 대한 설명으로 틀린 것은?

① 표면 건조시 효율이 좋다.
② 대류열을 이용한다.
③ 온도 조절이 쉽다.
④ 유지비가 적고 많은 장소가 필요하지 않다.

해설
전기 가열의 방식 – 적외선 가열
① 적외선 가열의 원리
　적외선전구 의 방사(복사)열에 의하여 피건조물 가열하여 건조
② 적외선 가열의 특징
　ⓐ 공산품 표면건조에 적당하고 효율이 좋다.
　ⓑ 구조와 조작이 간단하다.
　ⓒ 건조 재료의 감시가 용이하고 청결, 안전하다.
　ⓓ 설비비 및 유지비가 저렴하고 설치장소 절약
　ⓔ 저온 건조에 적합하다.

★★★☆☆
34 적외선 건조와 관계없는 사항은?

① 공산품(工産品)의 표면 건조에 적당하다.
② 두꺼운 목재의 건조에 적당하다.
③ 건조기의 유지비가 적게 든다.
④ 구조가 간단하다.

해설
전기 가열의 방식 – 적외선 가열
33번 해설 참조

★★☆☆☆
35 전자 빔(electron beam) 가열의 특징이 아닌 것은?

① 고융점 재료 및 금속박 재료의 용접이 쉽다.
② 에너지 밀도나 분포를 자유로이 조절할 수 있다.
③ 가열 범위가 극히 국한된 부분에 집중시킬 수 있어서 열에 의한 변질이 될 부분을 적게 할 수 있다.
④ 진공 중에서 가열이 불가능 하다.

해설
전기 가열의 방식
전자빔 가열 : 진공속에서 고속으로 전자를 방출하여 전자의 충돌에 의한 에너지로 가열하는 방식
- 특징
　① 전자 빔을 국부적으로 모아서 전력밀도를 높게 할 수 있어 대단히 적은 부분 면적의 가공이나 구멍 뚫는 작업이 쉽다.(국소 표면 열처리)
　② 가열범위가 국부적이어서 열에 의한 변질이 될 부분을 적게 할 수 있다.
　③ 고융점 재료 및 금속박 재료의 용접이 가능하고 쉽다.
　④ 진공 중에서 가열이 가능하다.
　⑤ 에너지의 밀도나 분포는 자유로이 조절할 수 있다.
　⑥ 접합(증착), 용접, 가공에 응용

★★☆☆☆
36 전자 빔 가열의 응용에 관계없는 것은?

① 용접　　　② 가공
③ 건조　　　④ 증착

해설
전기 가열의 방식
35번 해설 참조

[정답] 32 ① 33 ② 34 ② 35 ④ 36 ③

★★★★☆

37 발열체의 구비조건이다. 이중에서 틀린 것은?

① 저항의 온도계수가 양(+)수로서 작을 것
② 압연성이 풍부하고 가공이 용이할 것
③ 내식성이 작을 것
④ 내열성이 클 것

해설

전열재료 (발열체)
발열체의 구비 조건
① 내열성과 내식성이 클 것
② 용융, 연화, 산화 온도가 높을 것
③ 적당한 고유 저항을 가질 것
④ 압연성이 풍부하며 가공이 쉬울 것
⑤ 가격이 쌀 것
⑥ 저항 온도 계수가 +로서 그 값은 비교적 적다.
⑦ 선팽창 계수가 작아야 한다.

★★★☆☆

38 철-크롬 제2종의 최고사용온도 [℃]는?

① 500   ② 900
③ 1000   ④ 1100

해설

전열재료 (발열체)

니크롬선	1종	1100 [℃]
	2종	900 [℃]
철 – 크롬선	1종	1200 [℃]
	2종	1100 [℃]
백금		1768 [℃]
몰리브덴		2610 [℃]
탄탈		2886 [℃]
텅스텐		3380 [℃]
탄화규소(SiC)		1400 [℃]

★★★☆☆

39 발열체 중 최고 사용 온도가 가장 높은 것은?

① 니크롬 제1종   ② 니크롬 제2종
③ 철-크롬 제1종 ④ 탄화규소 발열체

해설

전열재료 (발열체)
38번 해설 참조

★★☆☆☆

40 열전 온도계의 원리는?

① 핀치 효과   ② 톰슨 효과
③ 제벡 효과   ④ 홀 효과

해설

온도측정
① 저항 온도계 : 순수 금속의 저항율이 온도 변화에 비례하여 변화하는 것을 이용한 온도계
② 열전 온도계 : 서로 다른 두 종류 금속의 열전대에 온도차를 주면 기전력 발생하는 제어벡 효과를 이용한 온도계
③ 방사(복사) 온도계 : 온도 복사에 관한 스테판 – 볼쯔(츠)만 법칙을 이용한 온도계
④ 광고온계 : 온도 복사에 의한 플랭크의 복사(방사)법칙을 이용한 온도계

★★★★☆

41 열전대(thermocouple)를 사용하여 고온을 측정할 때 사용 온도가 가장 높은 것은?

① 구리–콘스탄탄   ② 철–콘스탄탄
③ 크로멜–알루멜   ④ 백금–백금로듐

해설

온도측정
열전대(열전쌍)의 종류 및 온도

열전대의 종류	온도 [℃]
구리 – 콘스탄탄(보통 열전대에 가장 많이 사용)	500 [℃]
철 – 콘스탄탄	700~800 [℃]
크로멜 – 알루멜	1100 [℃]
백금–백금로듐(사용온도가 최대이며 공업용으로 사용)	1400 [℃]

[정답] 37 ③ 38 ④ 39 ④ 40 ③ 41 ④

★★★☆☆
42 보통 쓰이는 열전대의 조합이 아닌 것은?

① 크롬 – 콘스탄탄
② 구리 – 콘스탄탄
③ 철 – 콘스탄탄
④ 크로멜 – 알루멜

해설

온도측정
41번 해설 참조

★★☆☆☆
43 플랑크의 방사 법칙을 이용하여 온도를 측정하는 것은?

① 광온도계
② 방사 온도계
③ 열전 온도계
④ 저항 온도계

해설

온도측정
40번 해설 참조

★★☆☆☆
44 2종의 금속이나 반도체를 이용하여 열전대를 만들고 이때 생기는 열의 흡수, 발생을 이용한 전자냉동이 실용화되고 있다. 다음 중 어떤 현상을 이용한 것인가?

① 제벡(Seebeck) 효과
② 펠티에(Peltier) 효과
③ 톰슨(Thomson) 효과
④ 핀치(Pinch) 효과

해설

온도측정
펠티어 효과 (제벡의 역효과) : 서로 다른 금속에서 다른 쪽 금속으로 전류를 흘리면 열의 발생 또는 흡수가 일어나는 현상을 펠티어 효과라 하며 전자 냉동기의 원리로 이용한다.

★★★☆☆
45 도체에 고주파 전류가 통하면 전류가 표면에 집중하는 현상이고, 금속의 표면열처리에 이용하는 효과는?

① 핀치 효과
② 제(어)벡 효과
③ 톰슨 효과
④ 표피 효과

해설

온도측정
표피효과
도선에 교류를 인가시 전류는 내부로 갈수록 전류와 쇄교하는 자속이 커지고 이에 따른 유도기전력 $e = -N\frac{d\phi}{dt}[V]$도 커져서 전류가 잘 흐르지 못한다. 이때 도선 표면의 전류밀도는 증가하고 도선중심의 전류 밀도는 감소하는 현상을 말하며 금속 표면 열처리에 이용한다.

★★☆☆☆
46 다음 중 전기저항 용접이 아닌 것은?

① 점 용접
② 불꽃 용접
③ 심 용접
④ 원자 수소 용접

해설

전기용접
저항 용접의 종류
① 점 용접(spot welding) : 전구의 필라멘트, 열전대 접점의 용접에 이용
② 돌기용접(projection welding) : 프로젝션 용접이라고도 한다.
③ 이음매 용접(심 용접)(seam welding)
④ 맞대기 용접 : 업셋과 플래쉬(불꽃) 용접이 있다.
⑤ 충격 용접 : 고유저항이 적고 열전도율이 큰 것에 사용(경금속 용접)

★★☆☆☆
47 저항용접에서 접합면의 일부가 녹아 바둑알 모양의 단면으로 오목하게 들어간 부분을 무엇이라 하는가?

① 슬랙(slag)
② 용입
③ 너깃(nugget)
④ 플럭스(flux)

해설

전기용접
저항 용접에서의 너깃이란 저항용접에서 접합면의 일부가 녹아 바둑알 모양의 단면으로 오목하게 들어간 부분을 말한다.

[정답] 42 ① 43 ① 44 ② 45 ④ 46 ④ 47 ③

48 아크용접은 어떤 원리를 이용한 것인가?

① 주울열 ② 수하특성
③ 유전체손 ④ 히스테리시스손

해설
전기용접
아크 용접의 특징
① 부하 전류가 증가하면 전압은 급격히 감소하는 수하특성을 이용
② 전원 장치는 교류 누설변압기, 직류 타여자 차동복권 발전기
③ 용접용 전원 장치의 최고전압 : 교류 70~100[V], 직류 50~70[V]

49 직류 아크 용접에서 용접봉을 용접기의 양(+)극에, 모재를 음(−)극에 연결하는 경우의 극성은?

① 정극성 ② 역극성
③ 자극성 ④ 용극성

해설
전기용접
직류 아크 용접 시 용접봉을 용접기의 양극(+)에, 모재를 음극(−)에 연결하면 역극성이고 반대로 하면 양극성이다.

50 용접 발전기의 특성은 부하가 급히 증가하였을 때?

① 전압을 불변하게 한다.
② 급히 전압을 상승한다.
③ 급히 전압을 강하한다.
④ 서서히 전압을 강하한다.

해설
전기용접
48번 해설 참조

51 다음은 유니온(UNION MELT) 용접의 장점을 표시한 것이다. 적당하지 않은 것은?

① 용접부의 성질이 좋다.
② 용접 속도가 빠르다.
③ 비철금속의 용접에 적당하다.
④ 용접부 외관이 깨끗하다.

해설
전기용접
유니온 멜트 용접 : 유니온 카바이드사가 개발한 용접 방식으로 탄소강, 합금강, 비철 합금의 용접에 적용가능하나 비철 금속의 용접에는 적당하지 않다.

[정답] 48 ② 49 ② 50 ③ 51 ③

Chapter 03 전기철도

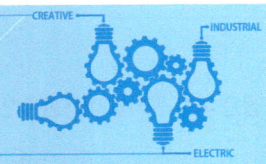

출제경향분석

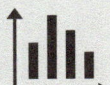

제3장 전기철도에서 전기철도의 이론 및 계산법을 다루었으며 시험에 자주 출제가 되는 내용은 다음과 같다.
❶ 전기철도의 기초
❷ 전기철도의 운전설비
❸ 견인 전동기와 열차의 운전

참고

- 직류 전기철도의 특징
  ① 전압이 낮아 절연계급을 낮출 수 있다.
  ② 통신유도 장해가 없다.
  ③ 단거리 수송에 유리하다.
  ④ 누설전류에 의한 전식 대책이 필요하다.
- 교류 전기철도의 특징
  ① 에너지 이용율이 높다.
  ② 중 장거리 수송에 유리하다.
  ③ 사고 발생 시 선택 차단이 용이하다.
  ④ 전식 발생우려가 없으나 통신선 유도장해가 발생한다.

FAQ

궤간이란 무엇인가요?

답
▶ 레일과 레일의 두부 내측의 간격을 말합니다.

Q 포인트문제 1

교류 전기 철도 방식의 분류가 아닌 것은?
① 상별   ② 변압기별
③ 전압별 ④ 주파수별

A 해설

교류 전기철도
상별, 주파수별, 전압별로 구분한다.

정답 ②

1 직류발전기의 원리 및 구조

1. 전기 철도의 분류

1) 전기방식에 의한 분류

직류식, 단상 교류식, 3상 교류식 전기철도가 있다.

① 직류 전기철도
  ⓐ 전압 : 1500[V]
  ⓑ 직류 전기 철도 전동기 : 직류 직권 전동기
② 교류 전기철도 : 상별, 주파수별, 전압별로 구분
  ⓐ 전압 : 25000[V]
  ⓑ 교류 전기 철도 전동기 : 교류 정류자 전동기(전기차의 고속운전에 적합)

2) 궤간에 의한 분류

① 표준궤간 : 1435[mm]
② 광궤 : 표준궤간 보다 넓은 궤간 (1676, 1600, 1523[mm])
③ 협궤 : 표준궤간보다 좁은 궤간 (1067[mm])

3) 수송목전에 의한 분류

① 시내철도
② 도시고속철도
③ 근교철도
④ 도시 간 철도
⑤ 간선철도
⑥ 지선철도

2. 전기 철도의 선로

1) 궤도의 구조

① 궤도의 3요소 : 레일(궤조), 침목, 도상 (자갈)
② 레일(궤조) : 차량을 지탱 하고 운전 저항을 감소(탄소함류량 1.3~3[%])
③ 침목 : 차량 하중 분산, 충격 흡수
④ 도상(자갈) : 두께 30[cm]의 자갈이 배수를 원활하게 하며 소음을 경감 시킨다. 그러나 비탄성 도상 사용 시 파상 마모 발생
⑤ 유간 : 레일의 온도 변화에 따른 신축성을 주기 위하여 레일의 이음 장소에 10[mm] 정도의 간격을 두는 것
⑥ 복진지(엔티 클리핑) : 레일이 열차 진행 방향의 반대 또는 같은 방향으로 이동하는 것을 막는다.

2) 곡선과 구배

① 고도(cant=캔트)

열차가 곡선로를 주행 시 바깥쪽 레일은 원심력의 작용으로 지나친 하중이 걸려 탈선하기 쉬우므로 바깥 쪽 레일과 안쪽 레일의 높이 차를 주는 것을 말하며 열차 운전의 안전을 확보하기 위함이다.

$$h = \frac{GV^2}{127R} [\text{mm}]$$

여기서, $G[\text{mm}]$: 궤간, $V[\text{km/h}]$: 평균속도, $R[\text{m}]$: 곡선반지름(곡률반경)

Q 포인트문제 2

우리나라에서 운행되고 있는 전기 철도의 궤간[mm]은?
① 1067 ② 1372
③ 1435 ④ 1524

A 해설

우리나라에서 운행되고 있는 전기 철도의 궤간은 표준궤간이다.
① 표준궤간 : 1435[mm]
② 광궤 : 표준궤간 보다 넓은 궤간 (1676, 1600, 1523[mm])
③ 협궤 : 표준궤간보다 좁은 궤간 (1067[mm])

정답 ③

Q 포인트문제 3

다음 중 궤도의 구성요소로 알맞은 것은?
① 레일, 침목, 도상
② 레일, 확도, 고도
③ 침목, 철차, 확도
④ 도상, 철차, 고도

A 해설

궤도의 3요소는 레일(궤조), 침목, 도상(자갈)이다.

정답 ①

FAQ

구배의 단위에서 [‰]은 어떻게 읽나요?

답

▶ 백분율은 [%] 퍼센트라고 하며 천분율은 [‰] 퍼밀이라고 읽습니다.

필수확인 O·X 문제

난이도 ★★☆☆☆   최근기출년도 00. 08. 17   1차 2차 3차

1. 궤간이란 레일과 레일의 두부 외측의 간격을 말한다. ·············· ( )
2. 궤도의 3요소란 레일, 침목, 도상을 말한다. ·············· ( )
3. 곡선궤도에서 고도의 최대한을 두는 것은 운전속도를 제한하기 위함이다. ···· ( )

상세해설

1. (×) 궤간이란 레일과 레일의 두부 내측의 간격을 말한다.
2. (○)
3. (×) 곡선궤도에서 고도의 최대한을 두는 것은 운전의 안전을 확보하기 위함이다.

Q 포인트문제 4

궤간 G[mm], 반지름 R[m]의 곡선 궤도를 V[km/h] 속력으로 전차를 주행할 때의 고도(cant) [mm]는?

① $\dfrac{GV}{102R}$ ② $\dfrac{GV^2}{102R}$
③ $\dfrac{GV}{127R}$ ④ $\dfrac{GV^2}{127R}$

A 해설

고도(켄트)

열차가 곡선로를 주행 시 바깥쪽 레일은 원심력의 작용으로 지나친 하중이 걸려 탈선하기 쉬우므로 바깥 쪽 레일과 안쪽 레일의 높이 차를 주는 것을 말하며 열차 운전의 안전을 확보하기 위함이다.

$h = \dfrac{GV^2}{127R}$ [mm]

여기서, G[mm] : 궤간,
V[km/h] : 평균속도,
R[m] : 곡선반지름(곡률반경)

정답 ④

Q 포인트문제 5

열차가 곡선 궤도를 운행할 때 차륜의 플랜지와 레일 두부간의 측면 마찰을 피하기 위하여 내측 궤조의 궤간을 약간 넓히는 것을 무엇이라 하는가?

① 고도 ② 유간
③ 철차각 ④ 확도

A 해설

확도(slack=슬랙)는 곡선 궤도를 운행 할 때 내측 궤조의 궤간을 조금 넓혀 주는 것

$S = \dfrac{\ell^2}{8R}$ [mm]

여기서, ℓ[m] : 고정 차축 거리
R[m] : 곡선반지름(곡률반경)

정답 ④

---

② 확도(slack = 슬랙)

확도는 곡선 궤도를 운행 할 때 내측 궤조의 궤간을 조금 넓혀 주는 것

$$S = \dfrac{\ell^2}{8R} \text{[mm]}$$

여기서, R[m] : 곡선반지름(곡률반경), ℓ[m] : 고정 차축 거리

③ 구배

선로의 구배는 2지점 사이의 고저차를 수평거리로 나눈 값으로 표현한다.

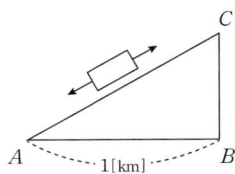

ⓐ 백분율 $\dfrac{BC}{AB} \times 100$ [%] = $\dfrac{\text{두지점간 높이의 차}}{\text{두지점간의 수평거리}}$

ⓑ 천분율 $\dfrac{BC}{AB} \times 1000$ [‰] = $\dfrac{\text{두지점간 높이의 차}}{\text{두지점간의 수평거리}}$

※ 중요선로의 구배 10[‰], 보통선로의 구배 25[‰]

3) 선로(궤조)의 분기

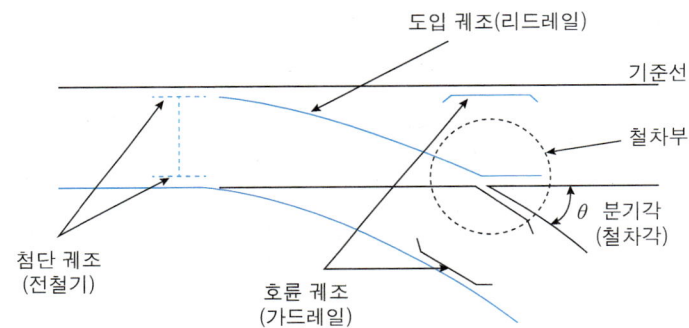

① 분기 개소 궤조 3요소 : 첨단 궤조, 도입궤조, 호륜 궤조

ⓐ 첨단궤조 (전철기) : 차륜을 궤도에서 다른 궤도로 유도하는 장치

ⓑ 도입궤조 (리드레일) : 전철기와 철차부를 연결하는 곡선궤조

ⓒ 호륜궤조(가이드레일) : 직선 레일 중 분기개소 및 철차가 있는 곳에 보조적으로 설치

ⓓ 철차 : 궤도를 분기하는 하는 곳으로 궤도의 곡선부분에서 고도를 갖지 못한다.

ⓔ 철차각 : 철차부에서 기준선과 분기선이 교차하는 각

$$\text{철차각번호} : N = \dfrac{1}{2}\cot\dfrac{\theta}{2} = \cot\theta \ (\theta : \text{철차각})$$

② 곡선

ⓐ 종곡선 : 수평궤도에서 경사궤도로 변화하는 부분

ⓑ 완화곡선 : 직선궤도에서 곡선궤도로 변화하는 부분에서의 곡선

4) 제3레일

지하 철도, 고가 철도 등에 사람이 쉽게 접촉되지 못하도록 저항률이 구리의 7배 정도인 레일을 지면과 절연하여 설치하고, 이것에 전력을 공급하는 방법

5) 보안 설비 및 본드

① 폐색장치 : 선로에 각 구간을 가진 두 열차 이상으로 진입하지 못하도록 열차간의 일정간격을 확보하여 열차의 충돌을 방지하는 장치를 말한다.

② ATS : 지상에 레버를 설치하여 열차가 신호를 무시하고 구내에 들어오면 열차에 비상브레이크가 걸리도록 하는 장치

③ 레일 본드 : 레일과 레일 사이의 유간이 있으므로 레일을 연동선으로 연결 전기적으로 완전히 접속하여 귀선저항을 작게 한다.

④ 크로스 본드 : 양 궤조 간 및 궤조 상호간을 전기적으로 접속하여 좌우레일의 전압 분포를 균일하게 연결

⑤ 임피던스 본드 : 폐색구간을 열차가 통과 시에 귀선 전류를 흐르게 하고 신호전류는 흐르지 못하게 하는 회로

⑥ 본드의 저항 측정 : 밀리볼트계로 궤도의 저항과 비교 측정

⑦ 궤조의 특성 저항 및 누설계수

$$\text{궤조단선 특성저항 } \delta = \sqrt{R\rho}$$

$$\text{누설계수 } \alpha = \sqrt{\frac{R}{\rho}}$$

여기서, $R[\Omega/km]$: 궤조와 본드를 포함한 저항, $\rho[\Omega \cdot km]$: 누설 저항

 콕콕 포인트

FAQ

차륜의 단면에 안지름과 바깥지름의 차이가 나는 이유는 무엇인가요?

답

▶ 곡선부의 양궤조의 길이에 차가 있기에 안지름과 바깥지름의 차이를 두어 차체를 원활하게 진행시키기 위해서입니다.

Q 포인트문제 6

열차의 충돌을 방지하기 위하여 열차간의 일정한 간격을 확보하기 위한 설비는?
① 폐색 장치 ② 연동 장치
③ 전철 장치 ④ 제동 장치

A 해설

폐색장치
선로에 각 구간을 가진 두 열차 이상으로 진입하지 못하도록 열차간의 일정간격을 확보하여 열차의 충돌을 방지하는 장치를 말한다.

정답 ①

참고

① 단곡선 : 원의 중심이 한 개인 곡선
② 복심곡선 : 반경이 서로 다른 두 개의 원의 중심이 동일한 축에 위치한 곡선
③ 반항곡선 : 두 개의 곡선 반경의 중심이 선로에 대해 서로 반대측에 위치한 것을 말하여 S곡선이라고도 함

■ 필수확인 O·X 문제 　난이도 ★★★☆☆　　최근기출년도 00. 08. 17　　1차 2차 3차

1. 확도는 곡선 궤도를 운행 할 때 내측 궤조의 궤간을 조금 넓혀 주는 것을 말한다. (　)
2. 분기 개소 궤조 3요소는 첨단 궤조, 도입궤조, 철차각을 말한다. ……… (　)
3. 제 3궤조의 저항은 구리의 저항보다 8배이다. ……………………… (　)
4. 가이드레일은 직선 레일 중 분기개소 및 철차가 있는 곳에 보조적으로 설치한다. (　)

상세해설

1. (○)
2. (×) 분기 개소 궤조 3요소는 첨단 궤조, 도입궤조, 호륜 궤조이다.
3. (×) 제 3궤조의 저항은 구리의 저항보다 7배이다.
4. (○)

2 전기철도 운전설비

1. 급전 설비

1) 직류급전 방식

정극(+)은 급전선이고 부극(-)은 레일(궤조)이다.
① 가공 단선 식
② 가공 복선 식
③ 제3 궤조 식

2) 교류급전 방식

① 직접급전방식
② 흡상(BT) 변압기방식 : 전자유도에 의한 통신유도장해 경감용 변압기
③ 단권(AT) 변압기 방식

3) 급전선의 급전 분기 설치 방식

스팬선식, 암식, 브리킷식

4) 변압기 결선

① 스코트 결선(T결선) : 단상교류 전기철도에서 전압 불평형을 경감시키기 위하여 변압기 결선은 스코트 결선을 사용한다.

2. 운전 설비

1) 전차선로의 가선 방식

① 가공 단선식
② 가공 복선식
③ 제 3 궤조식
④ 강체 복선식 : 모노레일에 주로 사용되는 전차선로의 가선

2) 전기 집전장치

전기 차량이 가공선 및 제3 궤조에서 전기를 공급하기 위한 장치를 말한다.
① 트롤리 봉 : 저속도, 저전압, 저용량 방식에 사용
② 궁형 집진자(뷔겔) : 저속도, 저전압, 저용량 방식에 사용
③ 팬터 그래프
 ⓐ 고전압, 대용량방식으로 현재 우리나라에서 사용 중인 집전장치
 ⓑ 습동판의 압력 : 5~11[kg]

FAQ
전기철도에서 급전선이란 무엇인가요?

답
▶ 급전계통의 전압강하가 클 때 전차선과 별도로 병렬로 가설하여 사용하는 선을 말합니다.

참고
① 직접급전 방식 : 전차선로의 구성이 전차선과 레일만으로 됨것과 레일과 병렬로 별도의 귀선을 설치한 것으로 전기차 귀선 전류가 레일에서 대지 누설전류에 의한 전식이 발생한다.
② 흡상변압기(BT) 급전방식 : 대지에 누설되는 귀전류를 흡상변압기로 강제적으로 부급전선에 흡상시키는 방식으로 흡상변압기는 권선비 1:1인 변압기로 1차단자는 전차선에 2차단자는 부급전선에 직렬로 접속하며 설치간격은 4[km] 정도 이다.
③ 단권변압기(AT) 급전방식 : 레일에 흐르는 전류를 차량을 기준으로 반대방향의 단권변압기 쪽으로 흐르게하여 근접통신선에 유도장해를 경감하고 전압변동 및 전압 불평형을 억제하는 방식으로 이때 단권변압기는 권선비 1:1인 변압기로 급전선과 전차선 사이에 병렬로 접속하며 변압기 권선의 중성점을 레일에 접속한다 설치간격은 10[km] 정도 이다.

참고
① 직류급전설비 : 설비가 간단하며 절연이 용이하며 정류설비가 불필요하고 통신유도 장해가 없으나 전식이 발생
② 교류급전설비 : 전식이 발생하지 않으나 통신유도 장해가 발생

3) 전기 집전장치의 이선율

전기차가 주행 중에 집전장치와 전원 공급선과의 접촉이 떨어지는 것을 말한다.

① 이선율(3[%] 이하) = $\dfrac{이선시간}{실운전시간} \times 100\,[\%]$

② 이선시간
- ⓐ 소이선 : 수십분의 일초로 펜터그래프의 습동판의 진동에 의해 발생
- ⓑ 중이선 : 수분의 일초로 펜터그래프가 경점의 충격에 따라 불연속적으로 발생
- ⓒ 대이선 : 수분의 일초로부터 1~2초정도이며 전차선의 경성점에 의하여 발생

4) 전차선 마모 방지법

① 동합금선을 사용한다.
② 집전 전류를 일정하게 유지한다.
③ 크레파이트를 바른다.
④ 집전자를 작게 한다.

5) 전차선의 조가 방식

① 직접 조가식 : 전차선만 1조로 구성되며 전차선을 스팬선을 사용하는 방식
② 커티너리 가선식 : 고속도 전기철도에 적합하다.
- ⓐ 단식 커티너리 : 조가용선(메신저와이어) 1개
- ⓑ 복식 커티너리 : 조가용선(메신저와이어) 2개, 드롭퍼에 의한 보조 메신저를 조가
- ⓒ 변Y형 커티너리 : 현수선의 지지점에 Y형태의 보조 현가용 전선을 설치
- ⓓ 합성 컴파운드 커티너리 : 드롭퍼 중간에 스프링과 댐퍼를 조합한 합성소자를 삽입

③ 강체 조가식 : 터널 등의 조가방식으로 지지애자에 트롤리선을 일체화한 방식

참고

커티너리방식

- 직접조가선식

- 단식 커티너리식
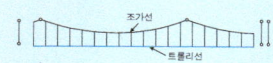

- 복식 커티너리식
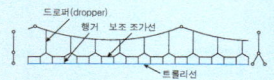

- Y형 커티너리식

- 합성 컴파운드 커티너리식
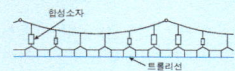

- 2중 커티너리식

Q 포인트문제 7

전차선로에서 커티너리 조가식의 이점은?

① 고속도 전기철도에 적합하므로
② 전기차의 진동이 작으므로
③ 가설비가 저렴하므로
④ 전기적 절연이 양호 하므로

A 해설

커티너리 조가식은 전주간의 거리를 길게 할수 있어 지지물의 수를 감소 시킬수 있으며 고속도 전기철도에 적합하다.

정답 ①

필수확인 O·X 문제   난이도 ★★★☆☆   최근기출년도 00. 08. 17 |1차| |2차| |3차|

1. 전자유도에 의한 통신유도장해 경감용 변압기는 흡상변압기이다. ············· ( )
2. 주변압기 방식은 교류 전기철도의 교류 급전방식이다. ··················· ( )
3. 팬터 그래프는 고전압, 대용량방식인 집전장치이다. ····················· ( )
4. 수십분의 일초로 펜터그래프가 경점의 충격에 따라 불연속적으로 발생하는 것을 중이선이라고 한다. ·· ( )

상세해설

1. (○)
2. (×) 교류 급전 방식은 직접급전방식, 흡상(BT) 변압기방식, 단권(AT) 변압기 방식이다.
3. (○)
4. (×) 중이선은 수분의 일초로 펜터 그래프가 경점의 충격에 따라 불연속적으로 발생

3. 전기 철도의 레일의 전식

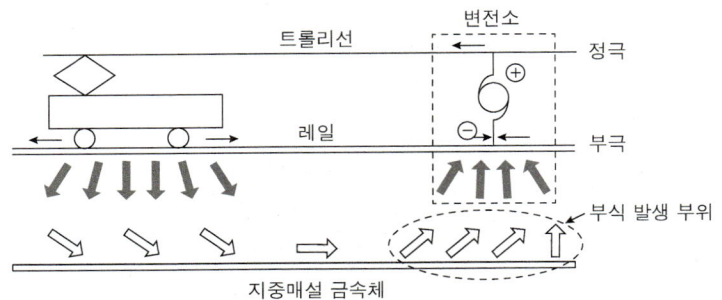

1) 전식이 발생하는 장소

   ① 지중 관로의 전위가 높은 장소
   ② 전류가 유출되는 장소

2) 전식 방지법

   ① 전철측 시설
      ⓐ 귀선 저항을 작게 하기 위하여 레일에 본드를 시설한다.
      ⓑ 레일을 따라서 보조 귀선을 설치한다.
      ⓒ 전압강하을 감소시키기 위하여 변전소간의 간격을 짧게한다.
      ⓓ 귀선의 극성을 정기적으로 바꾸어 준다.
      ⓔ 대지에 대한 레일의 절연 저항을 크게 한다.
      ⓕ 3선식 배전법을 사용한다.
      ⓖ 절연 음극 궤전선을 설치하여 레일과 접속한다.
      ⓗ 가장 먼 음극 궤전선에 음극 승압기를 설치한다.
   ② 매설관측 시설
      ⓐ 선택배류법 또는 강제 배류법을 사용한다.
      ⓑ 매설관의 표면 또는 접속부를 절연한다.
      ⓒ 도전체로 차폐한다.
      ⓓ 전위 제어법(저전위 금속법, 해수이용법)을 활용한다.

3) 귀선궤조에서의 누설전류 경감 대책

   ① 보조 귀선을 설치한다.
   ② 귀선의 전압강하를 감소시킨다
   ③ 귀선을 부극성(-)으로 한다.

FAQ

전식이 무엇 인가요?

답

▶ 레일의 접속부분의 저항이 높으면 레일에 흐르는 전류의 일부가 대지로 누설하여 부근의 수도관, 가스관, 전력케이블등의 지중 금속 매설물을 통해 흐르기 때문에 대지로 전류가 유출되는 부분에서 전기분해를 이용하여 부식 되는 현상을 말합니다.

Q 포인트문제 8

전철에서 전식 방지 방법 중 전철측 시설이 아닌 것은?

① 레일에 본드를 실시한다.
② 레일을 따라 보조귀선을 설치한다.
③ 변전소간 간격을 짧게 한다.
④ 매설관의 표면을 절연하다.

정답 ④

3 견인 전동기와 열차의 운전

1. 열차의 운전 및 저항

1) 열차 저항의 종류

공기저항, 마찰저항, 경사(구배)저항, 곡선저항, 가속저항, 주행저항, 출발저항이 있으며 겨울에 열차의 저항이 증가 하므로 전차의 비전력 소비량이 증가한다.

2) 열차저항에 필요한 힘

① 최대 견인력 $F=1000\mu W$ [kg]

여기서, W [ton] : 동륜상의 무게, μ : 마찰계수, 부착계수, 점착계수

② 구배저항에 필요한 힘 $F=1000GW$ [kg]

여기서, W [ton] : 차량의 중량, G [‰] : 구배

③ 가속 저항에 필요한 힘

가속에 필요한 힘과 반대 방향이 되는 힘을 하나의 저항으로 계산

ⓐ 전동차 $F=31aW$ [kg]

ⓑ 객차 $F=30aW$ [kg]

여기서, W [ton] : 동륜상의 무게, a [km/h/sec] : 가속도

④ 곡선저항

열차가 곡선구간을 주행시 곡선 반지름에 반비례 하는 저항을 받게 되는 것

$$F=\frac{600 \sim 800}{R}=\frac{1000 \times \mu(G+L)}{2R} \text{ [kg]}$$

여기서, R [m] : 곡률반경, μ : 마찰계수, G [mm] : 궤간,
L [m] : 차륜과 고정자축간 거리

콕콕 포인트

참고

열차 저항

열차가 기동할 때 또는 주행할 때 열차 진행 방향과 반대 방향으로 저항력 작용한다 이때의 저항을 열차 저항이라 한다.

① 출발(기동)저항 : 열차가 정지 중에 출발 시 발생하는 저항.
② 주행저항 : 열차가 평판한 선로를 운전 시 발생하는 저항으로 차륜의 구름마찰, 베어링의 기계적 마찰, 공기저항이 있다.
③ 구배저항 : 열차가 경사(구배)로를 올라갈 때 중력에 의해 발생하는 저항
④ 곡선저항 : 열차가 곡선로를 통과할 때 차륜과 레일과의 마찰에 의해 발생하는 저항
⑤ 가속저항 : 열차가 주행중에 가속 시 발생하는 저항으로 열차를 가속하기 위해서 필요한 견인력과 같다.

FAQ

열차의 저항이 겨울철에 증가하는 이유는 무엇 인가요?

답

▶겨울철에 낮은 기온으로 윤활유가 경화가 되기 때문입니다.

참고

열차의 설비에 의한 전력 소비량을 감소시키는 방법

① 회생 제동을 한다.
② 직·병렬 제어를 한다.
③ 기어비를 작게 한다.
④ 차량의 중량을 경감한다.

필수확인 O·X 문제

난이도 ★★☆☆☆   최근기출년도 00. 08. 17

1. 지중 관로의 전위가 높은 장소에서 전식이 발생한다. ……………( )
2. 전식을 방지 방법 중 전압강하을 감소시키기 위하여 변전소간의 간격을 넓게한다. ( )
3. 열차의 최대 견인력은 $F=31aW$ [kg]이다. ………………………( )

상세해설

1. (○)
2. (×) 전압강하을 감소시키기 위하여 변전소간의 간격을 짧게한다.
3. (×) 최대 견인력 $F=1000\mu W$ [kg]

> **참고**
>
> **전기철도 주 전동기 요구 조건**
> ① 기동 토크가 클 것.(직류 직권 전동기, 교류 단상 정류자 전동기)
> ② 올라가는 구배에서 과부하 되지 않고 토크 저하가 적을 것
> ③ 병렬 운전이 가능하고 전동기 상호 부하 불평형이 적을 것
> ④ 용량과 크기가 작아야 하며 넓은 범위에 걸쳐 능률이 높아야 한다.
> ⑤ 단자 전압이 변화하여도 전류의 변화가 적을 것
> ⑥ 속도 조정이 용이 할 것
> ⑦ 유지 보수가 용이 할 것

> **FAQ**
>
> VVVF란 무엇인가요?
>
> **답**
> ▶ 인버터 방식으로 가변전압 가변주파수 장치라고 합니다.

> **참고**
>
> ① 전기철도 주전동기에 사용되는 전동기 : 직류 직권 전동기(교류 직류 양용)
> ② 전기철도 전동기에는 역회전을 방지하기 위하여 보극을 설치한다.
> ③ 전철 전동기에 감속 기어를 사용하는 주된 이유는 전동기의 소형화

> **참고**
>
> $P = \dfrac{F \cdot V}{367}[\text{kW}]$
>
> 전동기 1대당
> ① 출력 : $P = \dfrac{F \cdot V}{367} \times \dfrac{1}{n\eta}[\text{kW}]$
> ② 입력 : $P = \dfrac{F \cdot V}{367} \times \dfrac{1}{n \cdot \mu\eta}[\text{kW}]$
> 여기서, $F[\text{kg}]$: 견인력,
> $V[\text{km/h}]$: 속도, n : 주전동기수,
> η : 전동기 효율, μ : 동력 전달 효율

3) 속 도

① 평균속도 $= \dfrac{주행거리}{주행시간}$

② 표정속도

표정속도를 높이는 방법은 주행시간과 정차시간을 짧게 하고 가속도와 감속도를 둘 다 크게 한다.

$$\dfrac{주행거리}{실제\ 주행시간 + 정차시간} = \dfrac{(n-1)L}{(n-2)t+T}$$

여기서, n : 정거장수, L : 정거장 간격, t : 정차 시간, T : 주행시간

③ 열차의 경제 운전 방법 : 타성에 의해서 가는 것. 즉 가속도와 감속도를 크게하고 표정속도를 작게한다.

2. 전차용 전동기

1) 전차용 전동기의 대수를 2의 배수인 이유

제어 효율개선 및 속도 증감

2) 직류 전동차 전동기 속도 제어법

① 직렬 저항 제어
② 계자 제어 : 단락계자법, 계자 분로법, 혼합법
③ 직·병렬 제어 : 개로도법, 단락도법, 교락도법
④ 초퍼 제어 : 고전압 대용량 노면 전차 사용
⑤ 메타다인 제어 : 직류 정전류 제어법

3) 교류 전기차 전동기 속도 제어법

① 주 변압기의 탭절환제어　　② 위상제어
③ VVVF

4) 제동

① 수동제동
② 공기 제동
　ⓐ 직통 공기 제동 차량 1대 (단 열차)
　ⓑ 자동 공기 제동 : 차량 2대 이상 (장 열차)
③ 전기제동

5) 열차의 자동 제어 목적

① 안정성의 향상　　　　② 열차 밀도의 증가
③ 경제성 향상　　　　　④ 운전 조작의 단순화 및 운전 속도의 향상

Chapter 03 전기철도 출제예상문제

- 우선순위 논점은 전기공사(산업)기사 시험에서 가장 출제 빈도가 높은 문제로써, 수험생분들께서는 각 파트별 우선순위 문제의 논점과 키워드를 학습하시기를 바랍니다.
- 체크 리스트를 작성하시면서 문제의 유형과 학습의 완성도를 스스로 체크 해 보시기를 바랍니다.
- "선생님의 콕콕 포인트"는 틀리기 쉬운 문제의 함정과 문제의 포인트를 집어드립니다. 우선순위 문제풀이의 포인트를 꼭 참고하고 응용문제의 해결능력을 길러 줍니다.

번호	우선순위 논점	KEY WORD	나의 정답 확인				선생님의 콕콕 포인트
			맞음	틀림(오답확인)			
				이해 부족	암기 부족	착오 실수	
6	선로	곡선궤도, 시속, 궤간, 고도					고도계산식을 암기 할 것
8	선로	확도, 캔트, 궤간					확도(슬랙)를 주는 이유와 공식을 암기 할 것
10	선로의 분기	분기개소, 철차, 보조설치					호륜궤조의 설치장소를 암기 할 것
18	교류급전방식	권수비 1:1, 단권변압기, 통신유도 장해					흡상변압기 이론을 암기 할 것
21	급전설비	변압기결선, 단상교류, 전압 불 평형					급전설비의 변압기 결선을 암기 할 것
24	조가방식	조가선, 행거, 트롤리선					커티너리 조가 방식을 암기 할 것

★★☆☆☆
01 전기차의 고속 운전에 적합한 전원 방식은?

① 교류 방식　　② 부동 충전 방식
③ 직류 방식　　④ 직류 및 교류 겸용 방식

해설
전기 철도의 분류 - 전기방식에 의한 분류
교류 전기 철도는 교류 정류자 전동기를 사용하며 전기차의 고속운전에 적합하다.

★★★☆☆
02 전기 철도에서 궤도(tract)의 3요소가 아닌 것은?

① 궤조　　② 침목
③ 도상　　④ 구배

해설
전기 철도의 선로 - 궤도의 구조
궤도의 3요소는 레일(궤조), 침목, 도상(자갈)이다.

★★☆☆☆
03 온도 변화에 따른 레일의 신축에 대비하여 연결부에 두는 틈새 여유를 무엇이라 하는가?

① 궤간　　② 유간
③ 확도　　④ 고도

해설
전기 철도의 선로 - 궤도의 구조
유간 : 레일의 온도 변화에 따른 신축성을 주기 위하여 레일의 이음장소에 10[mm] 정도의 간격을 두는 것

★★★☆☆
04 바깥쪽 레일은 원심력의 작용으로 지나친 하중이 걸려 탈선하기 쉬우므로 안쪽 레일보다 얼마간 높게 한다. 이 바깥쪽 레일과 안쪽 레일의 높이 차를 무엇이라 하는가?

① 편위　　② 확도
③ 고도　　④ 궤간

[정답] 01 ①　02 ④　03 ②　04 ③

전기응용 - 제3장 전기철도 | **79**

해설
전기 철도의 선로 - 곡선과 구배

고도(cant=캔트)
열차가 곡선로를 주행 시 바깥쪽 레일은 원심력의 작용으로 지나친 하중이 걸려 탈선하기 쉬우므로 바깥쪽 레일과 안쪽 레일의 높이 차를 주는 것을 말하며 열차 운전의 안전을 확보하기 위함이다.

★★★☆☆
05 곡선 궤도에 있어 고도의 최대한을 두는 이유는?

① 시설이 곤란하다.
② 운전 속도를 제한하기 위하여
③ 운전의 안전을 확보하기 위하여
④ 타고 있는 사람의 기분을 좋게 하기 위하여

해설
전기 철도의 선로 - 곡선과 구배
문제 4번 해설 참조

★★★★☆
06 반지름이 1500[m]인 곡선 궤도를 시속 120[km/h]인 열차가 주행하기 위한 고도[mm]는 약 얼마인가? (단, 궤간은 1435[mm]이다.)

① 25.4   ② 51.5
③ 84.0   ④ 108.5

해설
전기 철도의 선로 - 곡선과 구배

고도(켄트) $h = \dfrac{GV^2}{127R}$[mm]이므로

$h = \dfrac{1435 \times 120^2}{127 \times 1500} = 108.472 ≒ 108.5$[mm]

여기서, G[mm] : 궤간, V[km/h] : 평균속도,
R[m] : 곡선반지름(곡률반경)

★★★☆☆
07 고도가 20[mm]이고 반지름이 800[m]인 곡선 궤도를 주행할 때 열차가 낼수 있는 최대 속도[km/h]는 약 얼마인가? (단 궤간은 1067[mm]이다.)

① 34.94   ② 38.94
③ 43.64   ④ 83.64

해설
전기 철도의 선로 - 곡선과 구배

고도(켄트) $h = \dfrac{GV^2}{127R}$[mm]를 이용 정리하면

속도 $V = \sqrt{\dfrac{127Rh}{G}} = \sqrt{\dfrac{127 \times 800 \times 20}{1067}} = 43.639 ≒ 43.64$[km/h]

★★★★☆
08 궤도의 확도(slack)는? (단, 곡선의 반지름 R[m], 고정 차축 거리 ℓ[m]이다.)

① $\dfrac{\ell^2}{5R}$ ② $\dfrac{\ell^2}{R}$

③ $\dfrac{\ell^2}{8R}$ ④ $\dfrac{\ell^2}{2.5R}$

해설
전기 철도의 선로 - 곡선과 구배

확도(slack=슬랙)는 곡선 궤도를 운행 할 때 내측 궤조의 궤간을 조금 넓혀 주는 것

$S = \dfrac{\ell^2}{8R}$[mm]

여기서, R[m] : 곡선반지름(곡률반경), ℓ[m] : 고정 차축 거리

★★★☆☆
09 차륜의 단면에 안지름과 바깥지름의 차이가 있는 이유는?

① 궤간이 일정하지 않으므로
② 곡선 부분은 확도가 있으므로
③ 곡선 부분은 고도가 있으므로
④ 곡선 부분은 양궤조의 길이에 차이가 있으므로

해설
전기 철도의 선로 - 선로(궤조)의 분기
곡선부의 양궤조의 길이에 차가 있기에 안지름과 바깥지름의 차이를 두어 차체를 원활하게 진행시키기 위해서

[정답] 05 ③ 06 ④ 07 ③ 08 ③ 09 ④

10 직선인 선로에서 호륜 궤조를 설치하지 않으면 안 되는 곳은?

① 분기 개소
② 저속도 운전 구간
③ 병용 궤도
④ 교량의 전방

🔍 **해설**
전기 철도의 선로 – 선로(궤조)의 분기
호륜궤조(가이드레일) : 직선 레일 중 분기개소 및 철차가 있는 곳에 보조적으로 설치

11 차륜을 하나의 궤도에서 다른 궤도로 유도하는 장치는?

① 전철기
② 철차
③ 도입궤조
④ 호륜궤조

🔍 **해설**
전기 철도의 선로 – 선로(궤조)의 분기
첨단궤조 (전철기) : 차륜을 궤도에서 다른 궤도로 유도하는 장치

12 궤조를 직류 전차선 전류의 귀로로 사용할 때에는 폐색 구간의 경계를 귀로 전류가 흐르게 하여야 될 터인데 이와 같은 목적을 이루기 위하여 각 구간의 경계는 무엇으로 연결하여야 하는가?

① 열차 단락 감도
② 궤도 회로
③ 임피던스 본드
④ 연동 장치

🔍 **해설**
전기 철도의 선로 – 보안 설비 및 본드
임피던스 본드 : 폐색구간을 열차가 통과 시에 귀선 전류를 흐르게 하고 신호전류는 흐르지 못하게 하는 회로

13 본드(bond)의 전기 저항 측정 방법은?

① 전류계와 밀리볼트계로 측정한다.
② 밀리볼트계로 궤도의 저항과 비교 측정한다.
③ 표준 저항과 비교 측정한다.
④ 궤도의 누설 전류와 비교 측정한다.

🔍 **해설**
전기 철도의 선로 – 보안 설비 및 본드
본드의 저항 측정 : 밀리볼트계로 궤도의 저항과 비교 측정

14 지상에 레버를 설치함으로써 열차가 신호를 무시하고 구내에 들어오면 열차의 비상 브레이크가 걸리도록 하는 장치는?

① ATC
② ATS
③ ATO
④ CTC

🔍 **해설**
전기 철도의 선로 – 보안 설비 및 본드
ATS : 지상에 레버를 설치하여 열차가 신호를 무시하고 구내에 들어오면 열차에 비상브레이크가 걸리도록 하는 장치

15 급전선의 급전 분기 장치의 설치 방식이 아닌 것은?

① 스팬선식
② 암식
③ 커티너리식
④ 브래킷식

🔍 **해설**
전기철도 운전설비 – 급전 설비
급전선의 급전 분기 설치 방식은 스팬선식, 암식, 브리킷식이 있고 커티너리식은 조가 방식 중 하나이다.

16 직류 급전 방식에서 정극(正極)을 접속하는 곳은?

① 부급전선
② 귀선
③ 급전선
④ 조가선

🔍 **해설**
전기철도 운전설비 – 급전 설비
직류급전 방식에서 정극은 급전선이고 부극은 레일(궤조)이다.

[정답] 10 ① 11 ① 12 ③ 13 ② 14 ② 15 ③ 16 ③

17 전기철도에서 교류 급전방식이 아닌 것은?

① 직접 급전 방식
② 주변압기 방식
③ 흡상 변압기 방식
④ 단권 변압기 방식

> **해설**
> 전기철도 운전설비 – 급전 설비
> 교류급전 방식
> ① 직접급전방식
> ② 흡상(BT) 변압기방식 : 전자유도에 의한 통신유도장해 경감용 변압기
> ③ 단권(AT) 변압기 방식

18 교류 급전방식 중 흡상 변압기에 대한 설명이 아닌 것은?

① 권수비가 1:1이다.
② 단권 변압기가 사용되기도 한다.
③ 전압 방식에 무관하게 사용한다.
④ 인근 통신선에 유도 장애 방지용이다.

> **해설**
> 전기철도 운전설비 – 급전 설비
> 흡상변압기(BT) 급전방식 : 대지에 누설되는 귀전류를 흡상변압기로 강제적으로 부급전선에 흡상시키는 방식으로 흡상변압기는 권선비 1:1인 변압기로 1차 단자는 전차선에 2차 단자는 부급전선에 직렬로 접속하며 설치간격은 4[km] 정도이다.

19 전기 철도의 급전 방식으로 교류 급전방식 중 AT 급전방식은 어떤 변압기를 사용하여 급전하는 방식을 말하는가?

① 스코트 변압기
② 3권선 변압기
③ 단권 변압기
④ 흡상 변압기

> **해설**
> 전기철도 운전설비 – 급전 설비
> 문제 17번 해설 참조

20 철도 통신에 있어서 유도 장해에 대한 대책을 위하여 사용되는 시설은?

① 선발 차단기
② 피뢰기
③ 흡상 변압기
④ 궤도 계전기

> **해설**
> 전기철도 운전설비 – 급전 설비
> 문제 17번 해설 참조

21 단상 교류식 전기 철도에서 전압 불평형을 경감하는 데 쓰이는 것은?

① 흡상 변압기
② 단권 변압기
③ 크로스 결선
④ 스코트 결선

> **해설**
> 전기철도 운전설비 – 급전 설비
> 단상교류 전기철도에서 전압 불평형을 경감시키기 위하여 변압기 결선은 스코트(T)결선을 사용한다.

22 모노레일 등에 주로 사용되고 있는 전차 선로의 가선 형태는?

① 제3궤조 방식
② 가공 복선식
③ 가공 단선식
④ 강체 복선식

> **해설**
> 전기철도 운전설비 – 운전 설비
> 전차선로의 가선 방식은 가공 단선식, 가공 복선식, 제3궤조식, 강체복선식 이 있으며 강체복선식은 모노레일에 주로 사용되는 전차선로의 가선방식이다.

23 팬터 그래프가 경점 등의 충격에 따라 불연속으로 발생되는 것은?

① 소이선
② 대이선
③ 중이선
④ 이선율

[정답] 17 ② 18 ③ 19 ③ 20 ③ 21 ④ 22 ④ 23 ③

해설
전기철도 운전설비 – 운전 설비
① 소이선 : 수십분의 일초로 펜터그래프의 습동판의 진동에 의해 발생한다.
② 중이선 : 수분의 일초로 펜터그래프가 경점의 충격에 따라 불연속적으로 발생하는 것
③ 대이선 : 수분의 일초로부터 1~2초 정도이며 전차선의 경성점에 의하여 발생하는 것

★★★★☆
24 그림과 같은 전동차선의 조가법은 다음 중 어느 것인가?

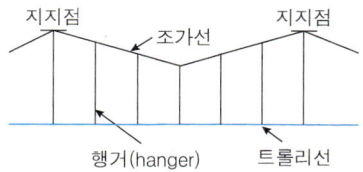

① 직접 조가식
② 단식 커티너리식
③ 변형 Y형 단식 커티너리식
④ 복식 커티너리식

해설
전기 철도의 운전 설비 – 전차선의 조가 방식
커티너리 가선식 : 고속도 전기철도에 적합하다
① 단식 커티너리 : 조가용선(메신저와이어) 1개
② 복식 커티너리 : 조가용선(메신저와이어) 2개, 드롭퍼에 의한 보조 메신저를 조가
③ 변Y형 커티너리 : 현수선의 지지점에 Y형태의 보조 현가용 전선을 설치

★★★☆☆
25 전식 방지법이 아닌 것은?
① 극성을 정기적으로 바꿔주어야 한다.
② 변전소 간격을 짧게 한다.
③ 대지에 대한 레일의 절연저항을 크게 한다.
④ 귀선저항을 크게 하기 위해 레일에 본드를 시설한다.

해설
전기 철도의 레일의 전식
전식 방지법
- 전철 측 시설
  ① 귀선 저항을 작게 하기 위하여 레일에 본드를 시설
  ② 레일을 따라서 보조 귀선을 설치한다.
  ③ 전압 강하을 감소시키기 위하여 변전소간의 간격을 짧게 한다.
  ④ 귀선의 극성을 정기적으로 바꾸어 준다.
  ⑤ 대지에 대한 레일의 절연 저항을 크게 한다.
  ⑥ 3선식 배전법을 사용한다.
  ⑦ 절연 음극 궤전선을 설치하여 레일과 접속한다.
  ⑧ 가장 먼 음극 궤전선에 음극 승압기를 설치한다.
- 매설관측 시설
  ① 배류법 : 선택배류법과 강제 배류법이 있다.
  ② 매설관의 표면 또는 접속부를 절연하는 방법
  ③ 도전체로 차폐하는 방법
  ④ 전위 제어법 : 저전위 금속법, 해수이용법이 있다.

★★★☆☆
26 다음 중 전기 철도용 변전소간의 간격을 짧게 하는 이유로 가장 타당한 것은?
① 유지보수를 용이하게 하기 위하여
② 절연 저항을 적게 하기 위하여
③ 전식을 적게 하기 위하여
④ 건설비를 적게 하기 위하여

해설
전기 철도의 레일의 전식
문제 25번 해설 참조

★★★☆☆
27 $30[t]$의 전차가 $30[‰]$($\frac{30}{1000}$)의 경사를 올라가는데 요하는 견인력 $[kg]$은 얼마인가? (단, 열차저항은 무시한다.)
① 600
② 900
③ 1100
④ 1200

해설
견인 전동기와 열차의 운전 – 열차저항에 필요한 힘
구배저항에 필요한 힘 $F=1000GW[kg]$을 이용하여
$F=1000 \times \frac{30}{1000} \times 30 = 900[kg]$이다.
여기서, $W[ton]$: 차량의 중량, $G[‰]$: 구배

[정답] 24 ② 25 ④ 26 ③ 27 ②

★★★☆☆
28 전동차의 무게가 100[t]이고 바퀴 위의 무게가 75[t]인 기관차의 최대 견인력[kg]은 얼마인가? (단, 바퀴와 레일의 점착계수는 0.2이다.)

① 7,500   ② 10,000
③ 15,000   ④ 20,000

해설
견인 전동기와 열차의 운전 – 열차저항에 필요한 힘
최대 견인력 $F=1000\mu W$[kg]을 이용하여
$F=1000\times 0.2\times 75=15000$[kg]
여기서, W[ton] : 동륜상의 무게, μ : 마찰계수, 부착계수, 점착계수

★★★☆☆
29 중량 50[t]의 전동차에 2[km/h/s]의 가속도를 주는데 필요한 힘[kg]은?

① 52[kg]   ② 100[kg]
③ 310[kg]   ④ 3100[kg]

해설
견인 전동기와 열차의 운전 – 열차저항에 필요한 힘
가속 저항에 필요한 힘 전동차 $F=31aW$[kg]을 이용하여
$F=31\times 50\times 2=3100$[kg]
여기서, W[ton] : 동륜상의 무게, a[km/h/sec] : 가속도

★★☆☆☆
30 전동차가 동일 구역간을 운행할 때 운전 시간과 소비 전력량[Wh] 사이의 관계를 옳게 표시한 것은?

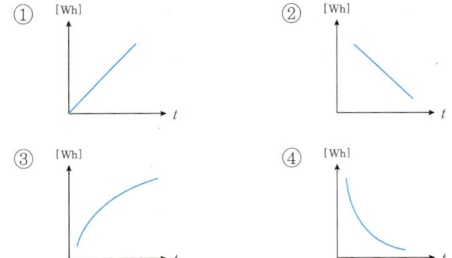

해설
견인 전동기와 열차의 운전 – 열차저항에 필요한 힘
정지 상태의 전동차가 출발 시 가속할 때에는 큰 전류 및 전력이 소비되고 시간이 경과하면 타력에 의하여 운전되므로 전류 및 전력이 점점 감소하게 되나, 전력량은 시간의 경과에 따라서 누적되는 양이므로 시간 경과와 더불어 전력량은 증가되는데 증가율은 점차 감소하게 된다.

★★★☆☆
31 열차가 평탄한 직선로 위를 운전할 때 발생하는 저항은?

① 구배 저항   ② 주행 저항
③ 가속도 저항   ④ 출발 저항

해설
견인 전동기와 열차의 운전 – 열차저항에 필요한 힘
열차 저항
① 출발(기동)저항 : 열차가 정지 중에 출발 시 발생하는 저항
② 주행저항 : 열차가 평탄한 선로를 운전 시 발생하는 저항으로 차륜의 구름마찰, 베어링의 기계적 마찰, 공기저항이 있다.
③ 구배저항 : 열차가 경사(구배)로를 올라갈 때 중력에 의해 발생하는 저항
④ 곡선저항 : 열차가 곡선로를 통과 할 때 차륜과 레일과의 마찰에 의해 발생하는 저항
⑤ 가속도 저항 : 열차가 주행중에 가속시 발생하는 저항으로 열차를 가속하기 위해서 필요한 견인력과 같다.

★★☆☆☆
32 열차 저항의 분류에 들어가지 않는 것은?

① 복선 저항   ② 주행 저항
③ 가속 저항   ④ 곡선 저항

해설
견인 전동기와 열차의 운전 – 열차저항에 필요한 힘
문제 31번 해설 참조

★★★☆☆
33 열차의 곡선 저항에 대한 설명 중 옳은 것은?

① 열차의 중량에 반비례한다.
② 열차의 속도에 비례한다.
③ 궤간에 반비례한다.
④ 궤조 곡선의 반지름에 반비례한다.

[정답] 28 ③ 29 ④ 30 ③ 31 ② 32 ① 33 ④

해설
견인 전동기와 열차의 운전 - 열차저항에 필요한 힘

곡선저항 : 열차가 곡선구간을 주행시 곡선 반지름에 반비례 하는 저항을 받게 되는 것

$$h = \frac{600 \sim 800}{R} = \frac{1000 \times \mu(G+L)}{2R} [\text{kg}]$$

여기서, $R[\text{m}]$: 곡률반경, μ : 마찰계수,
$G[\text{mm}]$: 궤간, $L[\text{m}]$: 차륜과 고정자축간 거리

★★★☆☆
34 전차의 표정 속도를 높이기 위한 수단은?

① 최대 속도를 높게 한다.
② 정차 시간을 짧게 한다.
③ 가속도를 크게 한다.
④ 제동도를 높인다.

해설
견인 전동기와 열차의 운전 - 열차저항에 필요한 힘

표정속도 $= \dfrac{\text{주행거리}}{\text{실제주행시간+정차시간}} = \dfrac{(n-1)L}{(n-2)t+T}$

여기서, n : 정거장수, L : 정거장 간격, t : 정차 시간, T : 주행시간
표정속도를 높이는 방법은 주행시간과 정차시간을 짧게 하고 가속도와 감속도를 둘 다 크게 한다.

★★★☆☆
35 전기철도의 경제적인 운전을 위해 전력소비량을 줄이려면 가속도와 감속도 및 표정속도를 각각 어떻게 하여야 하는가?

① 가속도는 크게, 감속도는 작게, 표정속도는 크게 하여야 한다.
② 가속도와 감속도는 크게, 표정속도는 작게 하여야 한다.
③ 가속도와 감속도는 작게, 표정속도는 작게 하여야 한다.
④ 가속도와 감속도는 작게, 표정속도는 크게 하여야 한다.

해설
견인 전동기와 열차의 운전 - 열차저항에 필요한 힘
타성에 의해 가는것. 즉 가속도와 감속도를 크게하고 표정속도를 작게한다.

★★★☆☆
36 다음 중 전기철도의 주전동기의 특성이 아닌 것은?

① 병렬운전이 가능할 것
② 전원전압의 변화에 대한 영향이 적을 것
③ 속도가 상승함에 따라 토크가 클 것
④ 오름 구배에서 토크의 저하가 적을 것

해설
전차용 전동기
전기철도 주 전동기 요구 조건
① 기동 토크가 클 것(직류 직권 전동기, 교류 단상 정류자 전동기)
② 올라가는 구배에서 과부하 되지 않고 토크 저하가 적을 것
③ 병렬 운전이 가능하고 전동기 상호 부하 불평형이 적을 것
④ 용량과 크기가 작아야 하며 넓은 범위에 걸쳐 능률이 높아야 한다.
⑤ 단자 전압이 변화하여도 전류의 변화가 적을 것
⑥ 속도 조정이 용이 할 것
⑦ 유지 보수가 용이 할 것

★★☆☆☆
37 전기차의 속도제어방식 중 VVVF 제어법은 무엇인가?

① 주파수와 전압을 동시에 제어하는 방법이다.
② 주파수를 고정하는 전압만 제어하는 방식이다.
③ 전압을 고정하고 주파수만 제어하는 방식이다.
④ 초퍼제어 방식이다.

해설
전차용 전동기
인버터방식으로 가변전압 가변주파수장치라 한다.

★★★☆☆
38 전차용 전동기에 보극을 실시하는 이유는?

① 진동 방지   ② 역회전 방지
③ 섬락 방지   ④ 불꽃 방지

해설
전차용 전동기
전기철도 전동기에는 역회전을 방지하기 위하여 보극을 설치한다.

[정답] 34 ② 35 ② 36 ③ 37 ① 38 ②

★★☆☆☆
39 전철 전동기에 감속 기어를 사용하는 주된 이유는?

① 동력의 전달 ② 전동기의 소형화
③ 역률의 개선 ④ 가격의 저하

해설

전차용 전동기
전철 전동기에 감속 기어를 사용하는 주된 이유는 전동기의 소형화.

★★★☆☆
40 교류 전기차의 속도제어에 해당되는 것은?

① 저항제어 ② 직병렬 전압제어
③ 계자제어 ④ 탭절환 제어

해설

전차용 전동기
- 직류 전동차 전동기 속도 제어법
  ① 직렬 저항 제어
  ② 계자 제어 : 단락계자법, 계자 분로법, 혼합법
  ③ 직·병렬 제어 : 개로도법, 단락도법, 교락도법
  ④ 초퍼 제어 : 고전압 대용량 노면 전차 사용
  ⑤ 메타다인 제어 : 직류 정전류 제어법
- 교류 전기차 전동기 속도 제어법
  ① 주 변압기의 탭절환제어
  ② 위상제어
  ③ VVVF

★★☆☆☆
41 열차의 자동제어 목적이 아닌 것은?

① 운전 조작의 단순화 ② 경제성의 향상
③ 열차밀도의 감소   ④ 운전속도의 향상

해설

전차용 전동기
열차의 자동 제어 목적
① 안정성의 향상
② 열차 밀도의 증가
③ 경제성 향상
④ 운전 조작의 단순화 및 운전 속도의 향상

[정답] 39 ② 40 ④ 41 ③

electrical engineer

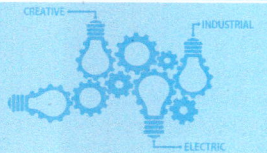

Chapter 04 전기화학 및 정전기 응용

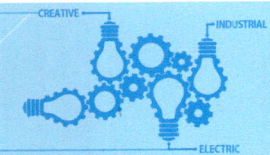

출제경향분석

제4장 전기화학 및 정전기응용에 대한 이론 및 계산법을 다루었으며 시험에 자주 출제가 되는 내용은 다음과 같다.
❶ 전기분해
❷ 전지
❸ 기타 전지
❹ 정전기 응용

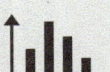 콕콕 포인트

1 전기화학 기초

1. 전기분해

1) 페러데이 법칙

전기분해에 의해 석출되는 물질의 양은 전해액을 통과하는 전기량에 비례하고 물질의 화학 당량에 비례한다.

① $W = KQ = KIt$ [g]

② 화학당량 $K = \dfrac{원자량}{원자가}$ [g/C]

③ 전기화학당량 $= \dfrac{화학당량}{96500}$ [g/C]

여기서, W[g] : 석출되는 물질의 양, K[g/C] : 화학당량,
$Q = It$[C] : 전기량, I[A] : 전류, t[s] : 시간

2) 이온화 경향

금속이 액체와 접촉 시 양이온으로 되는 경향
① 양이온 : 금속, 수소(H_2)
② 음이온 : 산기 및 수산기
③ 이온화 경향 순서
    칼륨(K) > 칼슘(Ca) > 나트륨(Na) > 마그네슘(Mg) > 아연(Zn)
④ 할로겐 원소 : 플루오린(F)·염소($Cℓ$)·브로민(Br)·아이오딘(I)·아스타틴(At)

3) 확산

종류가 다른 입자가 혼합 되어 있을 때 농도가 같아질 때까지 입자가 농도가 높은 곳에서 낮은 곳으로 이동하는 현상

FAQ
전기분해 및 전해질은 무엇인가요?

답

▶ 전류에 의해 전해질 용액이 화학반응을 일으키는 현상을 말하며 전해질이란 용액 내에서 양(+)이온과 음(−)이온으로 전리되어 양이온과 음이온의 이동에 의해 전류가 흐를 수 있는 물질을 말합니다.

Q 포인트문제 1

전기분해시 전기량이 같을 때 전극에 석출되는 물질의 양은 어느 것에 비례하는가?
① 원자량　② 전류
③ 시간　　④ 화학 당량

A 해설

페러데이 법칙
전기분해에 의해 석출되는 물질의 양은 전해액을 통과하는 전기량에 비례하고 물질의 화학 당량에 비례한다.
$W = KQ = KIt$ [g]
여기서, W[g] : 석출되는 물질의 양, K[g/C] : 화학당량, $Q = It$[C] : 전기량, I[A] : 전류, t[s] : 시간

정답 ④

3) 전기분해공업 및 계면 전해 공업

① 전기분해

ⓐ 물의 전기분해 : 전기분해의 도전률 높이는 방법으로 가성소다(수산화나트륨 NaOH)와 가성칼리(수산화칼륨 KOH)를 20[%] 정도 첨가하여 전해액의 농도를 크게 한다.

ⓑ 소금물의 전기분해 : 식염수를 전기분해하면 양극에 염소(Cl), 음극에는 수소와 가성소다 즉 수산화나트륨(NaOH)이 발생한다.

ⓒ 전기 도금 : 황산용액에 양극에 구리, 음극에 은막대를 두고 전기를 흘리면 은막대에 구리색을 띠는 현상을 말하며 일정한 도금 상태를 만들려면 일정한 전류밀도 일 것

ⓓ 전주 : 두껍게 도금하여 원형을 떼어 복제품을 만들며 공예품의 복제 활자 인쇄용 원판 제조에 사용된다.

ⓔ 전해 정련(전해 정제) : 순도가 높은 금속 구리, 알루미늄을 채취

ⓕ 전착 : 금속염 수용액에 전기분해를 하면 음극에 금속이 생기는 것

② 계면 전해

ⓐ 전기영동 : 액체 속에 미립자를 넣고 전압을 가하면 다수의 입자가 양극으로 이동

ⓑ 전기 침투 : 다공질막 1개로 분류하고 전해콘덴서, 재생고무 등의 제조에 응용

ⓒ 전기투석 : 전해질 용액을 다공질 격막으로 막고 전극에 가한 직류 전압에 의해 이온을 이동 시켜 용액에서 전해물질을 제거하여 물 설탕 소금 등을 정제 시 사용

필수확인 O·X 문제   난이도 ★★★☆☆   최근기출년도 00. 08. 17   1차 2차 3차

1. 전기분해에 의해 석출되는 물질의 양은 전해액을 통과하는 전기량에 반비례하고 물질의 화학 당량에 비례한다. ·· ( )
2. 확산이란 종류가 다른 입자가 혼합 되어 있을 때 농도가 같아질 때까지 입자가 농도가 높은 곳에서 낮은 곳으로 이동하는 현상을 말한다. ·········· ( )
3. 물을 전기 분해 시 가성소다와 가성칼리를 20[%] 정도 첨가하는 이유는 전극의 손상을 막기 위함이다. ··· ( )
4. 전기영동이란 액체 속에 미립자를 넣고 전압을 가하면 다수의 입자가 양극으로 이동하는 현상을 말한다. ··· ( )

상세해설

1. (×) 전기분해에 의해 석출되는 물질의 양은 전해액을 통과하는 전기량에 비례하고 물질의 화학 당량에 비례한다.
2. (○)
3. (×) 전기분해시 물의 도전률 높이기 위함이다.
4. (○)

참고

① 농도 과전압 : 전기분해시 전극에 가까운 곳의 농도는 액본체의 농도와 다르게 된다. 즉 양극 부근의 구리농도는 액본체 농도 보다 크고 음극 부근에서의 농도는 작게 되므로 양극보다 음극의 전위를 높게 하여 과잉전압을 공급하는 것을 말한다.

② 저항 과전압 : 전극 표면에 피막저항에 의하여 발생되는 과전압으로 전극면에 전기저항이 큰 산화피막이 생성되기 때문에 이를 극복하기 위한 과전압을 말한다.

Q 포인트문제 2

금속염의 수용액을 전기 분해하면 음극에 금속이 생기게 되는 것을 무엇이라 하는가?

① 전식   ② 전해
③ 전착   ④ 전주

A 해설

금속염 수용액에 전기분해를 하면 음극에 금속이 생기는 것을 전착 이라한다.

정답 ③

Q 포인트문제 3

전해질 용액을 다공질 격막으로 막고 전극에 가한 직류전압에 의해 이온을 이동시켜 용액에서 전해질을 제거하는 것을 무엇이라 하는가?

① 전기투석   ② 전기영동
③ 전기침투   ④ 계면동전위

A 해설

전해질 용액을 다공질 격막으로 막고 전극에 가한 직류 전압에 의해 이온을 이동 시켜 용액에서 전해물질을 제거하여 물 설탕 소금 등을 정제 시 사용되는 것을 전기투석 이라한다.

정답 ①

2 전지

1. 1차 전지

1) 전지의 화학작용

① 분극작용 : 전지에 부하를 걸면 전류가 흐를 때 수소가 음극제에 달라붙어 전지의 내부저항이 증가하여 기전력(단자전압)이 저하하는 현상
  ▶ 방지책 : 감극제 사용

② 국부작용 : 불순물 혼합에 의해 국부적인 자체 방전 현상
  ▶ 방지책 : 순수금속, 수은 도금

2) 망간 (르클랑세, 보통) 건전지

① 전해액 : 염화암모늄(NH_4Cl)
② 감극제(양극)는 이산화망간(MnO_2), 음극은 아연(Zn)
③ 용도는 휴대용 라디오, 손전등, 완구류, 시계(벽시계)이고 기전력은 1.5[V]

3) 공기 건전지

- $Z_n + 2NH_4Cl + O \rightarrow Z_n(NH_3)_2Cl_2 + H_2O$
- $Z_n + 2NaOH + O \rightarrow Na_2ZnO_2 + H_2O$

여기서, Z_n : 아연, $2NH_4Cl$: 염화암모늄, $Z_n(NH_3)_2Cl_2$: 염화아연암모늄, H_2O : 물, $2NaOH$: 가성소다, O : 공기, Na_2ZnO_2 : 아연산소다

① 전해액 : 염화암모늄(NH_4Cl), 가성소다＝수산화나트륨($NaOH$)
② 감극제 : 공기 중 산소(O_2)
③ 공기 건전지의 특징
  ⓐ 용량이 커서 경제적이다.
  ⓑ 내열, 내한, 내습성을 가진다.
  ⓒ 방전 시 또는 온도차에 의한 전압변동이 작다.
  ⓓ 사용 중 자기방전이 적고 장기간 보존이 가능하다.
  ⓔ 처음 전압은 망간 전지에 비해 약간 낮고 방전용량은 망간건전지 보다 크다.
④ 기전력: 1.4[V]

4) 수은 전지

① 전해액 : 수산화칼륨 (KOH), 수산화나트륨($NaOH$)
② 감극제 : 산화수은 (HgO)
③ 수은 건전지의 특징
  ⓐ 기전력 1.3[V]로 전압의 안전성이 좋다.

FAQ

1차전지와 2차전지는 무엇을 말하는지요?

답

▶ ① 1차전지란 충전에 의하여 구성된 물질의 재생이 불가능한 전지라 하며 보통 건전지라고 부르는 전지를 말합니다.
② 2차전지란 직류 전원 장치로 충전하여 반복 사용 할 수 있는 전지를 말하며 자동차용 전지와 같은 것을 말하며 대표적으로 납(연)축전지와 알카리 축전지가 있습니다.

Q 포인트문제 4

전지의 국부작용을 방지하는 방법은?
① 완전 밀폐 ② 감극제 사용
③ 니켈 도금 ④ 수은 도금

A 해설

국부작용은 불순물 혼합에 의해 국부적인 자체 방전 현상이며 방지책으로 순수금속, 수은을 도금한다.

정답 ④

참고

리튬전지

① 이산화 망간 리튬전지 : 일반적인 리튬전지를 말하며 감극재(양극)는 MnO_2(이산화 망간), 부극은 Li(리튬), 전해액은 유기 전해질을 사용하며 기전력은 3[V]

② 염화타오닐 리튬전지 : 감극재(양극) $SOCl_2$(염화타오닐), 부극은 Li(리튬), 전해액은 유기 전해질을 사용하며 기전력은 3.6[V]

ⓑ 전압강하가 적고 방전용량이 크다.
ⓒ 보청기, 전자기기, 카메라 등에 사용

5) 표준 전지
① 표준 전지의 종류 : 웨스턴 (카드뮴) 전지
② 양극은 수은 (Hg), 음극은 카드뮴 (Ca)
③ 전해액 : 카드뮴 설파이트($CdSO_4$)
③ 감극제 : 황산수은(Hg_2SO_4)

2. 2차 전지

1) 납(연) 축전지 : 자동차용 전지
① 화학 반응식

$$PbO_2 + 2H_2SO_4 + Pb \text{ (충전시)} \rightleftharpoons PbSO_4 + 2H_2O + PbSO_4 \text{ (방전시)}$$
양극　전해액　음극　　　　양극　전해액　음극

② 공칭전압 및 공칭 용량: 2[V/cell], 10[Ah]
③ 극판의 색깔
　ⓐ 충전 시 : 양극판 PbO_2(이산화납)이 되므로 적갈색 음극판은 납이므로 회백색
　ⓑ 방전시 : 양극판과 음극판 모두 $PbSO_4$(황산납)이 되므로 회백색에 가까워진다.
④ 전해액 : 비중 1.2∼1.3 정도인 $2H_2SO_4$(묽은 황산)을 사용하며 비중으로 충전 정도를 알 수 있다.
⑤ 특징 : 효율이 좋고, 장시간 일정전류 공급이 가능하다.
⑥ 납축전지의 격리판의 목적 : 양극과 음극의 단락 보호용
⑦ 극판의(전지의) 황산화 : 납축전지를 방전 상태에서 오랫동안 방치하면 극판에 백색의 황산납이 생기는 현상으로 극판이 휘어지고 내부저항이 대단히 커져서 용량이 감소한다. ▶ 방지책 : 증류수 보충

 콕콕 포인트

③ 리튬전지의 특성
　ⓐ 일반 건전지에 비해 기전력과 에너지 밀도가 크다.
　ⓑ 자기방전이 작다.
　ⓒ 동작 온도 범위가 넓다.
　ⓓ 일반 건전지에 비해 장시간 사용이 가능하다.

참고

페이스트식 연축전지의 특징
① 고율 방전이 뛰어나다.
② 공칭전압은 2[V]이다.
③ 수명이 짧다.
④ 가격이 저렴하여 경제적이다.

참고

연축전지의 방전전류 $I[A]$ 방전 지속 시간 $t[h]$와의 실험식

$$I^n t = 일정$$

여기서, n : 정수 1.3∼1.7

참고

연축전지 충전중 비중이 낮고 전압은 높아지며 반대로 방전중 전압은 낮고 용량이 감퇴되는 원인(설페이션 현상)
① 방전상태에서 장시간 방치
② 충전 부족의 상태로 장시간 사용
③ 불순물의 혼입

참고

부동충전전압
① CS형(클래드식)=완방전형 : 2.15[V]
② HS형(페이스트식)=급방전형 : 2.18[V]

필수확인 O·X 문제
난이도 ★★★☆☆　　최근기출년도 00. 08. 17　　1차 2차 3차

1. 분극작용이란 불순물 혼합에 의해 국부적인 자체 방전 현상을 말한다. ‥‥‥( )
2. 망간건전지의 감극재는 염화암모늄(NH_4Cl)이다.‥‥‥‥‥‥‥‥‥‥‥( )
3. 연축전지 공칭전압은 2[V]이다.‥‥‥‥‥‥‥‥‥‥‥‥‥‥‥‥‥‥‥( )
4. 연축전지가 방전시 양극은 회백색이다.‥‥‥‥‥‥‥‥‥‥‥‥‥‥‥( )

상세해설
1. (×) 분극작용 : 전지에 부하를 걸면 전류가 흐를 때 수소가 음극제에 달라붙어 전지의 내부저항이 증가하여 기전력(단자전압)이 저하하는 현상
2. (×) 망간건전지의 감극재는 이산화망간(MnO_2) 전해액이 염화암모늄(NH_4Cl)이다.
3. (○)
4. (○)

참고

축전지 용량

$C = \dfrac{I}{L}K$

= 방전 전류[A] × 방전시간[h]

여기서, C : 축전지 용량[Ah],
L : 보수율(경년 용량 저하율 일반적으로 0.8), K : 전류 환산시간계수,
I : 방전 전류[A]

Q 포인트문제 5

알칼리 축전지의 특징이 아닌 것은?
① 전지의 수명이 납 축전지보다 길다.
② 진동 충격에 강하다.
③ 급격한 충·방전 및 높은 방전율에 견디기 어렵다.
④ 효율이 납축전지에 비해 다소 떨어진다.

A 해설

알칼리 축전지의 특징
① 수명이 길다.
 (납축전지보다 3~4배)
② 진동과 충격에 강하다.
③ 낮은 온도에 충 방전특성이 양호하고 높은 방전에 견딘다.
④ 내부저항 크고 효율이 나쁘다.
⑤ 방전 시 전압변동이 작다.
⑥ 사용 온도 범위가 넓다.
⑦ 연축전지보다 공칭전압이 낮다.
⑧ 가격이 비싸다.

정답 ③

2) 알칼리 축전지

① 양극 : Ni(OH)₂(수산화 니켈)
② 음극 : 융그너축전지 Cd(카드뮴), 에디슨축전지 Fe(철)
③ 전해액 : KOH(수산화칼륨)(농도의 변화가 거의 없다.)
④ 공칭전압 및 공칭 용량: 1.2[V/cell], 5[Ah]
⑤ 특징(납축전지와 비교 시)
  ⓐ 가격이 비싸다.
  ⓑ 진동과 충격에 강하다.
  ⓒ 사용 온도 범위가 넓다.
  ⓓ 방전 시 전압변동이 작다.
  ⓔ 내부저항 크고 효율이 나쁘다.
  ⓕ 연축전지보다 공칭전압이 낮다.
  ⓖ 수명이 길다.(납축전지보다 3~4배)
  ⓗ 낮은 온도에 충 방전특성이 양호하고 높은 방전에 견딘다.
⑥ 알칼리축전지의 종류
  ⓐ 포켓식 : AL : 완방전형, AM : 표준형, AMH : 고율방전용 급방전형, AH-P : 초급방전형
  ⓑ 소결식 : AHH : 초고율방전용 초초급방전형, AH-S : 고율방전용 초급방전형

3. 축전지 충전 방식

1) 초기 충전 : 축전지에 전해액을 넣지 않는 미 충전 축전지에 전해액을 주입하여 충전하는 방식

2) 보통충전 : 방전 시 필요 할 때마다 상시로 충전하는 방식

3) 급속충전 : 보통 충전 방식의 2배의 전류로 급속히 충전하는 방식

4) 균등충전(회복충전) : 각 축전지의 전위차를 맞추기 위하여 1~2개월 마다 전체 셀을 12시간이상 충전하는 방식

5) 부동 충전 : 축전지의 자기 방전을 보충함과 동시에 상용 부하에 대한 전력공급은 충전기가 부담하도록 하되, 충전기가 부담하기 어려운 일시적인 대전류 부하는 축전지로 하여금 부담케 하는 충전 방식

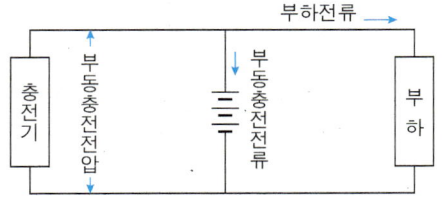

6) 세류충전 : 자기 방전량만을 충전하는 부동 충전의 일종

3 기타 전지

1) **물리전지** : 태양광선이나 방사선을 조사하여 기전력을 얻는 전지 방식
    ▶ 종류 : 태양 전지, 원자력 전지, 열전지, 광전지
2) **연료전지** : 연료와 산화제를 전기화학적으로 반응시켜 전기에너지를 발생시키는 장치이다. 이 화학 반응은 촉매 층 내에서 촉매에 의하여 이루어지며 일반적으로 연료가 계속적으로 공급되는 한 지속적으로 발전이 가능하다.

4 정전기 응용

1. 전기집진 및 기타 정전기 응용

1) **전기집진기** : 기체 중에 떠다니는 미립자에 대전체간의 정전기력(정전 대전현상)을 작용시켜 분리하여 모으는 장치를 말하며 발전소, 시멘트 공업, 철강관계, 기타 공기 정화의 목적을 가진 장소에 시설한다.
2) **정전 선별기** : 정전선별이란 정전적인 현상을 이용해서 물질의 분리, 정제, 분급등을 하는 기술을 말한다.
3) **정전 도장장치**
4) **정전 식모**
5) **방사선의 응용** : X선 발생장치

필수확인 O·X 문제   난이도 ★★☆☆☆   최근기출년도 00. 08. 17   [1차] [2차] [3차]

1. 알칼리축전지는 연축전지보다 공칭전압이 높다. ······················· ( )
2. 알칼리축전지의 공칭전압은 1.2[V]이다. ····························· ( )
3. 축전지에서 일반화적으로 가장 많이 사용하는 충전방식은 보통충전이다. ···· ( )
4. 물리전지란 태양광선 및 방사선에 의해서 기전력을 얻는 전지를 말한다. ···· ( )

상세해설
1. (×) 연축전지보다 공칭전압이 낮다.
2. (○)
3. (×) 축전지에서 일반화적으로 가장 많이 사용하는 충전방식은 부동충전이다.
4. (○)

FAQ

태양전지는 무엇인가요?

답
▶ 태양전지는 반도체의 P-N접합을 이용하여 광기전력에 의해 태양광에너지를 전기에너지로 전환하는 전지를 말합니다.

Q 포인트문제 6

태양 광선이나 방사선을 조사(照射)해서 기전력을 얻는 전지를 xi양 전지, 원자력 전지라고 하는데, 이것은 다음 어느 부류의전지에 속하는가?
① 1차 전지   ② 2차 전지
③ 연료 전지   ④ 물리 전지

A 해설
태양광선이나 방사선을 조사하여 기전력을 얻는 전지 방식의 전지를 물리전지라 하며 종류에는 태양 전지, 원자력 전지, 열전지, 광전지가 있다.

정답 ④

참고

연료전지의 종류
① 인산형(PAFC)
② 고체산화물형(SOFC)
③ 융융탄산염형(MCFC)
④ 고체고분자형(SFEFC)＝고분자 전해질형(PEMFC)을 개선한 것으로 무공해 자동차의 동력원 외에도 분산형 현지 설치용 발전, 군수용 전원, 우주선용 전원 등으로 응용된다.

Chapter 04 전기화학 및 정전기 응용 출제예상문제

- 우선순위 논점은 전기공사(산업)기사 시험에서 가장 출제 빈도가 높은 문제로써, 수험생분들께서는 각 파트별 우선순위 문제의 논점과 키워드를 학습하시기를 바랍니다.
- 체크 리스트를 작성하시면서 문제의 유형과 학습의 완성도를 스스로 체크 해 보시기를 바랍니다.
- "선생님의 콕콕 포인트"는 틀리기 쉬운 문제의 함정과 문제의 포인트를 집어드립니다. 우선순위 문제풀이의 포인트를 꼭 참고하고 응용문제의 해결능력을 길러 줍니다.

번호	우선순위 논점	KEY WORD	나의 정답 확인				선생님의 콕콕 포인트
			맞음	틀림(오답확인)			
				이해 부족	암기 부족	착오 실수	
1	전기분해	석출되는, 전해액, 총 전기량, 화학당량					패러데이법칙을 암기할 것
6	전기분해	금속, 이온화 경향					큰 것 칼륨(K) 작은 것 아연(Zn)을 암기할 것
13	전기도금	황산 용액 양극 구리막대, 음극 은막대, 구리색					전기분해공업에 용어를 암기할 것
18	전기연동	미립자, 입자, 양극 이동,					전기분해공업에 용어를 암기할 것
30	1차전지	표준전지, 웨스턴, 카드뮴					표준전지 이론을 암기 할 것
32	2차전지	2차전지, 납(연), 알칼리					2차전지 이론을 암기 할 것
54	정전기 응용	전기집진기, 정전력					정전기응용을 암기 할 것

★★★★☆

01 전기 분해에 의하여 전극에 석출되는 물질의 양은 전해액을 통과하는 총 전기량에 비례하고 또 그 물질의 화학 당량에 비례하는 법칙은?

① 암페어(Ampere)의 법칙
② 패러데이(Faraday)의 법칙
③ 톰슨(Thomson)의 법칙
④ 줄(Joule)의 법칙

해설

전기화학의 기초 – 전기분해
페러데이 법칙 : 전기분해에 의해 석출되는 물질의 양은 전해액을 통과하는 전기량에 비례하고 물질의 화학 당량에 비례한다.
$W = KQ = KIt$ [g]
여기서, W[g] : 석출되는 물질의 양, K[g/C] : 화학당량,
$Q = It$[C] : 전기량, I[A] : 전류, t[s] : 시간

★★★☆☆

02 전기 분해에서 패러데이의 법칙은 어느 것이 적합한가? (단, Q[C] : 통과한 전기량, K : 물질의 전기 화학 당량, W[g] : 석출된 물질의 양, t : 통과시간, I : 전류, E[V] : 전압을 각각 나타낸다.)

① $W = K\dfrac{Q}{E}$
② $W = \dfrac{1}{R}Q = \dfrac{1}{R}$
③ $W = KQ = KIt$
④ $W = KEt$

해설

전기화학의 기초 – 전기분해
문제 1번 해설 참조

★★☆☆☆

03 전기 화학 당량의 단위는?

① [C/g]
② [g/C]
③ [g이온/kg용매]
④ [Ω/m]

[정답] 01 ② 02 ③ 03 ②

해설

전기화학의 기초 – 전기분해
문제 1번 해설 참조

---

04 구리의 원자량은 63.54이고 원자가가 2일 때, 전기 화학당량은 약 얼마인가? (단, 구리 화학당량과 전기 화학당량의 비는 약 96494임)

① 0.03292 [mg/C]
② 0.3292 [mg/C]
③ 0.3292 [g/C]
④ 0.03292 [g/C]

해설

전기화학의 기초 – 전기분해

전기화학당량 = $\dfrac{\text{화학당량}}{96500}$ [g/C],

화학당량 $K = \dfrac{\text{원자량}}{\text{원자가}}$ [g/C] 이므로

화학당량 $K = \dfrac{63.54}{2} = 31.77$ 이고 전기화학당량은

$\dfrac{31.77}{96494} = 0.0003292 \,[\text{g/C}] \times 10^3 = 0.3292 \,[\text{mg/C}]$

---

05 전기 화학에서 양이온이 되는 것은?

① H_2
② SO_4
③ NO_3
④ OH

해설

전기화학의 기초 – 전기분해
양이온이되는 것은 금속, 수소(H_2)이며 음이온이 되는 것은 산기 및 수산기이다.

---

06 금속 중 이온화 경향이 가장 큰 물질은?

① Au
② Fe
③ K
④ Zn

해설

전기화학의 기초 – 전기분해
이온화 경향이 가장 큰 원소 순서
칼륨(K) > 칼슘(Ca) > 나트륨(Na) > 마그네슘(Mg) > 아연(Zn)

---

07 할로겐 물질로 사용되는 원소가 아닌 것은?

① 요오드
② 염소
③ 불소
④ 아르곤

해설

전기화학의 기초 – 전기분해
할로겐 원소 : 플루오린(F)·염소(Cℓ)·브로민(Br)·아이오딘(I)·아스타틴(At)

---

08 물을 전기분해할 때 도전율을 높이기 위해 (20[%] 정도) 첨가하는 용액은?

① 가성소다와 황산
② 가성소다와 가성칼리
③ 가성칼리와 황산
④ 가성칼리와 인산나트륨

해설

전기화학의 기초 – 전기분해공업 및 계면 전해 공업
물의 전기분해
전기분해의 도전률 높이는 방법으로 가성소다(수산화나트륨 NaOH)와 가성칼리(수산화칼륨 KOH)를 20[%] 정도 첨가하여 전해액의 농도를 크게 한다.

---

09 물을 전기 분해할 때 가성 소다와 가성 칼리를 20[%] 정도 첨가하는 이유는?

① 물의 도전율을 높이기 위해
② 수소와 산소가 혼합되는 것을 막기 위해
③ 전극의 손상을 막기 위해
④ 열의 발생을 줄이기 위해

해설

전기화학의 기초 – 전기분해공업 및 계면 전해 공업
문제 8번 해설 참조

[정답] 04 ② 05 ① 06 ③ 07 ④ 08 ② 09 ①

★★☆☆☆

10 전류가 통과할 때 전극 표면 부근에 있는 반응 생성물의 활동도(또는 농도)가 변화해서 이것을 보충 할 때에 과잉 전압이 요구되는 것은?

① 농도 과전압
② 전이 과전압
③ 저항 과전압
④ 결정화 과전압

🔍 **해설**

전기화학의 기초 – 전기분해공업 및 계면 전해 공업
농도 과전압 : 전기분해시 전극에 가까운 곳의 농도는 액본체의 농도와 다르게 된다. 즉 양극 부근의 구리농도는 액본체 농도 보다 크고 음극 부근에서의 농도는 작게 되므로 양극보다 음극의 전위를 높게 하여 과잉전압을 공급하는 것을 말한다.

★★★☆☆

11 전극에 저항물질이 생성되었을 때 이것을 극복해서 반응이 일어나기 위해 필요한 과전압을 무엇이라 하는가?

① 농도 과전압
② 전이 과전압
③ 저항 과전압
④ 결정화 과전압

🔍 **해설**

전기화학의 기초 – 전기분해공업 및 계면 전해 공업
저항 과전압 : 전극 표면에 피막저항에 의하여 발생되는 과전압으로 전극면에 전기저항이 큰 산화피막이 생성되기 때문에 이를 극복하기 위한 과전압을 말한다.

★★★☆☆

12 식염을 전기분해할 때 양극에서 발생하는 가스는?

① 산소
② 수소
③ 질소
④ 염소

🔍 **해설**

전기화학의 기초 – 전기분해공업 및 계면 전해 공업
식염수를 전기분해하면 양극에 염소(Cl), 음극에는 수소와 가성소다 즉 수산화나트륨($NaOH$)이 발생한다.

★★★★☆

13 황산 용액에 양극으로 구리 막대, 음극으로 은막대를 두고 전기를 통하면 은막대는 구리색이 난다. 이를 무엇이라고 하는가?

① 전기 도금
② 이온화 현상
③ 전기 분해
④ 분극 작용

🔍 **해설**

전기화학의 기초 – 전기분해공업 및 계면 전해 공업
전기 도금 : 황산용액에 양극에 구리, 음극에 은막대를 두고 전기를 흘리면 은막대에 구리색을 띠는 현상을 말하며 일정한 도금 상태를 만들려면 일정한 전류밀도 일 것

★★★☆☆

14 고온도에 의한 환원으로 얻어진 조금속 또는 정제금속을 주입한 것을 양극으로 하고 목적금속과 동일한 금속염을 함유한 수용액을 전해액으로서 전해하여 순도가 높은 금속을 얻는 방법은?

① 전해정제
② 전해채취
③ 전기도금
④ 전해연마

🔍 **해설**

전기화학의 기초 – 전기분해공업 및 계면 전해 공업
전해 정련(전해 정제) : 순도가 높은 금속 구리, 알루미늄을 채취

★★★☆☆

15 전기 분해로 제조 되는 것은?

① 석회 질소
② 카바이드
③ 알루미늄
④ 철

🔍 **해설**

전기화학의 기초 – 전기분해공업 및 계면 전해 공업
전기분해의 종류중 하나인 전해 정련을 이용하여 보크사이트(Al_2O_3가 60[%] 함유된 광석)를 용해하여 산화알루미늄을 만든 후 방정석을 넣고 약 1000[°C]로 전기 분해하여 순도 99.8[%]의 알루미늄을 제조 생산한다.

★★★☆☆

16 원형과 똑같은 모양의 복제품을 만들며, 공예품의 복제, 활자인쇄용 원판 등에 사용되는 것은?

① 전기야금(electrometallurgy)
② 전해연마(electrolytic polishing)

[정답] 10 ① 11 ③ 12 ④ 13 ① 14 ① 15 ③ 16 ④

③ 전기도금(electroplating)
④ 전주(galvanoplastics)

해설

전기화학의 기초 – 전기분해공업 및 계면 전해 공업
전 주 : 두껍게 도금하여 원형을 떼어 복제품을 만들며 공예품의 복제 활자 인쇄용 원판 제조에 사용된다.

★★☆☆☆
17 전해 콘덴서의 제조나 재생고무의 제조 등에 주로 응용하는 현상은?

① 전기 침투 ② 전기 영동
③ 비상 현상 ④ 핀치 효과

해설

전기화학의 기초 – 전기분해공업 및 계면 전해 공업
전기 침투 : 다공질막 1개로 분류하고 전해콘덴서, 재생고무 등의 제조에 응용

★★★★☆
18 액체 속에 미립자를 넣고 전압을 가하면 대다수 입자가 양극을 향해서 이동하는 현상을 무엇이라 하는가?

① 전기 영동 ② 비산 현상
③ 정전 현상 ④ 정전 선별

해설

전기화학의 기초 – 전기분해공업 및 계면 전해 공업
전기영동 : 액체 속에 미립자를 넣고 전압을 가하면 다수의 입자가 양극으로 이동

★★★☆☆
19 일정한 전압을 가진 전지에 부하를 걸면 단자 전압이 저하한다. 그 원인은?

① 이온화 경향
② 분극 작용
③ 전해액의 변색
④ 주위 온도

해설

전지 – 1차전지
전지에 부하를 걸면 전류가 흐를 때 수소가 음극제에 달라붙어 전지의 내부저항이 증가하여 기전력(단자전압)이 저하하는 현상을 분극 작용이라 한다.

★★★☆☆
20 전지에서 자체 방전 현상이 일어나는 것은 다음 중 어느 것과 가장 관련이 있는가?

① 전해액 농도 ② 이온화 경향
③ 전해액 온도 ④ 불순물 혼합

해설

전지 – 1차전지
국부작용이란 불순물 혼합에 의해 국부적인 자체 방전 현상을 말한다.

★★★☆☆
21 전지에서 분극 작용에 의한 전압 강하를 방지하기 위하여 사용되는 감극제는?

① H_2O ② H_2SO_4
③ MnO_2 ④ $CuSO_4$

해설

전지 – 1차전지
각 전지의 감극재
① 망간 (르클랑셰, 보통) 건전지 감극제 : 이산화망간(MnO_2)
② 공기 건전지 감극제 : 공기 중 산소(O_2)
③ 수은 건전지 감극제 : 산화수은 (HgO)
④ 표준전지(웨스턴 전지) 감극제 : 황산수은(Hg_2SO_4)

★★★☆☆
22 보통 건전지에서 분극작용에 의한 전압강하를 방지하기 위하여 사용되는 감극제는?

① 산화수은 ② 이산화망간
③ 공기 ④ 중크롬산

해설

전지 – 1차전지
문제 21번 해설 참조

[정답] 17 ① 18 ① 19 ② 20 ④ 21 ③ 22 ②

23. 건전지와 감극제가 잘못 연결된 것은?

① 망간전지 − MnO_2 ② 산화은전지 − NH_4Cl
③ 공기전지 − O_2 ④ 수은전지 − HgO

해설
전지 − 1차전지
문제 21번 해설 참조

24. 전지에서 휴대용 라디오, 손전등, 완구, 시계 등 매우 광범위하게 이용되고 있는 전지는?

① managan dry cell   ② air cell
③ mercury cell   ④ solar cell

해설
전지 − 1차전지
망간건전지의 용도는 휴대용 라디오, 손전등, 시계(벽시계) 등에 많이 사용된다.

25. 르크랑세 전지(망간 건전지)의 전해액으로는 어느 것을 사용하는가?

① KOH   ② $CuSO_4$
③ NH_4Cl ④ H_2SO_4

해설
전지 − 1차전지
① 망간 (르클랑세, 보통) 건전지 전해액 : 염화암모늄(NH_4Cl)
② 공기 건전지 전해액 : 염화암모늄(NH_4Cl), 가성소다(NaOH)
③ 수은 전지 전해액 : 수산화칼륨 (KOH)
④ 표준 전지 전해액 : 카드뮴 설파이트($CdSO_4$)

26. 공기 전지의 특징이 아닌 것은?

① 방전시에 전압변동이 적다.
② 온도차에 의한 전압변동이 적다.
③ 사용중의 자기방전이 크고 오랫동안 보존할 수 없다.
④ 내열, 내한, 내습성을 가지고 있다.

해설
전지 − 1차전지
공기 건전지의 특징
① 방전 시 또는 온도차에 의한 전압변동이 작다.
② 사용 중 자기방전이 적고 장기간 보존이 가능하다.
③ 내열, 내한, 내습성을 가진다.
④ 처음 전압은 망간 전지에 비해 약간 낮고 방전용량은 망간건전지보다 크다.
⑤ 용량이 커서 경제적이다.

27. 자체 방전이 작고 오래 저장할 수 있으며, 사용 중에 전압 변동률이 비교적 작은 것은?

① 보통 건전지   ② 공기 건전지
③ 내한 건전지   ④ 적층 건전지

해설
전지 − 1차전지
문제 26번 해설 참조

28. 공기 건전지 (A)와 이산화망간 건전지 (B)의 특성을 비교할 때 옳지 않은 것은?

① (A)는 (B) 보다 자체 방전이 적다.
② 똑같은 크기의 두 건전지를 비교하면 (A)가 가볍다.
③ 방전하는 용량은 (A)가 (B)보다 크다.
④ 처음의 전압 (A)가 (B)보다 약간 높다.

해설
전지 − 1차전지
공기 건전지 표준 전압은 1.4[V]이며 이산화망간 전지 표준 전압은 1.5[V]이다.

29. 공기 건전지의 감극제는?

① KOH   ② Hg_2SO_4
③ $CdSO_4$ ④ O_2

[정답] 23 ② 24 ① 25 ③ 26 ③ 27 ② 28 ④ 29 ④

> **해설**

전지 - 1차전지
문제 21번 해설 참조

★★★★☆
30 표준 전지로서 현재에 사용하고 있는 것은?
① 공기 전지
② 웨스턴 전지
③ 적층 전지
④ 다니얼 전지

> **해설**

전지 - 1차전지
① 웨스턴 전지(카드뮴) 전지 : 현재 사용중인 전지
  ⓐ 양극은 수은(Hg), 음극은 카드뮴(Cd)
  ⓑ 전해액 : 카드뮴 설파이트($CdSO_4$)
② 클라크 전지 : 초기 개발품
  ⓐ 양극은 수은(Hg), 음극은 아연(Zn)
  ⓑ 전해액 : 황산 아연($ZnSO_4$)

★★★☆☆
31 전지에는 1, 2차 전지가 있다. 2차 전지는?
① 알칼리 축전지
② 망간 건전지
③ 수은 전지
④ 리튬 전지

> **해설**

전지 - 2차전지
① 1차전지란 충전에 의하여 구성된 물질의 재생이 불가능한 전지라 하며 보통 건전지라고 부르는 전지를 말합니다.
② 2차전지란 직류 전원 장치로 충전하여 반복 사용 할 수 있는 전지를 말하며 자동차용 전지와 같은 것을 말하며 대표적으로 납(연)축전지와 알카리 축전지가 있습니다.

★★★★☆
32 2차 전지에 속하는 것은?
① 공기전지
② 망간전지
③ 수은전지
④ 연축전지

> **해설**

전지 - 2차전지
문제 31번 해설 참조

★★☆☆☆
33 축전지에서 10시간 방전율이라 하면 일정한 전류로 몇 시간 후 방전 종지 전압에 도달 하는가?
① 5
② 10
③ 15
④ 20

> **해설**

전지 - 2차전지
축전지의 방전율과 방전 종지 전압은 공칭 용량과 같으므로 10[Ah]은 10시간 충전에 10시간 방전을 나타낸다.

★★★☆☆
34 축전지를 사용 할 때 극판이 휘고, 내부 저항이 대단히 커져서 용량이 감퇴되는 원인은?
① 전지의 황산화
② 과도방전
③ 전해액의 농도
④ 감극작용

> **해설**

전지 - 2차전지
극판의(전지의) 황산화 : 납축전지를 방전 상태에서 오랫동안 방치하면 극판에 백색의 황산납이 생기는 현상으로 극판이 휘어지고 내부저항이 대단히 커져서 용량이 감소한다.

★★☆☆☆
35 납 축전지에서 충전 중 비중이 낮고 전압은 높다. 방전 중 전압은 낮고 용량이 감퇴된다. 이와 같은 현상의 추정 원인이 아닌 것은?
① 방전상태에서 장기간 방치
② 충전부족의 상태에서 장기간 사용
③ 불순물의 혼입
④ 과충전

> **해설**

전지 - 2차전지
연축전지 충전중 비중이 낮고 전압은 높아지며 반대로 방전중 전압은 낮고 용량이 감퇴되는 원인(설페이션 현상)
① 방전상태에서 장시간 방치
② 충전 부족의 상태로 장시간 사용
③ 불순물의 혼입

[정답] 30 ② 31 ① 32 ④ 33 ② 34 ① 35 ④

36 2차 전지에서 음극 활물질에 해면상의 Pb, 양극 활물질에는 PbO_2를 사용하며, 전해액은 묽은 황산 용액을 사용하는 전지는?

① 공기 건전지 ② 리튬 전지
③ 연축전지 ④ 연료전지

해설
전지 – 2차전지
- 납(연)축전지

$$PbO_2 + 2H_2SO_4 + Pb \text{ (충전시)} \rightleftarrows PbSO_4 + 2H_2O + PbSO_4 \text{ (방전시)}$$
양극   전해액   음극   양극   전해액   음극

- 극판의 색깔
  충전 시 : 양극판 (이산화납)이 되므로 적갈색 음극판은 납이므로 회백색
  방전 시 : 양극판과 음극판 모두 (황산납)이 되므로 회백색에 가까워진다.

37 다음 중 납축전지에서 사용되지 않는 물질은?

① PbO_2 ② Pb
③ H_2SO_4 ④ H_2O

해설
전지 – 2차전지
문제 36번 해설 참조
H_2O(물)은 화학반응이 일어나고 발생하는 부산물이다.

38 연축전지(납축전지)의 방전이 끝나면 그 양극(+극)은 어느 물질로 되는가?

① Pb ② PbO
③ PbO_2 ④ $PbSO_4$

해설
전지 – 2차전지
문제 36번 해설 참조

39 충분히 방전 했을 때 양극판의 빛깔은 무슨 색인가?

① 황색 ② 청색
③ 적갈색 ④ 회백색

해설
전지 – 2차전지
문제 36번 해설 참조

40 납축전지가 충방전할 때의 화학 방정식은?

① $Pb + 2H_2SO_4 + Pb \rightleftarrows PbSO_4 + 2H_2 + PbSO_4$
② $2PbO + 3H_2SO_4 + Pb \rightleftarrows 2PbSO_4 + 2H_2O + PbSO_4$
③ $PbO_2 + 2H_2SO_4 + Pb \rightleftarrows PbSO_4 + 2H_2O + PbSO_4$
④ $2PbO_2 + 4H_2SO_4 + 2PbO \rightleftarrows 3PbSO_4 + 4H_2O + O_2 + PbSO_4$

해설
전지 – 2차전지
문제 36번 해설 참조

41 페이스트식 연축전지의 설명 중 옳지 못한 것은?

① 고율 방전이 뛰어나다.
② 국내에서 생산 가능하며 가격이 저렴하여 경제적이다.
③ 수명이 약간 짧다.
④ 공칭 전압은 2[V]와 1.2[V] 두 종류가 있다.

해설
전지 – 2차전지
페이스트식 연축전지의 특징
① 고율 방전이 뛰어나다.
② 공칭전압은 2[V]이다.
③ 수명이 짧다.
④ 가격이 저렴하여 경제적이다.

[정답] 36 ③ 37 ④ 38 ④ 39 ④ 40 ③ 41 ④

42 다음 납 축전지에 대한 설명 중 잘못된 것은?

① 납 축전지의 전해액의 비중은 1.2정도이다.
② 납 축전지의 격리판은 양극과 음극의 단락 보호용이다.
③ 전지의 내부저항은 클수록 좋다.
④ 전지용량은 [Ah]로 표시하며 10시간 방전율을 많이 쓴다.

해설

전지 – 2차전지
전지의 내부저항이 클수록 자체방전이 일어나므로 내부저항이 작은 것이 좋다.

43 납축전지의 공칭 전압은 몇 [V]인가?

① 2.0 ② 1.8
③ 1.5 ④ 1.2

해설

전지 – 2차전지
① 납(연) 축전지의 공칭전압 및 공칭 용량 : 2[V/cell], 10[Ah]
② 알칼리 축전지의 공칭전압 및 공칭 용량 : 1.2[V/cell], 5[Ah]

44 알칼리 축전지의 양극에 쓰이는 것은?

① 납 ② 철
③ 카드뮴 ④ 산화니켈

해설

전지 – 2차전지
알칼리 축전지
① 양극 : $Ni(OH)_2$(수산화 니켈)
② 음극 : 융그너축전지 Cd(카드뮴), 에디슨축전지 Fe(철)
③ 전해액 : KOH(수산화칼륨)(농도의 변화가 거의 없다.)
④ 공칭전압 및 공칭 용량 : 1.2[V/cell], 5[Ah]

45 알칼리 축전지의 전해액은?

① KOH ② PbO_2
③ H_2SO_4 ④ NiOOH

해설

전지 – 2차전지
문제 44번 해설 참조

46 알칼리 축전지의 공칭 용량은 얼마인가?

① 2[Ah] ② 4[Ah]
③ 5[Ah] ④ 10[Ah]

해설

전지 – 2차전지
문제 44번 해설 참조

47 알칼리 축전지의 특징이 아닌 것은?

① 극판의 기계적 강도가 강하다
② 과방전, 과전류에 대해 강하다
③ 저온특성이 좋다.
④ 전해액의 비중에 의해 충방전 상태를 추정할 수 있다.

해설

전지 – 2차전지
알칼리 축전지의 특징(납축전지와 비교 시)
① 수명이 길다.(납축전지보다 3~4배)
② 진동과 충격에 강하다.
③ 낮은 온도에 충 방전특성이 양호하고 높은 방전에 견딘다.
④ 내부저항 크고 효율이 나쁘다.
⑤ 방전 시 전압변동이 작다.
⑥ 사용 온도 범위가 넓다.
⑦ 연축전지보다 공칭전압이 낮다.
⑧ 가격이 비싸다.

[정답] 42 ③ 43 ① 44 ④ 45 ① 46 ③ 47 ④

★★★☆☆
48 알칼리 축전지의 특징 중 잘못된 것은?

① 전지의 수명이 길다.
② 광범위한 온도에서 동작하고 특히 고온에서 특성이 좋다.
③ 구조상 운반진동에 견딜 수 있다.
④ 급격한 충방전, 높은 방전율에 견디며 다소 용량이 감소되어도 사용 불능이 되지 않는다.

🔍 해설
전지 - 2차전지
문제47번 해설 참조

★★★☆☆
49 축전지의 충전 방식중 전지의 자기 방전을 보충함과 동시에 상용 부하에 대한 전력 공급은 충전기가 부담하도록 하되, 충전기가 부담하기 어려운 일시적인 대전류 부하는 축전지로 하여금 부담케 하는 충전 방식은?

① 보통 충전   ② 과부하 충전
③ 세류 충전   ④ 부동 충전

🔍 해설
전지 - 축전지 충전 방식
① 초기 충전 : 축전지에 전해액을 넣지 않는 미 충전 축전지에 전해액을 주입하여 충전하는 방식
② 보통충전 : 방전 시 필요 할 때마다 상시로 충전하는 방식
③ 급속충전 : 보통 충전 방식의 2배의 전류로 급속히 충전하는 방식
④ 균등충전(회복충전) : 각 축전지에 전위차를 맞추기 위하여 1~2개월마다 전체 셀을 12시간 이상 충전하는 방식
⑤ 부동 충전 : 축전지의 자기 방전을 보충함과 동시에 상용 부하에 대한 전력공급은 충전기가 부담하도록 하되, 충전기가 부담하기 어려운 일시적인 대전류 부하는 축전지로 하여금 부담케 하는 충전 방식
⑥ 세류충전 : 자기 방전량 만을 충전하는 부동 충전의 일종

★★☆☆☆
50 축전지의 충전 방식에서 축전지에 전해액을 넣지 않은 미충전 축전지에 전해액을 주입하여 행하는 충전 방식은?

① 보통 충전   ② 세류 충전
③ 부동 충전   ④ 초기 충전

🔍 해설
전지 - 축전지 충전 방식
문제 49번 해설 참조

★★★☆☆
51 기전반응을 하는 화학 에너지를 전지 밖에서 연속적으로 공급하면 연속 방전을 계속할 수 있는 전지는?

① 1차 전지   ② 2차 전지
③ 연료 전지   ④ 생물 전지

🔍 해설
전지 - 기타 전지
연료전지란 연료와 산화제를 전기화학적으로 반응시켜 전기에너지를 발생시키는 장치이다. 이 화학 반응은 촉매 층 내에서 촉매에 의하여 이루어지며 일반적으로 연료가 계속적으로 공급되는 한 지속적으로 발전이 가능하다.

★★★☆☆
52 다음 전지 중 물리 전지에 속하는 것은?

① 열전지   ② 수은 전지
③ 산화은 전지   ④ 연료 전지

🔍 해설
전지 - 기타 전지
태양광선이나 방사선을 조사하여 기전력을 얻는 전지 방식의 전지를 물리전지라 하며 종류에는 태양 전지, 원자력 전지, 열전지, 광전지가 있다.

★★★☆☆
53 대표적인 물리전지로서 반도체 $p-n$ 접합을 이용하여 광전효과에 의해 태양광 에너지를 직접 전기에너지로 전환하는 전지는?

① 열전지   ② 태양전지
③ 리튬전지   ④ 반도체 접합형 원자력전지

🔍 해설
전지 - 기타 전지
태양전지는 반도체의 $P-N$ 접합을 이용하여 광전효과에 의해 태양광에너지를 전기에너지로 전환하는 물리전지

[정답] 48 ② 49 ④ 50 ④ 51 ③ 52 ① 53 ②

★★★★☆
54 전기 집진기는 무엇을 이용한 것인가?
① 와전류
② 누설 전류
③ 잔류 자기
④ 대전체간의 정전기력

해설

정전기 응용 – 전기집진 및 기타 정전기 응용
전기집진기 : 기체 중에 떠다니는 미립자에 대전체간의 정전기력(정전 대전현상)을 작용시켜 분리하여 모으는 장치를 말하며 발전소, 시멘트 공업, 철강관계, 기타 공기 정화의 목적을 가진 장소에 시설한다.

★★☆☆☆
55 정전 현상(Electrostatic phenomena)를 응용한 기기는?
① 전자 클러치
② 전자 진동기
③ 전기 집진기
④ 전자 펌프

해설

정전기 응용 – 전기집진 및 기타 정전기 응용
문제 54번 해설 참조

★★☆☆☆
56 정전력을 이용하지 않는 장치는?
① 정전 도장 장치
② 정전 선별기
③ 전기 집진 장치
④ X선 장치

해설

정전기 응용 – 전기집진 및 기타 정전기 응용
정전력을 이용하는 장치
① 전기집진기
② 정전 선별기
③ 정전도장장치
④ 정전 식모

[정답] 54 ④ 55 ③ 56 ④

Chapter 05 전력용 반도체

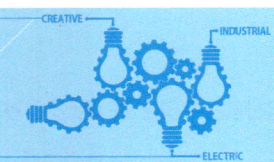

출제경향분석

제5장 전력용 반도체에 대한 이론 및 계산법을 다루었으며 시험에 자주 출제가 되는 내용은 다음과 같다.
❶ 다이오드
❷ 사이리스터
❸ 전력변환기기
❹ 다이오드 정류

1 전력용 반도체

1. 다이오드의 종류

1) 반도체 소자 특성
   ① 저항온도계수가 (−)이다.
   ② 전류, 전압 관계가 비직선적이다.
   ③ 열전현상, 광전현상, 홀효과가 심하다.
   ④ 금속의 접촉면, 반도체의 접착면에 정류작용을 한다.

2) 다이오드
   ① PN 접합형이며 정류작용을 한다.
   ② 부성저항 특성이 없음
   ③ 용어
      ⓐ 공핍층 : P형과 N형의 접합면
      ⓑ 항복 전압 : 역방향에서 전류가 현저히 증가하기 시작하는 전압
      ⓒ cut in voltage : 순방향에서 전류가 현저히 증가하기 시작하는 전압
   ④ 순바이어스와 역바이어스의 비교

순 바이어스	역 바이어스
• 저항은 0이 되며 전위 장벽이 낮아진다. • 공간 전하영역의 폭(공핍층)이 좁아지며 전계가 약해진다.	• 저항은 ∞가 되며 전위 장벽이 높아진다. • 공간 전하영역의 폭(공핍층)이 넓어지며 전계가 강해지며 전류의 확산이 차단된다. • 아주 높은 역 바이어스일 경우 음극에서 양극으로 미소 전류가 흐른다.

참고

다이오드의 구조

양극 : A(애노드), 음극 : K(캐소드)

다이오드는 한쪽 방향으로만 전류가 흐를 수 있도록 만든 반도체 소자로서 애노드에서 캐소드 방향으로 전류가 흐를 수 있지만 반대로는 흐를 수가 없어 정류작용을 한다.

Q 포인트문제 1

반도체에 광이 조사되면 전기 저항이 감소되는 현상은?
① 열 진동 (효과) ② 광전 효과
③ 제벡 효과   ④ 홀 효과

A 해설

광전 효과는 반도체에 빛을 조사하면 광에너지의 자극에 의해 광전 효과가 발생한다. 광전 현상은 광에너지를 흡수하여 변화하므로 전기 저항이 감소한다.
대표적으로 반도체의 P-N접합을 이용하여 광전효과에 의해 태양광 에너지를 전기에너지로 전환하는 태양전지가 있다.

정답 ②

3) 제너 다이오드(정전압 다이오드)

① 목적 : 제너 현상을 이용하여 전원 전압을 안정하게 유지(전압이 거의 일정)
② 용도 : 정전압 정류작용
③ 특징
   ⓐ 정·부의 온도 계수를 가진다.
   ⓑ 다이오드의 직렬 연결 : 과전압 방지
   ⓒ 다이오드의 병렬 연결 : 과전류 방지(순방향 전류의 증대 가능)

4) 터널 다이오드

① 작용 : 증폭, 발진, 개폐(스위칭)
② 특징
   ⓐ 터널효과에 의한 부성저항 특성
   ⓑ 초고주파 발진회로나 고속 스위칭회로
   ⓒ 고주파 특성이 좋으며 온도의 의존성이 작음

5) 가변용량 다이오드(바렉터)

① AFC회로나 FM회로 등에 사용
② PN접합으로 역바이어스시 가해지는 전압에 따라 변화하는 다이오드

6) 발광 다이오드(LED)

① PN 접합에 P형층을 얇게 만들어 순방향으로 전압인가 시 발광하는 다이오드
② 특징
   ⓐ 수명이 길고 효율이 좋다.
   ⓑ 발열이 작고, 응답속도가 매우 빠르다.
   ⓒ 발광재료는 GaAs(비소화칼륨), GaP(인화칼륨)와 같은 금속화합물

필수확인 O·X 문제 난이도 ★★★☆☆ 최근기출년도 00. 08. 17   1차 2차 3차

1. 다이오드는 애노드에서 캐소드로 전류가 흐르지 못한다. ……………( )
2. 다이오드는 정류기능이 있다. ……………………………………( )
3. 다이오드로 직렬회로를 구성하면 과전압을 방지하고 병렬회로를 구성하면 과전류를 방지한다. ……………………………………………………( )
4. 제너다이오드의 기능은 전원전압을 일정하게 한다. ………………( )

상세해설

1. (×) 다이오드는 한쪽 방향으로만 전류가 흐를 수 있도록 만든 반도체 소자로서 애노드에서 캐소드로만 전류가 흐를 수 있지만 반대로는 흐를 수가 없다.
2. (○)
3. (○)
4. (○)

참고

광전효과

광전 효과는 반도체에 빛을 조사하면 광에너지의 자극에 의해 광전 효과가 발생한다. 광전 현상은 광에너지를 흡수하여 변화하므로 전기 저항이 감소한다.
대표적으로 반도체의 P-N접합을 이용하여 광전효과에 의해 태양광에너지를 전기에너지로 전환하는 태양전지가 있다.

FAQ

제너 현상이 무엇인가요?

답

▶ 항복전압 부근에서는 일정전압에서 역방향전류가 급격히 증가하고 전류변화에 대해서 전압은 거의 변화하지 않는 성질을 말합니다.

참고

터널다이오드

① 증폭 : 전압, 전류의 진폭을 증가시키는데 적용
② 발진 : 진동 전류가 흐를시 지속 시키도록 하는 회로

Q 포인트문제 2

PN 접합에 역바이어스를 충분히 걸었을 때에는 어떤 현상이 일어나는가?

① 정공만이 전류전도에 기여한다.
② 전자만이 전류전도에 기여한다.
③ 미소한 전류가 흐른다.
④ 확산전류가 차단된다.

A 해설

역바이어스

· 저항은 ∞가 되며 전위 장벽이 높아진다.
· 공간 전하영역의 폭(공핍층)이 넓어지며전계가 강해지며 전류의 확산이 차단된다.
· 아주 높은 역 바이어스 일 경우 음극에서 양극으로 미소 전류가 흐른다.

정답 ④

2. 트랜지스터

1) 트랜지스터

[PNP형]   [NPN형]

① 단자 명칭 : 이미터(E), 콜렉터(C), 베이스(B)

② 화살표 방향 : 전류의 방향

③ 증폭 작용(전류제어)

④ 스위칭 시간
  ⓐ Turn off 시간 : 축적시간＋하강시간
  ⓑ Turn on 시간 : 지연시간＋상승시간

⑤ PNP형 컬렉터의 전위를 베이스를 기준하면 부(−)전위이고 NPN형은 정(+) 전위 이다.

⑥ 특징
  ⓐ 대전력에 약하다.
  ⓑ Heter가 필요하지 않다.
  ⓒ 온도의 영향을 받기 쉽다.
  ⓓ 소형 경량이며 소비전력이 적다.
  ⓔ 기계적 강도가 크며 수명이 길다.
  ⓕ 시동이 순간적이며 비교적 낮은 전압에 동작한다.

2) MOS FET

① 구조 : Gate, Drain, Source

② 핀치오프전압 : 드레인 전류가 0[A]일 때 게이트와 소스 사이의 전압

③ 특징 : 임피던스가 가장 크며, 게이트와 소스 사이에 걸리는 전압으로 제어

3) IGBT

MOSFET와 트랜지스터의 장점을 취한 것으로 소스에 대한 게이트의 전압으로 도통과 차단을 제어하며 고전력 스위칭 소자로 구동전력이 작고 고속스위칭, 고내압화, 고전류밀도화가 가능한 소자

4) UJT

단접합 트랜지스터라 하며 부성저항 특성을 가진 소자로 스위칭회로, 펄스회로, 발진기등에 사용하는 소자

Q 포인트문제 3

직류 전원 전압을 안정하게 유지하기 위하여 사용되는 다이오드는?
① 보드형 다이오드
② 터널 다이오드
③ 제너 다이오드
④ 버랙터 다이오드

A 해설

제너 다이오드(정전압 다이오드)는 제너 현상을 이용하여 전원 전압을 안정하게 유지(전압이 거의 일정)

정답 ③

참고

① 트랜지스터 전류증폭정수 계산

$$\dfrac{\text{이미터 접지 회로의 컬렉터 전류}}{\text{베이스 접지 회로의 컬렉터 차단전류}}$$

② 트랜지스터 이미터 접지 증록 정수 (증폭률)

- $\beta = \dfrac{I_C}{I_B} = \dfrac{I_C}{I_E - I_C}$
- I_C : 컬렉터 전류[mA],
- I_B : 베이스 전류[mA],
- I_E : 이미터 전류[mA]

③ 베이스 접지 전류 증폭 정수

- $\alpha = \dfrac{\beta}{1+\beta}$

④ 트랜지스터 베이스 전류

- $I_B = \dfrac{V_B - e}{R_B}$
- V_B : 베이스 전압[V],
- e : 전압강하[V],
- R_B : 베이스저항[Ω]

⑤ 입력과 출력 위상 비교
  ⓐ 이미터 접지 : 역위상
  ⓑ 베이스 접지 : 동위상
  ⓒ 컬렉터 집지 : 동위상

FAQ

축적시간과 하강시간은 무엇인가요?

답

▶ ① 축적시간 : 트랜지스터를 턴 오프시 트랜지스터 부에 축적된 많은 전하가 10[%] 감소되는데 소요되는 시간을 말합니다.
② 하강시간 : 측적된 전하가 본격적으로 감소되는데 필요한 시간

3. 사이리스터(다이리스터)

1) SCR

실리콘 정류기라고도 하며 단방향 단자 대전류 스위칭소자로서 제어할 수 있는 정류소자

① 구조

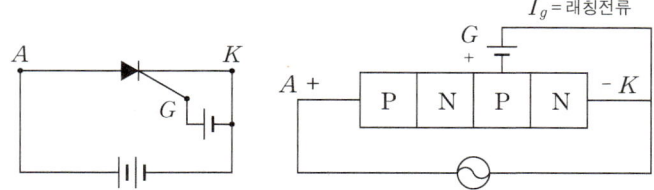

PNPN구조 이며 다이라 트론과 기능 비슷하며, 전압공급 방법은 A 애노우드(+), B 캐소우드(−), G 게이트(+)이다.

② 기능 및 동작
  ⓐ SCR에 순방향 전압이 인가되어 있을시 게이트 전류를 인가하면 게이트작용에 의해 SCR은 도통되며 전원공급은 애노드(+), 캐소드(−), 게이트(+) 전압을 인가한다.
  ⓑ 애노드 전류는 게이트전류에 의해 한번 도통되면 역바이어스가 되기까지 게이트전류와 관계없이 애노드 전류를 유지 한다.
  ⓒ SCR off 상태 시 저항이 매우 높아 도통되지 않으며 SCR ON상태에서는PN 접합의 순방향과 같이 낮은 저항이 나타난다
  ⓓ 도통중인 SCR을 차단하기 위해서는 순방향으로 가해진 전압을 역방향으로 변경하면 된다. 즉 양극 전압을 음으로 한다.
  ⓔ 래칭전류 : SCR를 턴온시킨 후 게이트 전류를 0으로 하여도 온(ON) 상태를 유지하기 위한 최소의 애노드 전류
  ⓕ 유지전류 : 트리거 신호가 제거된 직후에 다이리스터를 ON상태로 유지하는데 필요로 하는 최소한의 전류로 래칭전류 보다 작다.

필수확인 O·X 문제   난이도 ★★★☆☆   최근기출년도 00. 08. 17   [1차][2차][3차]

1. 트랜지스터의 화살표 방향은 전류의 방향이다. ……………………………… ( )
2. MOS FET은 임피던스가 가장 작은 트랜지스터이다. …………………… ( )
3. 도통중인 SCR을 차단하기 위해서는 순방향으로 가해진 전압을 역방향으로 변경하면 된다. ……………………………………………………………………… ( )

상세해설
1. (○)
2. (×) MOS FET은 임피던스가 가장 큰 트랜지스터이다.
3. (○)

참고
트랜지스터의 바이어스법
① 전압궤환
② 전류궤환
③ 전류전압궤환(안정도가 제일 좋다.)

FAQ
사이리스터(Thyristor)란?

답
▶ PN 접합 3 개 이상 내장하여 ON → OFF(OFF → ON) 전환하는 장치로 제어단자(G)로부터 음극(K)에 전류를 흘리는 것으로, 양극(A)과 음극(K) 사이를 도통(導通)시킬 수 있는 3단자의 반도체 소자이며. 사이리스터는 위상 제어, 정지 스위치, 인버터 초퍼, 타이머 회로, 트리거 카운터, 과전압 보호 등에 쓰인다.

참고
게이트 작용
브레이크 오버 작용이라고도 하며 제어 정류기의 게이트가 도전 상태로 들어가는 전압을 말합니다.

참고
SCR 트랜지스터 등가회로

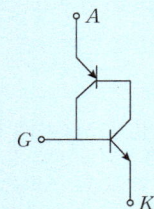

Q 포인트문제 4

SCR에서 잘못 표현된 것은?
① SCR은 순방향으로 부 저항을 가지고 있다.
② off 상태의 저항은 매우 높다.
③ on 상태에서는 pn 접합의 순방향과 마찬가지로 높은 저항을 나타낸다.
④ SCR은 실리콘의 pnpn 4층으로 되어 있다.

A 해설

SCR off 상태 시 저항이 매우 높아 도통되지 않으며 SCR ON상태에서는 PN접합의 순방향과 같이 낮은 저항이 나타난다.

정답 ③

참고

① LASCR
역저지 3극 사이리스터로 pnpn 4층 소자에 전압을 인가하여 중앙의 접합부에 빛을 조사하면 전자 정공대가 유기되고 이들은 각각 전계에 의해 이동하여 디바이스를 온 상태로 변환한다.

② GTO
전력용 반도체 소자의 일종. 게이트 신호로 파워 회로 on·off를 자유로 제어 가능하며 자기소호기능이 뛰어난 소자로 점호 때와 반대 방향의 전류를 흐르게 하면 소호 시킬수 있다.

※ 자기소호기능이 있는 소자
① GTO
② 전력 MOS FET
③ 전력 SIT

FAQ

포토 커플러란 무엇인가요?

답

▶ 포토커플러 : 발광소자와 수광소자를 한케이스안에 내장하여 광을 매체로 하는 신호전달하는 것을 말합니다.

③ SCR의 특징
  ⓐ 소형이면서 위상제어가 가능하며(0~180°) 대용량 대전력용 정류기로 적당하다.
  ⓑ 최고 허용온도가 140~200[°C]이므로 온도의 영향이 적다.
  ⓒ 무접점 스위칭 및 AVR 전력 제어용
  ⓓ 아크가 생기지 않으므로 열의 발생이 적다.
  ⓔ 게이트에 신호를 인가할 대부터 도통할 때까지의 시간이 짧다.
  ⓕ 게이트 전류(I_G)로 통전 전압을 가변시킨다.
  ⓖ 게이트 전류의 위상각으로 통전 전류의 평균값을 제어시킬 수 있다.
  ⓗ 이온 소멸 시간이 짧다.
  ⓘ 부성저항 특성이 있으며 과전압에 약하다.
  ⓙ turn-off 시간 및 순방향 전압 강하는 다이라트론(thyratron)보다 우수하다.

2) SCS

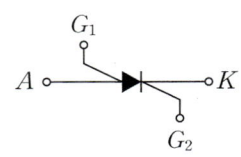

① 단방향 4 단자 소자로 게이트가 2개로 어느 쪽 게이트에서나 게이트 신호를 인가할 수 있다.
② 쌍방향으로 대칭적인 부성저항 영역을 갖는다.
③ 교류의 +, - 전파 기간 중 트리거용 펄스를 얻을 수 있다.
④ LASCS : 빛에 의해 동작하는 SCS

3) SSS 와 DIAC

- SSS
  ① 쌍방향 2 단자 소자
  ② OFF → ON 상태에서 브레이크 오버 전압 이상의 펄스를 한다.
  ③ 조광제어, 온도제어에 이용
  ④ 트리거 소자로 이용
  ⑤ NPNPN 5층구조

- DIAC
  ① 쌍방향 2 단자 소자
  ② 소용량 저항 부하의 AC 전력제어
  ③ NPN 3층구조
  ④ 브레이크오버 전압을 가지고 있으며 부성저항 특징이 있다.
  ⑤ TRIAC의 제어소자이다

4) TRIAC

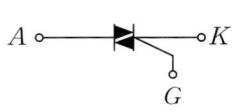

① 쌍방향 3 단자 소자
② SCR 역병렬 구조와 같다.
③ 교류 전력을 양극성 제어
④ 과전압에 의한 파괴 안됨
⑤ (포토커플러 + 트라이액) : 전파 위상 제어 회로에 이용

5) PUT

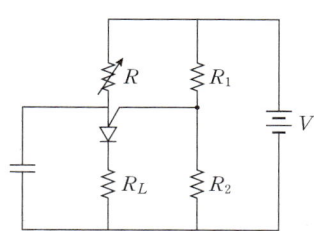

① SCR과 유사한 특성으로 게이트레벨보다 애노드 레벨이 높아지면 스위칭하는 기능을 지닌 소자.

② 게이트 전위(스탠드 오브 비) : $\eta = \dfrac{R_1}{R_1 + R_2}$

6) 사이리스터의 구분

① 방향성
　양방향성(쌍방향성) 소자 : DIAC, TRIAC, SSS
　역저지(단방향성) 소자 : SCR, LASCR, GTO, Diode, SCS

② 극(단자) 수
　2극(단자) 소자 : DIAC, SSS, Diode
　3극(단자) 소자 : SCR, LASCR, GTO, TRIAC
　4극(단자) 소자 : SCS

4. 기타 반도체소자

1) 서미스터(더미스터) : 부(−)저항 온도계수 특성을 가지며 온도보상용 및 계측용으로 사용

2) 바리스터 : 전압에 따라 저항치가 변화하는 비직선 저항체로 비직선적인 전압 전류 특성을 갖는 2단자 반도체 장치이며 서지전압을 흡수하는 전자회로를 보호, 계전기의 접점 및 개폐기의 불꽃소거용으로 이용된다.

3) IC(집적회로) : 한조각의 실리콘속에 많은 트랜지스터, 다이오드, 저항등을 넣고 상호 배선을 하여 하나의 회로에서의 기능을 갖게 한 것(동작속도가 빠르고, 신뢰도가 높다)

필수확인 O·X 문제　난이도 ★★★☆☆　최근기출년도 00. 08. 17　1차 2차 3차

1. 소형이면서 위상제어가 가능하며 대용량 대전력용 정류기는 SCR이다. ( )
2. 게이트가 2개인 사이리스터는 SCR이다. ( )
3. SCR의 역병렬 구조를 가진 소자는 TRIAC 이다. ( )
4. 바리스터는 서지전압을 흡수하는 전자회로를 보호, 계전기의 접점 및 개폐기의 불꽃소거를 한다. ( )

상세해설
1. (O)
2. (X) 단방향 4 단자 소자로 게이트가 2개인 소자는 SCS 이다.
3. (O)
4. (O)

참고
- 전력제어소자 : SCR, TRIAC, SSS
- 트리거 소자 : SUS, DIAC, SBS
- 타이머 또는 트리거 소자 : UJT, PUT

Q 포인트문제 5
다음 중 다이액(DIAC)의 설명으로 틀린 것은?
① 단일 방향성 소자
② 2극 다이오드의 교류 스위치
③ 브레이크 오버 전압을 가지고 있다.
④ TRIAC의 제어 소자

A 해설
DIAC
① 쌍방향 2 단자 소자
② 소용량 저항 부하의 AC 전력제어
③ NPN 3층구조
④ 브레이크오버 전압을 가지고 있으며 부성저항 특징이 있다.
⑤ TRIAC의 제어소자이다.
　　　　　　　정답 ①

Q 포인트문제 6
다음 사이리스터 중 3단자 형식이 아닌 것은?
① SCR　② GTO
③ DIAC　④ TRIAC

A 해설
사이리스터의 구분
① 방향성
- 양방향성(쌍방향성) 소자 : DIAC, TRIAC, SSS
- 역저지(단방향성) 소자 : SCR, LASCR, GTO, Diode

② 극(단자) 수
- 2극(단자) 소자 : DIAC, SSS, Diode
- 3극(단자) 소자 : SCR, LASCR, GTO, TRIAC
- 4극(단자) 소자 : SCS
　　　　　　　정답 ③

2. 정류

1. 전력변환기기

1) 정류장치(Converter=컨버터) : 교류를 직류로 변환
   ① 종류 : 전동직류발전기, 수은정류기, 회전변류기, 셀렌정류기
   ② 수은정류기는 고전압 대전력 정류기로 사용된다.
   ③ SCR=실리콘 정류기를 말하며 효율이 높고 고속 동작이 용이하며 소형이고 고전압 대전류에 적합한 정류기이다.
2) 역변환장치(Inverter=인버터) : 직류를 사용 주파수의 교류 전압으로 변환
3) 사이클로 컨버터 : 주파수 변환하여 교류를 교류로 변환
4) 쵸퍼제어(쵸퍼형 인버터) : 직류전압을 직접제어

2. 다이오드 정류

1) 정류 전압과 맥동(리플) 주파수

정류종류	직류와 교류	최대역 첨두 전압 PIV	맥동률	맥동주파수 [Hz]	정류효율
단상반파	$E_d = 0.45E = \dfrac{\sqrt{2}}{\pi}E$	$\sqrt{2}E$	121 [%]	f	40.6
단상전파	$E_d = 0.9E = \dfrac{2\sqrt{2}}{\pi}E$	$2\sqrt{2}E$	48 [%]	$2f$	81.2
3상반파	$E_d = 1.17E = \dfrac{3\sqrt{6}\,E}{2\pi}$	$\sqrt{2}E$	17.7 [%]	$3f$	96.8
3상전파 (6상반파)	$E_d = 1.35E = \dfrac{3\sqrt{2}}{\pi}E$		4 [%]	$6f$	99.8

여기서 단상반파, 단상전파, 3상전파의 $E[\text{V}]$은 선간전압, 3상반파에서 $E[\text{V}]$는 상전압이다.

2) 다이오드 브리지 정류회로의 특징

① 다이오드 1개가 단락 시 반파정류가 된다.
② 다이오드가 많이 필요하여 가격이 비싸지만 현재 가장 많이 사용하는 정류회로이다.
※ PIV : 브릿지정류회로에서는 최대역첨두전압은 입력전압의 실효값의 $\sqrt{2}$ 배

3) 맥동률 $= \dfrac{\text{직류 출력의 교류성분}}{\text{직류성분}} \times 100 = \sqrt{\dfrac{\text{실효값}^2 - \text{평균값}^2}{\text{평균값}^2}} \times 100$

참고

① 전압강하 발생시 정류 전압
$E_d = 0.45E - e\,[\text{V}]$
② SCR 위상제어시
$E_d = 0.45E\cos\theta$
e : 전압강하
θ : 제어각

Q 포인트문제 7

직류 전력을 교류 전력으로 변환하는 것은?
① 정류기 ② 쵸퍼장치
③ 인버터 ④ 컨버터

A 해설

① 정류장치(Converter=컨버터) : 교류를 직류로 변환
  ⓐ 종류 : 전동 직류 발전기, 수은정류기, 회전변류기, 셀렌정류기
  ⓑ 수은정류기는 고전압 대전력 정류기로 사용된다.
② 역변환장치(Inverter=인버터) : 직류를 사용 주파수의 교류 전압으로 변환

정답 ③

Q 포인트문제 8

220[V]의 교류 전압을 전파 정류하여 순저항 부하에 직류 전압을 공급하고 있다. 정류기의 전압강하가 10[V]로 일정할 때 부하에 걸리는 직류 전압의 평균값은?
① 220[V] ② 198[V]
③ 188[V] ④ 98[V]

A 해설

단상 전파 정류이므로 직류전압
$E_d = \dfrac{2\sqrt{2}}{\pi}E = 0.90E\,[\text{V}]$에서
$E_d = 0.9 \times 220 = 198\,[\text{V}]$
정류기의 전압 강하가 $e = 10[\text{V}]$
부하에 걸리는 전압
$E = E_d - e = 198 - 10 = 188\,[\text{V}]$

정답 ③

Chapter 05 전력용 반도체 출제예상문제

- 우선순위 논점은 전기공사(산업)기사 시험에서 가장 출제 빈도가 높은 문제로써, 수험생분들께서는 각 파트별 우선순위 문제의 논점과 키워드를 학습하시기를 바랍니다.
- 체크 리스트를 작성하시면서 문제의 유형과 학습의 완성도를 스스로 체크 해 보시기를 바랍니다.
- "선생님의 콕콕 포인트"는 틀리기 쉬운 문제의 함정과 문제의 포인트를 집어드립니다. 우선순위 문제풀이의 포인트를 꼭 참고하고 응용문제의 해결능력을 길러 줍니다.

번호	우선순위 논점	KEY WORD	나의 정답 확인				선생님의 콕콕 포인트
			맞음	틀림(오답확인)			
				이해 부족	암기 부족	착오 실수	
2	다이오드	PN접합, cut in Voltage					순방향과 증가를 기억 할 것
15	사이리스터	SCR, 애노드 전류					SDR의 동작특성을 암기 할 것
16	사이리스터	SCR, 스위칭, 소형, 위상제어					SCR의 특징을 암기할 것
20	사이리스터	SCR, 전압 공급					SCR 전압 공급방법을 암기 할 것
25	사이리스터	쌍방향 2 단자, NPN 3층구조, 부성저항, TRIAC 제어					DIAC의 특징을 암기 할 것

★★★☆☆

01 PN 접합형 다이오드는 어떤 작용을 하는가?

① 발진 작용
② 증폭 작용
③ 정류 작용
④ 교류 작용

해설

전력용 반도체 – 다이오드의 종류
다이오드는 한쪽 방향으로만 전류가 흐를 수 있도록 만든 반도체 소자로서 애노드에서 캐소드 방향으로 전류가 흐를 수 있지만 반대로는 흐를 수가 없어 정류작용을 한다.

★★★★☆

02 PN 접합 다이오드에서 cut-in voltage란?

① 순방향에서 전류가 현저히 증가하기 시작하는 전압이다.
② 순방향에서 전류가 현저히 감소하기 시작하는 전압이다.
③ 역방향에서 전류가 현저히 감소하기 시작하는 전압이다.
④ 역방향에서 전류가 현저히 증가하기 시작하는 전압이다.

해설

전력용 반도체 – 다이오드의 종류
cut in voltage란 순방향에서 전류가 현저히 증가하기 시작하는 전압을 말한다.

★★☆☆☆

03 순방향 바이어스에 대해 설명한 것이다. 적합한 것은?

① 다수 캐리어에 의한 전류가 0이 된다.
② 소수 캐리어에 의한 전류가 0이 된다.
③ 전위 장벽이 높아진다.
④ 전위 장벽이 낮아진다.

해설

전력용 반도체 – 다이오드의 종류
순방향 바이어스
- 저항은 0이 되며 전위 장벽이 낮아진다.
- 공간 전하영역의 폭(공핍층)이 좁아지며 전계가 약해진다.

[정답] 01 ③ 02 ① 03 ④

04 제너 다이오드에 관한 설명 중 틀린 것은?

① 정전압 소자이다.
② 인가되는 전압의 크기에 따라 전류방향이 달라진다.
③ 정·부의 온도계수를 가진다.
④ 과전류 보호용으로 사용된다.

해설

전력용 반도체 – 다이오드의 종류
제너 다이오드(정전압 다이오드)
① 정전압 정류작용
② 정·부의 온도 계수를 가진다.
③ 다이오드의 직렬 연결 : 과전압 방지
④ 다이오드의 병렬 연결 : 과전류 방지(순방향 전류를 증가 시킬 수 있다.)

05 동일 정격의 다이오드를 병렬로 사용하면?

① 역전압을 크게 할 수 있다.
② 순방향 전류를 증가 시킬 수 있다.
③ 전원 변압기를 사용할 수 있다.
④ 필터 회로가 필요 없게 된다.

해설

전력용 반도체 – 다이오드의 종류
문제 4번 해설 참조

06 터널 다이오드의 용도로 다음 중 가장 널리 사용되는 것은?

① 검파 회로   ② 스위칭 회로
③ 정류기   ④ 정전압 소자

해설

전력용 반도체 – 다이오드의 종류
터널 다이오드
작용 : 증폭, 발진, 개폐(스위칭)

07 트랜지스터의 기호에서 에미터의 화살표방향이 나타내는 것은?

① 전압 인가의 방향   ② 전류의 방향
③ 전계의 방향   ④ 저항의 방향

해설

전력용 반도체 – 트랜지스터
트랜지스터의 화살표 방향은 전류의 방향이다.

08 NPN형 접합 트랜지스터를 사용할 때 컬렉터의 전위를 베이스로 기준하면 무슨 전위가 되는가?

① 영전위   ② 동전위
③ 정전위   ④ 부전위

해설

전력용 반도체 – 트랜지스터
PNP형 컬렉터의 전위를 베이스를 기준하면 부(−)전위이고 NPN형은 정(+) 전위 이다.

09 전압 증폭 소자로서 적합한 전계효과 트랜지스터(FET)를 맞게 설명한 것은?

① 기본 구조가 Gate, Drain, Collector로 구성된다.
② 기본 구조가 Gate, Drain, Source로 구성된다.
③ 기본 구조가 Emitter, Base, Collector로 구성된다.
④ 기본 구조가 Emitter, Drain, Source로 구성된다.

해설

전력용 반도체 – 트랜지스터
FET는 전계효과 트랜지스터라고 하며 MOSFET는 금속 산화막 반도체 전계효과 트랜지스터라고 한다. 구조와 원리는 둘 다 동일하므로 Gate, Drain, Source로 구성된다.

[정답] 04 ② 05 ② 06 ② 07 ② 08 ③ 09 ②

10 핀치 오프(pinch off) 전압을 설명한 것 중 옳은 것은?

① 드레인(drain) 전류가 0[A]일 때 게이트(gate)와 드레인 사이 전압
② 드레인 전류가 0[A]일 때 드레인과 소스(source) 사이의 전압
③ 드레인 전류가 0[A]일 때 게이트와 소스 사이의 전압
④ 드레인 전류가 흐르고 있을 때 드레인과 소스 사이의 전압

해설
전력용 반도체 - 트랜지스터
MOS FET에서 드레인 전류가 0[A]일 때 게이트와 소스 사이의 전압을 핀치오프 전압이라 한다.

11 입력 임피던스가 가장 높은 트랜지스터는?

① JFET
② MOS FET
③ UJT
④ Masa 트랜지스터

해설
전력용 반도체 - 트랜지스터
입력 임피던스가 가장 높은 트랜지스터는 MOS FET이며 $10^{10} \sim 10^{15}$ [Ω]이 된다.

12 사이리스터의 응용에 대한 설명이 잘못된 것은?

① AC-DC 변환이 가능해진다.
② 위상 제어에 의해 AC 전력 제어가 가능해 진다.
③ AC 전원에서 가변 주파수 AC 변환이 가능하다.
④ DC 전력의 증폭인 컨버터가 가능하다.

해설
전력용 반도체 - 사이리스터
사이리스터(Thyristor) : PN 접합 3 개 이상 내장하여 ON → OFF(OFF → ON) 전환하는 장치로 제어단자(G)로부터 음극(K)에 전류를 흘리는 것으로, 양극(A)과 음극(K) 사이를 도통(導通)시킬 수 있는 3단자의 반도체 소자이며. 사이리스터는 교류 위상 제어, 정지 스위치, 인버터 초퍼, 타이머 회로, 트리거 카운터, 과전압 보호 등에 쓰인다.

13 다음 사이리스터를 이용하여 얻을 수 있는 결과들이다. 적당하지 않는 것은?

① 교류 전력 제어
② 주파수 변환
③ 직류 위상 변환
④ 직류 전압 변환

해설
전력용 반도체 - 사이리스터
문제 12번 해설 참조

14 실리콘 제어 정류기(SCR)는 어떤 형태의 반도체인가?

① NP형 반도체
② N형 반도체
③ PN형 반도체
④ P형 반도체

해설
전력용 반도체 - 사이리스터
SCR은 PNPN구조 이므로 PN형 반도체이다.

15 SCR의 애노드 전류가 20[A]로 흐르고 있을 때 게이트 전류를 반으로 줄이면 애노드 전류는 몇 [A]인가?

① 0
② 10
③ 20
④ 40

해설
전력용 반도체 - 사이리스터
SCR에서 애노드 전류는 게이트전류에 의해 한번 도통되면 역바이어스가 되기까지 게이트전류와 관계없이 애노드 전류를 유지 하므로 20[A]이다.

16 SCR의 특징을 설명한 것 중 맞지 않는 것은?

① 소형이면서 가볍고 고속동작이다.
② turn-off 시간 및 순방향 전압 강하는 다이라트론(thyratron)보다 우수하다.

[정답] 10 ③ 11 ② 12 ④ 13 ③ 14 ③ 15 ③ 16 ④

③ 입력신호의 제어로 전류 출력전압은 제어할 수 있다.
④ 제어가 되지 않는다.

> **해설**
>
> **전력용 반도체 – 사이리스터**
> SCR의 특징
> ⓐ 소형이면서 위상제어가 가능하며(0~180°) 대용량 대전력용 정류기로 적당하다.
> ⓑ 최고 허용온도가 140~200[℃]이므로 온도의 영향이 적다.
> ⓒ 무접점 스위칭 및 AVR 전력 제어용
> ⓓ 아크가 생기지 않으므로 열의 발생이 적다.
> ⓔ 게이트에 신호를 인가할 대부터 도통할 때까지의 시간이 짧다.
> ⓕ 게이트 전류(I_G)로 통전 전압을 가변시킨다.
> ⓖ 게이트 전류의 위상각으로 통전 전류의 평균값을 제어시킬 수 있다.
> ⓗ 이온 소멸 시간이 짧다.
> ⓘ 부성저항 특성이 있으며 과전압에 약하다.
> ⓙ turn-off 시간 및 순방향 전압 강하는 다이라트론(thyratron)보다 우수하다.

★★★☆☆

17 SCR의 특징을 설명한 것 중 맞지 않는 것은?

① 스위칭 소자이다.
② 대전류 제어 정류용으로 이용된다.
③ 아크가 생기며 열의 발생이 많다.
④ turn-off 시간 및 순방향 전압 강하는 다이라트론 보다 우수하다.

> **해설**
>
> **전력용 반도체 – 사이리스터**
> 문제 16번 해설 참조

★★★☆☆

18 게이트(gate)에 신호를 가해야만 동작되는 소자는?

① DIAC
② UJT
③ SCR
④ MPS

> **해설**
>
> **전력용 반도체 – 사이리스터**
> SCR에 순방향 전압이 인가되어 있을시 게이트 전류를 인가하면 게이트작용에 의해 SCR은 도통되며 전원공급은 애노드(+), 캐소드(-) 게이트(+) 전압을 인가한다.

★★★☆☆

19 위상 제어용에 사용되는 것은?

① DIAC
② UJT
③ SCR
④ SBS

> **해설**
>
> **전력용 반도체 – 사이리스터**
> 문제 16번 해설 참조

★★★★☆

20 SCR을 사용할 때 올바른 전압공급 방법은?

① 애노드⊕, 캐소드⊖, 게이트⊕
② 애노드⊕, 캐소드⊖, 게이트⊖
③ 애노드⊖, 캐소등⊖, 게이트⊕
④ 애노드⊖, 캐소드⊕, 게이트⊖

> **해설**
>
> **전력용 반도체 – 사이리스터**
> 문제 18번 해설 참조

★★★☆☆

21 SCS(Silicon Controlled. SW)의 특징이 아닌 것은?

① 게이트 전극이 2개이다.
② 쌍방향 2단자 사이리스터이다.
③ 쌍방향으로 대칭적인 부성저항 영역을 갖는다.
④ AC의 ⊕, ⊖ 전파기간 중 트리거용 펄스를 얻을 수 있다.

> **해설**
>
> **전력용 반도체 – 사이리스터**
> SCS
> ① 단방향 4 단자 소자로 게이트가 2개로 어느 쪽 게이트에서나 게이트 신호를 인가할 수 있다.
> ② 쌍방향으로 대칭적인 부성저항 영역을 갖는다.
> ③ 교류의 +, - 전파 기간 중 트리거용 펄스를 얻을 수 있다.

★★☆☆☆

22 자기 소호 기능이 가장 좋은 소자는?

[정답] 17 ③ 18 ③ 19 ③ 20 ① 21 ② 22 ①

① GTO
② SCR
③ TRIAC
④ 역전용 사이리스터

해설

전력용 반도체 – 사이리스터
자기소호기능이 있는 소자
① GTO
② 전력 MOS FET
③ 전력 SIT

23 자기소호 기능을 갖지 않는 반도체 소자는?

① 다이오드
② GTO
③ 전력 MOS FET
④ 전력 SIT

해설

전력용 반도체 – 사이리스터
문제 22번 해설 참조

24 LASCR은 무엇에 의해 트리거 되는가?

① 열
② 압력
③ 온도
④ 빛

해설

전력용 반도체 – 사이리스터
LASCR
역저지 3극 사이리스터로 pnpn 4층 소자에 전압을 인가하여 중앙의 접합부에 빛을 조사하면 전자 정공대가 유기되고 이들은 각각 전계에 의해 이동하여 디바이스를 온 상태로 변환한다.

25 다이액(DIAC) 설명 중 잘못된 것은?

① npn 3층으로 되어 있다.
② 역저지 4극 사이리스터로 되어 있다.
③ 쌍방향으로 대칭적인 부성저항을 나타낸다.
④ 다이액의 항복전압을 넘을 때 갑자기 콘덴서가 방전하고 방전전류에 의하여 트라이액을 on시킬 수가 있다.

해설

전력용 반도체 – 사이리스터
DIAC
① 쌍방향 2 단자 소자
② 소용량 저항 부하의 AC 전력제어
③ NPN 3층구조
④ 브레이크오버 전압을 가지고 있으며 부성저항 특징이 있다.
⑤ TRIAC의 제어소자이다.

26 다음 사이리스터 중 2단자 양방향 소자는?

① SCR
② LASCR
③ TRIAC
④ DIAC

해설

전력용 반도체 – 사이리스터
사이리스터의 구분
① 방향성
  • 양방향성(쌍방향성) 소자 : DIAC, TRIAC, SSS
  • 역저지(단방향성) 소자 : SCR, LASCR, GTO, Diode, SCS
② 극(단자) 수
  • 2극(단자) 소자 : DIAC, SSS, Diode
  • 3극(단자) 소자 : SCR, LASCR, GTO, TRIAC
  • 4극(단자) 소자 : SCS

27 3극 쌍방향 사이리스터의 통칭은?

① SCR
② TRIAC
③ DIAC
④ SCS

해설

전력용 반도체 – 사이리스터
문제 26번 해설 참조

28 역저지 3극 사이리스터의 통칭은?

① SSS
② SCS
③ LASCR
④ TRIAC

[정답] 23 ① 24 ④ 25 ② 26 ④ 27 ② 28 ③

해설

전력용 반도체 - 사이리스터
문제 26번 해설 참조

29 다음 소자 중 쌍방향성 사이리스터가 아닌 것은?

① DIAC ② TRIAC
③ SSS   ④ SCR

해설

전력용 반도체 - 사이리스터
문제 26번 해설 참조

30 어느 쪽 게이트에서도 게이트 신호를 인가할 수 있고, 역저지 4극 사이리스터로 구성된 것은?

① SCS   ② GTO
③ PUT   ④ DIAC

해설

전력용 반도체 - 사이리스터
문제 26번 해설 참조

31 다음 중 틀리게 표현된 것은?

① TRIAC은 3극 교류 제어용 소자이다.
② DIAC은 3층 2단자 쌍방향성 부성 저항 소자이다.
③ SCR은 대전력 제어, 모터 속도 제어, 온도 조절 등에 사용된다.
④ SCR은 쌍방향성 소자이다.

해설

전력용 반도체 - 사이리스터
문제 26번 해설 참조

32 다음 사이리스터 소자 중 게이트에 의한 턴·온을 이용하지 않는 소자는?

① SSS(silicon symmetrical switch)
② SCR(silicon controlled rectifier)
③ GTO(gate turn off)
④ SCS(sillicon controlled switch)

해설

전력용 반도체 - 사이리스터
SSS는 게이트가 없는 사이리스터로 게이트에 의한 턴·온을 할 수 없다.

33 SCR를 역병렬로 접속한 것과 같은 특성의 소자는?

① TRIAC
② GTO
③ 광 사이리스터
④ 역전통 사이리스터

해설

전력용 반도체 - 사이리스터
TRIAC
① 쌍방향 3 단자 소자
② SCR 역병렬 구조와 같다.
③ 교류 전력을 양극성 제어
④ 과전압에 의한 파괴 안됨
⑤ (포토커플러 + 트라이액) : 전파 위상 제어 회로에 이용

34 교류 전력을 양극성에서 제어하는 데 적당한 소자는?

① S.C.R   ② S.C.S
③ LASCR   ④ TRIAC

해설

전력용 반도체 - 사이리스터
문제 33번 해설 참조

[정답] 29 ③ 30 ① 31 ④ 32 ① 33 ① 34 ④

35 다음 소자 중 온도 보상용으로 쓰일 수 있는 것은?

① 서미스터 ② 바리스터
③ 버랙터 다이오드 ④ 제너 다이오드

> **해설**
> **전력용 반도체 - 기타반도체**
> 서미스터(더미스터)
> 부(-)저항 온도계수 특성을 가지며 온도보상용 및 계측용으로 사용

36 바리스터(varistor)를 옳게 설명한 것은?

① 비직선적인 전류-전압 특성을 갖는 2단자 반도체
② 비직선적인 전류-전압 특성을 갖는 4단자 반도체
③ 직선적인 전류-전압 특성을 갖는 4단자 반도체
④ 직선적인 전류-전압 특성을 갖는 리액턴스 소자

> **해설**
> **전력용 반도체 - 기타반도체**
> 바리스터 : 전압에 따라 저항치가 변화하는 비직선 저항체로 비직선적인 전압 전류 특성을 갖는 2단자 반도체 장치이며 서지전압을 흡수하는 전자회로를 보호, 계전기의 접점 및 개폐기의 불꽃소거용으로 이용된다.

37 바리스터(Varistor)의 용도는?

① 전압증폭
② 정전압
③ 과도 전압에 대한 회로보호
④ 전류특성을 갖는 4단자 반도체 장치에 사용

> **해설**
> **전력용 반도체 - 기타반도체**
> 문제 36번 해설 참조

38 다음 중 인버터(inverter)에 대한 설명으로 알맞은 것은 어떤 것인가?

① 직류를 더 높은 직류로 변환 하는 장치
② 교류 전원을 더 낮은 교류 전원으로 변환하는 장치
③ 교류 전원을 직류 전원으로 변환하는 장치
④ 직류 전원을 교류 전원으로 변환하는 장치

> **해설**
> **정류 - 전력 변환기기**
> 1) 정류장치(Converter=컨버터) : 교류를 직류로 변환
> ① 종류 : 전동 직류 발전기, 수은정류기, 회전변류기, 셀렌정류기
> ② 수은정류기는 고전압 대전력 정류기로 사용된다.
> 2) 역변환장치(Inverter=인버터) : 직류를 사용 주파수의 교류 전압으로 변환

39 교류에서 직류로 변환하는 기기로 옳지 않은 것은?

① 전동 직류 발전기 ② 인버터
③ 셀렌 정류기 ④ 회전 변류기

> **해설**
> **정류 - 전력 변환기기**
> 문제 38번 해설 참조

40 고전압 대전력 정류기로서 가장 적당한 것은?

① 회전 변류기 ② 수은 정류기
③ 전동 발전기 ④ 벨토로

> **해설**
> **정류 - 전력 변환기기**
> 전동 발전기는 고가, 저효율로 부적당하며 전압을 미세조정 해야하며 회전 변류기와 벨토로는 저전압 대전류용에는 고효율이지만 고전압에서는 사용하미 못하나. 수은 정류기는 고전압 대전력용으로 사용이 가능하다.

[정답] 35 ① 36 ① 37 ③ 38 ④ 39 ② 40 ②

★★★★☆

41 효율이 높고 고속 동작이 용이하며, 소형이고 고전압 대전류에 적합한 정류기로 사용되는 것은?

① 수은 정류기
② 실리콘 제어 정류기
③ 회전 변류기
④ 3상 전파 방식

🔍 **해설**

정류 – 전력 변환기기
SCR=실리콘 정류기를 말하며 효율이 높고 고속 동작이 용이하며 소형이고 고전압 대전류에 적합한 정류기이다.

★★★☆☆

42 전력용 정류 장치로 우수한 정류기는?

① 아산화동 정류기
② 셀렌 정류기
③ Ge 정류기
④ Si 정류기

🔍 **해설**

정류 – 전력 변환기기
문제 41번 해설 참조
Si 정류기=실리콘 정류기(SCR)

★★☆☆☆

43 같은 크기의 교류전압을 실리콘 정류기로 정류하여 직류전압을 얻을 경우 가장 높은 직류전압을 얻을 수 있는 정류 방식은? (단, 필터는 없는 것으로 하고 부하는 순저항 부하이다.)

① 단상반파
② 3상반파
③ 단상전파
④ 3상전파

🔍 **해설**

정류 – 다이오드 정류

정류종류	직류와 교류
단상반파	$E_d = 0.45E = \dfrac{\sqrt{2}}{\pi}E$
단상전파	$E_d = 0.9E = \dfrac{2\sqrt{2}}{\pi}E$
3상반파	$E_d = 1.17E = \dfrac{3\sqrt{6}\,E}{2\pi}$
3상전파(6상반파)	$E_d = 1.35E = \dfrac{3\sqrt{2}}{\pi}E$

여기서 단상반파, 단상전파, 3상전파의 $E[V]$은 선간전압, 3상반파에서 $E[V]$는 상전압이다.

★★★☆☆

44 교류 200[V], 정류기 전압 강하 10[V]인 단상반파 정류 회로의 저항 부하의 직류 전압[V]은?

① 약 80
② 약 155
③ 약 200
④ 약 210

🔍 **해설**

정류 – 다이오드 정류
반파 정류이므로 $E_d = 0.45E - e[V]$이고
전압 $E = 200[V]$, 전압강하 $e = 10[V]$ 수치를 대입하면
$E_d = 0.45E - e = 0.45 \times 200 - 10 = 80[V]$

★★★☆☆

45 단상 정류로 직류전압 200[V]를 얻으려면 반파 정류의 경우에 변압기의 2차 권선 상전압 V_s를 약 몇 [V]로 하여야 하는가?

① 127
② 200
③ 322
④ 444

🔍 **해설**

정류 – 다이오드 정류
단상 반파에서 $E_d = 0.45E[V]$이므로
$E = \dfrac{E_d}{0.45} = \dfrac{200}{0.45} = 444.44[V]$이다.

★★★☆☆

46 위상 제어를 하지 않는 단상 반파 정류 회로에서 소자의 전압 강하를 무시할 때 직류 평균값 E_d는? (단, E : 교류 권선의 상전압(실효값)이다.)

① $0.45E$
② $0.90E$
③ $1.17E$
④ $1.46E$

🔍 **해설**

정류 – 다이오드 정류
문제 43번 해설 참조

[정답] 41 ② 42 ④ 43 ④ 44 ① 45 ④ 46 ①

47 다음 그림은 일반적인 반파 정류 회로이다. 변압기 2차 전압의 실효값을 $E[V]$라 할 때 직류 전류 평균값은? (단, 정류기의 전압 강하는 무시한다.)

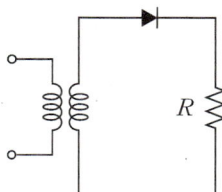

① E/R
② $\frac{1}{2}E/R$
③ $\frac{2\sqrt{2}}{\pi}E/R$
④ $\frac{\sqrt{2}}{\pi}E/R$

🔍 **해설**

정류 – 다이오드 정류

반파정류에서 직류전압 $E_d = \frac{\sqrt{2}}{\pi}E[V]$이고

여기서 직류전류 $I_d = \frac{E_d}{R} = \frac{\frac{\sqrt{2}}{\pi}E}{R}[A]$

48 정류 방식 중 맥동률(ripple factor)이 가장 적은 것은?

① 단상 반파 방식
② 단상 전파 방식
③ 3상 반파 방식
④ 3상 전파 방식

🔍 **해설**

정류 – 다이오드 정류

정류종류	맥동률	맥동주파수[Hz]
단상반파	121[%]	f
단상전파	48[%]	$2f$
3상반파	17.7[%]	$3f$
3상전파(6상반파)	4[%]	$6f$

49 그림과 같은 단상 전파 정류 회로에서 순저항 부하에 직류 전압 $100[V]$를 얻고자 할 때 변압기 2차 1상의 전압[V]을 구하면?

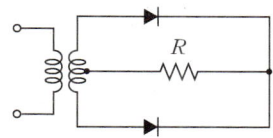

① 약 220
② 약 111
③ 약 105
④ 약 100

🔍 **해설**

정류 – 다이오드 정류

단상전파정류, 직류전압 $E_d = 100[V]$에서 단상전파정류에서

직류 전압 $E_d = \frac{\sqrt{2}}{\pi}E = 0.9E[V]$이므로 이를 이용하여

교류전압 $E = \frac{1}{0.9}E_d = 1.11 \times 100 = 111[V]$이다.

[정답] 47 ④ 48 ④ 49 ②

Chapter 06 전동기 응용

출제경향분석

제6장 전동기 응용 에 대한 이론 및 계산법을 다루었으며 시험에 자주 출제가 되는 내용은 다음과 같다.
❶ 회전운동의 기본식
❷ 부하의 속도 및 토크 특성
❸ 전동기 기동 특성
❹ 전동기 제동법
❺ 속도제어 및 전동기 용량

FAQ

플라이휠이 무엇인가요?

답

▶ 회전체의 속도 변동을 줄이기 위해 회전에너지를 축적해두기 위한 원판을 말합니다.

참고

회전 운동 에너지

① 회전 운동 에너지는 뉴턴의 제 2 법칙 에 의해 $W = \frac{1}{2} m \cdot v^2 [J]$이고

각속도=각주파수
$\omega = \frac{v}{r} = 2\pi f = 2\pi n$
$= \frac{2\pi N}{60} [\text{rad/s}]$를 이용

속도를 구하면 $v = r\omega [\text{m/s}]$이고 이를 대입 정리하면
$W = \frac{1}{2} m(r\omega)^2 = \frac{1}{2} mr^2 \cdot \omega^2$

관성모멘트 $J = mr^2 = Gr^2$
$= \frac{GD^2}{4} [\text{kg} \cdot \text{m}^2]$을 적용 정리하면
$W = \frac{1}{2} J\omega^2 = \frac{1}{2} \cdot \frac{1}{4} GD^2 \omega^2$
$= \frac{1}{8} GD^2 \omega^2 [J]$

여기서, $m[\text{kg}]$: 질량, $v[\text{m/s}]$: 속도, $r[\text{m}]$: 회전반경, $f[\text{Hz}]$: 주파수, $n[\text{rps}]$: 초당 회전수, $N[\text{rpm}]$: 분당 회전수, $G[\text{kg}]$: 휠의 전 질량, $r[\text{m}]$: 반지름, $D[\text{m}]$: 지름

1 전동기 운동력학 기초

1. 전동기의 특징

1) 전동기의 장·단점

① 장점
   ⓐ 제어가 간단하고 확실하다.
   ⓑ 동력 전달기구가 간단하고 효율적이다.
   ⓒ 작업능률이 좋고 신뢰도 안정도가 높다.
   ⓓ 전동력의 집중, 분배가 용이하고 경제적이다.
   ⓔ 종류의 다양으로 부하에 맞는 특성, 구조 선택이 가능하다.

② 단점
   ⓐ 정전 시 운전이 불가능하다.
   ⓑ 외관으로 고장발견이 어렵다.
   ⓒ 단락사고 등의 영향이 광범위하다.
   ⓓ 전원 전압, 주파수 변동에 영향을 받는다.

2) 동력의 역학적 분류

① 마찰 동력 : 분쇄기, 연마기, 인쇄기
② 가속 동력 : 전동기
③ 유체동력 : 송풍기
④ 축적된 에너지 동력 : 권상기

2. 회전운동의 기본식

1) 관성모멘트

$$J = Gr^2 = \frac{GD^2}{4} \, [\text{Kg} \cdot \text{m}^2]$$

플라이휠효과 $GD^2 = 4J$

여기서, $G[\text{Kg}]$: 휠의 전 질량, $r[\text{m}]$: 반지름, $D[\text{m}]$: 지름

2) 운동에너지

$$W = \frac{1}{8} GD^2 \omega^2 = \frac{GD^2 N^2}{730} \, [\text{J}]$$

여기서, 각속도 $\omega = \frac{v}{r} = 2\pi f = 2\pi n = \frac{2\pi N}{60} \, [\text{rad/s}]$

$v[\text{m/s}]$: 속도, $r[\text{m}]$: 회전반경, $f[\text{Hz}]$: 주파수,
$n[\text{rps}]$: 초당 회전수, $N[\text{rpm}]$: 분당 회전수,
$G[\text{kg}]$: 휠의 전 질량, $r[\text{m}]$: 반지름, $D[\text{m}]$: 지름

3) 토크

$$T = 0.975 \frac{P}{N} \, [\text{Kg} \cdot \text{m}]$$

여기서, $P[\text{W}]$: 2차출력, $N[\text{rpm}]$: 분당 회전수

4) 토크 이너샤비

$$\text{토크이너샤비} = \frac{T(\text{토오크})}{J(\text{관성모우먼트})}$$

※ 토크 이너샤비가 크면 기동시간은 짧고 가속도가 크다.

필수확인 O·X 문제 난이도 ★★☆☆☆ 최근기출년도 00. 08. 17 [1차] [2차] [3차]

1. 전동기는 외관상 고장점을 쉽게 찾을 수 있다. ················ ( )
2. 플라이 휠효과가 $GD^2 = 100 \, [\text{Kg} \cdot \text{m}^2]$일 때 관성모멘트는 $30 \, [\text{Kg} \cdot \text{m}^2]$이다. ( )
3. 플라이 휠이란 회전체의 속도 변동을 줄이기 위해 회전에너지를 축적해두기 위한 원판을 말한다. ···························· ( )

상세해설

1. (×) 전동기의 전기구조는 내부에 존재하므로 외관상 쉽게 찾을 수 없다.
2. (×) 관성모멘트 $J = Gr^2 = \frac{GD^2}{4} = \frac{100}{4} = 25 \, [\text{kg} \cdot \text{m}^2]$
3. (○)

 콕콕 포인트

② 회전수로 표현 시 운동에너지

$$W = \frac{1}{8} GD^2 \omega^2 = \frac{1}{8} GD^2 \left(\frac{2\pi N}{60}\right)^2$$
$$= \frac{GD^2 N^2}{730} \, [\text{J}]$$

회전속도 ($N_2 \to N_1$) 감속될 때 방출에너지

$$W = \frac{GD^2}{730}(N_2^2 - N_1^2) \, [\text{J}]$$

Q 포인트문제 1

다음 중 회전운동에서 관성 모멘트의 단위는?

① [rad/s²] ② [J]
③ [kg·m²] ④ [N·m]

A 해설

관성 모멘트
$J = Gr^2 = \frac{GD^2}{4} \, [\text{kg} \cdot \text{m}^2]$이다.

정답 ③

Q 포인트문제 2

플라이 휠 효과 $GD^2 = 300 \, [\text{kg} \cdot \text{m}^2]$인 원심 분리기의 관성 모멘트의 크기는?

① $75 \, [\text{kg} \cdot \text{m}^2]$
② $150 \, [\text{kg} \cdot \text{m}^2]$
③ $300 \, [\text{kg} \cdot \text{m}^2]$
④ $600 \, [\text{kg} \cdot \text{m}^2]$

A 해설

관성모멘트
$J = Gr^2 = \frac{GD^2}{4} \, [\text{kg} \cdot \text{m}^2]$이므로
$J = \frac{GD^2}{4} = \frac{300}{4} = 75 \, [\text{kg} \cdot \text{m}^2]$
여기서, $P[\text{W}]$: 휠의 전 질량, $r[\text{m}]$: 반지름, $D[\text{m}]$: 지름

정답 ①

콕콕 포인트

Q 포인트문제 3

전동기의 토크 단위는?
① [kg]   ② [kg·m²]
③ [kg·m]   ④ [kg·m/s]

A 해설

전동기의 토크
$T = 0.95 \dfrac{P}{N}$ [kg·m]
여기서, P [W] : 2차출력,
N [rpm] : 분당 회전수

정답 ③

Q 포인트문제 4

전동기 부하를 운전할 때 운전이 안정하기 위해서는 전동기 및 부하의 각속도(ω)−토크(T)특성에 만족해야 할 조건은? (단, M : 전동기, L : 부하를 표시한다.)
① $\left(\dfrac{dT}{d\omega}\right)_M > \left(\dfrac{dT}{d\omega}\right)_L$
② $\left(\dfrac{dT}{d\omega}\right)_M = \left(\dfrac{dT}{d\omega}\right)_L$
③ $\left(T\dfrac{dT}{d\omega}\right)_M > \left(T\dfrac{dT}{d\omega}\right)_L$
④ $\left(\dfrac{dT}{d\omega}\right)_L > \left(\dfrac{dT}{d\omega}\right)_M$

A 해설

① 안정 운전 : $\left(\dfrac{dT}{d\omega}\right)_L > \left(\dfrac{dT}{d\omega}\right)_M$
② 불안정운전 : $\left(\dfrac{dT}{d\omega}\right)_L < \left(\dfrac{dT}{d\omega}\right)_M$

정답 ④

Q 포인트문제 5

부하 전류가 증가하면 가장 급격히 속도가 감소하는 전동기는?
① 직류 분권 전동기
② 직류 복권 전동기
③ 3상 유도 전동기
④ 직류 직권 전동기

A 해설

변속도 전동기는 부하전류에 따라 속도가 감소한다. 즉 토크가 증가하면 속도가 저하되는 특성을 가지며 전동기의 종류는 직류 직권 전동기(기동토크가 크다), 교류 직권 정류자 전동기가 있다.

정답 ④

5) 전동기의 상태해석

① 등속상태 : $J\dfrac{d\omega}{dt} = T - (T_L + T_B)$

② 가속상태 : $J\dfrac{d\omega}{dt} < T - (T_L + T_B)$

③ 감속상태 : $J\dfrac{d\omega}{dt} > T - (T_L + T_B)$

여기서, T : 전동기의 발생 토크, T_L : 부하토크,
T_B : 마찰 및 기타에 소요되는 토크

6) 전동기의 안정 운전 조건

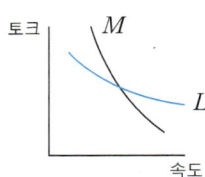

안정 운전 : $\left(\dfrac{dT}{d\omega}\right)_L > \left(\dfrac{dT}{d\omega}\right)_M$

여기서, M : 전동기, L : 부하

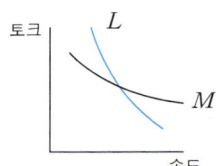

불안정 운전 : $\left(\dfrac{dT}{d\omega}\right)_L < \left(\dfrac{dT}{d\omega}\right)_M$

여기서, M : 전동기, L : 부하

2 부하의 속도 및 토크 특성

1. 속도 특성에 의한 분류

1) 정속도 전동기

① 특성 : 부하에 관계없이 속도 일정 즉 토크가 변해도 속도가 크게 변화가 없다.
② 전동기의 종류 : 직류 타여자 전동기, 직류 분권 전동기, 동기 전동기

2) 다단 속도 전동기

① 특성 : 몇 단계로 회전수를 바꾸는 전동기
② 전동기의 종류 : 극수변환 전동기, 직류 분권 전동기, 타여자 전동기, 농형유도 전동기

3) 가감 속도 전동기

① 특성 : 여러 속도 변화 후 정속도 유지
② 전동기의 종류 : 권선형 유도 전동기, 분권 정류자 전동기

4) 변속도 전동기

① 특성 : 부하전류에 따라 속도가 감소한다. 즉 토크가 증가하면 속도가 저하되는 특성
② 전동기의 종류 : 직류 직권 전동기(기동토크가 크다), 교류 직권 정류자 전동기

5) 유도 전동기의 특성

① 회전자 주파수 : $f_2 = sf_1$

② 슬립 : $S = \dfrac{N_s - N}{N_s} \times 100\,[\%]$

여기서, $N_s = \dfrac{120f}{P}\,[\text{rpm}]$: 동기속도, $N\,[\text{rpm}]$: 회전수, S : 슬립

참고

유도 전동기
① 용량
$$P = \omega T = 2\pi T = 2\pi \dfrac{2f(1-s)}{P} T$$
$$= \dfrac{4\pi f}{P}(1-s)T\,[\text{W}]$$
여기서, $P\,[\text{W}]$: 출력, $n\,[\text{rps}]$: 회전수, $T\,[\text{N·m}]$: 토크, s : 슬립
② 회전자의 회전속도
$N = (1-s)N_s\,[\text{rpm}]$

2. 부하 특성에 의한 분류

1) 정 토크 부하

① 특성 : 속도에 관계없이 속도 일정
② 전동기의 종류 : 직류 분권 전동기, 레오너드 방식, 권선형 유도 전동기, 분권정류자 전동기
③ 용도 : 인쇄기, 압연기, 권상기, 선반

2) 제곱토크 부하

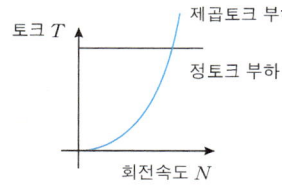

① 특성 : 토크가 속도의 제곱에 비례
② 용도 : 유체기계, 펌프, 송풍기

필수확인 O·X 문제   난이도 ★★★☆☆   최근기출년도 00. 08. 17 |1차| |2차| |3차|

1. $J d\omega/dt = T - (T_L + T_B)$은 전동기의 감속 상태를 나타내는 식다. ······( )
2. 전동기의 안정운전 조건에서 전동기토크가 부하토크보다 큰 것은 불안정조건이다.( )
3. 직류 분권전동기는 정속도 특성을 갖는다. ··············( )
4. 정토크 특성을 가진 전동기는 인쇄기 압연기 선반 권상기에 사용된다. ·····( )

상세해설

1. (×) $J d\omega/dt = T - (T_L + T_B)$은 등속상태를 나타내는 식이다.
2. (○)
3. (○)
4. (○)

3 전동기의 기동특성

1. 직류기

1) 직류 전동기의 기동법

저항 기동법, 전 전압 기동법

2) 기동토크 순서

직권 ➡ 가동복권 ➡ 분권 ➡ 차동복권

① 직권 : 기동 토크가 크므로 전기 철도용에 사용, 직류 교류에 이용
② 분권 : 정속도 전동기이며 자기 기동이 어렵다.
③ 복권 : 가동, 차동

2. 교류기

1) 3상 농형유도 전동기 기동법

① 직입 기동(전 전압법) : 5 [kW] 이하 소형 전동기에 적용
② Y-△기동 : 5~15 [kW] 이하 적용하며 기동 토크와 기동전류가 1/3 로 감소
③ 감압기동 : 15 [kW] 이상 대형 전동기에 적용
  ⓐ 기동보상기법 : 단권 변압기에 의한 기동 방식
  ⓑ 1차 저항 기동 : 전동기 1차 측에 저항을 삽입하여 전동기에 인가되는 전압을 감 전압 하여 기동하는 방식
④ 리액터 기동 : 전동기 1차 측에 직렬로 철심이 든 리액터를 설치하여 전동기에 인가되는 전압을 감 전압 하여 기동하는 방식
⑤ 콘도르파법 : 기동보상기법과 리액터기동방식을 혼합한 방식

2) 3상 권선형 유도 전동기 기동법

① 2차 저항 기동법(비례추이)
② 2차 임피던스 기동법
③ 게르게스법

3) 단상 유도 전동기의 기동

① 속도 변동이 크고 효율이 낮으며 가정용으로 사용
② 단상유도 전동기의 기동방법
  ⓐ 반발 기동형   ⓑ 반발 유도형
  ⓒ 콘덴서 기동형   ⓓ 분상 기동형
  ⓔ 세이딩 코일형
※ 기동토크의 큰 순서
  반발기동형 > 반발 유도형 > 콘덴서 기동형 > 분상 기동형 > 세이딩 코일형

FAQ

직류 기동법중 저항기동법은 무엇인가요?

답
▶ 저항 기동법 : 기동 저항기를 전기자 권선과 직렬로 접속하여 기동전류를 정격전류의 100~150[%]정도로 제한하여 기동하는 방법을 말합니다.

Q 포인트문제 6

3상 농형 유도 전동기의 기동법이 아닌 것은?
① 전전압 기동
② Y-△ 기동
③ 기동 보상기에 의한 기동
④ 2차 임피던스 기동

A 해설

① 3상 농형유도 전동기 기동법
  ⓐ 직입 기동(전 전압법)
  ⓑ Y-△기동
  ⓒ 기동보상기법
  ⓓ 1차 저항 기동
  ⓔ 리액터 기동
  ⓕ 콘도르파법
② 3상 권선형 유도 전동기 기동법
  ⓐ 2차 저항 기동법(비례추이)
  ⓑ 2차 임피던스 기동법
  ⓒ 게르게스법

정답 ④

4) 교류 전동기 속도 변동률 큰 순서

단상 > 농형 > 권선형 > 동기전동기

5) 동기 전동기 특성

① 속도 일정=속도변동률이 0이다.
② 역률, 위상을 조절(역률 1로 운전 가능)
③ 기동토크 작고 기동장치 필요하므로 혼자서 기동을 하지 못한다.

4 제동법

1. 전동기 제동법

1) 전기적 제동의 종류

① 발전 제동 : 전동기의 전기자 전원을 끊고 전동기를 발전기로 전환하여 발생 전력을 단자에 접속된 저항에서 열로 소비하여 제동
② 회생 제동 : 전동기에 전원을 접속한 상태에서 전동기를 발전기로 전환하여 역기전력을 전원전압보다 높게 발생된 전력을 전원 측에 반환하면서 제동
③ 역상 제동 (역전 제동, 플러깅): 전원 3상 중 2상을 교체하여 역상으로 회전시켜 역토크를 발생 시켜 급제동 시키는 방식으로 3상유도 전동기에서 사용된다.
④ 와전류 제동 : 전동기축에 동심으로 설치한 구리의 원판을 자계 내에서 회전시켜 동판에 생긴 와전류에 의해 제동력을 얻어 제동(전기 동력계법)
⑤ 단상제동 : 단상유도 전동기를 이용하여 회전을 크게 하여 2차 저항을 크게 한 후 정상토크보다 역상토크를 크게 하여 제동

2) 기계제동 : 제동화에 전자력을 가압하는 방법으로 마찰제동이 있다.

필수확인 O·X 문제 난이도 ★★★☆☆ 최근기출년도 00. 08. 17 [1차] [2차] [3차]

1. 직류기에서 기동토크 순서는 직권 → 가동복권 → 분권 → 차동복권이다. ……… ( )
2. 15[kW] 이상 전동기 기동 시 단권변압기에 의한 기동 방식을 기동보상기법이라 한다. ……………………………………………………………………………… ( )
3. Y-△기동시 기동전류는 $1/\sqrt{3}$ 배가 된다. …………………………………… ( )
4. 플러깅 제동은 전원 3상 중 2상을 교체하여 역상으로 회전시켜 역 토크를 발생 시켜 급제동 시키는 방식으로 3상유도 전동기에서 사용된다. ……………… ( )

상세해설
1. (O)
2. (O)
3. (×) Y-△기동 시 Y 기동으로 기동 토크와 기동전류가 $\frac{1}{3}$ 로 감소한다.
4. (O)

Q 포인트문제 7

3상유도 전동기를 급속히 정지 또는 감속시킬 경우, 또는 과속을 급히 막을 수 있는 가장 손쉽고 효과적인 제동법은?

① 발전 제동   ② 와전류 제동
③ 회생 제동   ④ 역상 제동

A 해설

역상 제동(역전 제동, 플러깅)은 전원 3상 중 2상을 교체하여 역상으로 회전시켜 역 토크를 발생 시켜 급제동 시키는 방식으로 3상유도 전동기에서 사용된다.

정답 ④

5. 속도제어 및 전동기 용량

1. 직류기

1) **저항 제어** : 계자 자속을 일정하게 하고 전기자회로에 가변저항을 접속하여 전기자에 걸리는 전압을 제어하는 방법으로 저항에 의한 전력손실이 크고 효율이 나쁘다.

2) **계자 제어** : 계자회로에 저항을 넣어 계자전류를 제어하는 방법으로 세밀하고 안정한 제어 즉 정출력 제어가 가능하다.

3) **전압 제어** : 계자전류를 일정하게 하고 전기자에 인가하는 전압을 변화시켜 속도를 제어하는 방식으로 주로 타여자 전동기의 속도제어에 주로 쓰이며 전동기의 단자 전압을 조정하는 방법으로 효율이 좋고 광범위한 속도 제어가 가능하다.

① 워드 레너드 방식 : 일정 부하에서 사용되고 권상기, 엘리베이터, 기중기, 인쇄기등에 사용되며 정토크 제어가 가능하다.
　ⓐ 기중기(크레인)에 사용되는 전동기는 플라이휠 효과가 작고 최대 토크가 커야 한다.
② 일그너 방식 : 워드레오나드 방식에 플라이휠을 장치한 방식
　ⓐ 플라이휠의 사용 목적 : 첨두부하 값이 감소하고 최대토크가 작아지며 전류의 동요가 감소한다.
　ⓑ 적용 : 부하 변동이 심한 제철용 압연기, 가변속도 대용량 제관기에 적합하다.
③ 직·병렬 제어법 : 직류 직권 전동기
④ 초퍼 제어 : 직류 전기철도에 사용되는 직류 직권 전동기

2. 유도기

1) **농형 유도 전동기**

① 주파수 제어 : 동기속도 근처에서 부하 토크와 평행되어 안정도가 높고 속도 변동이 낮으며 연속변화가 가능한 제어법으로 인견공업의 포트 모터, 선박의 전기 추진기가 있다.
　ⓐ 포트모터 : 회전수는 6000~10000[rpm]이며 인버터에 의한 주파수로 제어 한다.
② 극수 제어 : 극수P를 바꾸어 속도를 제어하는 방법
　ⓐ 3상 유도 전동기 : 기동토크가 커서 엘리베이터용 전동기로 사용된다.
　ⓑ 특수 농형 유도 전동기 : 기동 정지가 빈번한 경우에 적당한 전동기
③ 전압 제어 : 전압을 제어하여 속도 토크 특성을 바꾸어 부하의 속도를 제어

2) **권선형 유도 전동기**

① 2차 저항 제어법 : 비례추이 이용하는 방법으로 가감속도 특성이 있다.

FAQ

특수 농형 유도 전동기란 무엇인가요?

답
▶특수 농형 유도 전동기는 유도 전동기의 기동 특성을 개선하는 것으로서 전동기로 전 전압 기동을 해도 표피 효과 때문에 기동 전류가 억제되고 기동 토크가 큰 특성이 있는 전동기 입니다.

Q 포인트문제 8

전원으로 일그너 방식을 사용하는 것은?
① 내동용 가스 압축기
② 제지용 초지기
③ 시멘트 공장용 분쇄기
④ 제철용 압연기

A 해설
일그너 방식은 워드레오나드 방식에 플라이휠을 장치한 방식으로 부하 변동이 심한 제철용 압연기, 가변속도 대용량 제관기에 적합하다.

정답 ④

Q 포인트문제 9

워드 레오나드 방식은 다음의 어느 것에 쓰이는가?
① 동기 전동기의 속도 제어
② 유도 전동기의 속도 제어
③ 직류 전동기의 속도 제어
④ 교류 정류자 전동기의 속도 제어

A 해설
워드 레오나드 방식은 직류전동기의 속도제어 방식중 전압제어 방식이다.

정답 ③

② 2차 여자법 : 슬립 주파수 전압 인가
  ⓐ 크레머 방식 : 2차 출력을 기계 동력으로 변환
  ⓑ 세르비우스 방식 : 2차 출력을 전원 주파수와 같은 전력으로 변환
③ 2차 종속법 : 2대 전동기를 접속하여 극수로 제어

3. 전동기 용량

전동기 설비 용량은 실용량에 1.5배로 산정한다

1) 펌프용(양수펌프) 전동기

$$P = \frac{9.8KqH}{\eta} = \frac{KQH}{6.12\eta} \, [\text{kW}]$$

여기서, K : 여유계수(손실계수), H [m] : 양정,
q [m³/sec] : 양수량, η : 효율, Q [m³/min] : 양수량

2) 기중기 및 권상기용 전동기

$$P = \frac{9.8KvW}{\eta} = \frac{KVW}{6.12\eta} \, [\text{kW}]$$

여기서, K : 여유계수(손실계수), W [ton] : 중량(하중),
v [m/sec] : 권상속도, η : 효율, V [m/min] : 권상속도

3) 송풍기용

$$P = \frac{KQH}{6120\eta} \, [\text{kW}]$$

여기서, K : 여유계수(1.1~1.3), H [mmAq] : 풍압,
η : 효율, Q [m³/min] : 송풍기의 풍량

필수확인 O·X 문제   난이도 ★★★☆☆   최근기출년도 00. 08. 17   [1차] [2차] [3차]

1. 워드 레어너드 방식은 직류전동기에서 속도제어를 하는 방식이다. ……… ( )
2. 일그너 방식은 제철용 압연기, 가변속도 대용량 제관기에 적합하다. ……… ( )
3. 엘리베이터용 전동기로 3상유도 전동기를 사용한다. ……… ( )
4. 전동기 설비 용량은 실용량에 3배로 산정한다. ……… ( )

상세해설
1. (O)
2. (O)
3. (O)
4. (×) 전동기 설비 용량은 실용량에 1.5배로 산정한다.

콕콕 포인트

Q 포인트문제 10

유도 전동기의 속도 제어법 중에서 인버터를 사용하면 가장 효과적인 것은?

① 극수 변환법
② 슬립 변환법
③ 주파수 변환법
④ 인가 전압 변환법

A 해설

유도 전동기의 동기속도 $N_s = \frac{120f}{P}$ 이므로 주파수 f 에 비례하므로 주파수를 조정하면 속도가 제어된다.

정답 ③

참고

엘리베이터용 전동기

$$P = \frac{9.8KvW}{\eta} \times F = \frac{KVW}{6.12\eta} \times F \, [\text{kW}]$$

여기서, K : 여유계수(손실계수),
W [ton] : 중량(하중),
v [m/sec] : 권상속도, η : 효율,
V [m/min] : 권상속도,
F : 평형율(0.4~0.6)

참고

전동기 형식

① 방수형 : 물이 침입할수 없는 구조
② 수중형 : 수중에서 지정 수압에 지정시간동안 연속사용해도 지장이 없는 구조
③ 방식형(방부형) : 부식성 산 알카리 또는 부식성 가스가 존재하는 장소에 시용
④ 방폭형 : 폭발성 가스가 존재하는 곳
⑤ 방적형 : 낙수 또는 이물질이 직접 전동기 내부에 침입할수 없는 구조
⑥ 내산형 : 염분이 많은 지역

참고

전동기 절연물의 허용온도

절연의 종류	허용최고온도[℃]
Y	90
A	105
E	120
B	130
F	155
H	180
C	180 초과

Chapter 06 전동기 응용
출제예상문제

- 우선순위 논점은 전기공사(산업)기사 시험에서 가장 출제 빈도가 높은 문제로써, 수험생분들께서는 각 파트별 우선순위 문제의 논점과 키워드를 학습하시기를 바랍니다.
- 체크 리스트를 작성하시면서 문제의 유형과 학습의 완성도를 스스로 체크 해 보시기를 바랍니다.
- "선생님의 콕콕 포인트"는 틀리기 쉬운 문제의 함정과 문제의 포인트를 집어드립니다. 우선순위 문제풀이의 포인트를 꼭 참고하고 응용문제의 해결능력을 길러 줍니다.

번호	우선순위 논점	KEY WORD	나의 정답 확인				선생님의 콕콕 포인트
			맞음	틀림(오답확인)			
				이해 부족	암기 부족	착오 실수	
3	운동에너지	플라이휠, 회전속도					회전 운동에너지 공식을 암기 할 것
22	전동기제동법	발전기 운전, 유도전압, 전원전압 높게, 전원에 반환					회생제동을 암기 할 것
34	속도제어	선박의 전기 추진기, 유도전동기					유도 전동기의 속도제어를 암기 할 것
37	속도제어	엘리베이터, 3상유도					유도 전동기의 속도제어를 암기 할 것
41	전동기용량	펌프					펌프 양수기의 전동기 용량 식을 암기 할 것
42	전동기용량	권상기, 기중기					기중기 및 권상기용 전동기의 전동기 용량 식을 암기 할 것

★★★☆☆

01 회전체의 축세 효과가 GD^2 일 때의 이 회전체에서 갖는 에너지는 다음가 같은 식으로 주어진다. (단, ω는 회전 각속도 이다.)

① $\frac{1}{2}GD^2\omega^2$ ② $\frac{1}{4}GD^2\omega^2$

③ $\frac{1}{8}GD^2\omega^2$ ④ $\frac{1}{12}GD^2\omega^2$

해설

전동기 운동력학 기초 – 회전운동의 기본식

회전 운동에너지 $W = \frac{1}{8}GD^2\omega^2 = \frac{GD^2N^2}{730}[J]$

여기서, 각속도 $\omega = \frac{v}{r} = 2\pi f = 2\pi n = \frac{2\pi N}{60}[\text{rad/s}]$

$v[\text{m/s}]$: 속도, $r[\text{m}]$: 회전반경, $f[\text{Hz}]$: 주파수,
$n[\text{rps}]$: 초당 회전수, $N[\text{rpm}]$: 분당 회전수,
$G[\text{kg}]$: 휠의 전 질량, $r[\text{m}]$: 반지름, $D[\text{m}]$: 지름

★★☆☆☆

02 관성 모멘트가 75$[\text{kg}\cdot\text{m}^2]$ 인 회전체의 GD^2은 몇 $[\text{kg}\cdot\text{m}^2]$ 인가?

① 75   ② 150
③ 200   ④ 300

해설

전동기 운동력학 기초 – 회전운동의 기본식

관성모멘트 $J = Gr^2 = \frac{GD^2}{4}[\text{kg}\cdot\text{m}^2]$이고 $GD^2 = 4J$이므로

$GD^2 = 4 \times 75 = 300[\text{kg}\cdot\text{m}^2]$이다.

여기서, $G[\text{kg}]$: 휠의 전 질량, $r[\text{m}]$: 반지름, $D[\text{m}]$: 지름

★★★★☆

03 GD^2이 100$[\text{kg}\cdot\text{m}^2]$의 플라이휠이 1460$[\text{rpm}]$로서 회전하고 있다. 이 플라이휠이 보유하고 있는 운동에너지$[J]$은?

① 292000   ② 2920000
③ 31397   ④ 3140

[정답] 01 ③ 02 ④ 03 ①

해설

전동기 운동력학 기초 – 회전운동의 기본식

회전수로 표현 시 회전 운동에너지

$$W = \frac{1}{8}GD^2\omega^2 = \frac{1}{8}GD^2\left(\frac{2\pi N}{60}\right)^2 = \frac{GD^2N^2}{730}[J]$$

$$W = \frac{100 \times 1460^2}{730} = 292000[J]$$

★★☆☆

04 유도 전동기를 기동하여 각속도 ω_s에 이르기까지의 회전자에서의 발열 손실 Q를 나타내는 식은? (단, J는 관성 모멘트이다.)

① $Q = \frac{1}{2}J^2\omega_s^2$ ② $Q = \frac{1}{2}J^2\omega_s$

③ $Q = \frac{1}{2}J\omega_s^2$ ④ $Q = \frac{1}{2}J\omega_s$

해설

전동기 운동력학 기초 – 회전운동의 기본식

회전자의 발열 손실은 회전 시 회전속도에 의해 회전자에 축적된 운동에너지와 같으므로 $Q = \frac{1}{2}J\omega_s^2[J]$이다.

★★★☆☆

05 출력 $P[kW]$, 속도 $N[rpm]$의 전동기 토크 $[kg \cdot m]$는?

① $746\frac{P}{N}$ ② $850\frac{P}{N}$

③ $975\frac{P}{N}$ ④ $975NP$

해설

전동기 운동력학 기초 – 회전운동의 기본식

전동기의 토크

① $T = 0.975\frac{P}{N}[kg \cdot m]$

여기서, $P[W]$: 2차출력, $N[rpm]$: 분당 회전수

② $T = 975\frac{P}{N}[kg \cdot m]$

여기서, $P[kW]$: 2차출력, $N[rpm]$: 분당 회전수

★★☆☆

06 출력이 $7000[W]$, $900[rpm]$으로 회전하고 있는 전동기의 토크 $[kg \cdot m]$는?

① 15.2   ② 8.77
③ 7.58   ④ 10.2

해설

전동기 운동력학 기초 – 회전운동의 기본식

전동기의 토크 $T = 0.975\frac{P}{N}[kg \cdot m]$이므로

$T = 0.975 \times \frac{7000}{900} = 7.583 ≒ 7.58[kg \cdot m]$

여기서, $P[W]$: 2차출력, $N[rpm]$: 분당 회전수

★★☆☆

07 전동기 축으로 환산한 합성 관성 모멘트를 J, 각속도를 ω, 전동기의 발생 토크를 T, 부하 토크를 T_L, 마찰 및 기타에 소요되는 토크를 T_B라고 할 때 전동기의 감속 상태를 표시하는 식은?

① $J\frac{d\omega}{dt} < T - (T_L + T_B)$

② $J\frac{d\omega}{dt} = T - (T_L + T_B)$

③ $J\frac{d\omega}{dt} > T - (T_L + T_B)$

④ $J\frac{d\omega}{dt} = \alpha T - (T_L + T_B)$

해설

전동기 운동력학 기초 – 회전운동의 기본식

① 등속상태 : $J\frac{d\omega}{dt} = T - (T_L + T_B)$

② 가속상태 : $J\frac{d\omega}{dt} < T - (T_L + T_B)$

③ 감속상태 : $J\frac{d\omega}{dt} > T - (T_L + T_B)$

여기서, T : 전동기의 발생 토크, T_L : 부하토크,
T_B : 마찰 및 기타에 소요되는 토크

★★★☆☆

08 부하 토크(L)과 전동기 토크(M)의 관계에서 안정하게 운전이 되는 것은?

[정답] 04 ③ 05 ③ 06 ③ 07 ③ 08 ②

① 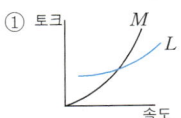 ②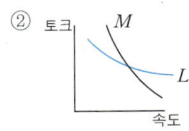

③ 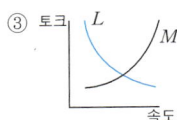 ④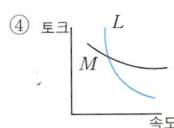

해설
전동기 운동력학 기초 – 회전운동의 기본식
전동기의 안정 운전 조건

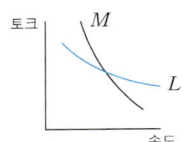

안정 운전 : $\left(\dfrac{dT}{d\omega}\right)_L > \left(\dfrac{dT}{d\omega}\right)_M$

여기서, M : 전동기, L : 부하

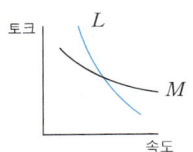

불안정 운전 : $\left(\dfrac{dT}{d\omega}\right)_L < \left(\dfrac{dT}{d\omega}\right)_M$

여기서, M : 전동기, L : 부하

★★☆☆☆
09 직권 정류자 전동기는 다음 분류하는 전동기 중 어디에 속하는가?

① 변속도 전동기   ② 다속도 전동기
③ 가감속도 전동기 ④ 정속도 전동기

해설
부하의 속도 및 토크 특성 – 속도 특성에 의한 분류
변속도 전동기는 부하전류에 따라 속도가 감소한다. 즉 토크가 증가하면 속도가 저하되는 특성을 가지며 전동기의 종류는 직류 직권 전동기(기동토크가 크다), 교류 직권 정류자 전동기가 있다.

★★★☆☆
10 부하에 관계없이 회전수가 일정하며, 몇 단계로 회전수를 바꾸는 전동기로서 직류 분권 및 타여자 전동기, 농형 유도 전동기는 어떤 속도 전동기에 속하는가?

① 정속도 전동기   ② 변속도 전동기
③ 다단속도 전동기 ④ 가감속도 전동기

해설
부하의 속도 및 토크 특성 – 속도 특성에 의한 분류
다단 속도 전동기는 몇 단계로 회전수를 바꾸는 전동기로 부하에 관계없이 회전수가 일정하며 전동기의 종류는 극수변환 전동기, 직류 분권 전동기, 타여자 전동기, 농형유도 전동기가 있다.

★★★☆☆
11 기동 토크가 가장 큰 특성을 가지는 전동기는?

① 직류 분권 전동기   ② 직류 직권 전동기
③ 3상 농형 유도 전동기 ④ 3상 동기 전동기

해설
부하의 속도 및 토크 특성 – 속도 특성에 의한 분류
직류 직권 전동기의 토크 $T = K\phi I_a = K I_a^2$ 으로 $T \propto I^2$ 관계로 부하에 대한 토크의 증가율이 가장 크며 크레인, 기중기, 전차 등에 쓰인다.

★★☆☆☆
12 3상 4극 유도 전동기를 입력 주파수 80[Hz], 슬립 3[%]로 운전할 경우 회전자 주파수 [Hz]는?

① 1.2   ② 1.6
③ 2.4   ④ 3

해설
부하의 속도 및 토크 특성 – 속도 특성에 의한 분류
유도 전동기 회전자 주파수 회전자 주파수 $f_2 = sf_1$ 이다.
이를 이용 $f_2 = sf_1 = 0.03 \times 80 = 2.4 [Hz]$

★★☆☆☆
13 유도 전동기의 기동법이 아닌 것은?

① Y-△ 기동법   ② 기동 보상법
③ 기동 권선법   ④ 저항 기동법

해설
① 3상 농형유도 전동기 기동법
　ⓐ 직입 기동(전 전압법)　ⓑ Y-△기동
　ⓒ 기동보상기법　　　　 ⓓ 1차 저항 기동
　ⓔ 리액터 기동　　　　　ⓕ 콘도르파법
② 3상 권선형 유도 전동기 기동법
　ⓐ 2차 저항 기동법(비례추이) ⓑ 2차 임피던스 기동법
　ⓒ 게르게스법

[정답] 09 ① 10 ③ 11 ② 12 ③ 13 ③

★★★☆☆
14 농형 유도 전동기의 기동법인 것은?

① Y-△ 기동법, 기동 보상법, 리액터 기동법
② 직입 기동법, Y-△ 기동법, 극수 변환법
③ 직입 기동법, Y-△ 기동법, 2차 여자 기동법
④ 직입 기동법, Y-△ 기동법, 2차 저항 제어법

해설
전동기의 기동 특성
문제 13번 해설 참조

★★★☆☆
15 권선형 유도 전동기의 기동법에서 비례추이 특성을 이용하여 기동하는 방법은?

① 1차 저항 기동법
② 2차 저항 기동법
③ 기동 보상기법
④ 분상 기동법

해설
전동기의 기동 특성
문제 13번 해설 참조

★★★☆☆
16 직류 전동기의 기동방식에 적합한 것은?

① 기동 보상기법
② 리액터 기동법
③ 저항 기동법
④ Y-△ 기동법

해설
전동기의 기동 특성
직류 전동기의 기동법은 전 전압 기동법, 저항 기동법이 있다.
보기 ①, ②, ④는 농형 유도 전동기 기동법이다.

★★☆☆☆
17 단상 유도 전동기의 브러시의 위치를 돌려주거나 고정자 권선의 단자 접속을 바꾸어 주면 회전자의 화전 방향이 바뀌는 것은?

① 분상 기동형
② 콘덴서 기동형
③ 반발 기동형
④ 셰이딩 코일형

해설
전동기의 기동 특성
반발 전동기는 정류자와 브러시가 있어 주축에 대한 브러시의 위치각을 이동함으로써 발생 토크가 가변되고 속도도 변화한다.

★★★☆☆
18 기동 토크가 가장 큰 단상 유도 전동기는?

① 콘덴서 기동 전동기
② 콘덴서 전동기
③ 분상 기동 전동기
④ 반발 전동기

해설
전동기의 기동 특성
기동토크의 큰 순서
반발기동형 → 반발 유도형 → 콘덴서 기동형 → 분상 기동형 → 셰이딩 코일형

★★★☆☆
19 다음 중 토크가 가장 적은 전동기는?

① 반발 기동형
② 콘덴서 기동형
③ 분상 기동형
④ 반발 유도형

해설
전동기의 기동 특성
문제 18번 해설 참조

★★★☆☆
20 3상 유도 전동기의 플러깅(plugging)역상 제동이란?

① 플러그를 사용하여 전원에 연결하는 방법
② 운전 중 2선의 접속을 바꾸어 상회전을 바꾸어 제동하는 법
③ 단상 상태로 기동할 때 일어나는 현상
④ 고정자와 회전자의 상수가 일치하지 않을 때 일어나는 현상

해설
전동기 제동법
역상 제동 (역전 제동, 플러깅)은 전원 3상 중 2상을 교체하여 역상으로 회전시켜 역 토크를 발생 시켜 급제동 시키는 방식으로 3상유도 전동기에서 사용된다.

★★☆☆☆
21 전동기를 발전기로 작용시켜 그 출력을 저항으로 소모시키는 제동법은?

① 발전 제동
② 회생 제동
③ 역상 제동
④ 와류 제동

[정답] 14 ① 15 ② 16 ③ 17 ③ 18 ④ 19 ③ 20 ② 21 ①

해설

전동기 제동법
발전 제동 : 전동기의 전기자 전원을 끊고 전동기를 발전기로 전환하여 발생 전력을 단자에 접속된 저항에서 열로 소비하여 제동

★★★★☆

22 전동기를 발전기로 운전시키고 그 유도 전압을 전원 전압보다 높게 하여 발생전력을 전원에 반환하는 방식의 제동은?

① 맴돌이 제동 ② 역전 제동
③ 회생 제동 ④ 발전 제동

해설

전동기 제동법
회생 제동은 전동기에 전원을 접속한 상태에서 전동기를 발전기로 전환하여 역기전력을 전원전압보다 높게 발생된 전력을 전원 측에 반환하면서 제동

★★★☆☆

23 기중기 등으로 물건을 내릴 때 또는 전차가 언덕을 내려가는 경우 전동기가 갖는 운동에너지를 전기 에너지로 변화하고, 이것을 전원에 반환하면서 속도를 점차로 감속시키는 제동법은?

① 발전 제동 ② 회생 제동
③ 역상 제동 ④ 와류 제동

해설

전동기 제동법
문제 22번 해설 참조

★★★☆☆

24 직류 전동기의 속도 제어법에서 정출력 제어에 속하는 것은?

① 전압 제어법 ② 계자 제어법
③ 워드레오나드 제어법 ④ 전기자 저항 제어법

해설

속도제어 및 전동기 용량
계자제어 : 계자회로에 저항을 넣어 계자전류를 제어하는 방법으로 세밀하고 안정된 제어 즉 정출력 제어가 가능하다.

★★★☆☆

25 일그너(Ilgner) 장치의 속도 특성과 사용처는?

① 정속도 소용량 탈곡기
② 고속도 소용량 압연기
③ 가변 속도 중용량 크레인
④ 가변 속도 대용량 제관기

해설

속도제어 및 전동기 용량
일그너 방식은 워드레오나드 방식에 플라이휠을 장치한 방식으로 부하 변동이 심한 제철용 압연기, 가변속도 대용량 제관기에 적합하다.

★★★☆☆

26 제철용 압연기에 쓰이는 전동기의 속도 제어 방식은?

① 일그너 방식 ② 극수 변환 방식
③ 여자 제어 방식 ④ 워드 레오나드 방식

해설

속도제어 및 전동기 용량
문제 25번 해설 참조

★★★☆☆

27 플라이휠을 이용한 전동기의 운전 방식은?

① 크래머 방식 ② 세르비어스 방식
③ 부스터 방식 ④ 일그너 방식

해설

속도제어 및 전동기 용량
문제 25번 해설 참조

★★★☆☆

28 플라이휠의 사용 목적에 관계가 없는 것은?

① 첨두 부하값이 감소한다.
② 최대 토크가 작아진다.
③ 전류의 동요가 감소한다.
④ 효율이 좋아진다.

해설

속도제어 및 전동기 용량
플라이휠의 사용 목적은 첨두부하 값이 감소하고 최대토크가 작아지며 전류의 동요가 감소한다.

[정답] 22 ③ 23 ② 24 ② 25 ④ 26 ① 27 ④ 28 ④

29 계자자속을 일정히 하고 전기자 회로에 직렬로 가변 저항을 접속하여 전기자에 걸리는 전압을 변화시켜 속도를 제어하는 방법으로 속도를 정격속도보다 낮은 범위에서 제어하는 데에 사용하는 제어법은?

① 저항 제어법 ② 계자 제어법
③ 전압 제어법 ④ 기동 제어법

해설
속도제어 및 전동기 용량
저항 제어는 계자 자속을 일정하게 하고 전기자회로에 가변저항을 접속하여 전기자에 걸리는 전압을 제어하는 방법으로 저항에 의한 전력손실이 크고 효율이 나쁘다.

30 다음 중 직류 전동기의 속도 제어에 사용되지 않는 것은?

① 전압 제어 ② 전류 제어
③ 저항 제어 ④ 계자 제어

해설
속도제어 및 전동기 용량직류 전동기의 속도제어법은 저항제어, 계자제어, 전압제어 이다.

31 계자 전류를 일정하게 하고, 전기자에 인가하는 전압을 변화시켜 속도를 제어하는 방법으로 타여자 전동기의 속도제어에 주로 쓰이는 제어는?

① 전압 제어 ② 저항 제어
③ 계자 제어 ④ 전류 제어

해설
속도제어 및 전동기 용량
전압 제어는 계자전류를 일정하게 하고 전기자에 인가하는 전압을 변화시켜 속도를 제어하는 방식으로 주로 타여자 전동기의 속도제어에 주로 쓰이며 전동기의 단자 전압을 조정하는 방법으로 효율이 좋고 광범위한 속도 제어가 가능하다.

32 직류 직권 전동기의 속도 제어에 사용되는 기기는?

① 듀얼 컨버터 ② 사이클로 컨버터
③ 초퍼 ④ 인버터

해설
속도제어 및 전동기 용량
직류직권전동기의 속도 제어법은 직병렬 제어 법을 주로 사용하나 보기에는 없으므로 직류 전기 철도에 사용되는 전동기는 직류 직권 전동기 이므로 초퍼 제어 법을 사용한다.

33 기동, 정지가 빈번한 경우에 적당한 전동기는?

① 권선형 유도 전동기 ② 특수 농형 유도 전동기
③ 보통 농형 유도 전동기 ④ 동기 전동기

해설
속도제어 및 전동기 용량
특수 농형 유도 전동기는 기동 정지가 빈번한 경우에 적당한 전동기이며 기동 특성을 개선하는 것으로서 전동기로 전 전압 기동을 해도 표피 효과 때문에 기동 전류가 억제되고 기동 토크가 큰 특성이 있는 전동기이다.

34 선박의 전기 추진기에 많이 사용되는 속도 제어 방식은?

① 극수 변환 제어 방식 ② 전원 주파수 제어 방식
③ 2차 저항 제어 방식 ④ 크레머 제어 방식

해설
속도제어 및 전동기 용량
주파수 제어 방식은 유도 전동기의 동기속도 근처에서 부하 토크와 평행되어 안정도가 높고 속도 변동이 낮으며 연속변화가 가능한 제어 법으로 인견공업의 포트 모터, 선박의 전기 추진기에 사용.

35 유도 전동기를 속도 제어하는데 있어, 동기 속도 근처에서 부하 토크와 평행되어 안정도가 높고 속도 변동이 낮으며 연속 변화가 가능한 제어법은?

① 주파수 제어법 ② 극수 제어
③ 전압 제어법 ④ 저항 제어법

[정답] 29 ① 30 ② 31 ① 32 ③ 33 ② 34 ② 35 ①

해설

속도제어 및 전동기 용량

문제 34번 해설 참조

★★★☆☆

36 엘리베이터에 사용되는 전동기의 특징이 아닌 것은?

① 가속도의 변화비율이 일정값이 되도록 선택한다.
② 회전부분의 관성 모멘트는 적어야 한다.
③ 소음이 적어야 한다.
④ 기동 토크가 적어야 한다.

해설

속도제어 및 전동기 용량

엘리베이터용 전동기는 기동토크가 큰 3상 유도 전동기가 사용되며 특징은 다음과 같다.
① 회전부분의 관성 모멘트는 적어야 한다.(기동정지가 빈번)
② 가속도의 변화비율이 일정값이 되도록 선택(가속감속시)한다.
③ 기동 토크가 커야 한다.
④ 소음이 적어야 한다.

★★★★☆

37 엘리베이터에 사용되는 전동기 종류는?

① 직류 직권 전동기   ② 동기 전동기
③ 단상 유도 전동기   ④ 3상 유도 전동기

해설

속도제어 및 전동기 용량

문제 36번 해설 참조

★★★☆☆

38 전동기에 진동이 생기는 원인에 해당 되지 않는 것은?

① 회전자의 정적 및 동적 불평형
② 베어링의 불형형
③ 회전자 철심의 자기적 성질의 불균등
④ 고조파 자계에 의한 동력의 평형

해설

속도제어 및 전동기 용량

고조파 자계에 의한 것은 자기적 불평형 때문이다.

★★☆☆☆

39 저전압 대전류의 직류기, 교류기의 슬립링에 가장 적합한 브러시 재료는?

① 흑연   ② 탄소흑연
③ 금속흑연   ④ 전기흑연

해설

저전압 대전류 발전기는 전기분해에 적당하기 때문에 브러시 자체의 전압 강하가 작은 것이 금속흑연이 좋다.

★★★☆☆

40 양수량 매분 5[m³/min], 총양정 6[m]를 양수하는데 필요한 구동용 전동기의 출력 P[kW]은 약 얼마인가? (단, 펌프 효율 70[%], 여유 계수 K는 1.1이다.)

① 5.4   ② 7.7
③ 47   ④ 52

해설

속도제어 및 전동기 용량

펌프용(양수펌프) 전동기 $P = \dfrac{9.8KqH}{\eta} = \dfrac{KQH}{6.12\eta}$ [kW]

분당 양수량을 주었으므로

$P = \dfrac{KQH}{6.12\eta} = \dfrac{1.1 \times 5 \times 6}{6.12 \times 0.7} = 7.703 ≒ 7.7$ [kW]

여기서, K : 여유계수(손실계수), H[m] : 양정, q[m³/sec] : 양수량, η : 효율, Q[m³/min] : 양수량

★★★★☆

41 높이 10[m]인 곳에 있는 용량 100[m³]의 수조를 만수 시키는데 필요한 전력량은 몇 [kWh]인가? (단, 전동기 및 펌프의 종합 효율은 80[%], 전손실 수두는 2[m]로 한다.)

① 약 8.2   ② 약 2.4
③ 약 3.2   ④ 약 4.1

해설

속도제어 및 전동기 용량

펌프용(양수펌프) 전동기 $P = \dfrac{9.8KqH}{\eta} = \dfrac{KQH}{6.12\eta}$ [kW]을 이용

여기서, K : 여유계수(손실계수), H[m] : 양정, q[m³/sec] : 양수량, η : 효율, Q[m³/min] : 양수량

[정답] 36 ④ 37 ④ 38 ④ 39 ③ 40 ② 41 ④

$$W = \frac{KQH}{6.12\eta} \times \frac{1}{60}$$
$$= \frac{1 \times 100 \times (10+2)}{6.12 \times 0.8} \times \frac{1}{60}$$
$$\fallingdotseq 4.1 \,[\text{kW}]$$

★★★★☆

42 권상 하중이 $100\,[\text{t}]$이며, $1.5\,[\text{m/min}]$의 속도로 물체를 들어올리는 권상기용 전동기의 용량은 약 몇 $[\text{kW}]$인가? (단, 전동기를 포함한 기중기의 총 효율은 $70\,[\%]$이다.)

① 50 ② 40
③ 35 ④ 30

🔍 **해설**

속도제어 및 전동기 용량

기중기 및 권상기용 전동기 $P = \frac{9.8KvH}{\eta} = \frac{KVW}{6.12\eta}\,[\text{kW}]$를 이용

분당 속도이며 여유계수는 조건에 주지 않았으므로 $K=1$

$P = \frac{KVW}{6.12\eta} = \frac{1 \times 1.5 \times 100}{6.12 \times 0.7} = 35.014 \fallingdotseq 35\,[\text{kW}]$

여기서, K : 여유계수(손실계수), $W[\text{ton}]$: 중량(하중)
$v[\text{m/sec}]$: 권상속도, η : 효율, $V[\text{m/min}]$: 권상속도

★★☆☆☆

43 화학 공장 등 산·알칼리 또는 유해 가스가 존재하는 장소에 가장 적합한 전동기는?

① 방적형 전동기 ② 방수형 전동기
③ 방부형 전동기 ④ 방진형 전동기

🔍 **해설**

전동기 형식
① 방수형 : 물이 침입할수 없는 구조
② 수중형 : 수중에서 지정 수압에 지정시간동안 연속사용해도 지장이 없는 구조
③ 방식형(방부형) : 부식성 산 알카리 또는 부식성 가스가 존재하는 장소에 시용
④ 방폭형 : 폭발성 가스가 존재하는 곳
⑤ 방적형 : 낙수 또는 이물질이 직접 전동기 내부에 침입할수 없는 구조
⑥ 내산형 : 염분이 많은 지역

★★★☆☆

44 전동기의 절연 종별에서 일반적으로 저압 전동기는 E종, 고압전동기는 B종을 채택하는데 B종 절연의 허용 최고 온도$[\,^\circ\text{C}]$는?

① $90\,[\,^\circ\text{C}]$ ② $130\,[\,^\circ\text{C}]$
③ $120\,[\,^\circ\text{C}]$ ④ $155\,[\,^\circ\text{C}]$

🔍 **해설**

전동기 절연물의 허용온도

절연의 종류	Y	A	E	B	F	H	C
허용최고온도[°C]	90	105	120	130	155	180	180초과

★★★☆☆

45 전기기기의 절연 종류에 따른 최고 허용 온도를 나타낸 것중 맞는 것은?

① A종 − $155\,[\,^\circ\text{C}]$ ② E종 − $130\,[\,^\circ\text{C}]$
③ B종 − $120\,[\,^\circ\text{C}]$ ④ Y종 − $90\,[\,^\circ\text{C}]$

🔍 **해설**

문제 44번 해설 참조

★★★☆☆

46 최고 사용 온도는 $180\,[\,^\circ\text{C}]$이며, 운모, 석면, 유리 섬유 등의 재료를 규소 수지 등, 특히 내열성이 우수한 접착 재료와 같이 구성한 종류는?

① H종 ② Y종
③ F종 ④ B종

🔍 **해설**

문제 44번 해설 참조

★★★☆☆

47 절연의 종류가 아닌 것은?

① D종 ② A종
③ B종 ④ H종

🔍 **해설**

문제 44번 해설 참조

[정답] 42 ③ 43 ③ 44 ② 45 ④ 46 ① 47 ①

Chapter 07 자동제어

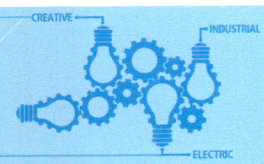

출제경향분석

제7장 자동제어에 대한 이론 및 계산법을 다루었으며 시험에 자주 출제가 되는 내용은 다음과 같다.
① 자동제어계의 종류와 구성
② 자동제어계의 분류
③ 전달함수
④ 자동제어계의 변환 요소

1 자동제어계의 종류와 구성

1. 자동제어계의 종류

1) 개루프 제어계(open loop control system)

가장 간단한 장치로서 제어동작이 출력과 관계없이 신호의 통로가 열려 있는 제어계로서 미리 정해진 순서에 따라서 각 단계가 순차적으로 진행되므로 시퀀스 제어(sequential control)라고도 한다.

① 개루우프 제어계의 특징
 ⓐ 제어시스템이 가장 간단하며, 설치비가 저렴하다.
 ⓑ 오차가 많이 생길 수 있으며 오차를 교정 할 수가 없다.

2) 폐루프 제어계(closed loop control system)

출력값을 입력방향으로 피드백시켜 일정한 목표값과 비교·검토하여 오차를 자동적으로 정정하게 하는 제어계로서 피드백 제어(feedback control)라고도 하며 입력과 출력을 비교하는 장치가 필수적이다.

① 피드백 제어계의 특징
 ⓐ 정확성이 증가된다.
 ⓑ 대역폭이 증가한다.
 ⓒ 외부 조건의 변화에 대한 영향을 줄일 수 있다.
 ⓓ 제어계가 복잡해지며 제어기의 값이 비싸진다.
 ⓔ 계의 특성 변화에 대한 입력 대 출력비의 감도 감소된다.

FAQ

열린 루프 제어와 시퀀스 제어란 무엇인가요?

답

▶ 개루프 제어계(open loop control system)와 열린 루프 제어 같습니다.
시퀀스 제어는 미리 정해 놓은 순서 또는 일정한 논리에 의하여 정해진 순서에 따라 제어의 각 단계를 순서적으로 진행하는 제어이며 대표적으로 커피 자판기가 시퀀스제어에 해당 됩니다.

참고

연속 데이터 제어계

제어량의 연속적인 측정, 설정값와 연속적 비교, 그 결과에 다른 정정 동작이 연속적으로 이루어지는 계를 연속 데이터 제어계라하며 릴레이형 제어계는 on-off 제어이다.

2. 피드백 제어계의 구성

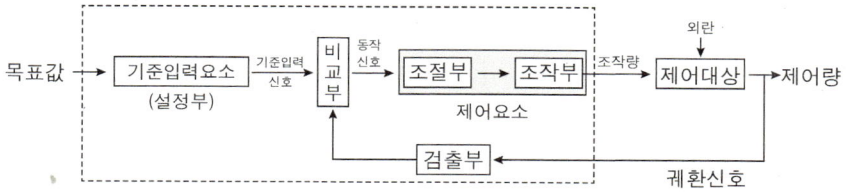

1) **목표값(입력)** : 제어계의 설정되는 값으로서 제어계에 가해지는 입력

2) **기준입력요소** : 목표값을 제어할 수 있는 신호로 바꾸어주는 장치로서 제어계의 설정부를 의미

3) **동작신호** : 목표값과 제어량 사이에서 나타나는 편차 값으로서 제어 요소의 입력신호

4) **제어요소** : 조절부와 조작부로 구성되어 있으며 동작신호를 조작량으로 변환하는 장치

5) **조작량** : 제어장치 또는 제어요소의 출력이면서 제어대상의 입력인 신호

6) **제어대상** : 제어기구로서 제어장치를 제외한 나머지 부분을 의미

7) **제어량(출력)** : 제어계의 출력으로서 제어대상에서 만들어지는 값

8) **검출부** : 제어량을 검출하는 부분으로서 입력과 출력을 비교할 수 있는 비교부에 출력신호를 공급하는 장치

9) **외란** : 제어대상에 가해지는 정상적인 입력이외의 좋지 않은 외부입력으로서 편차를 유도하여 제어량의 값을 목표값에서 부터 멀어지게 하는 입력

10) **제어장치** : 기준입력요소, 제어요소, 검출부, 비교부 등과 같은 제어동작이 이루어지는 제어계 구성부분을 의미하며 제어대상은 제외

필수확인 O·X 문제
난이도 ★★☆☆☆   최근기출년도 00. 08. 17   1차 2차 3차

1. 피드백 제어계에는 입력과 출력을 비교하는 장치가 필요 없다. ……… ( )
2. 동작신호를 조작량으로 변환하는 장치를 조절부라 한다. ……… ( )

상세해설
1. (×) 피드백 제어계에는 입력과 출력을 비교하는 장치가 필요 하다.
2. (×) 동작신호를 조작량으로 변환하는 장치를 제어요소라 하며 조절부와 조작부로 구성되어 있다.

Q 포인트문제 1
출력이 입력에 전혀 영향을 주지 못하는 제어는?
① 프로그램 제어
② 되먹임 제어
③ 열린 루프제어
④ 닫힌 루프제어

A 해설
개루프 제어계(open loop control system)=열린 루프 제어
가장 간단한 장치로서 제어동작이 출력과 관계없이 신호의 통로가 열려 있는 제어계로서 미리 정해진 순서에 따라서 각 단계가 순차적으로 진행되므로 시퀀스 제어(sequential control)라고도 한다.
정답 ③

참고
① 제어량 : 제어된 제어대상의 양을 말한다.
② 조작량 : 제어를 수행하기 위하여 제어대상에 가해지는 양을 말한다.
③ 검출부 : 제어 대상으로부터 제어량 검출(열전 온도계)
④ 조작부 : 서보 전동기 기능을 말한다.
⑤ 조절부 : 동작신호를 만드는 부분을 말한다.

Q 포인트문제 2
제어계에서 동작 신호를 만드는 부분을 무엇이라고 하는가?
① 조작부   ② 검출부
③ 조절부   ④ 제어부

A 해설
제어요소는 조절부와 조작부로 구성되어 있으며 동작신호를 조작량으로 변환하는 장치이다.
이때 조절부는 동작신호를 만드는 부분을 말한다.
정답 ③

콕콕 포인트

2 자동제어계의 분류

1. 제어량에 의한 분류

1) 서보기구 제어

플랜트나 생간 공정 중의 상태량을 제어량으로 하는 제어로 제어량이 기계적 변위인 추치제어이며 제어량의 종류는 위치, 방향(방위), 자세, 각도, 거리가 있다.

2) 프로세스 제어

기계적 변위를 제어량으로 해서 목표값의 임의의 변화에 추종하도록 구성된 제어계로 물리적, 화학적 처리를 하여 목적하는 제품을 만드는 공정제어라고도 하며 제어량이 피드백 제어계로서 주로 정치제어인 경우이며 제어량의 종류는 온도, 압력, 유량, 액면(액위), 습도, 농도가 있다.

3) 자동조정 제어

제어량이 전기적, 기계적인 양인 정치 제어이며 제어량의 종류는 전압, 주파수, 장력, 속도, 회전수, 연속식 압연기가 있으며 속도 검출기의 적용으로는 회전 발전기, 주파수 검출법, 스피더 등이 있다.

2. 목표값(제어목적)에 의한 분류

1) 정치제어

목표값이 시간에 관계없이 항상 일정한 값을 제어
① 프로세스제어
② 자동 조정 제어 : 연속식 압연기

2) 추치제어

목표값의 크기나 위치가 시간에 따라 변하는 값을 제어
① 추종제어 : 추종 제어는 임의의 시간적 변화를 하는 목표값에 제어량을 추종시키는 것을 목적으로 하는 제어법으로 변화하는 물체의 위치, 각도 등의 제어에 적합하며 제어량에 의한 분류 중 서보 기구에 해당하는 값을 제어 한다. 대공포, 비행기 추적용 레이더, 유도 미사일 제어가 이에 해당된다.
② 프로그램제어 : 미리 정해진 시간적 변화에 따라 정해진 순서대로 제어 하며 무인 엘리베이터, 무인 자판기, 무인 열차, 산업용 로봇 제어가 이에 해당된다.
③ 비율제어 : 목표값이 다른 것과 일정 비율 관계를 가지고 변화하는 경우를 제어 하며 보일러 자동 연소제어가 이에 해당된다.

FAQ

서보 전동기는 무엇인가요?

답

▶서보 전동기는 서보 기구에서 주로 조작부의 역할을 하며. 관성이 작도록 하기 위해 전기자의 지름이 작으며, 큰 회전력을 얻기 위해 축방향으로 전기자의 길이를 길게 한 전동기를 말합니다.

참고

서보기구에서 유압 서보 모터나 전기 서보모터가 사용되는 이유는 조작량이 커야 하기 때문이다.

Q 포인트문제 3

자동제어에서 검출 장치로 소형 직류 발전기를 사용하였다. 이것은 다음 중 무엇을 검출하는 것인가?
① 속도   ② 온도
③ 위치   ④ 유량

A 해설

자동조정 제어는 제어량이 전기적, 기계적인 양인 정치 제어이다. 전압, 주파수, 장력, 속도, 회전수, 연속식 압연기, 속도 검출기의 적용으로는 회전 발전기, 주파수 검출법, 스피더 등이 있다.

정답 ①

3. 동작에 의한 분류

1) 연속동작에 의한 분류

① 비례동작(P제어)
off-set(잔류편차, 정상편차, 정상오차) 발생, 속응성(응답속도)이 나쁘다.

② 미분동작 (D제어)
오차가 커지는 것을 방지하며, 단독으로 사용하지 않는다.

③ 비례 미분동작(PD제어)
진동을 억제하여 속응성(응답속도)를 개선하고 오차가 변화하는 속도에 비례하여 조작량을 조절하는 동작으로 오차가 커지는 것을 미연에 방지한다. [진상보상요소]

④ 비례 적분동작(PI제어)
정상특성을 개선하여 off-set(오프셋, 잔류편차, 정상편차, 정상오차)를 제거하고 제어결과가 진동적 으로 될 수 있다. [지상보상요소]

⑤ 비례미분적분동작(PID제어)
최상의 최적제어로서 off-set를 제거하며 속응성 또한 개선하여 안정한 제어가 되도록 한다. [진·지상보상요소]

2) 불연속 동작에 의한 분류(사이클링 발생)

① ON-OFF 제어 예) 전기 냉장고
② 샘플링제어

참고

① 간헐현상 : 동작신호의 연속적인 변화에도 조작량이 일정한 시간을 두고 간헐적으로 변화하는 현상
② 잔류편차 : 비례제어에서 급격한 목표값의 변화(외란)가 있는 경우 정상상태로 되고난 후에도 제어량이 목표값과 다른 상태의 값을 잔류편차라 한다.

Q 포인트문제 4

프로세스 제어에 속하지 않는 것은?
① 위치 ② 온도
③ 압력 ④ 유량

A 해설

프로세스 제어는 물리적, 화학적 처리를 하여 목적하는 제품을 만드는 공정제어라고도 하며 제어량이 피드백 제어계로서 주로 정치제어인 경우이며 온도, 압력, 유량, 액면(액위), 습도, 농도 이에 속한다.

정답 ①

Q 포인트문제 5

제어 오차가 검출될 때 오차가 변화하는 속도에 비례하여 조작량을 가감하는 동작으로서 오차가 커지는 것을 미연에 방지하는 동작은?
① PD 동작 ② PID 동작
③ D 동작   ④ P 동작

A 해설

미분동작 (D제어) : 오차가 커지는 것을 방지하며 보통 rate 동작이라고 하며 단독으로 사용하지 않음

정답 ③

필수확인 O·X 문제 난이도 ★★☆☆☆   최근기출년도 00. 08. 17   1차 2차 3차

1. 온도, 압력, 유량, 액면등은 서어보기구 제어량이다. .... ( )
2. 미리 정해진 시간적 변화에 따라 정해진 순서대로 제어하는 것을 프로그램 제어라 한다. .... ( )

상세해설

1. (×) 온도, 압력, 유량, 액면등은 프로세서 제어량이다.
2. (○) 미리 정해진 시간적 변화에 따라 정해진 순서 대로 제어하는 것을 프로그램 제어라 하며 무인 엘리베이터, 무인 자판기, 무인 열차 등이 이에 속한다.

참고

① 나이퀴스트 선도의 특징
  ⓐ 계(시스템)의 주파수 응답에 관한 정보를 준다.
  ⓑ 계(시스템)의 안정도를 개선할 수 있는 방법을 제시한다.
  ⓒ 나이퀴스트 선도에서 오차 응답에 관한 정보를 얻을 수는 없다.
  ⓓ 루드 수열 및 훌비쯔 안정 판별법과 같이 계의 안정도의 관한 정보를 제공한다.
  ⓔ 안정성을 판정하는 동시에 안정도를 지시해 준다.

② 나이퀴스트 선도 안정도 판별법
  ⓐ 안정 : 나이퀴스트 경로에 포위되는 영역에 특성 방정식의 근이 존재하지 않는다.
  ⓑ 불안정 : 나이퀴스트 경로에 포위 되는 영역에 특성 방정식의 근이 존재한다.

③ 안정한 제어계는 이득여유, 위상여유가 0보다 크다.

Q 포인트문제 6

적분 요소의 전달 함수는?

① K ② $\dfrac{K}{1+T_S}$

③ $\dfrac{1}{T_S}$ ④ T_S

A 해설

제어요소의 전달함수
① K : 비례 요소
② $\dfrac{K}{1+T_S}$: 1차 지연 요소
③ $\dfrac{1}{T_S}$: 적분 요소
④ T_S : 미분 요소

정답 ③

4. 전달함수

1) **전달함수** : 모든 초기값을 0으로 하였을 때 출력신호의 라플라스 변환과 입력신호의 라플라스 변환의 비를 말한다.

2) **단위 피드백 회로의 전달함수**

$$G(s) = \frac{C(s)\text{입력}}{R(s)\text{출력}} = \frac{\text{전향경로}}{1-\text{피드백}}$$

3) **제어요소의 전달함수**

① K : 비례 요소 ② $\dfrac{K}{1+T_S}$: 1차 지연 요소

③ $\dfrac{1}{T_S}$: 적분 요소 ④ T_S : 미분 요소

5. 자동제어계의 응답

1) **과도응답** : 어떤 제어계에 입력 신호를 가하고 난 후 출력 신호가 정상 상태에 도달할 때까지의 응답을 과도응답이라 한다.

2) **정상응답** : 정상응답 오차는 자동 제어계의 정확도를 표시하는 지표인 것으로서 정상 응답 특성은 시험 입력에 대한 정상 오차의 값을 측정하여 판단하는데 과도응답 그 후의 응답을 정상응답으로 구분한다.

3) **임펄스 응답(하중함수)** : 입력과 출력을 알면 임펄스 응답을 알 수 있다. 그러나 회로 소자의 값만으로는 응답특성을 구 할 수 없다.

4) **주파수 응답** : 전달함수가 $G(s)$인 요소에 주파수가 ω인 정현파 입력을 가하였을 때의 출력의 크기와 위상차는 $|G(j\omega)|$, $\angle G(j\omega)$로 결정되며 $G(j\omega)$를 주파수 전달 함수 또는 주파수 응답이라고 한다.

5) **오버슈트** : 과도 응답 중에 생기는 입력과 출력사이의 최대 편차량을 말한다.

6. 자동제어계의 변환 요소

변화량	변환 요소
압력 ➡ 변위	벨로스, 다이어프램, 스프링
변위 ➡ 압력	노즐 플래퍼, 유압 분사관, 스프링
온도 ➡ 임피던스	측온저항(열선, 서미스터, 백금, 니켈)
온도 ➡ 전압	열전대
변위 ➡ 임피던스	가변저항기, 저항스프링
변위 ➡ 전압	포텐셔미터, 차동변압기, 전위차계
전압 ➡ 변위	전자석, 전자코일

Chapter 07 자동제어 출제예상문제

- 우선순위 논점은 전기공사(산업)기사 시험에서 가장 출제 빈도가 높은 문제로써, 수험생분들께서는 각 파트별 우선순위 문제의 논점과 키워드를 학습하시기를 바랍니다.
- 체크 리스트를 작성하시면서 문제의 유형과 학습의 완성도를 스스로 체크 해 보시기를 바랍니다.
- "선생님의 콕콕 포인트"는 틀리기 쉬운 문제의 함정과 문제의 포인트를 집어드립니다. 우선순위 문제풀이의 포인트를 꼭 참고하고 응용문제의 해결능력을 길러 줍니다.

| 번호 | 우선순위 논점 | KEY WORD | 나의 정답 확인 | | | | 선생님의 콕콕 포인트 |
| | | | 맞음 | 틀림(오답확인) | | | |
				이해 부족	암기 부족	착오 실수	
6	자동제어계의 분류	피드백제어, 물체의 위치, 방위, 자세, 기계적 변위					자동제어의 분류를 정확히 암기할 것
7	자동제어계의 분류	제어량 분류					제어량의 종류에 의한 분류와 목표값의 시간적 성질에 의한 분류를 구분할 것
11	자동제어계의 분류	목표치, 시간적 변화, 제어량 추종					자동제어의 분류를 정확히 암기할 것
14	자동제어계의 분류	압연기용 전동기, 자동제어					자동제어의 분류를 정확히 암기할 것
20	전달함수	블록선도, 전달함수					단위 피드백 회로의 전달함수 계산 공식을 암기 할 것
23	나이퀴스트 선도	나이퀴스트, 안정도					나이퀴스트 안정도 판별법을 암기 할 것

★★☆☆☆

01 제어계의 각 부에 전달되는 모든 신호가 시간의 연속함수인 궤환 제어계는?

① 연속 데이터 제어계　② 릴레이형 제어계
③ 간헐형 제어계　　　④ 개회로 제어계

🔎 **해설**
자동제어계의 종류
제어량의 연속적인 측정, 설정값과 연속적 비교, 그 결과에 다른 정정 동작이 연속적으로 이루어지는 계를 연속 데이터 제어계라하며 릴레이형 제어계는 on-off 제어이다.

★★★☆☆

02 피드백 제어계에서 가장 중요한 장치는?

① 응답속도를 빠르게 하는 장치
② 안정도를 좋게 하는 장치
③ 입·출력 비교하는 장치
④ 고주파 발생장치

🔎 **해설**
자동제어계의 종류
폐루프 제어계(closed loop control system)라고 하며 출력값을 입력방향으로 피드백 시켜 일정한 목표값과 비교·검토하여 오차를 자동적으로 정정하게 하는 제어로서 피드백 제어(feedback control)라고도 하며 입력과 출력을 비교하는 장치가 필수적이다.

★★★☆☆

03 제어 대상을 제어하기 위하여 입력에 가하는 양을 무엇이라 하는가?

① 변환부　② 목표값
③ 외란　　④ 조작량

🔎 **해설**
피드백 제어계의 구성
조작량은 제어장치 또는 제어요소의 출력이면서 제어대상의 입력인 신호이다.

[정답]　01 ①　02 ③　03 ④

★★★☆☆

04 서보 전동기(servo motor)는 서보기구에서 주로 어느 부분의 기능을 말하는가?

① 검출부　　　② 제어부
③ 비교부　　　④ 조작부

🔍 **해설**

자동제어계의 분류
서보 전동기는 서보 기구에서 주로 조작부의 역할을 한다.

★★★☆☆

05 서보기구에 유압 서보 모터나 전기 서보 모터가 사용되는 가장 큰 이유는?

① 편차가 적으므로
② 회전력이 커야 하므로
③ 정확도가 있어야 하므로
④ 조작량이 커야 하므로

🔍 **해설**

자동제어계의 분류
서보기구에서 유압 서보 모터나 전기 서보모터가 사용되는 이유는 조작량이 커야 하기 때문이다.

★★★★☆

06 피드백 제어 중 물체의 위치, 방위, 자세 등의 기계적 변위를 제어량으로 하는 것은?

① 서보 기구　　　② 프로세스 제어
③ 자동 조정　　　④ 프로그램 제어

🔍 **해설**

자동제어계의 분류
서보기구 제어 : 플랜트나 생간 공정 중의 상태량을 제어량으로 하는 제어로 제어량이 기계적 변위인 추치제어이며 제어량의 종류는 위치, 방향(방위), 자세, 각도, 거리가 있다.

★★★★☆

07 자동제어 분류에서 제어량에 의한 분류가 아닌 것은?

① 추종제어　　　② 자동조정
③ 프로세스제어　　　④ 서보기구

🔍 **해설**

자동제어계의 분류
① 제어량의 종류에 의한 분류
　ⓐ 프로세스 제어
　ⓑ 서보 제어
　ⓒ 자동조정제어
② 목표값의 시간적 성질에 의한 분류
　ⓐ 정치 제어
　ⓑ 추치 제어

★★★☆☆

08 다음 중 자동 조정에 속하지 않는 제어량은?

① 속도(회전수)　　　② 방위
③ 전압　　　④ 주파수

🔍 **해설**

자동제어계의 분류
자동조정 제어
제어량이 전기적, 기계적인 양인 정치 제어이며 제어량의 종류는 전압, 주파수, 장력, 속도, 회전수, 연속식 압연기가 있으며 속도 검출기의 적용으로는 회전 발전기, 주파수 검출법, 스피더 등이 있다.

★★★★☆

09 피드백 제어 중 물체의 위치, 방위, 자세 등에 관계되는 제어는?

① 프로세스 제어　　　② 자동조정
③ 서어보 기구　　　④ 피드백 제어

🔍 **해설**

자동제어계의 분류
서보기구 제어
플랜트나 생간 공정 중의 상태량을 제어량으로 하는 제어로 제어량이 기계적 변위인 추치제어이며 제어량의 종류는 위치, 방향(방위), 자세, 각도, 거리가 있다.

★★★★☆

10 물체의 위치, 각도 등을 제어하는 서보기구는 주로 어떤 제어법을 쓰는가?

① 프로그램 제어　　　② 추종 제어
③ 정치 제어　　　④ 비율 제어

[정답] 04 ④　05 ④　06 ①　07 ①　08 ②　09 ③　10 ②

> **해설**

자동제어계의 분류
추종 제어는 임의의 시간적 변화를 하는 목표값에 제어량을 추종시키는 것을 목적으로 하는 제어법으로 변화하는 물체의 위치, 각도 등의 제어에 적합하며 제어량에 의한 분류 중 서보 기구에 해당하는 값을 제어 한다. 대공포, 비행기 추적용 레이더, 유도 미사일 제어가 이에 해당된다.

★★★★☆
11 목표치가 미리 정해진 시간적 변화를 하는 경우 제어량을 그것에 추종시키기 위한 제어는?

① 프로그래밍 제어   ② 정치 제어
③ 추종 제어   ④ 비율 제어

> **해설**

자동제어계의 분류
프로그램제어는 미리 정해진 시간적 변화에 따라 정해진 순서대로 제어 하며 무인 엘리베이터, 무인 자판기, 무인 열차, 산업용 로봇 제어가 이에 해당된다.

★★★☆☆
12 산업용 로봇의 무인 운전을 하기 위해서 필요한 제어는?

① 추종 제어   ② 프로그램 제어
③ 비율 제어   ④ 정치 제어

> **해설**

자동제어계의 분류
문제 11번 해설 참조

★★★☆☆
13 무인 엘리베이터의 자동 제어는?

① 정치 제어   ② 추종 제어
③ 프로그래밍 제어   ④ 비율 제어

> **해설**

자동제어계의 분류
문제 11번 해설 참조

★★★★☆
14 연속적 압연기용의 전동기의 자동제어는?

① 정치 제어   ② 추종 제어
③ 프로그래밍 제어   ④ 비례 제어

> **해설**

자동제어계의 분류
압연기는 일정한 두께의 철판을 생산하는 기기이므로 일정한 목표값을 유지해야 하는 제어 방식으로 정치 제어가 되어야 한다.

★★★☆☆
15 자동 제어의 추치 제어에 속하지 않는 것은?

① 추종 제어   ② 프로세스 제어
③ 프로그램 제어   ④ 비율 제어

> **해설**

자동제어계의 분류
목표값(제어목적)에 의한 분류
① 정치제어 : 목표값이 시간에 관계없이 항상 일정한 값을 제어
  ⓐ 프로세스제어
  ⓑ 자동 조정 제어
② 추치제어 : 목표값의 크기나 위치가 시간에 따라 변하는 값을 제어
  ⓐ 추종제어
  ⓑ 프로그램제어
  ⓒ 비율제어

★★★☆☆
16 무인 커피 판매기는 무슨 제어인가?

① 프로세스 제어   ② 서보 제어
③ 자동 조정   ④ 시퀀스 제어

> **해설**

자동제어계의 분류
시퀀스 제어는 미리 정해 놓은 순서 또는 일정한 논리에 의하여 정해진 순서에 따라 제어의 각 단계를 순서적으로 진행하는 제어이며 대표적으로 커피 자판기가 시퀀스제어에 해당 됩니다.

[정답] 11 ①   12 ②   13 ③   14 ①   15 ②   16 ④

17 rate 동작이라고도 하며 제어 오차가 검출될 때 오차가 변화하는 속도에 비례하여 조작량을 가감하도록 하는 동작은?

① 미분 동작
② 비례 적분 동작
③ 적분 동작
④ 비례 동작

해설
자동제어계의 분류
미분동작(D제어)는 오차가 커지는 것을 방지하며 보통 rate 동작이라고 하며 단독으로 사용하지 않음

18 전달 함수의 정의는?

① 출력 신호가 입력 신호의 곱이다.
② 모든 초기값을 0으로 한다.
③ 모든 초기값을 고려한다.
④ 모든 초기값이 ∞일 때의 입력과 출력의 비이다.

해설
자동제어계의 분류
전달함수란 모든 초기값을 0으로 하였을 때 출력신호의 라플라스 변환과 입력신호의 라플라스 변환의 비를 말한다.

19 $G(s) = \dfrac{s+3}{s^2+5s+4}$의 특성근은?

① 0
② -3
③ 4, 1, 3
④ -1, -4

해설
전달함수
이득 정수 $K=0$일 때 특성 방정식은 $s^2+5s+4=0$이고 $(s+1)(s+4)=0$이므로 $s=-1, -4$이다.

20 그림과 같은 블록 선도에서 종합 전달 함수 C/R는?

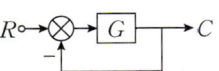

① $\dfrac{G}{1+G}$
② $\dfrac{G}{1-G}$
③ $1+G$
④ $1-G$

해설
전달함수
단위 피드백 회로의 전달함수
$G(s) = \dfrac{C(s)입력}{R(s)출력} = \dfrac{\sum 전향경로}{1-\sum 피드백} = \dfrac{G}{1-(-G)} = \dfrac{G}{1+G}$

21 그림과 같은 신호 흐름도에서 $\dfrac{C}{R}$는 얼마인가?

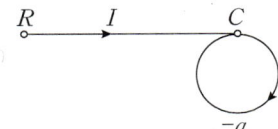

① $\dfrac{1}{1-a}$
② $\dfrac{1}{1+a}$
③ $-\dfrac{1}{a}$
④ $\dfrac{1}{a}$

해설
전달함수
단위 피드백 회로의 전달함수
$G(s) = \dfrac{C(s)입력}{R(s)출력} = \dfrac{\sum 전향경로}{1-\sum 피드백} = \dfrac{1}{1-(-a)} = \dfrac{1}{1+a}$

22 정현파 입력에 대한 응답을 무엇이라 하는가?

① 인디셜 응답
② 주파수 응답
③ 전동기 응답
④ 발전기 응답

해설
자동제어계의 응답

[정답] 17 ① 18 ② 19 ④ 20 ① 21 ② 22 ②

주파수 응답 : 전달함수가 $G(s)$인 요소에 주파수가 ω인 정현파 입력을 가하였을 때의 출력의 크기와 위상차는 $|G(j\omega)|$, $\angle G(j\omega)$로 결정되며 $G(j\omega)$를 주파수 전달 함수 또는 주파수 응답이라고 한다.

23 자동 제어계의 안정도 해석에서 나이퀴스트 판별법에 해당되지 않는 것은?

① 계의 주파수 응답에 관한 정보를 준다.
② 계의 안정을 개선하는 방법에 대한 정보를 준다.
③ 절대 안정도에 대한 정보를 주며 상대 안정도에 대한 정보는 주지 않는다.
④ 안정성을 판정하는 동시에 안정도를 지시해 준다.

🔍 **해설**

자동제어계의 응답
① 나이퀴스트 선도의 특징
 ⓐ 계(시스템)의 주파수 응답에 관한 정보를 준다.
 ⓑ 계(시스템)의 안정도를 개선할 수 있는 방법을 제시한다.
 ⓒ 나이퀴스트 선도에서 오차 응답에 관한 정보를 얻을 수는 없다.
 ⓓ 루두 수열 및 훌비쯔 안정 판별법과 같이 계의 안정도의 관한 정보를 제공한다.
 ⓔ 안정성을 판정하는 동시에 안정도를 지시해 준다.
② 나이퀴스트 선도 안정도 판별법
 ⓐ 안정 : 나이퀴스트 경로에 포위 되는 영역에 특성 방정식의 근이 존재 하지 않는다.
 ⓑ 불안정 : 나이퀴스트 경로에 포위 되는 영역에 특성 방정식의 근이 존재한다.
③ 안정한 제어계는 이득여유, 위상여유가 0보다 크다.

24 어떤 제어계에서 위상 여유(phase margin) ϕ_m이 $\phi_m > 0$의 관계를 만족할 때는 어떤 상태인가?

① 안정
② 저속 진동
③ 불안정
④ 불규칙 진동

🔍 **해설**

자동제어계의 응답
위상여유를 $|G(j\omega)H(j\omega)|$가 1일 때 위상이 180°에 가까워지는 여유를 말한다.
계의 상대 안정도를 나타내며 $\phi_m > 0$일 때 안정 상태를 말하고 안정한 제어계는 이득여유, 위상여유가 0보다 크다.

25 다음 중에서 변위 → 전압 변환 장치는?

① 벨로즈
② 노즐플래퍼
③ 가변 저항 스프링
④ 차동 변압기

🔍 **해설**

자동제어계의 변환요소

변화량	변환요소
압력 → 변위	벨로스, 다이어프램, 스프링
변위 → 압력	노즐 플래퍼, 유압 분사관, 스프링
온도 → 임피던스	측온저항(열선, 서미스터, 백금, 니켈)
온도 → 전압	열전대
변위 → 임피던스	가변저항기, 저항스프링
변위 → 전압	포텐셔미터, 차동변압기, 전위차계
전압 → 변위	전자석, 전자코일

26 다음 소자 중 온도차를 전압값으로 변환시키는 장치는?

① 열전대
② 벨로우즈
③ 전자석
④ 광전 다이오드

🔍 **해설**

자동제어계의 변환요소
문제 25번 해설과 동일

[정답] 23 ③ 24 ① 25 ④ 26 ①

ELECTRICITY

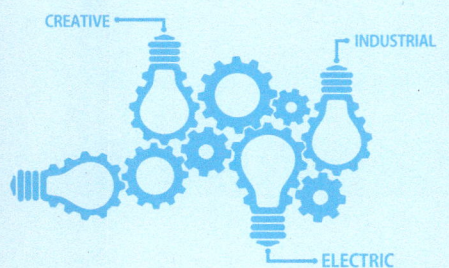

Chapter

02

공사재료

1장   전선 및 케이블
2장   배선재료와 공구
3장   배관·배선 공사
4장   가공인입선 및 배전선 공사
5장   고압 및 저압 배전선 공사
6장   피뢰설비 및 접지공사
7장   기타 공사 재료

Chapter 01 전선 및 케이블

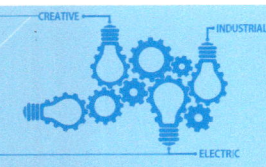

출제경향분석

제1장 전선 및 케이블에서 시험에 자주 출제가 되는 내용은 다음과 같다.
❶ 전선 및 케이블 ❷ 전선의 접속

1 전선 및 케이블

1. 전선 및 케이블

1) 전선의 굵기 결정
① 허용전류 ② 전압강하
③ 기계적 강도

2) 전선의 구비 조건
① 비중이 작을 것 ② 도전율이 크고 고유저항이 작을 것
③ 가요성이 풍부하고 가설하기 용이할 것 ④ 기계적 강도 및 인장 강도가 클 것
⑤ 내구성과 내 부식성이 있을 것 ⑥ 경제적일 것

2. 전선 구분 및 약호

1) 단선 및 연선의 구분
(1) 단선 : 전선의 직경으로 표시하며 0.1~12[mm]까지 42종
(2) 연선 : 전선의 단면적으로 표시하며 0.9 ~ 1000[mm²]까지 26종
   ① 단층[1층] : 최소 가닥수가 7개 ② 2층 : 최소 가닥수가 19개
   ③ 3층 : 최소 가닥수가 37개 ④ 4층 : 최소 가닥수가 61개
   ⑤ 연선 계산식
   - $N = 3n(n+1) + 1$ [가닥]
   - $D = (2n+1)d$ [mm]
   - $A = \pi r^2 = \dfrac{\pi}{4} d^2 N = \dfrac{\pi D^2}{4}$ [mm²]

   여기서, N : 전체 소선수, n : 층수, D[mm] : 연선의 지름,
   r[mm] : 연선의 반지름, d[mm] : 소선의 지름, A[mm²] : 연선의 단면적

2) 절연전선약호

ACSR	강심 알루미늄 연선
ACSR-OC	옥외용 강심 알루미늄도체 가교 폴리에틸렌 절연전선
AL-OC	옥외용 알루미늄 도체 가교 폴리에틸렌 절연전선
EE	폴리에틸렌절연 폴리에틸렌시스 케이블
EV	폴리에틸렌절연 비닐시스 케이블 (내연성이 좋지 못하다)
FL	형광방전등용 비닐 절연 전선(1,000 [VFL] : 1,000 [V] 형광 방전등 전선)
GV	접지용 비닐절연전선
H-AL	경 알루미늄선
NR	450/750 [V] 일반용 단심 비닐절연전선
NF	450/750 [V] 일반용 유연성 단심 비닐절연전선
NRI(온도)	300/500 [V] 기기 배선용 단심 비닐절연전선 (70 [°C], 90 [°C])
NFI(온도)	300/500 [V] 기기 배선용 유연성 단심 비닐절연전선 (70 [°C], 90 [°C])
NEV	폴리에틸렌 절연 비닐시스 네온전선
OC	옥외용 가교 폴리에틸렌 절연전선
OE	옥외용 폴리에틸렌 절연전선
OW	옥외용 비닐 절연전선(연동선에 염화비닐을 피복, 저압가공 배전선로용전선)
PDB	고압 인하용 부틸 고무 절연전선
PDC	6/10 [kV] 고압 인하용 가교 폴리에틸렌 절연전선
DV	600 [V] 이하 인입용 비닐절연전선(동력 전용 시 OW 사용)
RB	600 [V] 이하 고무 절연전선
HR	내열성 고무절연 전선
RN	고무절연 클로로프렌시스 케이블
RV	고무절연 비닐시스 케이블
VV	0.6/1 [kV] 비닐 절연 비닐 시스 케이블
VVF	0.6/1 [kV] 비닐 절연 비닐 시스 평형 케이블
CVV	0.6/1 [kV] 비닐 절연 비닐 시스 제어 케이블
CV	가교폴리에틸렌 절연 비닐 시스 케이블(EV 케이블의 단점을 보안한 전력케이블로 기름이나 알카리 등에 의해 경화를 일으킴)

※ 시스 = 외장
※ 약호 : ① N : 네온, ② R : 고무, ③ V : 비닐, ④ E : 폴리에틸렌, C : 클로로플렌
 예) 7.5 [kV] N-RV : 7.5 [kV] 고무 절연 비닐시스 네온 전선

3) 전선 절연물의 허용온도

절연물의 종류	허용온도 [°C]
염화비닐(PVC)	70 (도체)
가교폴리에틸렌(XLPE)과 에틸렌프로필렌고무혼합물(EPR)	90 (도체)
무기물(PVC 피복 또는 나 전선으로 사람이 접촉할 우려가 있는 것	70 (시스)
무기물(접촉에 노출되지 않고 가연성 물질과 접촉할 우려가 없는 나전선)	105 (시스)

4) 코드

(1) 금실코드 : 심선에 주석 도금을 하지 않은 연동선을 2개 꼬아서 면사로 감은 코드
  ① 허용전류 : 0.5[A] 이하, 2.5[m] 이내의 건조한 곳에 사용
  ② 용도 : 전기 이발기, 전기 면도기, 헤어 드라이어 등
(2) 비닐코드 : 열이나는 기구에는 사용 금지
(3) 테이블 탭 : 1.5[mm^2] 이상 코드 사용, 길이는 3[m] 이하로 제한

3. 케이블의 종류

1) 캡타이어 케이블 : 주석 도금한 연동선에 순고무(천연고무) 30% 이상을 함유

자동차 타이어와 같은 질긴 고무, 기계적 성질에 중점

① 구조 및 고무질에 따라 다음과 같이 4종류가 있다.
  - 제1종 : 표면 피복에 캡타이어의 고무로 피복한 것으로, 전기공사에는 사용하지 않는다.
  - 제2종 : 캡타이어의 고무 피복이 제1종보다 고무질이 좋다.
  - 제3종 : 캡타이어의 고무 피복 중간에 면포를 넣어서 강도를 보강한 것
  - 제4종 : 제3종과 같이 만들고, 각 심선 사이를 고무로 채워서 더욱 튼튼하게 만든 것
② 캡타이어 케이블은 최대 5심으로 구성 : 검정, 흰색, 빨강, 녹색, 노랑
③ 용도는 광산, 공장, 농사, 의료, 수중, 무대 등에 사용한다.
④ 공칭 단면적은 최대 100[mm^2], 최소 0.75[mm^2]까지 있다.

2) 클로로프렌 외장 케이블 : 절연물에 인조 고무 사용하며 변압기 고압측(1차측)의 인하배선 정원등의 지중배선으로 사용

3) 플렉시블 외장 케이블 : 아연도금 연강의 조편을 나선형으로 감은 케이블

  ① 노출 또는 은폐배선의 건조한 장소 : AC[고무], ACT[비닐]
  ② 공장 또는 은폐배선의 건조한 장소 : ACV
  ③ 습기 있는 노출배선과 기름 등의 노출장소 : ACL

4) 연피케이블 : 연피케이블, 주우트권케이블, 강대시스케이블이 연피가 있는 케이블, 노출 배선 시 외부로부터 손상 받을 우려가 있어 관에 넣어서 시공

5) MI 케이블 = 미네날 인슈레이션 케이블 : 내열성, 내연성, 기계적 특성이 우수 제련, 주물 공장 등에서 화재가 발생할 우려가 있는 곳에 사용하며 저압용 케이블이다.

6) 폴리에틸렌 절연 비닐 시스(EV) 케이블 : 전기적 특성이 우수하고 저압에서 특고압까지 널리 사용되며 내약품성이 우수하다

7) 용접용 케이블

종 류	기 호	비 고
리드용 제1종 케이블	WCT	천연 고무 캡타이어로 피복한 것
리드용 제2종 케이블	WNCT	클로로프렌 캡타이어로 피복한 것
홀더용 제1종 케이블	WRCT	천연 고무 캡타이어로 피복한 것
홀더용 제2종 케이블	WRNCT	클로로프렌 캡타이어로 피복한 것

- 아크용접기 케이블 굵기

100[A] 이하	150[A] 이하	250[A] 이하	400[A] 이하	600[A] 이하
16[mm^2]	25[mm^2]	35[mm^2]	70[mm^2]	95[mm^2]

8) 전력용 케이블

① 솔리드 케이블

솔리드(종이) 케이블의 종류	전압
벨트케이블	10[kV]이하
H형 케이블	10~30[kV] 정도의 고압 송배전용
SL형 케이블	20~30[kV] 정도의 도시 송배전용

② 22.9[kV-Y]의 전선 및 케이블

가공전선의 중성선	ACSR(강심 알루미늄 연선) 굵기 최소 32 ~ 최대 95[mm^2]
CNCV(중성선측만 수밀처리)	동심 중성선 가교 폴리에틸렌 절연 비닐시스 케이블
CNCV-W (중성선 및 도체부분 수밀처리)	수밀형 동심 중성선 가교폴리에틸렌 절연 비닐시스 케이블 (22.9[kV-Y] 계통에서 주로 사용)
TR CNCV-W	트리억제 수밀형 동심 중성선 가교폴리에틸렌 절연 비닐시스 케이블
FR CNCO-W	동심 중성선 수밀형 저독성 난연 전력 케이블 (화재 위험성이 높은 장소에 사용)

③ 초고압 송전선으로 가장 적합한 전선은 코로나 손실을 방지하기 위하여 복도체나 중공연선을 사용한다. 중공연선은 또한 고주파 전기 송전선으로 가장 적합한 전선이다.

④ 해안 지방의 가공 송전로 용 나전선의 재질 : 동선

⑤ 고압 및 특고압 케이블의 종류
   ⓐ 알루미늄피 케이블
   ⓒ 가교 폴리에틸렌 정년 폴리에틸렌 시스 케이블
   ⓔ 수밀형 케이블
   ⓖ 비행장 등화용 고압 케이블
   ⓑ 가교 폴리에틸렌 절연 비닐 시스 케이블
   ⓓ 콤바인덕트(CD) 케이블
   ⓕ 수저 케이블
   ⓗ 상기에 케이블에 보호 피복을 한 것

2 전선의 접속

1. 전선의 접속

1) 전선접속시 유의 사항

① 접속부분의 전기저항을 증가시키지 말 것
② 전선의 인장하중을 20[%] 이상 감소시키지 않아야 하며 접속슬리브, 전선접속기를 사용하여 접속한다. 이때 접속 슬리브 사용 시 납땜을 하지 않아도 된다.
③ 코드 상호, 캡타이어케이블 상호, 케이블 상호 또는 이들 상호를 접속하는 경우에는 코드 접속기·접속함 기타의 기구를 사용할 것
④ 도체에 알루미늄(알루미늄 합금을 포함한다.)을 사용하는 전선과 동(동합금을 포함한다)을 사용하는 전선을 접속하는 등 전기 화학적 성질이 다른 도체를 접속하는 경우에는 접속부분에 전기적 부식이 생기지 아니하도록 할 것
⑤ 절연물과 동등 이상의 절연 효력이 있는 것으로 충분히 절연(피복) 할 것

2) 전선과 기구 단자와의 접속

① 옥내배선에 사용하는 전선의 굵기
  ⓐ 단면적이 2.5[mm^2] 이상의 연동선
  ⓑ 전광표시 장치·출퇴 표시등(出退表示燈) 제어 회로 등에 단면적 1.5[mm^2] 이상의 연동선 및 단면적 0.75[mm^2] 이상인 다심케이블 또는 다심 캡타이어 케이블을 사용
② 전선과 기구단자와의 접속
  전선 고정 시 진동 등으로 헐거워질 우려가 있을 경우 동관단자 2중 너트, 스프링와셔 및 나사이완 방지기구가 있는 것 사용할 것

2. 전선의 접속 방법

1) 동 (구리) 전선의 접속 방법

① 직선접속
  가. 단선의 직선 접속
    ⓐ 트위스트 : 가는 단선(단면적 6[mm^2] 이하=2.6[mm])의 직선접속
    ⓑ 브리타니어 : 굵은 단선(단면적 10[mm^2]=3.2[mm])의 직선접속
        1.0~1.2[mm]의 조인트선과 첨선을 사용하여 접속
    ⓒ 직선 맞대기용 슬리브(B형)에 의한 압착접속 : 단선 및 연선에 적용
  나. 연선의 직선 접속 : 권선, 단권, 복권

② 분기접속

　가. 단선의 분기 접속 : 트위스트, 브리타니어

　나. 연선의 분기 접속 : 권선, 단권, 분할권선, 분할단권, 분할 복권

　다. T형 커넥터에 의한 분기접속 : 단선 및 연선에 적용

③ 종단접속

　가. 가는 단선(단면적 4[mm^2] 이하)의 종단접속 : 쥐꼬리 접속(와이어 커넥터=PVC캡)이라 하며 주로 금속관 배선 등의 박스 안에서 한다.

　나. 가는 단선(단면적 4[mm^2] 이하)의 종단접속(지름이 다른 경우) : 주로 배선과 전등 기구용 심선과의 접속인 경우에 이용한다.

　다. 동선 압착 단자에 의한 접속 : 압착단자 및 동관단자에 대하여 같이 적용 한다.

　라. 비틀어 꽂는 형의 전선접속기에 의한 접속

　마. 종단 겹침용 슬리브(E형)에 의한 접속 : 옥내배선의 가는 전선을 박스 안에서 접속하는데 사용하는 슬리브를 종단 겹침용 슬리브를 링 슬리브라고 한다.

　　• 링슬리브의 최대 사용 전류 및 사용가능한 전선의 굵기 및 가닥수

호칭	최대 사용 전류[A]	전선의 조합 동일한 경우		
		2.5[mm^2]	4.0[mm^2]	6[mm^2]
소	20	2본	–	–
		3~4본	2본	–
중	30	5~6본	3~4본	2본
대	30	7본	5본	3본

　바. 직선 겹침용 슬리브(P)형에 의한 접속

　사. 꽂음형 커넥터에 의한 접속 : 주로 가는 전선을 박스내 등의 접속에 사용한다

④ 슬리브에 의한 접속 : 전선 및 케이블의 중간 접속제로 사용되는 것

　가. O형·B형 슬리브에 의한 접속 : 직선 접속

　나. S형 슬리브에 의한 직선 접속

　다. S형 슬리브에 의한 분기 접속

　라. 매킹 타이어 슬리브에 의한 직선접속 : 양쪽 비틀림과 한쪽 비틀림이 있으며 10[mm^2] 이하 2회 이상, 16[mm^2] 이하 2.5회 이상, 25[mm^2] 이하 3회 이상 한쪽을 90° 이상 꼰다

2) 알루미늄 전선의 접속 방법

① 직선 접속 : 직선형 접속기에 의한 접속

② 분기접속 : C형,E형,H형 등의 전선접속기에 의한 접속

③ 종단 접속 : 링 슬리브, 터미널 러그에 의한 접속

④ 박스 내에 종단 접속 시

가. 굵은 전선용 : C형 접속기, 터미널러그 접속기
　　나. 가는 전선용 : 비틀어 꽂는 형, 종단 겹침용 슬리브
　　▶ 터미널 러그 : 기계기구의 단자와 전선의 접속에 사용되는 재료

3) 강대 외장 연피 케이블

접속시, 접속함을 써서 접속해야 하며 고압 케이블 및 빗물을 맞는 장소 또는 땅속은 연공 접속을 해야 한다.

4) 절연 컴파운드를 사용하는 목적

① 표면을 피복하여 산화피막을 형성하여 습기를 방지
② 고전압으로 인한 전리를 방지
③ 고체 절연의 빈 곳을 메우기 위하여

3. 절연 테이프의 피복 방법과 종류

1) 절연테이프에 의한 피복 시공방법

① 면 고무 점착 테이프 : 테이프를 반폭이상 겹쳐서 2번 이상 감는다. (4겹 이상)
② 염화 비닐 점착 테이프 : 테이프를 반폭이상 겹쳐서 2번 이상 감는다. (4겹 이상)

2) 절연 테이프 종류

① 비닐테이프(PVC테이프) : 염화 비닐 콤파운드로 만든 것
　색상 : 검은색, 흰색, 회색, 파랑, 녹색, 노랑, 갈색, 주황, 빨강
② 면테이프(거즈테이프) : 거즈에 점착성의 고무혼합물을 양면에 합침 시킨 전기용 절연테이프 심선에 직접 감아 사용해서는 안 된다.
③ 고무테이프 : 절연성 혼합물을 가황한 다음 표면에 고무풀칠을 한 것
④ 자기 융착 테이프 : 합성고무가 주성분 내오존성, 내수성, 내약품성, 내온성이 우수하여 열화가 되지 않으므로 비닐외장케이블 및 클로로플렌 외장 케이블 접속 시 반드시 사용하는 테이프 시공 시 약1.2배 늘려서 감아야함
⑤ 리노테이프 : 점착성이 없으나 절연성, 내온성, 내유성이 있어 연피케이블 접속 시 반드시 사용된다.

4. 옥내에서 전선을 병렬로 사용하는 경우

1) 전선의 병렬 사용 규정

① 병렬로 사용하는 각 전선의 굵기는 동은 50[mm^2] 이상, 알루미늄은 70[mm^2] 이상이고 또한 동일한 도체, 굵기, 길이이어야 할 것
② 전선의 접속은 동일한 터미널 러그에 완전히 접속시킬 것
③ 동극인 각 전선의 터미널 러그는 동일한 도체에 2개 이상의 리벳 또는 2개 이상의 나사로 확실하게 접속할 것
④ 병렬로 사용하는 전선에는 각각에 퓨즈를 설치하지 말 것
⑤ 전류의 전자적 불평형이 발생하지 않도록 할 것

Chapter 01 전선 및 케이블 출제예상문제

- 우선순위 논점은 전기공사(산업)기사 시험에서 가장 출제 빈도가 높은 문제로써, 수험생분들께서는 각 파트별 우선순위 문제의 논점과 키워드를 학습하시기를 바랍니다.
- 체크 리스트를 작성하시면서 문제의 유형과 학습의 완성도를 스스로 체크 해 보시기를 바랍니다.
- "선생님의 콕콕 포인트"는 틀리기 쉬운 문제의 함정과 문제의 포인트를 집어드립니다. 우선순위 문제풀이의 포인트를 꼭 참고하고 응용문제의 해결능력을 길러 줍니다.

번호	우선순위 논점	KEY WORD	나의 정답 확인				선생님의 콕콕 포인트
			맞음	틀림(오답확인)			
				이해 부족	암기 부족	착오 실수	
1	전선의 구비 조건	도전율, 비중, 가요성					전선의 구비조건을 암기할 것
7	절연 전선 약호	DV, OW, NF, NR, CV, EV					절연전선의 약호 및 명칭을 암기 할 것
16	절연물의 허용 온도	염화비닐(PVC), 가교폴리에틸렌(XLPE)					전선 절연물의 최고 허용온도 PVC와 XLPE를 반드시 암기할 것
18	코오드	흑,백,적,녹,황					코오드 심선 색과 캡타이어케이블 심선 색을 구분하여 암기 할 것
29	전력용 케이블	솔리드, 종이(지)					솔리드 케이블의 종류 및 사용 전압을 암기 할 것
33	전력용 케이블	22.9[kV], 수분, 물					22.9[kV-Y]전력용 케이블의 약호 및 사용 용도를 암기 할 것
52	전선의 접속	동전선, 슬리브					동 전선 및 알루미늄전선의 접속 방법을 구분하여 암기 할 것

★★☆☆☆

01 전선 재료로서 구비해야 할 조건 중 틀린 것은?

① 도전율이 클 것
② 접속이 쉬울 것
③ 가요성이 풍부할 것
④ 인장강도가 비교적 적을 것

🔍 **해설**

전선 및 케이블
전선의 구비 조건
① 비중이 작을 것
② 도전율이 크고 고유저항이 작을 것
③ 가요성이 풍부하고 가설하기 용이할 것
④ 기계적 강도 및 인장 강도가 클 것
⑤ 내구성과 내 부식성이 있을 것
⑥ 경제적일 것

★★☆☆☆

02 다음의 전선 중 도전율이 가장 우수한 것은 어느 것인가?

① 연동선
② 경동선
③ 고순도 알루미늄
④ 경 알루미늄

🔍 **해설**

전선 및 케이블
전선의 도전율 : 연동선 100[%], 경동선 97[%], 경 알루미늄 61[%]

★★☆☆☆

03 층수가 n인 연선의 소선 총수를 구하는 식은?

① $3n(n-1)$
② $3n(n+1)$
③ $1+3n(n+1)$
④ $1+2n(n+1)$

🔍 **해설**

전선 구분 및 약호
연선 계산식
- $N = 3n(n+1)+1$ [가닥]
- $D = (2n+1)d$ [mm]
- $A = \pi r^2 = \dfrac{\pi}{4}d^2 N = \dfrac{\pi D^2}{4}$ [mm²]

여기서, N : 전체 소선수, n : 층수, D[mm] : 연선의 지름, r[mm] : 연선의 반지름, d[mm] : 소선의 지름, A[mm²] : 연선의 단면적

[정답] 01 ④ 02 ① 03 ③

★★☆☆☆
04 37/3.2[mm]인 경동 연선의 바깥지름[mm]은?

① 22.4　　② 20.4
③ 14.4　　④ 12.4

해설
전선 구분 및 약호
연선 계산식
- $N = 3n(n+1)+1$ [가닥]
- $D = (2n+1)d$ [mm]
- $A = \pi r^2 = \dfrac{\pi}{4}d^2 N = \dfrac{\pi D^2}{4}$ [mm²]

여기서, N : 전체 소선수, n : 층수, D[mm] : 연선의 지름, r[mm] : 연선의 반지름, d[mm] : 소선의 지름, A[mm²] : 연선의 단면적
$D = (2n+1)d = (2 \times 3 + 1) \times 3.2 = 22.4$ [mm]
여기서, $d = 3.2$ [mm], 37은 소선의 가닥수이므로 $n = 3$층

★★☆☆☆
05 다음 중에서 연선이 옳게 설명된 것은?

① 최소 0.1[mm²], 최대 12[mm²]으로 25종
② 최소 0.9[mm²], 최대 1000[mm²]로 26종
③ 최소 0.1[mm], 최대 12[mm]로 12종
④ 소선수는 7, 18, 35, 60가닥

해설
전선 구분 및 약호
단선 및 연선의 구분
① 단선 : 전선의 직경으로 표시하며 0.1~12[mm]까지 42종
② 연선 : 전선의 단면적으로 표시하며 0.9~1000[mm²]까지 26종

★★☆☆☆
06 다음 각 호의 전선의 표시 기호를 위에서부터 순서적으로 표시한 것은?

1) 옥외용 비닐 절연 전선
2) 폴리에틸렌절연 비닐 시스 케이블
3) 접지용 비닐 절연 전선
4) 450/750[V] 일반용 단심 비닐 절연 전선

① OW, EV, GV, NR　② NR, DV, GV, EV
③ OW, GV, NR, DV　④ NR, EV, GV, OW

해설
전선 구분 및 약호
① OW전선 : 옥외용 비닐 절연 전선
② EV전선 : 폴리에틸렌절연 비닐 시스 케이블
③ GV전선 : 접지용 비닐 절연 전선
④ NR전선 : 450/750[V] 일반용 단심 비닐 절연 전선

★★☆☆☆
07 다음 각 호의 전선의 표시 기호를 위에서부터 순서적으로 표시한 것은?

ⓐ 인입용 비닐 절연 전선
ⓑ 옥외용 비닐 절연 전선
ⓒ 450/750[V] 일반용 유연성 단심 비닐 절연 전선
ⓓ 비닐 절연 네온전선
ⓔ 450/750[V] 일반용 단심 비닐 절연 전선

① DV, SV, NF, NV, OW
② DV, OW, NF, NV, NR
③ DV, OW, NV, NF, NR
④ OW, DV, SV, NV, NR

해설
전선 구분 및 약호
- DV : 인입용 비닐 절연 전선
- OW : 옥외용 비닐 절연 전선
- NF : 450/750[V] 일반용 유연성 단심 비닐 절연 전선
- NV : 비닐 절연 네온전선
- NR : 450/750[V] 일반용 단심 비닐 절연 전선

★★☆☆☆
08 저압 가공 전선에 사용되는 것으로서 경동선에 염화비닐을 피복한 것으로 450/750[V] 일반용 단심 비닐 절연 전선에 비하여 피복이 얇고 손상하기 쉬우므로 취급하는 데 주의를 하여야 하는 전선은?

① NR전선　　② AL-OC전선
③ OW전선　　④ RB전선

해설
전선 구분 및 약호

[정답] 04 ①　05 ②　06 ①　07 ②　08 ③

① NR : 450/750[V] 일반용 단심 비닐절연전선
② AL-OC : 옥외용 알루미늄 도체 가교 폴리에틸렌 절연전선
③ OW : 옥외용 비닐 절연전선(연동선에 염화비닐을 피복, 저압가공 배전선로용전선)
④ RB : 600[V] 이하 고무 절연전선

① NR : 450/750[V] 일반용 단심 비닐절연전선
② FL : 형광방전등용 비닐 절연 전선(1000[VFL] : 1000[V] 형광 방전등 전선)
③ ACSR : 강심 알루미늄 연선
④ DV : 600[V]이하 인입용 비닐절연전선(동력 전용 시 OW사용)

★★☆☆☆
09 다음 중에서 절연전선에 해당되지 않는 것은?

① NR
② FL
③ ACSR
④ DV

해설
전선 구분 및 약호
① NR : 450/750[V] 일반용 단심 비닐절연전선
② FL : 형광방전등용 비닐 절연 전선(1000[VFL] : 1000[V] 형광 방전등 전선)
③ ACSR : 강심 알루미늄 연선
④ DV : 600[V]이하 인입용 비닐절연전선(동력 전용 시 OW사용)

★★☆☆☆
12 전선의 기호 중 NR은 어떤 종류인가?

① 전기기기용 고무 절연 전선
② 1000[V] 형광등 전선
③ 전기기기용 비닐 절연 전선
④ 450/750[V] 일반용 단심 비닐절연전선

해설
전선 구분 및 약호
① NR : 450/750[V] 일반용 단심 비닐절연전선
② NF : 450/750[V] 일반용 유연성 단심 비닐절연전선
③ NRI(온도) : 300/500[V] 기기 배선용 단심 비닐절연전선 (70[℃], 90[℃])
④ NFI(온도) : 300/500[V] 기기 배선용 유연성 단심 비닐절연전선 (70[℃], 90[℃])

★★☆☆☆
10 동선에 염화 비닐수지를 원료로 한 컴파운드를 균일하게 입혀 절연을 한 전선으로 600[V] 이하의 전기설비에 사용되는 전선?

① 캡타이어 케이블
② PVC전선
③ 옥내코드
④ 면절연선

해설
전선 구분 및 약호
PVC전선 : 동선에 염화 비닐수지를 원료로 한 컴파운드를 균일하게 입혀 절연을 한 전선으로 600[V]이하의 전기설비에 사용되는 전선

★★☆☆☆
13 다음의 전선 중 전력용으로 사용할 수 없는 것은 어느 것인가?

① PDC
② BGV
③ OW
④ NR

해설
전선 구분 및 약호
① PDC : 6/10[kV] 고압 인하용 가교 폴리에틸렌 절연전선
② BGV전선 : 바인드용 철 비닐선
③ OW : 옥외용 비닐 절연전선(연동선에 염화비닐을 피복, 저압가공 배전선로용전선)
④ NR : 450/750[V] 일반용 단심 비닐절연전선

★★☆☆☆
11 인입선용 자재 적용에서 옥외 전용선은 OW전선을 사용하는데, 인입선 전용에는 어떤 전선을 사용하는가?

① FL전선
② PDC전선
③ NR전선
④ DV전선

해설
전선 구분 및 약호

★★☆☆☆
14 절연 전선의 표면에 1000[VFL]의 기호가 있는 것은?

① 고무 클로로프렌 전선
② 형광등 전선
③ NM 케이블
④ 평형 비닐 외장 케이블

[정답] 09 ③ 10 ② 11 ④ 12 ④ 13 ② 14 ②

해설

전선 구분 및 약호
FL : 형광방전등용 비닐 절연 전선(1000[VFL] : 1000[V] 형광방전등 전선)

★★☆☆☆
15 절연전선의 피복표면에 15[KV] N-RV의 기호는?

① 15[kV] 고무 폴리에틸렌 네온전선
② 15[kV] 고무절연 비닐시스 네온전선
③ 15[kV] 형광등 전선
④ 15[kV] 폴리에틸렌 비닐시스 네온전선

해설

전선 구분 및 약호
- 약호 : ① N : 네온, ② R : 고무, ③ V : 비닐, ④ E : 폴리에틸렌, C : 클로로플렌
- 15[kV] N-RV : 15[kV] 고무절연 비닐시스 네온전선

★★☆☆☆
16 가교 폴리 에틸렌 절연전선의 최고 허용 온도는?

① 60[°C]   ② 70[°C]
③ 80[°C]   ④ 90[°C]

해설

전선 구분 및 약호
전선 절연물의 허용온도

절연물의 종류	허용온도[°C]
염화비닐(PVC)	70 (전선)
가교폴리에틸렌(XLPE)과 에틸렌프로필렌고무 혼합물(EPR)	90 (전선)
무기물(PVC 피복 또는 나 전선으로 사람이 접촉할 우려가 있는 것	70 (시스)
무기물(접촉에 노출되지 않고 가연성 물질과 접촉할 우려가 없는 나전선)	105 (시스)

참고

1) 부틸고무케이블 : 60[°C]
2) 폴리에틸렌 케이블 : 75[°C]
3) 부틸고무케이블 : 80[°C]
4) 가교폴리에틸렌 케이블 : 90[°C]

★★☆☆☆
17 0.75[mm²] 코드의 소선 구성은?

① 30/0.16   ② 30/0.18
③ 50/0.16   ④ 50/0.18

해설

전선 구분 및 약호
① 코드 및 형광등 전선의 허용전류(주위 온도 30°)

공칭단면적	0.75	1.25	2.0	3.5	5.5	금실
소선수/지름	30/0.18	50/0.18	37/0.26	40/0.32	70/0.32	
허용전류[A]	7	12	17	23	35	0.5

② 계산법을 이용시
소선의 구성을 표시하는 방법은 소선수/소선 1가닥의 지름[mm] 이고 0.75[mm²]은 전체 단면적 이므로 단면적을 계산하여 근사치 값을 찾으면 된다.

$$A = \frac{\pi D^2}{4} \times N = \frac{\pi \times 0.18^2}{4} \times 30 = 0.763 [mm^2]$$

★★☆☆☆
18 코오드선에 있어서 고무코드선의 4심선 색깔은?

① 흑, 백, 적, 황   ② 흑, 백, 적, 청
③ 흑, 백, 적, 녹   ④ 흑, 백, 적, 회

해설

전선 구분 및 약호
코드 선심의 식별
① 2심 : 흑, 백
② 3심 : 흑, 백, 적 또는 흑, 백, 녹
③ 4심 : 흑, 백, 적, 녹(녹색 : 접지선으로 사용)

★★☆☆☆
19 테이블 탭을 사용할 경우의 코오드의 단면적은 얼마 이상으로 되어야 하는가?

① 0.5[mm²]   ② 0.75[mm²]
③ 1.5[mm²]   ④ 20[mm²]

해설

전선 구분 및 약호
테이블탭 : 익스텐션 코오드라고도 하며 코오드선의 길이가 짧을 때 길이를 연장하여 사용한다.

[정답] 15 ② 16 ④ 17 ② 18 ③ 19 ③

테이블탭은 15[A] 분기회로, 또는 20[A] 분기회로에 사용하며 단면적은 1.5[mm²]이상, 길이는 3[m] 이하로 제한한다.

★★☆☆☆
20 내열성 및 내수성이 우수하고 난연성인 관계로 연소성이 없어 열에 대한 강한 장점이 있는 대신에 기름이나 알칼리 등에 의하여 경화를 일으키는 점이 결점인 전력 케이블은?

① EV케이블 ② CV케이블
③ VV케이블 ④ BN케이블

해설
전선 구분 및 약호
① EV : 폴리에틸렌 절연 비닐 시스 케이블
② CV : 가교 폴리에틸렌 절연 비닐 시스 케이블(EV케이블의 단점을 보안한 전력케이블로 기름이나 알카리 등에 의해 경화를 일으킴)
③ VV : 비닐 절연 비닐 시스 케이블
④ BN : 부틸 고무절연 클로로프렌 시스 케이블

★★☆☆☆
21 다음 중 BN 케이블에 대한 설명으로 옳지 않은 것은?

① 내열성은 CV 케이블보다 조금 낮지만 상당한 고온에서도 변형을 일으키지 않는다.
② 내유성은 가장 낮지만 내알칼리성은 양호하다.
③ 가공이 쉬워 시공성은 좋으나 충격에 약하다.
④ 도체 최고 허용온도는 연속 80[°C], 단락시는 230[°C]이다.

해설
전선 구분 및 약호
BN : 부틸 고무절연 클로로프렌 시스 케이블
- 특징 : 내열성이 우수, 안정된 성능, 기계적 충격에 강하다. 광범위한 사용
- 사용 전압 : 600[V], 3.3[kV], 6.6[kV], 22[kV], 33[kV]

★★☆☆☆
22 CV케이블과 EV케이블에 대한 설명 중 잘못된 것은 다음 중 어느 것인가?

① CV케이블의 도체 최고 허용 온도는 연속 90[°C]이고 단락시(1초 이내)는 약 230[°C]이다.
② CV케이블보다 EV케이블의 허용 전류가 낮다(적음).
③ EV케이블의 도체 최고 허용 온도는 연속 75[°C]이고 단락시(1초 이내)는 약140[°C]이다.
④ 내연성이 높은 EV케이블의 약점을 보완한 것이 CV케이블이다.

해설
전선 구분 및 약호
EV 케이블은 내연성이 좋지 못하여 즉 내연성이 낮기 때문에 CV 케이블은 그 약점을 보안한 케이블이다.

★★☆☆☆
23 케이블의 약호 표시중 EE가 뜻하는 것은?

① 천연 고무 절연 비닐 외장 케이블
② 폴리에틸렌 절연 비닐 외장 케이블
③ 비닐 절연 폴리에틸렌 외장 케이블
④ 폴리에틸렌 절연 폴리에틸렌 외장 케이블

해설
전선 구분 및 약호
- EV : 폴리에틸렌 절연 비닐 외장 케이블
- EE : 폴리에틸렌 절연 폴리에틸렌 외장 케이블

★★☆☆☆
24 배전 선로용 AL-OC 전선의 설명이다. 옳은 것은?

① 옥외용 알루미늄 도체 가교 폴리에틸렌 절연 전선이다.
② 알루미늄 도체 폴리에틸렌 절연 전선이다.
③ 알루미늄 도체 고무 절연 전선이다.
④ 알루미늄 도체 크로로 프렌 절연 전선이다.

해설
전선 구분 및 약호
AL-OC : 옥외용 알루미늄 도체 가교 폴리에틸렌 절연전선

[정답] 20 ② 21 ③ 22 ④ 23 ④ 24 ①

25 캡 타이어 케이블의 외피 절연 재료로 많이 사용되고 있는 것은?

① GR-M(neoperene) ② 폴리에틸렌
③ PVC ④ 천연 고무

해설

케이블의 종류

캡타이어 케이블 : 주석 도금한 연동선에 순고무(천연고무) 30% 이상을 함유 자동차 타이어와 같은 질긴 고무, 기계적 성질에 중점
① 구조 및 고무질에 따라 다음과 같이 4종류가 있다.
 • 제1종 : 표면 피복에 캡타이어 고무로 피복한 것으로, 전기공사에는 사용하지 않는다.
 • 제2종 : 캡타이어의 고무 피복이 제1종보다 고무질이 좋다.
 • 제3종 : 캡타이어의 고무 피복 중간에 면포를 넣어서 강도를 보강한 것.
 • 제4종 : 제3종과 같이 만들고, 각 심선 사이를 고무로 채워서 더욱 튼튼하게 만든 것
② 캡타이어 케이블은 최대 5심으로 구성 : 검정, 흰색, 빨강, 녹색, 노랑
③ 용도는 광산, 공장, 농사, 의료, 수중, 무대 등에 사용한다.
④ 공칭 단면적은 최대 100[mm²], 최소 0.75[mm²]까지 있다.

26 캡 타이어 케이블은 몇 심까지 있는가?

① 8 ② 7
③ 6 ④ 5

해설

케이블의 종류
25번 해설 참조

27 플렉시블 외장 케이블에서 습기나 기름이 있는 곳에 사용되는 형식은?

① AC ② ACT
③ ACV ④ ACL

해설

케이블의 종류
플렉시블 외장 케이블 : 아연도금 연강의 조편을 나선형으로 감은 케이블
① 노출 또는 은폐배선의 건조한 장소 : AC[고무], ACT[비닐]
② 공장 또는 은폐배선의 건조한 장소 : ACV
③ 습기 있는 노출배선과 기름 등의 노출장소 : ACL

28 아크 용접기의 2차측 전선의 굵기에서 2차 전류가 100[A] 이하 일 때 접속용 케이블 또는 기타의 케이블에는 몇 [mm²] 재료를 써야 하는가?

① 6 ② 16
③ 25 ④ 35

해설

케이블의 종류
아크용접기 케이블 굵기

100[A] 이하	150[A] 이하	250[A] 이하	400[A] 이하	600[A] 이하
16[mm²]	25[mm²]	35[mm²]	70[mm²]	95[mm²]

29 전력 케이블의 종류에서 종이 절연 케이블이 아닌 것은?

① CV 케이블 ② 벨트지 케이블
③ H지 케이블 ④ SL지 케이블

해설

케이블의 종류
종이(지) 케이블의 종류

솔리드 케이블의 종류	전압
벨트케이블	10[kV]이하
H형 케이블	10~30[kV] 정도의 고압 송배전용
SL형 케이블	20~30[kV] 정도의 도시 송배전용

30 20~30[kV] 정도의 송배전선용으로 사용되는 케이블은?

① SL케이블 ② H케이블
③ OF케이블 ④ 벨트 케이블

[정답] 25 ④ 26 ④ 27 ④ 28 ② 29 ① 30 ①

> **해설**

케이블의 종류
29번 해설참조
OF 케이블 : 압력형 케이블로 60[kV] 이상에 사용 된다.

★★☆☆☆
31 다음 중 솔리드 케이블이 아닌 것은?

① 벨트 케이블 ② SL케이블
③ H케이블 ④ OF케이블

> **해설**

케이블의 종류
29번 해설참조
OF 케이블 : 압력형 케이블로 60[kV] 이상에 사용 된다.

★★☆☆☆
32 케이블의 종류 중 연피가 없는 케이블은?

① 연피 케이블 ② 강대 외장 케이블
③ 쥬트 외장 케이블 ④ MI 케이블

> **해설**

케이블의 종류
연피케이블 : 연피케이블, 주우트권케이블, 강대시스케이블이 연피가 있는 케이블 노출 배선 시 외부로부터 손상 받을 우려가 있어 관에 넣어서 시공

★★☆☆☆
33 22.9[kV-Y] 계통에서는 어떤 케이블을 사용하여야 하는가?

① N-EV전선 ② CV케이블
③ CN-CV-W케이블 ④ N-RC전선

> **해설**

케이블의 종류
① N-EV : 폴리에틸렌 절연 비닐 외장 네온전선
② CV : 가교 폴리에틸렌 절연 비닐 시스 케이블
③ 22.9 [kV-Y]의 전선 및 케이블

가공전선의 중성선	ACSR(강심 알루미늄 연선) 굵기 최소 32 ~ 최대 95[mm²]
CNCV (중성선측만 수밀처리)	동심 중성선 가교 폴리에틸렌 절연 비닐시스 케이블
CNCV-W (중성선 및 도체부분 수밀처리)	수밀형 동심 중성선 가교폴리에틸렌 절연 비닐시스 케이블(22.9 [kV-Y] 계통에서 주로 사용)
TR CNCV-W	트리억제 수밀형 동심 중성선 가교폴리에틸렌 절연 비닐시스 케이블
FR CNCO-W	동심 중성선 수밀형 저독성 난연 전력 케이블

④ N-RC : 고무절연 클로로프렌 외장 네온전선

★★☆☆☆
34 고압용 케이블이 아닌 것은?

① 알루미늄피 케이블
② 가교 폴리에틸렌 절연 비닐시스 케이블
③ 콤바인덕트(CD) 케이블
④ EP고무절연 클로로프렌시스 케이블

> **해설**

케이블의 종류
고압 및 특고압 케이블
① 알루미늄피 케이블
② 가교 폴리에틸렌 절연 비닐 시스 케이블
③ 가교 폴리에틸렌 정년 폴리에틸렌 시스 케이블
④ 콤바인덕트(CD) 케이블
⑤ 수밀형 케이블
⑥ 수저 케이블
⑦ 비행장 등화용 고압 케이블
⑧ 상기에 케이블에 보호 피복 한 것
EP고무절연 클로로프렌시스 케이블은 저압용 케이블이다.

★★☆☆☆
35 고압 및 특고압 케이블이 아닌 것은?

① 알루미늄피 케이블
② EP 고무절연 클로로프렌시스 케이블
③ 가교 폴리에틸렌 절연 비닐시스 케이블
④ 콤바인덕트 케이블

> **해설**

[정답] 31 ④ 32 ④ 33 ③ 34 ④ 35 ②

케이블의 종류
34번 해설 참조

★★☆☆☆
36 특고압 지중전선로에 사용되는 케이블이 아닌 것은?

① 미네럴 인슈레이션 케이블
② 알루미늄피 케이블
③ 폴리에틸렌 혼합물 케이블
④ 파이프형 압력 케이블

해설
케이블의 종류
MI 케이블 = 미네날 인슈레이션 케이블
내열성, 내연성, 기계적 특성이 우수 제련, 주물 공장 등에서 화재가 발생할 우려가 있는 곳에 사용하며 저압용 케이블이다.

★★☆☆☆
37 특별고압 수전설비 결선도에서 22.9[kV-Y] 지중 인입선으로 침수의 우려가 있는 경우에는 어떤 케이블을 사용하는 것이 바람직한가?

① N-EV 전선
② CN-CV 케이블
③ N-RC 전선
④ CNCV-W 케이블

해설
케이블의 종류
33번 해설 참조

★★☆☆☆
38 동심중성선 수밀형 전력케이블의 약호는?

① CN-CV
② CN-CV-W
③ CD-C
④ ACSR

해설
케이블의 종류
33번 해설 참조

★★☆☆☆
39 22.9[kV-Y] 가공 전선로의 중성선에 ACSR을 사용하는 경우의 최소 굵기는 몇 [mm²] 이상의 재료를 사용하여야 하는가?

① 32
② 42
③ 47
④ 51

해설
케이블의 종류
33번 해설 참조

★★☆☆☆
40 ACSR의 재료로만 구성이 된 것은?

① 주석, 구리
② 강, 구리
③ 구리, 알루미늄
④ 강, 알루미늄

해설
케이블의 종류
ACSR(강심 알루미늄 연선) : 강과 알루미늄으로 구성이 되어 있으며 도전성은 알루미늄선, 기계적 강도는 강선 도는 강연선으로 분담을 한다.

★★☆☆☆
41 초고압 송전선으로 가장 적합한 재료는?

① 중공 연선
② 단선
③ 연선
④ 쌍금속선

해설
케이블의 종류
초고압 송전선으로 가장 적합한 전선은 코로나 손실을 방지하기 위하여 복도체나 중공연선을 사용한다. 중공연선은 또한 고주파 전기 송전선으로 가장 적합한 전선이다.

★★☆☆☆
42 해안 지방의 가공 송전로 용 나전선에 적당한 것은?

① 철선
② 동선
③ 알루미늄 합금선
④ 강심 알루기늄선

해설
케이블의 종류

[정답] 36 ① 37 ④ 38 ② 39 ④ 40 ④ 41 ① 42 ②

가공송전용 전선으로 ACSR을 많이 사용하나 강심이 염화 및 산화로 인하여 전선의 강도가 약해지므로 동선을 사용한다. 동선은 산화동이 되어 외부 요인에 의한 부식을 막아준다.

★★☆☆☆
43 나전선 상호간을 접속하는 경우 인장하중에 대한 내용으로 옳은 것은?

① 20[%] 이상 감소시키지 않을 것
② 40[%] 이상 감소시키지 않을 것
③ 60[%] 이상 감소시키지 않을 것
④ 80[%] 이상 감소시키지 않을 것

해설
전선의 접속
전선 접속 시 유의 사항
① 접속부분의 전기저항을 증가시키지 말 것
② 전선의 인장하중을 20[%] 이상 감소시키지 않아야 하며 접속슬리브, 전선접속기를 사용하여 접속 한다 이때 접속 슬리브 사용 시 납땜을 하지 않아도 된다.
③ 코드 상호, 캡타이어케이블 상호, 케이블 상호 또는 이들 상호를 접속하는 경우에는 코드 접속기 접속함 기타의 기구를 사용할 것
④ 도체에 알루미늄(알루미늄 합금을 포함한다. 이하 이조에서 같다)을 사용하는 전선과 동(동합금을 포함한다)을 사용하는 전선을 접속하는 등 전기 화학적 성질이 다른 도체를 접속하는 경우에는 접속부분에 전기적 부식이 생기지 아니하도록 할 것
⑤ 절연물과 동등 이상의 절연 효력이 있는 것으로 충분히 절연(피복) 할 것

★★☆☆☆
44 배선용 비닐 절연전선의 공칭 단면적[mm²]이 아닌 것은?

① 2.5 ② 4
③ 8 ④ 10

해설
전선의 접속
KSC IEC 전선 공칭 단면적

종류	전선의 굵기						
mm	1.38	1.78	2.25	2.76	3.56		
mm²	1.5	2.5	4	6	10	16	25
	35	50	70	95	120	150	185	240

★★☆☆☆
45 저압 옥내배선에 사용하는 전선의 굵기를 잘못 사용한 경우는?

① 단면적 1.0[mm²] 이상의 미네럴 인슈레이션케이블
② 단면적 1.5[mm²] 이상의 연동선
③ 전광표시장치 또는 제어회로 배선에 단면적 0.75[mm²] 이상의 다심케이블
④ 진열장 내의 배선공사에 단면적 0.75[mm²] 이상의 캡타이어케이블

해설
전선의 접속
전선과 기구 단자와의 접속
① 옥내배선에 사용하는 전선의 굵기
 ⓐ 단면적이 2.5[mm²] 이상의 연동선
 ⓑ 전광표시 장치 · 출퇴 표시등(出退表示燈) 제어 회로 등에 단면적 1.5[mm²] 이상의 연동선 및 단면적 0.75[mm²] 이상인 다심케이블 또는 다심 캡타이어 케이블을 사용
② 전선과 기구단자와의 접속
 전선 고정 시 진동 등으로 헐거워질 우려가 있을 경우 동관단자 2중 너트, 스프링와셔 및 나사이완 방지기구가 있는 것을 사용할 것

★★☆☆☆
46 기계기구의 단자와 전선의 접속에 사용되는 재료는?

① 터미널러그 ② 슬리브
③ 와이어커넥터 ④ T형 커넥터

해설
전선의 접속
터미널 러그 : 기계기구의 단자와 전선의 접속에 사용되는 재료

★★☆☆☆
47 다음 중 옥내배선의 가는 전선을 박스 안에서 접속하는데 사용하는 슬리브는?

① 종단겹침용 슬리브
② 매킹타이어 슬리브
③ B형 슬리브
④ S형 슬리브

[정답] 43 ① 44 ③ 45 ② 46 ① 47 ①

해설
전선의 접속
종단 겹침용 슬리브(E형)에 의한 접속 : 옥내배선의 가는 전선을 박스 안에서 접속하는데 사용하는 슬리브를 종단 겹침용 슬리브를 링 슬리브라고 한다.

★★☆☆☆
48 소형 슬리브를 사용하여 2.5[mm²]의 전선을 종단 접속하는 경우 적절한 심선의 수는 몇 본 정도인가?

① 2-4 ② 4-5
③ 5-6 ④ 6-7

해설
전선의 접속 방법
링슬리브의 최대 사용 전류 및 사용가능한 전선의 굵기 및 가닥수

호칭	최대 사용 전류[A]	전선의 조합 동일한 경우		
		2.5[mm²]	4.0[mm²]	6[mm²]
소	20	2본	–	–
		3~4본	2본	–
중	30	5~6본	3~4본	2본
대	30	7본	5본	3본

★★☆☆☆
49 전선 및 케이블의 중간 접속제로 사용되는 것은?

① 칼부럭 ② 볼트식 터미널
③ 압착슬리브 ④ 압착 터미널

해설
전선의 접속 방법
슬리브에 의한 접속 : 전선 및 케이블의 중간 접속제로 사용되는 것.

★★☆☆☆
50 P.V.C CAP(wire connector)을 무엇 대용으로 쓸 수 있는가?

① 터미널(Terminal) ② 록크너트(Locknut)
③ 붓싱(Bushing) ④ 절연테이프

해설
전선의 접속 방법
가는 단선(단면적 4[mm²] 이하)의 종단 접속 시 쥐꼬리 접속(와이어 커넥터=PVC캡)이라 하며 주로 금속관 배선 등의 박스 안에서 한다. 이때 와이어 커넥터가 없다면 절연테이프로 절연을 한다.

★★☆☆☆
51 아웃렛 박스(정션박스)에서 전등선로를 연결하고 있다. 박스 내에서 전선 접속방법으로 옳은 것은?

① 납땜 ② 압착 단자
③ 비닐 테이프 ④ 와이어 커넥터

해설
전선의 접속 방법
51번 해설 참조

★★☆☆☆
52 동전선의 접속 중 슬리브에 의한 접속 방법이 아닌 것은?

① S형 슬리브에 의한 직선 접속
② S형 슬리브에 의한 분기 접속
③ 매킹타이어 슬리브에 의한 직선 접속
④ S형 슬리브에 의한 종단 접속

해설
전선의 접속 방법
슬리브에 의한 접속 : 전선 및 케이블의 중간 접속제로 사용되는 것.
① O형·B형 슬리브에 의한 접속 : 직선 접속
② S형 슬리브에 의한 직선 접속
③ S형 슬리브에 의한 분기 접속
④ 매킹 타이어 슬리브에 의한 직선접속 : 양쪽 비틀림과 한쪽 비틀림이 있으며 10[mm²] 이하 2회 이상, 16[mm²] 이하 2.5회 이상, 25[mm²] 이하 3회 이상 한쪽을 90° 이상 꼰다.

★★☆☆☆
53 동전선의 접속 방법이 아닌 것은?

① 교차 접속 ② 직선 접속
③ 분기 접속 ④ 종단 접속

[정답] 48 ① 49 ③ 50 ④ 51 ④ 52 ④ 53 ①

해설
전선의 접속 방법
동 (구리) 전선의 접속 방법
① 직선 접속　　　② 분기 접속
③ 종단 접속　　　④ 슬리브에 의한 접속

★★☆☆☆
54 알루미늄 전선 접속시 가는 전선을 박스 안에서 접속하는데 사용되는 슬리브는?

① S형 슬리브　　　② 종단 겹침용 슬리브
③ 매킹 타이어 슬리브　④ 직선 겹침용 슬리브

해설
전선의 접속 방법
알루미늄 전선의 접속 방법
① 직선 접속 : 직선형 접속기에 의한 접속
② 분기접속 : C형, E형, H형 등의 전선접속기에 의한 접속
③ 종단 접속 : 링 슬리브, 터미널 러그에 의한 접속
④ 박스 내에 종단 접속 시
　ⓐ 굵은 전선용 : C형 접속기, 터미널러그 접속기
　ⓑ 가는 전선용 : 비틀어 꽂는 형, 종단 겹침용 슬리브

★★☆☆☆
55 절연 컴파운드를 사용하는 목적이 아닌 것은?

① 자외선으로부터의 도체의 파괴를 방지하기 위하여
② 표면을 피복하여 습기를 방지하기 위하여
③ 고전압으로 인한 전리를 방지하기 위하여
④ 고체 절연의 빈 곳을 메우기 위하여

해설
전선의 접속 방법
절연 컴파운드를 사용하는 목적
① 표면을 피복하여 산화피막을 형성하여 습기를 방지
② 고전압으로 인한 전리를 방지
③ 고체 절연의 빈 곳을 메우기 위하여

★★☆☆☆
56 고온에서 내유성이 가장 강한 절연테이프는?

① 면 테이프　　　② 염화비닐 테이프
③ 고무 테이프　　④ 리노 테이프

해설
전선의 접속 방법
절연 테이프 종류
①.비닐테이프(PVC테이프) : 염화 비닐 콤파운드로 만든 것
　색상 : 검은색, 흰색, 회색, 파랑, 녹색, 노랑, 갈색, 주황, 빨강
② 면테이프(거즈테이프) : 거즈에 점착성의 고무혼합물을 양면에 합침 시킨 전기용 절연테이프 심선에 직접 감아 사용해서는 안된다.
③ 고무테이프 : 절연성 혼합물을 가황한 다음 표면에 고무풀칠을 한 것
④ 자기 융착테이프 : 합성고무가 주성분 내오존성, 내수성, 내약품성, 내온성이 우수하여 열화가 되지 않으므로 비닐외장케이블 및 클로로플렌 외장 케이블 접속 시 반드시 사용하는 테이프 시공 시 약1.2배 늘려서 감아야함
⑤ 리노테이프 : 점착성이 없으나 절연성, 내온성, 내유성이 있어 연피케이블 접속 시 반드시 사용된다.

★★☆☆☆
57 높은 온도 및 기름에 가장 잘 견디며 절연성, 내온성, 내유성이 풍부하며 연피케이블에 사용하는 전기용 테이프는?

① 면테이프　　　② 비닐테이프
③ 리노테이프　　④ 고무테이프

해설
전선의 접속 방법
56번 해설 참조

★★☆☆☆
58 테이프를 감을 때 약 1.2배 로 늘려서 감는 테이프는?

① 리노 테이프　　② 자기융착 테이프
③ 고무 테이프　　④ 비닐 테이프

해설
전선의 접속 방법
자기 융착 테이프 : 합성고무가 주성분 내오존성, 내수성, 내약품성, 내온성이 우수하여 열화가 되지 않으므로 비닐외장케이블 및 클로로플렌 외장 케이블 접속 시 반드시 사용하는 테이프 시공 시 약1.2배 늘려서 감아야함

[정답] 54 ②　55 ①　56 ④　57 ③　58 ②

Chapter 02 배선 재료와 공구

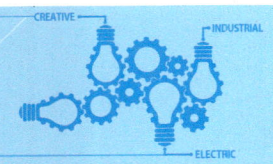

출제경향분석

제2장 배선재료와 공구 에서 시험에 자주 출제가 되는 내용은 다음과 같다.
❶ 배선재료
❷ 전기설비에 관계된 공구

1 배선 재료

1. 배선기구

배선기구는 개폐기류와 접속기류의 기구를 말한다.

1) 개폐기

① 나이프 스위치
  ⓐ 분전반(배전반)의 주 개폐기로 사용.(현재 : NFB, MCB를 사용)
  ⓑ 정격 : 교류 300[V] (15, 30, 60, 100, 200, 300, 400, 600[A])
  ⓒ 약호 : 단-S, 2-D, 3-T, P-극, ST-단투, DT-쌍투

약호	명칭
SPST	단극 단투형
DPST	2극 단투형
TPST	3극 단투형
SPDT	단극쌍투형
DPDT	2극 쌍투형
TPDT	3극 쌍투형

② 커버 나이프 스위치 : 전등 전열 및 동력용의 인입개폐기 또는 분기개폐기로 사용
  정격 : 교류 300[V] (10, 20, 30, 60, 100[A])

2) 스위치

① 점멸 스위치
  ⓐ 옥내용 소형 스위치
  ⓑ 전등의 점멸과 전열기의 열 조정

② 텀블러 스위치

　　ⓐ 노브를 움직여 상하로 움직여 점멸하며 노출형, 매입형, 두가지가 있다.

　　ⓑ 정격전압 250[V], 정격전류 0.5, 1, 3, 4, 6, 7, 10, 12, 15, 16, 20[A]

　　ⓒ 단로, 3로, 4로.

③ 로타리 스위치(회전 스위치=조광스위치)

　　ⓐ 노브를 돌려 개로, 폐로, 강약으로 점멸

　　ⓑ 발열량, 광도를 조절

④ 캐너피 스위치

　　ⓐ 벽 또는 기둥에 붙여 사용하는 풀 스위치의 일종

　　ⓑ 전등기구의 플랜지[캐너피]에 붙이는 점멸기

　　ⓒ 전등의 점멸상태가 문자 또는 색별 표시가 되지 않는 스위치

⑤ 코드 팬던트 스위치

　　ⓐ 용량 : 1, 3, 6[A]

　　ⓑ 부하를 개폐하기 위해 형광등 또는 소형 전기기구 코드 선단에 붙이는 스위치

　　ⓒ 코드에 걸리는 전구, 조명 기구의 무게는 3[kg] 이하여야 한다.

⑥ 타임 스위치

　　ⓐ 조명용 백열전등을 호텔 등의 객실 입구에 설치하거나 주택, 아파트의 현관에 설치

　　ⓑ 심야 전력기기의 전원 공급과 차단, 호텔 1분 이내 , 아파트, 가정은 3분 이내

⑦ 안전스위치=금속상자 개폐기 : 나이프스위치를 금속제의 함 내부에 장치하고, 외부에서 핸들을 조작하여 개폐 할 수 있도록 만든 것이다.

⑧ 리모콘 스위치 : 리모콘으로 램프를 점멸 할 수 있는 근거리 스위치

⑨ 올 커버 스위치 : 옥내 교류 300[V] 이하 의 전등 전열용 스위치로 수분, 먼지의 침입을 방지하기 위하여 완전히 포장한 스위치

⑩ 부동 스위치(후로트레스 스위치) : 물탱크의 물의 양에 따라 동작하는 스위치로 급수(배수) 펌프에 설치된 전동기 운전용 마그넷 스위치(전자접촉기)와 조합하여 사용

⑪ 압력 스위치 : 액체 또는 기체의 압력으로 동작하며 공기압축기 등의 펌프 전동기에 사용 된다.

⑫ 수은 스위치 : 생산 공장 작업의 자동화에 사용되고, 바이메탈과 조합하여 실내 난방장치의 자동 온도조절에 사용

3) 콘센트

① 형태 종류 : 노출형과 매입형 콘센트

② 용도에 따른 종류 : 방수형, 선풍기형, 시계용

③ 플로어 콘센트 : 플로어 덕트 공사 시

④ 턴로크 콘센트(트위스트콘센트) : 콘센트에 끼운 플러그가 빠지는 것을 방지하기 위하여 플러그를 삽입후 90° 돌리면 플러그가 빠지지 않는 구조로 설계

4) 플러그

① 코드 접속기 : 코드 상호를 접속할 때 사용하는 것

② 멀티 탭 : 하나의 콘센트에 2, 3 가지의 기구를 사용할 때 끼우는 것
③ 테이블 탭=익스텐션 코드 : 코드의 길이가 짧을 때 연장하여 사용하는 것으로 1.25[mm²] 이상 코드 사용
④ 아이언플러그 : 전기다리미, 온탕기 등에 사용
⑤ 나사플러그 : 리셉터클 또는 소켓 등에 접속 시 사용

5) 소켓

① 소켓의 수구의 크기
  ⓐ E-10 : 장식용과 회전등에 사용 되는 작은 전구
  ⓑ E-12 : 배전반 표시등
  ⓒ E-17 : 사인 전구용
  ⓓ E-26 : 250[W] 이하의 병형 전구용
  ⓔ E-39 : 300[W] 이하의 대형 전구용
② 키리스 소켓 : 점멸 장치가 없는 것(먼지가 많은 장소)
③ 키 소켓 : 점멸 장치가 있는 것
④ 리셉터클 : 코드 없이 천장, 벽에 직접 붙이는 것
⑤ 로젯트 : 천장에 코드를 매기 위해 사용하는 소켓

2. 과전류 차단기

전선 및 기계기구를 보호할 목적으로 전로중 필요한 개소는 과전류차단기를 시설

1) 과전류 차단기의 구분

① 과전류 차단기 : 퓨즈(fuse), 차단기(breaker)
② 누전차단기 : 전로에 지락 사고가 발생시 자동적으로 전로를 차단하는 장치로 약호로 ELB라 하며 저압 기계기구 50[V] 초과하는 기계 기구에는 반드시 설치해야 한다.
  ⓐ 누전 차단기 시설 예

전로 대지전압	기계기구 시설장소	옥내		옥측		옥외	물기가 있는 장소
		건조한 장소	습기가 많은 장소	우선내	우선외		
150[V] 이하		×	×	×	▫	▫	○
150[V] 초과 300[V] 이하		△	○	×	○	○	○

× : 설치 않음, ○ : 시설, △ : 주택 기계기구, ▫ : 주택 구내, 도로 설치 권장

[비고] 표에 표시한 기호의 뜻은 다음과 같다.
  ○ : 누전 차단기를 시설할 곳
  △ : 주택에 기계 기구를 시설하는 경우에는 누전 차단기 시설할 것
  ▫ : 주택구내 또는 도로에 접한면에 룸 에어컨디셔너, 아이스박스, 진열창, 자동판매기 등 전동기를 부품으로 한 기계 기구를 시설하는 경우 누전 차단기를 시설하는 것이 바람직한 곳
  × : 누전차단기를 설치하지 않아도 되는 곳

ⓑ 누전 차단기의 종류

구분		정격 감도 전류[mA]	동작 시간
고감도형	고속형	5, 10, 15, 30	• 정격 감도 전류에서 0.1초 이내, 인체 감전 보호용은 0.03초 이내
	시연형		• 정격감도전류에서 0.1초 초과 2초 이내
	반한시형		• 정격 감도 전류에서 0.2초를 초과하고 1초 이내 • 정격 감도 전류 1.4배의 전류에서 0.1초를 초과하고 0.5초 이내 • 정격 감도 전류 4.4배의 전류에서 0.05초 이내
중감도형	고속형	50, 100, 200, 500, 1000	• 정격 감도 전류에서 0.1초 이내
	시연형		• 정격 감도 전류에서 0.1초를 초과하고 2초 이내

ⓒ 누전 차단기의 전기 방식 및 극수
  ㉠ 단상 2선식 : 2극   ㉡ 단상 3선식 : 3극
  ㉢ 3상 4선식 : 4극

2) 퓨즈의 종류와 용도

① 비포장퓨즈 : 실퓨즈와 훅퓨즈 (판형퓨즈)
  퓨즈의 재료로 납과 주석의 합금을 사용하며 알루미늄, 아연 등도 사용된다.
② 포장 퓨즈 : 통형퓨즈(원통형, 칼날단자)와 플러그 퓨즈
③ 특수 퓨즈
  ⓐ 관형 퓨즈의 용도 : 라디오, 원격제어의 회로사용 되며 정격은 0.1~10[A], 125[V], 250[V]가 있다.
  ⓑ 텅스텐 퓨즈 : 유리관 내에 가용체 텅스텐을 봉입 한 것으로 정격전류는 0.2~2[A], 전압계, 전류계 등의 소손 방지용으로 사용된다.
  ⓒ 온도(서모) 퓨즈 : 전기난방 기구의 보호용으로 사용되며 주위온도에 의해 용단되며종류는 100, 110, 120 [°C]가 있다.
④ 방출형 퓨즈 : 저압이 아닌 고압회로에 쓰이는 퓨즈로서, 퓨즈가 용단될 때 아크 열에 의하여 공기가 팽창하고 용단된 퓨즈는 통 밖으로 추출되며, 동시에 아크를 소멸시키는 것으로, 고압회로에 사용되는 퓨즈로 주상 변압기의 1차 측 컷 아웃의 퓨즈(COS) 및 전력퓨즈(PF)가 있다. 전력용 퓨즈는 특별 고압 또는 고압회로 및 기기의 단락 보호 능력을 갖는 것으로 고전압 회로 및 기기의 단락 보호용의 퓨즈로 소호방식에 따라 한류형과 비한류형으로 나눈다. 전력용 퓨즈 구입 시 사용장소, 정격전압, 정격전류, 정격용량, 타보호기기와 협조 등을 고려하여 구입하여야 한다.

3) 배선용 차단기

① NFB : 저압 옥내배선의 분기회로 보호용 차단기에 사용되며 원리는 열동형(바이메탈)
② MCCB : 저압 전동기 제어 회로보호용 차단기 이며 원리는 열동형, 열동전자식, 전자(電磁)식, 전자(電子)식이 있다.
  ⓐ 과부하 및 단락사고 차단 후 재투입이 가능
  ⓑ 개폐기구 및 트립 장치 등이 절연물인 케이스에 내장되어 안전하게 사용 가능하다.

ⓒ 각 극을 동시에 차단하므로 결상의 우려가 없다.
ⓓ 전기조작, 전기신호등의 부속 장치를 사용하여야 자동제어가 가능하다.
③ 전동기용 과전류 보호장치 : 마그넷 스위치(전자개폐기)와 열동계전기(Thr=써멀릴레이)로 되어 있다
  ⓐ 열동 계전기 : 전동기 정격전류의 3배 이하로 조정하여 사용
  ⓑ 전동기용 퓨즈 : 시동전류와 같이 단시간의 과전류에 동작하지 않고 시간 지연을 하여 과전류에 의하여 회로를 차단하는 특성을 가진 퓨즈로 정격은 2~16[A]

4) 차단기(CB : Current Braker)의 종류

① 유입차단기(OCB) : 아크를 절연유의 소호작용으로 소호하는 구조
② 공기차단기(ABB) : 압축공기로 불어 소호하는 구조로 특 고압용으로 쓰인다.
③ 기중차단기(ACB) : 공기 차단기의 일종으로 대기 중에서 아크를 길게 하여 소호실에서 공기의 자연 소호하여 냉각 차단하는 차단기로 저압용으로 쓰인다.
④ 진공차단기(VCB) : 진공에서의 높은 절연 내력과 아크 생성물의 진공 중으로 급속한 확산을 이용하여 소호하는 구조(외기의 영향을 받지 않음)
⑤ 자기차단기(MBB) : 아크와 차단 전류에 의해 만들어진 자계와의 사이의 전자력에 의해 아크를 소호실로 끌어 넣어 차단하는 구조
⑥ 가스차단기(GCB) : SF_6가스 이용, 고압 또는 특별고압 수전 설비에 설치하는 차단기로 지중변전소에 적용하는 차단기로 소호능력이 우수하여 고전압 대전류 차단에 용이한 차단기로서 이상 전압이 발생치 아니하는 차단기
  • SF_6(육불화황) 가스의 특성
    ⓐ 안정성이 뛰어나다.
    ⓑ 열도전성이 뛰어나다.
    ⓒ 소호 능력이 뛰어나다.
    ⓓ 무색, 무취, 무해하다.
    ⓔ 절연내력이 높으며, 절연회복이 빠르다.
    ⓕ 화학적으로 불활성이므로 화재 위험이 없다.
    ▶ 재점호가 발생치 않는 차단기 : 진공차단기, 가스차단기

5) 고압용 개폐기

① 단로기(DS) : 단로기는 개폐기의 일종으로 수용가 구내 인입구에 설치하여 무부하 상태의 전로를 개폐하는 역할을 하거나 차단기, 변압기, 피뢰기 등 고전압 기기의 1차측에 설치하여 기기를 점검, 수리할 때 전원으로부터 이들 기기를 분리하기 위해 사용한다. 단로기의 구조는 플레이트, 클립, 안전클러치, 동작금구, 핀치, 지지애자, 베이스, 전원측 단자, 부하측 단자로 구성
② 재폐로 차단기(RECLOSER) : 리클로저라고 하며 특고압 배전선로 보호용 기기로 자동 재폐로가 가능하며 3상 RECLOSER는 간선과 3상 분기선에, 단상 RECLOSER는 단상 분기선에 설치함을 원칙으로 한다.
③ 자동구간 개폐기(SECTIONALIZER) : 간선과 3상으로 공급되는 분기선을 설치하여 후비 보호 장치로써 반드시 RECLOSER가 있어야 함을 원칙으로 한다.

④ 고장구간 자동 개폐기(ASS) : 수용가 구내에서의 사고(지락사고, 단락사고 등)시 전원으로부터 즉시 분리하여 사고의 파급 확대를 방지하고 구내설비의 피해를 최소화하는 개폐기이다. 이 기기는 대부분 간이수전방식에 채택이 되어 사용되고 있다.

⑤ 자동 부하전환 개폐기(ALTS) : 자동 부하전환 개폐기는 22,900[V] 접지계통의 지중 배전 선로에 사용되는 개폐기로서 중요시설(공공기관, 병원, 인텔리전트 빌딩, 상하수도 처리시설 등)의 정전시에 큰 피해가 예상되는 수용가에 이중전원을 확보하여 주전원의 정전시나 정격전압 이하로 떨어지는 경우 예비전원으로 자동 전환되어 무정전 전원공급을 수행하는 개폐기이다.

⑥ 부하 개폐기(LBS) : 수변전설비의 인입구 개폐기로 사용되며 부하전류를 개폐할 수 있으나 고장전류를 차단할 수 없으므로 한류 퓨즈와 직렬로 사용된다.

⑦ 유입 개폐기(OS) : 이상상태가 아닌 보통 상태에서 부하전류를 수동으로 개폐하는 기기이다. 이 개폐기는 마그네트를 내장하면서 원방 자동 조작방식을 채용한 것도 있고 트립코일을 부설한 것, 고압 콘덴서의 용량을 가감하기 위해서 그 회로를 개방 또는 투입하는 제어기기 진상용 콘덴서용의 코일을 내장한 것도 있다.

⑧ 선로 개폐기(LS) : 선로 개폐기는 보안상 책임 분계점에서 보수 점검시 전로를 개폐하기 위하여 시설하는 것으로 반드시 무부하 상태에서 개방하여야 하며, 단로기와 비슷한 용도로 사용한다. 근래에는 LS대신 ASS를 사용하며, 대부분 66[kV] 이상의 경우에 LS를 사용한다.

⑨ 인터럽터 스위치(INT) : 배전 선로 및 수용가의 고압 인입구에 설치하여 수동 또는 자동으로 원방 조작에 의해 부하의 분리 및 투입 시 사용한다. 개폐 시 발생하는 아크는 소호통에 의해 소멸되며 소호통은 개폐시 발생하는 아크를 소호통의 좁은 통로를 지나는 동안에 냉각, 분산하여 소호시킨다.

⑩ 컷아웃 스위치(COS) : 변압기 및 주요 기기의 1차측에 부착하여 단락 등에 의한 과전류로부터 기기를 보호하는 데 사용된다. COS 구성 요소는 COS브라켓, 내오손결합애자, COS본체, COS상부덮개, COS홀더 및 퓨즈링크로 구성된다.

6) 케이블과 개폐기 연결시 사용하는 재료 : 엘보 커넥터

2 전기설비에 관계된 공구

1. 전기공사용 공구

1) 펜치 : 전선의 절단, 접속, 바인드 시 사용
   ① 150[mm] : 소 기구의 전선접속
   ② 175[mm] : 옥내 일반공사
   ③ 200[mm] : 옥외공사
2) 와이어 스트리퍼(전선 피박기) : 절연전선의 피복을 벗기는 자동 공구
3) 프레셔 툴(압착 펜치) : 커넥터, 솔더리스 터미널, 링슬리브등 을 압착
4) 토치 램프 : 납땜과 합성수지관의 가공
5) 클리퍼(케이블커터) : 볼트의 머리를 자르거나 22[mm²] 이상의 굵은 전선의 절단

6) 히키 및 벤더 : 금속관을 구부리는 공구
7) 노크 아웃 펀치(홀소) : 배전반 및 분전반의 캐비닛철판에 구멍을 뚫을 때
8) 파이프 렌치 : 금속관을 커플링으로 접속할 때
9) 오스터 : 금속관 끝에 나사를 내는 공구
10) 리머 : 리머(reamer)는 금속관을 쇠톱이나 커터로 끊은 다음, 관 안에 날카로운 것을 다듬는 것으로 금속관 절단구에 대한 절단면 다듬기 공구
11) 드라이브 이트 : 화약의 폭발력을 이용하여 콘크리트에 볼트를 시설하는 경우 또는 소형 분전반이나 배전반을 콘크리트에 고정시키기 위하여 사용
12) 쇠톱 규격 : 금속관, 비닐관, 강재 등의 절단 크기 20, 25, 30[cm]
13) 펌프 플라이어 : 금속관 배관공사시 관상호 접속시, 로크너트 또는 부싱을 견고히 조일 때
14) 와이어 게이지 : 전선의 굵기를 측정하는 것으로 홈에 끼워 맞는 곳의 숫자가 전선의 굵기를 나타낸다.
15) 버니어 켈리퍼스 : 외경 및 내경 판 두께 측정
16) 파일럿 테이프 : 굴곡이 있는 관안에 전선을 넣을 때 사용
17) 피쉬 테이프 : 전선관에 전선을 1가닥씩 넣을 때 사용되는 평각 강철선
18) 철망 그라프(철망그립) : 여러 가닥의 전선을 넣을 때
19) 전선 피박기(활선 피박기) : 가공배전선로에서 활선 상태인 전선의 피복을 벗기 것

2. 측정기구

1) 접지저항 및 절연저항 측정법

① 굵은 나전선 : 캘빈더블 브리지
② 수천옴의 가는 전선의 저항 : 휘스톤 브리지
③ 전해액의 저항 및 접지저항 : 코올라시 브리지
④ 절연저항 : 메거 (저압 500[V]급, 고압 1000[V]급)
⑤ 접지저항측정 : 어스테스터기

2) 아날로그테스터기 = 멀티테스터기 = 휴대용테스터기

직류전압, 직류전류, 교류전압, 저항측정, 도통시험

3) 네온 검전기

접지, 비접지극 조사 및 충전 유무 조사

4) 통전 시험(도통 시험)

서킷 테스터(회로 시험기), 마그넷 벨, 메거

5) 부하의 역률 측정

역률계를 사용하거나 또는 전압 전류 전력계를 조합

6) 후크(훅) 온 미터

통전중의 전선 전류 측정, 전압측정

Chapter 02 배선 재료와 공구 출제예상문제

- 우선순위 논점은 전기공사(산업)기사 시험에서 가장 출제 빈도가 높은 문제로써, 수험생분들께서는 각 파트별 우선순위 문제의 논점과 키워드를 학습하시기를 바랍니다.
- 체크 리스트를 작성하시면서 문제의 유형과 학습의 완성도를 스스로 체크 해 보시기를 바랍니다.
- "선생님의 콕콕 포인트"는 틀리기 쉬운 문제의 함정과 문제의 포인트를 집어드립니다. 우선순위 문제풀이의 포인트를 꼭 참고하고 응용문제의 해결능력을 길러 줍니다.

| 번호 | 우선순위 논점 | KEY WORD | 맞음 | 틀림(오답확인) | | | 선생님의 콕콕 포인트 |
				이해 부족	암기 부족	착오 실수	
1	배선기구	배선기구, 개폐기, 접속기구					배선기구의 정의를 암기 할 것
5	배선기구	물탱크, 집수정 마그네트					플로트레스(후로트레스), 부동스위치를 암기 할 것
15	과전류 차단기	누전차단기,ELB, 60[V], 정격감도					누전차단기 시설규정을 암기 할 것
20	과전류 차단기	저압, 옥내분기, 간선보호					배선용차단기 약호 및 시설규정을 암기 할 것
27	과전류 차단기	고압차단기, 전자력, 아크, 소호실					고압용차단기의 약호 및 원리를 암기 할 것
36	과전류 차단기	고압개폐기, 부하전류, 고장전류 한류퓨즈와 직렬					고압용개폐기의 약호 및 원리를 암기 할 것
37	과전류 차단기	주상변압기, 1차측, 변압기보호					고압용개폐기의 약호 및 원리를 암기 할 것
41	과전류 차단기	단로기, 플레이트, 베이스, 핀치					고압용개폐기의 약호 및 원리를 암기 할 것
43	과전류 차단기	고장전류차단					고압용개폐기의 약호 및 원리를 암기 할 것
45	전기공사용 공구	노크아웃, 홀소, 구멍					전기공사용 공구의 명칭과 용도를 암기 할 것

★★☆☆☆
01 배선 기구라 함은 다음 중 어느 것인가?

① 전선을 접속하는 데 필요한 와이어 커넥터
② 스위치(텀블러) 및 콘센트류의 기구
③ 전선 및 케이블을 단말 처리할 때 필요한 압착 터미널류의 기구
④ 전선 및 케이블을 전선관에 입선할 때 필요한 공구

 해설

배선기구
배선기구는 개폐기(스위치)류와 접속기류의 기구를 말한다.

★★☆☆☆
02 쌍투 스위치란 다음 중 어느 것을 말하는가?

① 2개의 날과 2조의 클립이 있어 날을 어느 쪽 클립으로 젖히느냐에 따라 회로가 전환이 되는 것

② 텀블러 스위치로서 2개 연용 스위치를 말함
③ 3접촉용 Y-△ 스위치를 말함
④ 2P safety 스위치를 말함

해설

배선기구
나이프 스위치에서 2개의 날과 2조의 클립이 있어 날을 어느 쪽 클립으로 젖히느냐에 따라 회로가 전환 이 되는 것을 말한다.
ⓐ 분전반[배전반]의 주 개폐기로 사용.[현재 : NFB, MCB를 사용]
ⓑ 정격 : 교류 300V.[15.30.60.100.200.300.400.600A.]
ⓒ 약호 : 단-S. 2-D, 3-T, P-극, ST-단투, DT-쌍투

약호	명칭
SPST	단극 단투형
DPST	2극 단투형
TPST	3극 단투형
SPDT	단극쌍투형
DPDT	2극 쌍투형
TPDT	3극 쌍투형

[정답] 01 ② 02 ①

03 개폐기의 명칭과 기호의 연결로 틀린 것은?

① 2극 쌍투형 : DPDT   ② 2극 단투형 : DPST
③ 단극 쌍투형 : SPDT   ④ 단극 단투형 : TPST

🔍 **해설**

배선기구
2번 해설 참조

---

04 물 탱크의 물의 양에 따라 동작하는 스위치로서 학교, 공장, 빌딩의 옥상에 있는 물 탱크의 급수 펌프에 설치된 전동기 운전용 마그네트 스위치와 조합하여 사용하면 매우 편리한 스위치는?

① 수은 스위치   ② 타임 스위치
③ 압력 스위치   ④ 부동스위치

🔍 **해설**

배선기구
부동 스위치(후로트레스 스위치) : 물탱크의 물의 양에 따라 동작하는 스위치로 급수(배수)펌프에 설치된 전동기 운전용 마그넷 스위치(전자접촉기)와 조합하여 사용

---

05 지하실에 집수정 배수 펌프를 설치했다. magnet switch를 자동으로 연결하고자 한다. 어떤 스위치가 적합한가?

① 타이머 스위치   ② 플로트레스 전극 스위치
③ 디이머 스위치   ④ 자동 오일 스위치

🔍 **해설**

배선기구
4번 해설 참조

---

06 올-커버 스위치(all-cover switch)의 주된 용도는?

① 옥내에서 교류 300[V] 이하
② 옥내에서 교류 3300[V] 이하
③ 옥외에서 교류 600[V] 이하
④ 옥외에서 교류 3300[V] 이하

🔍 **해설**

배선기구
올 커버 스위치 : 옥내 교류 300[V] 이하 의 전등 전열용 스위치로 수분, 먼지의 침입을 방지하기 위하여 완전히 포장한 스위치

---

07 옥내의 조명기구를 시설한 경우에 그 중량이 3[kg] 이하로 제한을 받는 조명방법은 어느 것인가?

① 코드 펜던트   ② 다운라이트
③ 파이프 펜던트   ④ 체인 펜던트

🔍 **해설**

배선기구
코드 팬던트 스위치
① 용량 : 1, 3, 6 [A]
② 부하를 개폐하기 위해 형광등 또는 소형 전기기구 코드 선단에 붙이는 스위치
③ 코드에 걸리는 전구, 조명 기구의 무게는 3[kg] 이하여야 한다.

---

08 손잡이를 상반되는 두 방향에 조작함으로써 접촉자를 개폐하는 스위치는?

① 로터리 스위치   ② 텀블러 스위치
③ 누름 버튼 스위치   ④ 코드 스위치

🔍 **해설**

배선기구
텀블러 스위치
ⓐ 노브를 움직여 상하로 움직여 점멸하며 노출형. 매입형. 두가지가 있다.
ⓑ 정격전압 250[V] 정격전류 0.5, 1, 3, 4, 6, 7, 10, 12, 15, 16, 20[A]
ⓒ 단로, 3로, 4로

---

09 소켓의 수용구 크기 중에서 장식용 전등에 사용되는 수용구의 크기는?

[정답] 03 ④ 04 ④ 05 ② 06 ① 07 ① 08 ② 09 ④

① E26 ② E17
③ E12 ④ E10

해설

배선기구

소켓의 수구의 크기
① E-10 : 장식용과 회전등에 사용 되는 작은 전구
② E-12 : 배전반 표시등
③ E-17 : 사인 전구용
④ E-26 : 250[W] 이하의 병형 전구용
⑤ E-39 : 300[W] 이하의 대형 전구용

★★☆☆☆
10 소켓의 수용구 크기 중에서 사인 전구에 사용되는 수용구 크기는?

① E17 ② E26
③ E39 ④ E10

해설

배선기구
8번 해설 참조

★★☆☆☆
11 전선 및 기계기구를 보호할 목적으로 시설하여야 할 것 중 가장 적합한 것은?

① 전력퓨즈 ② 저압개폐기
③ 누전차단기 ④ 과전류차단기

해설

과전류 차단기
전선 및 기계 기구를 보호할 목적으로 전로 중 필요한 개소는 과전류차단기를 시설

★★☆☆☆
12 ELB설치 조건 중 틀린 것은?

① 대지 전압이 150[V] 이상인 곳
② 사용 전압이 50[V] 초과의 습한 장소
③ 사용 전압 40[V] 이상의 습한 장소
④ 습한 장소에서 전기 용품을 사용하는 곳

해설

과전류 차단기

누전차단기 : 전로에 지락 사고가 발생시 자동적으로 전로를 차단하는 장치로 약호로 ELB라 하며 저압 기계기구 50[V] 초과하는 기계 기구에는 반드시 설치해야 한다.

누전 차단기 시설 예

기계기구 시설장소 전로 대지전압	옥내		옥측		옥외	물기가 있는 장소
	건조한 장소	습기가 많은 장소	우선내	우선외		
150[V] 이하	×	×	×	□	□	○
150[V] 초과 300[V] 이하	△	○	×	○	○	○

× : 설치 않음, ○ : 시설, △ : 주택 기계기구, □ : 주택 구내, 도로 설치 권장

[비고] 표에 표시한 기호의 뜻은 다음과 같다.
○ : 누전 차단기를 시설할 곳
△ : 주택에 기계 기구를 시설하는 경우에는 누전 차단기 시설할 것
□ : 주택구내 또는 도로에 접한면에 룸 에어컨디셔너, 아이스박스, 진열창, 자동판매기 등 전동기를 부품으로 한 기계 기구를 시설하는 경우 누전 차단기를 시설하는 것이 바람직한 곳
× : 누전차단기를 설치하지 않아도 되는 곳

★★☆☆☆
13 연쇄노점의 조명 시설에 전기를 공급하는 전로에는 무엇을 시설하여야 하는가?

① 단로기 ② 누전 차단기
③ 기중 차단기 ④ 배선용차단기

해설

과전류 차단기
12번 해설 참조

★★☆☆☆
14 누전 차단기의 전기 방식 및 극수에 맞지 않는 것은?

① 단상 2선식 : 2극 ② 단상 3선식 : 3극
③ 2상 3선식 : 3극 ④ 3상 4선식 : 4극

해설

과전류 차단기
누전 차단기의 전기 방식 및 극수
① 단상 2선식 : 2극 ② 단상 3선식 : 3극
③ 3상 4선식 : 4극

[정답] 10 ① 11 ④ 12 ③ 13 ② 14 ③

15 누전 차단기의 동작 시간 중 틀린 것은?

① 고감도 고속형 : 정격 감도 전류에서 0.1초이내
② 중감도 고속형 : 정격감도에서 0.2초 이내
③ 고감도 고속형 : 인체감전보호용은 0.03초이내
④ 중감도 시연형 : 정격 감도 전류에서 0.1초를 초과하고 2초이내

해설

과전류 차단기
누전 차단기의 종류

구분		정격 감도 전류 [mA]	동작 시간
고감도형	고속형	5, 10, 15, 30	• 정격 감도 전류에서 0.1초 이내, 인체감전 보호용은 0.03초 이내
	시연형		• 정격감도전류에서 0.1초 초과 2초 이내
	반한시형		• 정격 감도 전류에서 0.2초를 초과하고 1초 이내 • 정격 감도 전류 1.4배의 전류에서 0.1초를 초과하고 0.5초 이내 • 정격 감도 전류 4.4배의 전류에서 0.05초 이내
중감도형	고속형	50, 100, 200, 500, 1000	• 정격 감도 전류에서 0.1초 이내
	시연형		• 정격 감도 전류에서 0.1초를 초과하고 2초 이내

16 퓨즈로 쓸 수 없는 금속 재료는?

① 철   ② 납과 주석
③ 알루미늄   ④ 아연

해설

과전류 차단기
퓨즈의 재료로 납과 주석의 합금을 사용하며 알루미늄, 아연 등도 사용된다.

17 고압 회로에 쓰이는 퓨우즈로서 실 퓨우즈 단자를 공기실 밑바닥에서부터 통 윗 부분까지 장치하게 되는 퓨우즈는?

① 온도 퓨우즈   ② 텅스텐 퓨우즈
③ 관형 퓨우즈   ④ 방출형 퓨우즈

해설

과전류 차단기
퓨즈의 종류와 용도
① 비포장퓨즈 : 실퓨즈와 훅퓨즈 (판형퓨즈) 퓨즈의 재료로 납과 주석의 합금을 사용하며 알루미늄, 아연 등도 사용된다.
② 포장 퓨즈 : 통형퓨즈(원통형, 칼날단자)와 플러그 퓨즈
③ 특수 퓨즈
ⓐ 관형 퓨즈의 용도 : 라디오, 원격제어의 회로사용 되며 정격은 0.1~10[A], 125[V], 250[V]가 있다.
ⓑ 텅스텐 퓨즈 : 유리관 내에 가용체 텅스텐을 봉입 한 것으로 정격전류는 0.2~2[A] 전압계, 전류계 등의 소손 방지용으로 사용된다.
ⓒ 온도(서모) 퓨즈 : 전기난방 기구의 보호용으로 사용되며 주위 온도에 의해 용단되며 종류는 100, 110, 120[℃]가 있다
④ 방출형 퓨즈 : 저압이 아닌 고압회로에 쓰이는 퓨즈로서, 퓨즈가 용단될 때 아크 열에 의하여 공기가 팽창하고 용단된 퓨즈는 통 밖으로 추출되며, 동시에 아크를 소멸시키는 것으로, 고압회로에 사용되는 퓨즈로 주상 변압기의 1차 측 컷 아웃의 퓨즈(COS) 및 전력퓨즈(PF)가 있다.
전력용 퓨즈는 특별 고압 또는 고압회로 및 기기의 단락 보호 능력을 갖는 것으로 고전압 회로 및 기기의 단락 보호용의 퓨즈로 소호방식에 따라 한류형과 비한류형으로 나눈다. 전력용 퓨즈 구입 시 사용장소, 정격전압, 정격전류, 정격용량, 타보호기기와 협조 등을 고려하여 구입하여야 한다.

18 특별 고압 또는 고압회로 및 기기의 단락 보호 능력을 갖는 것은 무엇인가?

① 전력 퓨우즈   ② 플럭 퓨우즈
③ 통형 퓨우즈   ④ 고리 퓨우즈

해설

과전류 차단기
17번 해설 참조

19 전력 퓨즈(power fuse) 중 고압에서 사용되는 퓨즈는?

① 방출형   ② 통형
③ 관형   ④ 한류형

[정답] 15 ② 16 ① 17 ④ 18 ① 19 ①

해설
과전류 차단기
17번 해설 참조

---

20 다음 개폐기 중에서 옥내 배선의 분기 회로 보호용에 사용되는 배선용 차단기의 약호는?

① DS ② NFB
③ ACB ④ OCB

해설
과전류 차단기
배선용 차단기
① NFB : 저압 옥내배선의 분기회로 보호용 차단기에 사용되며 원리는 열동형(바이메탈)
② MCCB : 저압 전동기 제어 회로보호용 차단기 이며 원리는 열동형, 열동전자식, 전자(電磁)식, 전자(電子)식이 있다.
  ⓐ 과부하 및 단락사고 차단 후 재투입이 가능
  ⓑ 개폐기구 및 트립 장치 등이 절연물인 케이스에 내장되어 안전하게 사용 가능하다.
  ⓒ 각 극을 동시에 차단하므로 결상의 우려가 없다
  ⓓ 전기조작, 전기신호등의 부속 장치를 사용하여야 자동제어가 가능하다.

---

21 배선용 차단기의 특징이 아닌 것은?

① 과부하 및 단락사고 차단 후 재투입이 가능하다.
② 개폐기구 및 트립장치 등이 절연물인 케이스에 내장되어 안전하게 사용 가능하다.
③ 각 극을 동시에 차단하므로 결상의 우려가 없다.
④ 별도장치 없이도 자동제어가 가능하다.

해설
과전류 차단기
20번 해설 참조

---

22 MCCB 동작 방식에 대한 분류 중 틀린 것은?

① 열동식 ② 열동 전자식
③ 기중식 ④ 전자식

해설
과전류 차단기
20번 해설 참조

---

23 다음 중 간선 및 분기회로에 사용되는 배선용 차단기는?

① MCCB ② VCB
③ OCB ④ MBB

해설
과전류 차단기
20번 해설 참조
① 진공차단기(VCB) : 진공에서의 높은 절연 내력과 아크 생성물의 진공 중으로 급속한 확산을 이용하여 소호하는 구조
② 유입차단기(OCB) : 아크를 절연유의 소호작용으로 소호하는 구조
③ 자기차단기(MBB) : 아크와 차단 전류에 의해 만들어진 자계와의 사이의 전자력에 의해 아크를 소호실로 끌어 넣어 차단하는 구조

---

24 저압 배전반의 main 차단기로 주로 사용되는 차단기는?

① VCB 또는 TCB ② COS 또는 PF
③ ACB 또는 NFB ④ DS 또는 OS

해설
과전류 차단기
저압 배전반의 주차단기는 과전류로부터 자동적으로 회로을 차단하여 전선보호 및 기계 기구를 보호해 주어야 하므로 저압용 차단기인 ACB(기중차단기)와 NFB(배선용 차단기)가 사용된다.

---

25 시동전류와 같이 단시간의 과전류에 동작하지 않고 사용 중 연속적인 과전류에 의하여 회로를 차단하는 특성을 가진 퓨즈이며, 정격전류는 2∼16[A]까지 있고, 전동기의 과전류 보호용으로 사용되는 것은?

① 전력 퓨우즈 ② 전동기용 퓨우즈
③ 서머 릴레이 ④ 관형 퓨우즈

[정답] 20 ② 21 ④ 22 ③ 23 ① 24 ③ 25 ②

해설

과전류 차단기

전동기용 과전류 보호장치
마그넷 스위치(전자개폐기)와 열동계전기(Thr=써멀릴레이)로 되어 있다
① 열동 계전기 : 전동기 정격전류의 3배 이하로 조정하여 사용
② 전동기용 퓨즈 : 시동전류와 같이 단시간의 과전류에 동작하지 않고 시간 지연을 하여 과전류에 의하여 회로를 차단하는 특성을 가진 퓨즈로 정격은 2~16[A]

★★☆☆☆

26 고압 차단기에 사용되는 것이 아닌 것은?

① OCB ② ABB
③ VCB ④ DS

해설

과전류 차단기

① 유입차단기(OCB) : 아크를 절연유의 소호작용으로 소호하는 구조
② 공기차단기(ABB) : 압축공기로 불어 소호하는 구조로 특 고압용으로 쓰인다.
③ 기중차단기(ACB) : 공기 차단기의 일종으로 대기 중에서 아크를 길게 하여 소호실 에서 공기의 자연 소호하여 냉각 차단하는 차단기로 저압용으로 쓰인다.
④ 진공차단기(VCB) : 진공에서의 높은 절연 내력과 아크 생성물의 진공 중으로 급속한 확산을 이용하여 소호하는 구조(외기의 영향을 받지 않음)
⑤ 자기차단기(MBB) : 아크와 차단 전류에 의해 만들어진 자계와의 사이의 전자력에 의해 아크를 소호실로 끌어 넣어 차단하는 구조
⑥ 가스차단기(GCB) : SF₆가스 이용, 고압 또는 특별고압 수전 설비에 설치하는 차단기로 지중변전소에 적용하는 차단기로 소호 능력이 우수하여 고전압 대전류 차단에 용이한 차단기로서 이상전압이 발생치 아니하는 차단기
 ▶ SF_6(육불화황) 가스의 특성
  ⓐ 안정성이 뛰어나다.
  ⓑ 열도전성이 뛰어나다.
  ⓒ 소호 능력이 뛰어나다.
  ⓓ 무색, 무취, 무해하다.
  ⓔ 절연내력이 높으며, 절연회복이 빠르다.
  ⓕ 화학적으로 불활성 이므로 화재 위험이 없다.
 • 재점호가 발생치 않는 차단기 : 진공차단기, 가스차단기
  DS (단로기)는 차단기가 아닌 개폐기 이며 무부하시에만 개폐가 가능하다.

★★☆☆☆

27 다음은 고압차단기의 특성으로 아크와 차단전류에 의해서 만들어지는 자계와의 사이의 전자력에 의해서 아크실을 소호실로 끌어넣어 차단하는 구조로 2단 설치가 가능한 차단기는?

① VCB ② ACB
③ MOCB ④ MBB

해설

과전류 차단기
26번 해설 참조

★★☆☆☆

28 차단기 약호 MBB는 다음 중 어느 것인가?

① 공기 차단기 ② 자기 차단기
③ 유입 차단기 ④ 기중 차단기

해설

과전류 차단기
26번 해설 참조

★★☆☆☆

29 고압 차단기 중 외기의 영향을 받지 않는 차단기는?

① 공기차단기 ② 극소유량차단기
③ 유입차단기 ④ 진공차단기

해설

과전류 차단기
26번 해설 참조

★★☆☆☆

30 차단기 중 자연 공기 내에서 개방할 때 접촉자가 떨어지면서 자연 소호에 의한 소호방식을 가지는 기능을 이용한 것은?

① 공기차단기 ② 가스차단기
③ 기중차단기 ④ 유입차단기

[정답] 26 ④ 27 ④ 28 ② 29 ④ 30 ③

해설

과전류 차단기
26번 해설 참조

---

31 ★★☆☆☆ 소호능력이 우수하며 이상전압 발생이 적고, 고전압 대전류 차단에 적합한 지중 변전소 적용 차단기는?

① 유입 차단기
② 가스 차단기
③ 공기 차단기
④ 진공 차단기

해설

과전류 차단기
26번 해설 참조

---

32 ★★☆☆☆ SF_6의 특성이 아닌 것은?

① 무색, 무취, 가연성이다.
② 가볍다.
③ 유전손이 적다.
④ 기기를 소형화할 수 있다.

해설

과전류 차단기
26번 해설 참조

---

33 ★★☆☆☆ 다음 중 전력용에 사용되는 $SF_6 Gas$에 대한 설명으로 옳은 것은?

① Gas 발전기의 연료의 일종이다.
② 화력발전소 연소시 발생되는 Gas이다.
③ 차단기 등에 사용하는 일종의 기체 절연재료이다.
④ 절연유의 부식으로 발생되는 Gas이다.

해설

과전류 차단기
26번 해설 참조

---

34 ★★☆☆☆ 저압 차단기가 아닌 것은?

① OCB
② ACB
③ MCCB
④ ELB

해설

과전류 차단기
OCB(유입차단기)는 고압용이고 ACB(기중차단기), MCCB(배선용차단기), ELB(누전차단기)는 저압용이다.

---

35 ★★☆☆☆ 고압 콘덴서의 용량을 가감하기 위해서 그 회로를 개방 또는 투입하는 제어기기는?

① 스텝 컨트롤러
② 과부하 트립코일
③ 퓨즈가 있는 유입개폐기
④ 과전류 트립코일

해설

과전류 차단기
고압용 개폐기
① 단로기(DS) : 단로기는 개폐기의 일종으로 수용가 구내 인입구에 설치하여 무부하 상태의 전로를 개폐하는 역할을 하거나 차단기, 변압기, 피뢰기 등 고압기 기기의 1차측에 설치하여 기기를 점검, 수리할때 전원으로부터 이들 기기를 분리하기 위해 사용한다. 단로기의 구조는 플레이트, 클립, 안전클러치, 동작금구, 핀치, 지지애자, 베이스, 전원측 단자, 부하측 단자로 구성
② 재폐로 차단기(RECLOSER) : 리클로저라고 하며 특고압 배전선로 보호용 기기로 자동 재폐로가 가능하며 3상 RECLOSER는 간선과 3상 분기선에, 단상 RECLOSER는 단상 분기선에 설치함을 원칙으로 한다.
③ 자동구간 개폐기(SECTIONALIZER) : 간선과 3상으로 공급되는 분기선을 설치하여 후비 보호 장치로써 반드시 RECLOSER가 있어야 함을 원칙으로 한다.
④ 고장구간 자동 개폐기(ASS) : 수용가 구내에서의 사고(지락사고, 단락사고 등)시 전원으로 부터 즉시 분리하여 사고의 파급 확대를 방지하고 구내설비의 피해를 최소화하는 개폐기이다. 이 기기는 대부분 간이수전방식에 채택이 되어 사용되고 있다.
⑤ 자동 부하전환 개폐기(ALTS) : 자동 부하전환 개폐기는 22900[V] 접지계통의 지중 배전 선로에 사용되는 개폐기로서 중요시설(공공기관, 병원, 인텔리전트 빌딩, 상하수도 처리시설 등)의 정전시에 큰 피해가 예상되는 수용가에 이중전원을 확보하여 주전원의 정전시나 정격전압 이하로 떨어지는 경우 예비전원으로 자동 전환되어 무정전 전원공급을 수행하는 개폐기이다.

[정답] 31 ② 32 ① 33 ③ 34 ① 35 ③

⑥ 부하 개폐기(LBS) : 수변전설비의 인입구 개폐기로 사용되며 부하전류를 개폐할 수 있으나 고장전류를 차단할 수 없으므로 한류 퓨즈와 직렬로 사용된다.
⑦ 유입 개폐기(OS) : 이상상태가 아닌 보통 상태에서 부하전류를 수동으로 개폐하는 기기이다. 이 개폐기는 마그네트를 내장하면서 원방 자동 조작방식을 채용한 것도 있고 트립코일을 부설한 것, 고압 콘덴서의 용량을 가감하기 위해서 그 회로를 개방 또는 투입하는 제어기기 진상용 콘덴서용의 코일을 내장한 것도 있다.
⑧ 선로 개폐기(LS) : 선로 개폐기는 보안상 책임 분계점에서 보수 점검시 전로를 개폐하기 위하여 시설하는 것으로 반드시 무부하 상태에서 개방하여야 하며, 단로기와 비슷한 용도로 사용한다. 근래에는 LS대신 ASS를 사용하며, 대부분 66[kV] 이상의 경우에 LS를 사용한다.
⑨ 인터럽터 스위치(INT) : 배전 선로 및 수용가의 고압 인입구에 설치하여 수동 또는 자동으로 원방 조작에 의해 부하의 분리 및 투입 시 사용한다. 개폐 시 발생하는 아크는 소호통에 의해 소멸되며 소호통은 개폐시 발생하는 아크를 소호통의 좁은 통로를 지나는 동안에 냉각, 분산하여 소호시킨다.
⑩ 컷아웃 스위치(COS) : 변압기 및 주요 기기의 1차측에 부착하여 단락 등에 의한 과전류로부터 기기를 보호하는 데 사용된다. COS 구성 요소는 COS브라켓트, 내오손결합애자, COS본체, COS상부덮개, COS홀더 및 퓨즈링크로 구성된다.

36 ★★☆☆☆
수변전설비의 인입구 개폐기로 사용되며 부하전류를 개폐할 수 있으나 고장전류를 차단할 수 없으므로 한류 퓨즈와 직렬로 사용되는 것은?

① 자동고장 구분 개폐기　② 선로 개폐기
③ 기중부하 개폐기　　　　④ 부하 개폐기

해설
과전류 차단기
35번 해설 참조

37 ★★☆☆☆
주상 변압기 1차측에 설치하여 변압기의 보호와 개폐에 사용하는 것은?

① 단로기(DS)　　　　　　② 진공 스위치(VCB)
③ 선로 개폐기(LS)　　　　④ 컷아웃 스위치(COS)

해설
과전류 차단기
35번 해설 참조

38 ★★☆☆☆
COS를 설치할 때 함께 사용되는 재료가 아닌 것은?

① 소켓아이　　　② 브라켓트
③ 퓨즈링크　　　④ 내오손 결합애자

해설
과전류 차단기
35번 해설 참조

39 ★★☆☆☆
개폐기류의 재료가 아닌 것은?

① GPT　　　　② LBS
③ OS　　　　　④ DS

해설
과전류 차단기
35번 해설 참조
GPT는 접지용 변압기를 말한다.

40 ★★☆☆☆
특고압 배전선로 보호용 기기로 자동 재폐로가 가능한 기기는?

① ASS　　　　② ALTS
③ ASBS　　　④ Recloser

해설
과전류 차단기
35번 해설 참조

41 ★★☆☆☆
다음 중 단로기의 구조에서 관계가 없는 것은?

① 플레이트　　② 리클로저
③ 베이스　　　④ 핀치

해설
과전류 차단기
35번 해설 참조

[정답] 36 ④　37 ④　38 ①　39 ①　40 ④　41 ②

42 고장 전류 차단 능력이 없는 것은?

① LS
② VCB
③ ACB
④ MCCB

해설

과전류 차단기
35번 해설 참조
LS는 단로기(DS)와 같이 고장전류 차단 능력이 없는 개폐기이다.

43 데드 브레이크식 케이블 접속재 연결부품에서 케이블을 개폐기와 연결하는 용체는?

① 엘보 커넥터
② 절연플러그
③ 부싱 익스텐더
④ 접속플러그

해설

과전류 차단기
엘보 커넥터 : 케이블과 개폐기 연결시 사용하는 재료

44 옥내배선용 공구 중 리이머의 사용 목적은 다음 중 어느 것인가?

① 금속관 절단구에 대한 절단면 다듬기
② 로크너트 또는 부싱을 견고히 조일 때
③ 소울더리스 커넥터 또는 소울더리스 터미널을 압착하는 공구
④ 금속관의 굽힘

해설

전기공사용 공구
① 리머 : 리머(reamer)는 금속관을 쇠톱이나 커터로 끊은 다음, 관 안에 날카로운 것을 다듬는 것으로 금속관 절단구에 대한 절단면 다듬기 공구
② 펌프 플라이어: 금속관 배관공사시 관상호 접속시, 로크너트 또는 부싱을 견고히 조일 때
③ 프레셔 툴(압착 펜치) : 커넥터, 솔더리스 터미널, 링슬리브등 을 압착
④ 벤더 : 금속관을 구부리는 공구

45 녹(노크) 아웃 펀치와 같은 목적으로 사용하는 공구의 명칭은?

① 리이머
② 히키
③ 드라이브 이트
④ 호울소우

해설

전기공사용 공구
노크 아웃 펀치(홀소) : 배전반 및 분전반의 캐비닛철판에 구멍을 뚫을 때

46 후강 전선관 배관 공사에 상용되는 공구들이다. 상호 연관 관계가 없는 것은?

① 오스터
② 토치 램프
③ 오일 밴드
④ 쇠톱

해설

전기공사용 공구
금속관 공사시 필요 공구
① 히키 및 벤더 : 금속관을 구부리는 공구
② 노크 아웃 펀치(홀소) : 배전반 및 분전반의 캐비닛철판에 구멍을 뚫을 때
③ 파이프 렌치 : 금속관을 커플링으로 접속할 때
④ 오스터 : 금속관 끝에 나사를 내는 공구
⑤ 리머 : 리머(reamer)는 금속관을 쇠톱이나 커터로 끊은 다음, 관 안에 날카로운 것을 다듬는 것으로 금속관 절단구에 대한 절단면 다듬기 공구
⑥ 쇠톱 규격 : 금속관, 비닐관, 강재 등의 절단 크기 20, 25, 30[cm]
⑦ 펌프 플라이어 : 금속관 배관공사시 관상호 접속시, 로크너트 또는 부싱을 견고히 조일 때 토치 램프는 납땜과 합성수지관의 가공시에 사용 된다.

[정답] 42 ① 43 ① 44 ① 45 ④ 46 ②

Chapter 03 배관·배선 공사

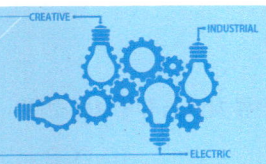

출제경향분석

제3장 배관 배선 공사에서 시험에 자주 출제가 되는 내용은 다음과 같다.
① 애자 및 몰드공사
② 덕트공사
③ 배관공사
④ 케이블공사 및 케이블 트레이 공사

1 애자 및 몰드 공사

1. 저압 애자 공사

1) 저압 애자 사용 전선

OW(옥외용절연전선)선, DV(인입용비닐절연전선)선 제외 모든 절연전선사용가능

2) 저압 애자 사용 배선시의 바인드선의 굵기

바인드선의 굵기	동 전선의 굵기 [mm^2]
0.9[mm]	16 이하
1.2[mm] (또는 0.9[mm] × 2)	50 이하
1.6[mm] (또는 1.2[mm] × 2)	50 초과

① 저압애자 바인드법
  ⓐ 일자 바인드법 : 10[mm^2] 이상의 전선
  ⓑ 십자 바인드법 : 16[mm^2] 이상의 전선
  ⓒ 인류 바인드법 : 배선의 말단에 사용
② 가공전선로 고압이상 애자 바인드법 : 두부 바인드법, 측부 바인드법, 인류 바인드법

3) 저압 애자의 종류

애자의 종류		전선의 최대 굵기[mm^2] (애자의 높이[mm])
놉(노브) 애자	소	16[mm^2] (42[mm])
	중	50[mm^2] (50[mm])
	대	95[mm^2] (57[mm])
	특대	240[mm^2] (65[mm])
인류 애자	특대	25
핀 애자	소	50
	중	95
	대	185

4) 애관 사용 애자공사

저압 옥내배선공사의 노브애자나 클리트 배선공사시 전선교차 장소 및 조영재를 관통시 애관, 합성수지관, 연질 전선관으로 절연 목적용으로 사용한다.

① 전선이 조영재를 관통하는 경우에 사용하는 애관 합성수지관등의 양단은 1.5cm이상 돌출되어야 한다.
② 구부림에 따른 애관의 종류
    ⓐ 150[mm] 소애관 : 구부림이 2.0[mm] 이하
    ⓑ 200[mm] 중애관(소애관) : 구부림이 2.6[mm] 이하
    ⓒ 300[mm] 대애관 : 구부림이 3.2[mm] 이하

5) 네온관등에 사용되는 애자

① 코드 서포터 : 네온전선을 코드 서포터로 1[m] 간격으로 지지
② 튜브 서포터 : 네온관을 튜브 서포터를 이용하녀 50[cm] 간격으로지지

2. 몰드 공사

1) **합성수지몰드** : 깊이(폭) 3.5[cm] 이하 단, 사람이 접촉할 우려가 없는 경우 5[cm] 이하, 두께 : 2.0[mm] 이상

2) **금속몰드** : 깊이(폭) : 5[cm] 이하, 두께 : 0.5[mm] 이상

3) **금속몰드 구성품** : 베이스, 커버, 조인트용 커플링, 부싱, 엘보
    ① 플렛 엘우(flat elbow) 몰드를 구부리는 곳
    ② 조인트 커플링은 몰딩 캡의 이음새 덮는 곳

2 덕트공사

1. 금속덕트

1) 깊이, 폭 4[cm] 초과, 두께 : 1.2[mm] 이상 아연도금 철판
2) 지지점 : 3[m](수직 6[m])

2. 버스덕트

1) 버스덕트의 종류

① 피 이 더 버스덕트 : 도중에 부하를 접속하지 않는 버스덕트로 옥내용(환기형 비환기형), 옥외용(환기형 비환기형) 두 가지로 나뉜다.
② 익스팬션 버스덕트 : 옥내용(비환기형) 직선부분이 30[m] 초과 시 삽입하여 온도변화 진동 등으로 인한 버스 덕트의 신축 작용 등을 흡수하기 위하여 사용

③ 탭붙이 버스덕트 : 옥내용(비환기형) 버스덕트를 배전반에 접속할 때 사용
④ 트랜스포지션 버스덕트 : 옥내용(비환기형) 각상의 임피던스 평균을 측정하기 위해 도체 상호간의 위치를 바꾼 것
⑤ 플러그인 버스덕트 : 도중에 부하접속용으로 꽂음 플러그를 설치한 버스덕트로 옥내용(환기형 비환기형)이 있다.
⑥ 트롤리 버스덕트 : 도중에 이동 부하 접속용 트롤리 접촉식 구조

2) 버스덕트 배선에 의하여 시설되는 동대를 사용 시

버스덕트 배선에 의하여 시설하는 도체는 단면적 20[mm²] 이상의 띠모양, 지름 5[mm] 이상의 관모양이나 둥근 막대 모양 강, 또는 단면적 30[mm²] 이상의 알루미늄 띠 모양의 적당한 지지물(절연물)로 지지하여 도체를 고정한 것이고 또한 덕트 안에 평각 구리선 또는 평각 알루미늄선을 자기제 절연물로 간격 50[cm] 이내로 지지한다.

3) 버스 덕트 배선에서 덕트의 최대 폭[mm]과 강판의 두께[mm]

① 폭 150[mm] 이하일 때 두께 1.0[mm] 이상
② 폭 150[mm] 초과 300[mm] 이하 일 때 두께 1.4[mm] 이상
③ 폭 300[mm] 초과 500[mm] 이하 일 때 두께 1.6[mm] 이상
④ 폭 500[mm] 초과 700[mm] 이하 일 때 두께 2.0[mm] 이상
⑤ 폭 700[mm] 초과 두께 2.3[mm] 이상

3. 라이팅 덕트

400[V] 이하 조명기구나 소형전기기구에 전력을 공급하는 것으로 상점이나 백화점, 전시장 등에서 조명기구의 위치를 바꾸기가 빈번한 곳에 사용하며 지지점은 2[m]이다.

4. 플로어 덕트

통신선 전력선(케이블)을 바닥에 배선하는 대규모 사무실, 백화점, 실험실에 설치 바닥면에 매입하여 전원을 쓸 수 있게 한 덕트로 플로어 덕트 공사에 의한 저압 옥내배선은 콘크리이트 바닥(마루 밑)에 매입하는 배선용 홈통으로 바닥위로 전선 인출을 목적으로 시설하는 공사

1) 강판의 두께 및 길이 : 두께 2.0[mm] 이상, 1개의 길이 3.6[m]

2) 플로어 넉트 배선에서 덕트의 최대 폭[mm]과 강판의 두께[mm]

① 폭 150[mm] 이하일 때 두께 1.2[mm] 이상
② 폭 150[mm] 초과 200[mm] 이하일 때 두께 1.4[mm] 이상
③ 폭 200[mm] 초과 두께 1.6[mm] 이상

3) 플로어 덕트 부속품

① 정크션 박스 : 덕트와 덕트 혹은 덕트와 전선관을 접속하는 주철제 박스

② 커플링 : 덕트와 덕트를 연결
③ 인서트 금구 : 전선 인출공 부분에 사용하는 금구
④ 블랭크와셔 : 덕트의 종단부를 폐쇄를 하거나 정션박스에 덕트를 접속 하지 않는 곳을 막기 위하여 사용되는 것
⑤ 엔드 엘보우 : 덕트 끝에서 pipe를 수직 배관 시 파이프와 덕트의 접속금구
⑥ 아이언 플러그 : 박스의 플러그 구멍을 메우는 것
⑦ 덕트 서포트 : 덕트 배관을 정확하게 수평으로 시공하기 위한지지 쇠붙이

3 배관공사

1. 합성수지관공사 [경질 비닐 전선관 = PVC 전선관]

1) 관의 굵기 및 길이

안지름의 크기에 가까운 짝수의 [mm]로 호칭하며 근사 내경 짝수인 안지름 14, 16, 22, 28, 36, 42, 54, 70, 82[mm]이고 1본의 길이는 4[m]

2) 합성수지관 부속품

① 커플링 : 관과 관 상호 접속 시
② 유니온 커플링 : 돌려 끼울 수 없는 관 상호 접속기구
③ 커넥터 : 관과 박스를 접속 시
④ 노멀밴드 : 배관의 직각 굴곡에 사용
⑤ 새들 : 관을 조영재에 지지 (지지점은 1.5[m])

2. 가요전선관 공사

1) 시설 장소

건조하고 전개된 장소, 건조하고 점검 가능한 은폐장소이며 작은 증설공사, 안전함과 전동기사이의 공사, 엘리베이터 공사, 전차 안의 배선

2) 가요 전선관의 종류

① 제1종 가요전선관 : 플렉시블 콘디트라 하며 전면을 아연도금하고 0.8[mm] 이상의 파상 연강대가 빈틈없이 나선형으로 감겨져 유연성이 풍부한 구조이며 저압 옥내 배선에서는 시공을 금지한다.
② 제2종 가요전선관 : 플리커 튜브라고 하며 별개의 테이프 모양의 납도금을 한 띠강 2매와 파이버 1매를 조합하여 기밀성, 내열성, 내습성, 내진성이며 기계적 강도가 우수

3) 관의 굵기 및 길이

① 굵기는 안지름에 가까운 홀수 : 15, 19, 25[mm], 길이 10, 15, 30[m]가 있다.

4) 가요전선관 부속품

① 스트레이트 박스 커넥터(플렉시블 커넥터) : 전선관과 박스와의 접속 시
② 플렉시블 커플링 및 스플릿커플링 : 가요전선관 과 가요전선관 상호를 결합 하는 곳
③ 컴비네이션 커플링 : 가요전선관과 금속관 결합하는 곳에 사용
④ 컴비네이션 유니온 커플링 : 돌려서 접속할 수 없는 경우의 가요 전선관과 금속관을 결합하는 곳에 사용
⑤ 앵글 박스 커넥터(더블 커넥터) : 직각으로 박스에 붙일 때 사용
⑥ 플렉시블 피팅 : 전동기단자함과 금속관 사이 접속되는 짧은 부분에 시공
⑦ 새들 : 관을 조영재에 지지 (지지점 1[m])

3. 금속관 공사 (강제 전선관)

1) 금속관공사 시설규정

금속제로 된 배관은 산화 방지를 위해 아연도금이나 애나멜 등으로 피복을 한다.

① 관의 규격

구 분	후강 전선관(약호 : G)	박강 전선관(약호 : C) 나사가 없는 전선관
관의 호칭	근사 내경의 짝수(10종)	근사 외경의 홀수(7종)
관의 굵기[mm]	16, 22, 28, 36, 42, 54,70, 82, 92, 104	19, 25, 31, 39, 51, 63, 75
관의 두께[mm]	2.3[mm]	1.2[mm]
한 본의 길이	3.66[m]	3.66[m]

※ KSC 규격에서 약호 : 박강전선관(AC), 후강 전선관(BC)

② 교류 회로에서 전선을 병렬로 사용하는 경우에는 "전선의 병렬사용"의 규정에 따르며, 관 내에 전자적 불평형이 생기지 아니하도록 시설하여야 하며 전자적 평형을 위해 교류회로는 1회로의 전선을 동일관 내에 전부 넣는 것을 원칙으로 한다.
③ 관의 두께 (박강 전선관기준)
   콘크리트 매입한 경우 : 1.2[mm] 이상, 기타의 경우(노출) : 1.0[mm] 이상
④ 케이블 또는 절연도체의 내부 단면적이 전선관 단면적의 1/3을 초과할 수 없다.
⑤ 아우트렛박스 또는 전선 인입구를 가지는 기구내의 금속관에는 3개소를 초과하는 직각 굴곡개소를 만들어서는 안된다.
⑥ 굴곡개소가 많거나 관의 길이가 30[m]를 초과하는 경우에는 풀박스를 설치하는 것이 바람직하다.
⑦ 관단에는 부싱을 사용할 것, 다만, 금속관에서 애자사용배선으로 바뀌는 개소에는 절연부싱, 터미널캡, 엔트런스캡 등을 사용할 것
⑧ 지지점 : 2[m]

2) 금속관배관 부속품

① 로크너트 : 박스에 금속관을 고정(접속)시킬 때

② 아우트렛박스(Out-let Box)=조인트 박스(Joint Box) : 전선접속점 배관이 분기되는 곳, 조명기구, 콘센트 취부(고정)시 사용되며 4각 박스와 8각 박스가 있다.
③ 절연부싱 : 금속관 공사시 전선의 피복손상 방지를 위해 관 끝에 설치
④ 링레듀서(링듀우서) : 박스와 관 접속시 박스의 지름이 관의 지름보다 커 로크너트만으로 고정이 어려울 때
⑤ 커플링 : 금속관과 금속관의 상호 접속 시
⑥ 유니온 커플링 : 돌려 끼울 수 없는 금속관 상호 접속 시
⑦ 서비스(터미널)캡 : 옥내 저압가공 인입선에서 금속관으로 옮겨지는 곳 또는 금속관에서 전선을 뽑아 전동기 단자 부분에 접속할 때 전선을 보호하기 위해 관 끝에 설치
⑧ 엔트런스캡(우에샤 캡) : 저압 가공 인입구에서 수용장소로 들어가는 관단에 설치 먼지 및 빗물의 침입을 방지
⑨ 픽스터 스테드 및 히키 : 무거운 조명기구를 박스에 취 부 할 때 사용
⑩ 노멀밴드 : 매입배관공사시의 관을 직각으로 구부리는데 사용하며 후강 전선관용, 박강 전선관용, 나사없는 전선관용이 있다.
⑪ 유니버설 엘보우 : 노출배관 공사 시 관을 직각으로 구부리는데 사용하며 T, LL, LB, C(박강용)형이 있다.
⑫ 플로어 박스 : 바닥에 매입 배선 시 콘센트 등을 바닥에 취부
⑬ 콘크리트 박스 : 콘크리트에 매입용으로 아우트렛 박스와 같은 목적을 가진 박스
⑭ 스위치 박스 : 매입형의 스위치나 콘센트를 고정하는데 사용
⑮ 풀박스 : 전선의 통과를 쉽게 하기 위하여 배관 도중에 설치하며 금속관에서 직각 또는 직각에 가까운 굴곡장소가 3개소를 초과하는 장소 또는 금속관의 길이가 25[m]가 초과하는 장소에 시설한다.
⑯ 접지 클램프(어스 클립) : 금속관 공사 시 관을 접지하거나 본딩 작업을 할 때 사용

3) 방폭 배관 부속품

① 실링 휘팅
② 드레인 휘팅
③ 콘듀레이트 휘팅

4 케이블 공사 및 케이블 트레이 공사

1. 케이블 공사

1) 연피가 있는 케이블 공사

① 연피가 있는 케이블 종류 : 강대외장케이블, 주우트권케이블, 연피케이블
② 케이블 구부리는 경우 : 케이블 바깥지름의 12배이상의 반지름으로 구부릴 것
 단, 금속관에 넣는 것 15배 이상

2) 연피가 없는 케이블

① 연피가 없는 케이블 종류 : 캡타이어케이블, 고무 외장케이블, 비닐 외장케이블, 클로로프렌 외장케이블, 비금속 외장 케이블

② 케이블 구부리는 경우 : 케이블 완성품 바깥 지름의 6배(단심인 경우8배) 이상의 반지름

2. 케이블 트레이 공사

변전실에서 각분전반 혹은 동력제어반까지의 간선 배선에 많이 사용하며 건조한 노출장소 또는 점검이 가능한 은폐장소에 시공

1) 금속제 케이블 트레이 종류

① 채널형 : 바닥통풍형, 바닥밀폐형복합채널 단면으로 구성된 조립 금속구조로 폭이 150[mm] 이하
② 사다리형 : 길이방향의 양측면 레일을 각각의 가로 방향 부재로 연결한 조립금속구조
③ 바닥밀폐형 : 일체식, 분리식 직선방향 옆면레일에서 개구부가 없는 조립금속 구조
④ 바닥통풍형 (트러후형) : 일체식, 분리식 직선방향 옆면 레일에서 바닥에 통풍구가 있는 것으로 폭이 100[mm]를 초과하는 조립금속구조

2) 사용 전선

전선은 연피케이블, 알루미늄피 케이블 등 난연성 케이블, 기타 케이블(적당한 간격으로 연소방지 조치를 하여야 한다) 또는 금속관 혹은 합성수지관 등에 넣은 절연 전선을 사용하여야 한다.

3) 케이블트레이 시설 규정

① 수용된 모든 전선을 지지할 수 있는 적합한 강도의 것이어야 한다. 이 경우 케이블트레이의 안전율은 1.5 이상으로 하여야 한다.
② 지지대는 트레이 자체하중과 포설된 케이블하중을 충분히 견딜수 있는 강도를 가져야 한다.
③ 전선의 피복 등을 손상시킬 돌기 등이 없이 매끈하여야 한다.
④ 금속재의 것은 적절한 방식처리를 한 것이거나 내식성 재료의 것이어야 한다.
⑤ 측면 레일 또는 이와 유사한 구조재를 취부하여야 한다.
⑥ 배선의 방향 및 높이를 변경하는데 필요한 부속재 기타 적당한 기구를 갖춘 것이어야 한다.
⑦ 비금속제 케이블트레이는 난연성 재료의 것이어야 한다.
⑧ 금속제 케이블트레이 계통은 기계적 및 전기적으로 완전하게 접속하여야 하며 금속제 트레이에 접지공사를 하여야 한다.
⑨ 케이블이 케이블트레이 계통에서 금속관, 합성수지관 등 또는 함으로 옮겨가는 개소에는 케이블에 압력이 가하여지지 않도록 지지

Chapter 03 배관·배선 공사 출제예상문제

- 우선순위 논점은 전기공사(산업)기사 시험에서 가장 출제 빈도가 높은 문제로써, 수험생분들께서는 각 파트별 우선순위 문제의 논점과 키워드를 학습하시기를 바랍니다.
- 체크 리스트를 작성하시면서 문제의 유형과 학습의 완성도를 스스로 체크 해 보시기를 바랍니다.
- "선생님의 콕콕 포인트"는 틀리기 쉬운 문제의 함정과 문제의 포인트를 집어드립니다. 우선순위 문제풀이의 포인트를 꼭 참고하고 응용문제의 해결능력을 길러 줍니다.

번호	우선순위 논점	KEY WORD	나의 정답 확인				선생님의 콕콕 포인트
			맞음	틀림(오답확인)			
				이해 부족	암기 부족	착오 실수	
4	애자 및 몰드 공사	놉(노브),전선굵기, 높이					애자의 종류에 따른 전선의굵기 애자의 높이를 암기 할 것
5	애자 및 몰드 공사	놉(노브),전선굵기, 높이					애자의 종류에 따른 전선의굵기 애자의 높이를 암기 할 것
12	내선규정	내선규정, 난연성, 불연성 착화, 연소					난연성과 불연성의 차이점을 비교하여 암기 할 것
19	덕트공사	버스덕트, 최대폭, 강판두께					버스덕트의 시설규정과 덕트 최대폭과 강판의 두께를 암기 할 것
23	덕트공사	플로어덕트, 블랭크와셔					플로어 덕트의 시설규정과 덕트 최대폭과 강판의 두께를 암기 할 것
32	배관공사	가요전선관, 접속					가요전선관 시설규정과 부속품을 암기 할 것
34	배관공사	금속관,1회로, 동일관내전부					금속관 시설규정과 관의 규격 및 부속품을 암기 할 것
39	배관공사	후강전선관					금속관 시설규정과 관의 규격 및 부속품을 암기 할 것
40	배관공사	박강전선관					금속관 시설규정과 관의 규격 및 부속품을 암기 할 것
46	배관공사	바닥, 매입 배선					금속관 시설규정과 관의 규격 및 부속품을 암기 할 것
48	배관공사	조명기구, 파이프					금속관 시설규정과 관의 규격 및 부속품을 암기 할 것
52	배관공사	접지선, 전선관					금속관 시설규정과 관의 규격 및 부속품을 암기 할 것
57	배관공사	금속관, 전동기단자					금속관 시설규정과 관의 규격 및 부속품을 암기 할 것
58	배관공사	빗물침입, 먼지 침투					금속관 시설규정과 관의 규격 및 부속품을 암기 할 것
61	배관공사	금속관, 전선 손상					금속관 시설규정과 관의 규격 및 부속품을 암기 할 것
69	케이블공사 및 케이블 트레이 공사	케이블트레이, 사다리, 채널, 바닥밀폐, 바닥통풍					케이블 트레이 공사의 시설규정과 종류를 암기 할 것

★★☆☆☆

01 저압 애관의 구부림이 2.0[mm] 이하가되어야 하는 애관은?

① 150[mm] 소애관 ② 200[mm] 소애관
③ 300[mm] 대애관 ④ 200[mm] 중애관

해설

애자 및 몰드 공사
구부림에 따른 애관의 종류
ⓐ 150[mm] 소애관 : 구부림이 2.0[mm] 이하
ⓑ 200[mm] 중애관(소애관) : 구부림이 2.6[mm] 이하
ⓒ 300[mm] 대애관 : 구부림이 3.2[mm] 이하

★★☆☆☆

02 애자사용 배선의 절연전선이 조영재를 관통하는 경우 관통부분에 사용할 수 없는 것은?

① 애관 ② 금속관
③ 합성수지관 ④ 연질비닐관

해설

애자 및 몰드 공사
애관 사용 애자공사 : 저압 옥내배선공사의 노브애자나 클리트 배선공사시 전선교차 장소 및 조영재를 관통 시 애관, 합성수지관, 연질전선관으로 절연 목적용으로 사용한다.

[정답] 01 ① 02 ②

03 50[mm²], 600[V] 고무 절연 전선에 알맞는 애자는?

① 2선용 클리이트
② 소노브 애자
③ 중노브 애자
④ 대노브 애자

해설

애자 및 몰드 공사
저압 애자의 종류

애자의 종류		전선의 최대 굵기 [mm²] (애자의 높이[mm])
놉(노브) 애자	소	16[mm²] (42[mm])
	중	50[mm²] (50[mm])
	대	95[mm²] (57[mm])
	특대	240[mm²] (65[mm])
인류 애자	특대	25
핀 애자	소	50
	중	95
	대	185

04 애자 사용 공사시 놉애자는 소, 중, 대, 특대의 것이 사용된다. 이 중 대 놉애자 시공에 사용하는 전선의 최대 굵기는 몇 [mm²]인가?

① 16[mm²]
② 50[mm²]
③ 95[mm²]
④ 240[mm²]

해설

애자 및 몰드 공사
3번 해설 참조

05 옥내배선의 애자사용 공사에 많이 사용하는 특대 놉 애자의 높이는?

① 75[mm]
② 65[mm]
③ 60[mm]
④ 50[mm]

해설

애자 및 몰드 공사
3번 해설 참조

06 저압 핀 애자의 종류가 아닌 것은?

① 저압 소형 핀 애자
② 저압 중형 핀 애자
③ 저압 대형 핀 애자
④ 저압 특대형 핀 애자

해설

애자 및 몰드 공사
3번 해설 참조

07 소형 핀 애자의 경우 사용하는 전선의 최대 굵기 [mm²]는?

① 14
② 22
③ 50
④ 100

해설

애자 및 몰드 공사
3번 해설 참조

08 애자사용 공사에서 바인드선의 최소 굵기[mm]는?

① 0.9
② 1.0
③ 1.2
④ 1.6

해설

애자 및 몰드 공사
저압 애자 사용 배선시의 바인드선의 굵기

바인드선의 굵기	동 전선의 굵기 [mm²]
0.9[mm]	16 이하
1.2[mm] (또는 0.9[mm] × 2)	50 이하
1.6[mm] (또는 1.2[mm] × 2)	50 초과

09 네온 전선을 지지하기 위한 애자는?

① 노브애자
② 핀애자
③ 튜브 서포트 애자
④ 코오드 서포트 애자

[정답] 03 ③ 04 ③ 05 ② 06 ④ 07 ③ 08 ① 09 ④

해설

애자 및 몰드 공사
네온관등에 사용되는 애자
① 코드 서포터 : 네온전선을 코드 서포터로 1[m] 간격으로 지지
② 튜브 서포터 : 네온관을 튜브 서포터를 이용하녀 50[cm] 간격으로 지지

★★☆☆☆

10 합성수지몰드 배선시공시 사람의 접촉이 없도록 시설하는 경우의 규격은?

① 홈의 폭 3.5[cm] 이하, 두께 2[mm] 이상
② 홈의 폭 3.5[cm] 이하, 두께 1[mm] 이상
③ 홈의 폭 5[cm] 이하, 두께 2[mm] 이상
④ 홈의 폭 5[cm] 이하, 두께 1[mm] 이상

해설

애자 및 몰드 공사
합성수지몰드 깊이(폭) : 3.5[cm] 이하 단, 사람이 접촉할 우려가 없는 경우 5[cm] 이하, 두께 1.0[mm] 이상

★★☆☆☆

11 몰딩의 캡의 이음새를 덮는 데 사용하는 재료는?

① 베이스 커플링   ② 서포트
③ 프레트 엘보우   ④ 조인트 커플링

해설

애자 및 몰드 공사
금속몰드 구성품 : 베이스, 커버, 조인트용 커플링, 부싱, 엘보
① 플렛 엘우(flat elbow) 몰드를 구부리는 곳
② 조인트 커플링은 몰딩 캡의 이음새 덮는 곳

★★☆☆☆

12 다음 중 내선규정에서 정하는 용어의 정의로 틀린 것은?

① 애자란 놉애자, 인류애자, 핀애자와 같이 전선을 부착하여 이것을 다른 것과 절연하는 것을 말한다.
② 불연성이란 불꽃, 아크 또는 고열에 의하여 착화하기 어렵거나 착화하여도 쉽게 연소하지 않는 성질을 말한다.
③ 케이블이란 통신케이블 이외의 케이블 및 캡타이어 케이블을 말한다.
④ 전기용품이란 전기설비의 부분이 되거나 또는 여기에 접속하여 사용되는 기계기구 및 재료 등을 말한다.

해설

① 난연성이란 불꽃, 아크 또는 고열에 의하여 착화하기 어렵거나 착화하여도 쉽게 연소하지 않는성질을 말한다.
② 불연성이란 사용중 닿게 될지도 모르는 불꽃, 아크 또는 고열에 의하여 연소 되지 않는 성질을 말한다.

★★☆☆☆

13 다음 설명 중 잘못된 것은?

① 불연성이란 사용 중 닿게 될지도 모르는 불꽃, 아크 또는 고열에 의하여 연소되지 않는 성질을 말한다.
② 내화성이란 사용 중 닿게 될지도 모르는 불꽃, 아크 또는 고열에 의하여 연소되는 일이 없고 또한 실용상 지장을 주는 변형 또는 변질을 하지 않는 성질을 말한다.
③ 난연성이란 불꽃, 아크 또는 저열에 의하여 착화하지 않거나 또는 착화하여도 연소가잘되는 성질을 말한다.
④ 내고온형이란 고온장소에서 사용에 적합한 성능을 가지는 것을 말한다.

해설

12번 해설 참조

★★☆☆☆

14 다음 금속덕트에 대한 설명 중 틀리게 설명한 것은?

① 금속덕트에 사용하는 철판의 두께는 1.2[mm] 이상으로 견고하게 제작한다.
② 덕트내면에는 전선을 손상할만한 돌기가없어야 한다.
③ 접속단자는 덕트내에 만든다.
④ 덕트의 전면에 산화방지에 필요한 도장을 한다.

해설

덕트 공사
금속덕트 : 빌딩, 공장 등의 전기실에서 많은 전선을 인출하는 곳에 사용하며 건조하고 전개된 장소에만 시설

[정답] 10 ④ 11 ④ 12 ② 13 ③ 14 ③

전기설비기술기준 판단기준에 의한 금속덕트 시설 규정
① 전선은 절연 전선(OW 제외)으로 금속 덕트에 넣는 전선의 단면적(절연 피복 포함)은 덕트 내부 단면적의 20[%](전광 표시 장치, 출퇴 표시등, 제어 회로용 배선만을 넣는 경우는 50[%]) 이하일 것
② 덕트 안에는 전선의 접속점이 없어야 하나 전선을 분기하는 경우에 그 접속점을 쉽게 점검할 수 있는 경우는 접속할 수 있다.
③ 덕트는 폭이 4[cm]를 넘고 두께가 1.2[mm] 이상인 철판일 것
④ 덕트의 지지점간 거리는 3[m] 이하일 것 (수직 시공시 6[m])
⑤ 덕트의 끝부분은 막을 것

★★☆☆☆
15 금속 덕트에 넣는 전선의 단면적(절연피복의 단면적 포함)의 합계는 덕트 내부 단면적의 몇 [%] 이하이어야 하는가?

① 10 ② 20
③ 30 ④ 40

해설
덕트 공사
14번 해설 참조

★★☆☆☆
16 금속 덕트 지지점 간이 거리는 몇 [m] 이하로 하여야 하는가?

① 1 ② 2
③ 3 ④ 4

해설
덕트 공사
14번 해설 참조

★★☆☆☆
17 버스덕트 공사에 대한 설명으로 옳은 것은?

① 덕트의 끝부분을 개방한다.
② 건조한 노출장소나 점검할 수 있는 은폐장소에 시설한다.
③ 덕트를 조영재에 붙이는 경우에는 덕트의 지지점간의 거리를 최대 2[m] 이하로 한다.
④ 저압 옥내배선의 덕트에 접지공사를 하지 않는다.

해설
덕트 공사
전기설비기술기준 판단기준에 의한 버스 덕트 시설 규정
① 전선은 절연 전선(OW선 제외)으로 금속 덕트에 넣는 전선의 단면적(절연 피복포함)은 덕트 내부 단면적의 20[%](전광 표시 장치, 출퇴 표시등, 제어 회로용 배선만을 넣는 경우는 50[%]) 이하일 것
② 덕트 상호간 및 전선 상호간은 견고하고 또한 전기적으로 완전하게 접속 할 것
③ 덕트를 조영재에 붙이는 경우에는 덕트의 지지점간의 거리를 3[m](수직 시공시 6[m])
④ 덕트(환기형의 것을 제외한다)의 끝부분은 막을 것
⑤ 버스덕트 배선에 의하여 시설하는 도체는 단면적 20[mm²] 이상의 띠모양, 지름 5[mm] 이상의 관모양이나 둥근 막대 모양 강, 또는 단면적 30[mm²] 이상의 알루미늄 띠 모양의 적당한 지지물(절연물)로 지지하여 도체를 고정한 것이고 또한 덕트 안에 평각 구리선 또는 평각 알루미늄선을 자기제 절연물로 간격 50[cm] 이내로 지지한다.

★★☆☆☆
18 버스 덕트배선에 의하여 시설하는 도체로 동대를 사용할 경우 단면적은 얼마 이상의 것을 써야 하는가?

① 40[mm²] ② 15[mm²]
③ 25[mm²] ④ 20[mm²]

해설
덕트 공사
17번 해설 참조

★★☆☆☆
19 버스 덕트 배선에서 덕트의 최대 폭[mm]과 강판의 두께[mm]가 틀린 것은?

① 폭 150[mm] 이하일 때 두께 1.0[mm] 이상
② 폭 150[mm] 초과 300mm 이하일 때 두께 1.4[mm] 이상
③ 폭 300[mm] 초과 500mm 이하일 때 두께 1.6[mm] 이상
④ 폭 700[mm] 초과일 때 두께 2.0[mm] 이상

[정답] 15 ② 16 ③ 17 ② 18 ④ 19 ④

해설

덕트 공사
버스 덕트 배선에서 덕트의 최대 폭[mm]과 강판의 두께[mm]
① 폭 150[mm] 이하일 때 두께 1.0[mm] 이상
② 폭 150[mm] 초과 300[mm] 이하 일 때 두께 1.4[mm] 이상
③ 폭 300[mm] 초과 500[mm] 이하 일 때 두께 1.6[mm] 이상
④ 폭 500[mm] 초과 700[mm] 이하 일 때 두께 2.0[mm] 이상
⑤ 폭 700[mm] 초과 두께 2.3[mm] 이상

20 ★★☆☆☆ 실내의 변압기와 배전반 사이나 분전반 사이의 간선에서 분기접점이 없는 전선로에 사용하는 덕트는?

① 피더 버스 덕트
② 트롤리 버스 덕트
③ 플러그인 버스 덕트
④ 와이어 덕트

해설

덕트 공사
버스덕트의 종류
① 피 이 더 버스덕트 : 도중에 부하를 접속하지 않는 버스덕트로 옥내용(환기형 비환기형), 옥외용(환기형 비환기형) 두 가지로 나뉜다.
② 익스팬션 버스덕트 : 옥내용(비환기형) 직선부분이 30m초과 시 삽입하여 온도변화 진동 등으로 인한 버스덕트의 신축 작용 등을 흡수하기 위하여 사용
③ 탭붙이 버스덕트 : 옥내용(비환기형) 버스덕트를 배전반에 접속할 때 사용
④ 트랜스포지션 버스덕트 : 옥내용(비환기형) 각상의 임피던스 평균을 측정하기 위해 도체 상호간의 위치를 바꾼 것
⑤ 플러그인 버스덕트 : 도중에 부하접속용으로 꽂음 플러그를 설치한 버스덕트로 옥내용(환기형 비환기형) 이 있다.
⑥ 트롤리 버스덕트 : 도중에 이동 부하 접속용 트롤리 접촉식 구조

21 ★★☆☆☆ 플로어덕트의 최대 폭이 200[mm] 초과시 플로어 덕트 판 두께는 몇 [mm] 이상이어야 하는가?

① 1.2　　② 1.4
③ 1.6　　④ 1.8

해설

덕트 공사
플로어 넉트 배선에서 덕트의 최대 폭[mm]과 강판의 두께[mm]
① 폭 150[mm] 이하일 때 두께 1.2[mm] 이상
② 폭 150[mm] 초과 200[mm] 이하일 때 두께 1.4[mm] 이상
③ 폭 200[mm] 초과 두께 1.6[mm] 이상

22 ★★☆☆☆ 플로어 덕트 시스템의 정션박스에 덕트를 접속하지 않는 곳을 막기 위하여 사용되는 것은?

① 앤드 플러그　　② 어댑터
③ 블랭크 와셔　　④ 드릴 와셔

해설

덕트 공사
블랭크와셔 : 덕트의 종단부를 폐쇄를 하거나 정션박스에 덕트를 접속 하지 않는 곳을 막기 위하여 사용되는 것

23 ★★☆☆☆ 플로어 덕트 설치 그림(약식) 중 블랭크 와셔가 사용되어야 할 부분은?

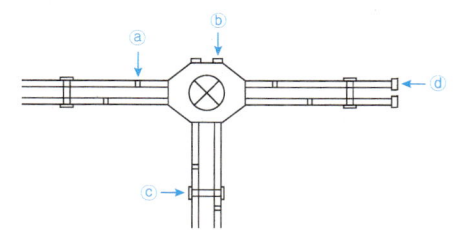

① ⓐ　　② ⓑ
③ ⓒ　　④ ⓓ

해설

덕트 공사
22번 해설 참조

[정답] 20 ①　21 ③　22 ③　23 ②

★★☆☆☆
24 플로어 덕트 시공 중 엔드엘보의 사용처는 다음 중 어느 것인가?

① 덕트 끝에서 덕트를 수직으로 배관할 때 필요한 덕트와 덕트의 접속 금구
② 정션 BOX에 파이프를 인입시킬 때 BOX와 파이프의 접속 금구
③ 덕트 끝에서 파이프를 수직으로 배관할 때 필요한 덕트와 파이프의 접속 금구
④ 인서트 슈트에서 하이텐숀 및 로우텐숀을 취부하기 위한 접속 금구

해설
덕트 공사
엔드 엘보우 : 덕트 끝에서 pipe를 수직 배관 시 파이프와 덕트의 접속금구

★★☆☆☆
25 조명기구나 소형전기기구에 전력을 공급하는 것으로 상점이나 백화점, 전시장 등에서 조명기구의 위치를 바꾸기가 빈번한 곳에 사용되는 것은?

① 라이팅덕트   ② 스포트라이트
③ 다운라이트   ④ 코퍼라이트

해설
덕트 공사
라이팅 덕트 : 400[V] 이하 조명기구나 소형전기기구에 전력을 공급하는 것으로 상점이나 백화점, 전시장 등에서 조명기구의 위치를 바꾸기가 빈번한 곳에 사용하며 지지점은 2[m]이다.

★★☆☆☆
26 케이블 또는 절연도체의 내부 단면적이 전선관 단면적의 몇을 초과할 수 없는가?

① $\frac{1}{2}$ ② $\frac{1}{3}$
③ $\frac{1}{4}$ ④ $\frac{1}{5}$

해설
배관공사
전선관내 단면적은 $\frac{1}{3}$을 초과할 수 없다.

★★☆☆☆
27 합성 수지관 배선공사에서 틀린 것은?

① 관 말단 부분에서는 전선 보호를 위하여 부싱을 사용한다.
② 합성 수지관 내에서 전선에 접속점을 만들어서는 안된다.
③ 배선은 절연전선(옥외용 비닐 절연전선을 제외한다.)을 사용한다.
④ 합성 수지관을 새들 등으로 지지하는 경우는 그 지지점 간의 거리를 1.5[m] 이하로 한다.

해설
배관공사
절연부싱 : 금속관 공사시 전선의 피복손상 방지를 위해 관 끝에 설치

★★☆☆☆
28 PVC PIPE 의 부속 자재중 콘넥터(또는 PIPE 콘넥터)의 사용상의 용도는 다음 중 어느 것인가?

① 관과 노멀 밴드의 접속에 사용된다.
② 관과 관 또는 관과 BOX 와의 접속에 사용된다.
③ 관과 BOX 와의 접속에 사용된다.
④ 관과 관의 접속에 사용된다.

해설
배관공사
합성수지관 부속품
① 커플링 : 관과 관 상호 접속 시
② 유니온 커플링 : 돌려 끼울 수 없는 관 상호 접속기구
③ 커넥터 : 관과 박스를 접속 시
④ 노멀밴드 : 배관의 직각 굴곡에 사용
⑤ 새들 : 관을 조영재에 지지 (지지점은 1.5[m])

★★☆☆☆
29 가요 전선관 공사에 의한 저압옥내 배선에서 틀린 것은?

① 전선은 절연전선 일 것
② 제1종 금속제 가요 전선관의 두께는 0.5[mm] 이상일 것
③ 내면은 전선의 피복을 손상하지 아니하도록 매끈한 것일 것
④ 가요 전선관 안에는 전선에 접속점이 없도록 할 것

[정답] 24 ③ 25 ① 26 ② 27 ① 28 ③ 29 ②

해설

배관공사
가요 전선관의 종류
① 제1종 가요전선관 : 플렉시블 콘디트라 하며 전면을 아연도금하고 0.8[mm] 이상의 파상 연강대가 빈틈없이 나선형으로 감겨져 유연성이 풍부한 구조이며 저압 옥내 배선에서는 시공을 금지한다.
② 제2종 가요전선관 : 플리커 튜브라고 하며 별개의 테이프 모양의 납도금을 한 띠강 2매와 파이버 1매를 조합하여 기밀성, 내열성, 내습성, 내진성이며 기계적 강도가우수

30 ★★☆☆☆ 2층 천장 내에서 옥내배선으로부터 분기하여 조명기구에 접속하는 배선 작업에 있어서 배선의 길이가 30[cm]를 넘고 또 점검할 수 없는 곳이라면 쓸 수 없는 재료는?

① 절연 전선
② 케이블
③ 제1종 가요 전선관
④ 제2종 가요 전선관

해설
배관공사
29번 해설 참조

31 ★★☆☆☆ 제 2종가요 전선관이란 다음 중 어느 것인가?

① 아연 도금한 연강띠 2매를 조합한 가요 전선관
② 테이프 모양의 납 도금을 한 띠강 1매와 파이버 1매, 계 2매를 조합한 가요 전선관
③ 아연 도금한 연강띠와 납 도금한 띠강계 2매를 조합한 가요 전선관
④ 테이프 모양의 납 도금을 한 띠강 2매와 파이버 1매, 계 3매를 조합한 가요 전선관

해설
배관공사
29번 해설 참조

32 ★★☆☆☆ 가요전선관과 박스와의 접속에 사용되는 것은?

① 스트레이트 박스 커넥터
② 스플릿 커플링
③ 파이프 클램프
④ 컴비네이션 유니온 커플링

해설
배관공사
가요전선관 부속품
① 스트레이트 박스 커넥터(플렉시블 커넥터) : 전선관과 박스와의 접속 시
② 플렉시블 커플링 및 스플릿커플링 : 가요전선관 과 가요전선관 상호를 결합 하는 곳에 사용
③ 컴비네이션 커플링 : 가요전선관과 금속관 결합하는 곳에 사용
④ 컴비네이션 유니온 커플링 : 돌려서 접속할 수 없는 경우의 가요전선관과 금속관을 결합하는 곳에 사용
⑤ 앵글 박스 커넥터(더블 커넥터) : 직각으로 박스에 붙일 때 사용
⑥ 플렉시블 피팅 : 전동기단자함과 금속관 사이 접속되는 짧은 부분에 시공
⑦ 새들 : 관을 조영재에 지지

33 ★★☆☆☆ 그림의 재료는 무엇인가?

① Clamp
② Expansion Joint
③ Nipples
④ Flexible connector

해설
배관공사
32번 해설 참조

34 ★★☆☆☆ 금속관 배선에 대한 설명 중 틀린 것은?

① 전자적 평형을 위해 교류회로는 1회로의 전선을 동일관 내에 넣지 않는 것을 원칙으로 한다.
② 교류회로에서 전선을 병렬로 사용하는 경우 관내에 전자적 불평형이 생기지 않도록 한다.

[정답] 30 ③ 31 ④ 32 ① 33 ④ 34 ①

③ 금속관 내부 단면적은 $\frac{1}{3}$을 초과하지 않도록 시설한다.

④ 금속관내 접속점은 없어야 한다.

> 🔍 해설

배관공사
교류 회로에서 전선을 병렬로 사용하는 경우에는 "전선의 병렬사용"의 규정에 따르며, 관 내에 전자적 불평형이 생기지 아니하도록 시설하여야 한다.
전자적 평형을 위해 교류회로는 1회로의 전선을 동일관 내에 전부 넣는 것을 원칙으로 한다.

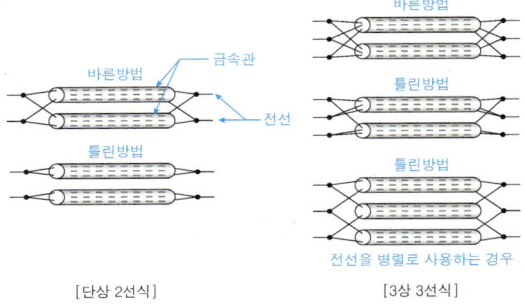

[단상 2선식]　　　　　　[3상 3선식]

★★☆☆☆
35 옥내배선의 사용전압이 200[V]인 경우에 이를 금속관공사에 의하여 시설하려고 한다. 다음 중 옥내배선의 시설로서 옳은 것은?

① 전선은 옥외용 비닐전선을 사용하였다.
② 전선은 연선을 사용하나 단면적 10[mm²] 이하의 것은 단선을 사용할 수 있다.
③ 콘크리트에 매설하는 전선관의 두께는 1.0[mm]를 사용하였다.
④ 금속관에는 접지공사를 하였다.

> 🔍 해설

금속관공사
- 전선의 종류
  절연전선 일 것(옥외용 비닐 절연전선을 제외)
- 전선은 연선일 것. 단, 다음의 것은 적용하지 않는다.
  단면적 10[mm²](알루미늄선은 단면적 16[mm²] 이하의 것)
- 두께
  콘크리트에 매설 시 전선관의 두께 1.2[mm] 이상

★★☆☆☆
36 다음에서 금속관 공사의 특징이 아닌 것은?

① 완전히 접지할 수 있으므로 누전화재의 우려가적다.
② 방폭공사를 할 수 있다.
③ 거의 모든 시설장소에 사용할 수 있다.
④ 내산, 내알칼리성이 있으므로 화학공장 등에 적합하다.

> 🔍 해설

배관공사
금속관 공사의 특징
① 전선이 기계적으로 완전 보호
② 완전히 접지 할 수 있어 감전의 위험과 화재의 우려가적다.
③ 방폭 공사를 할 수 있다.
④ 전선피복의 손상 우려가적고 교환이 편리하나 다른 배관공사에 비하여 시공이 어렵다.
⑤ 외부 충격에 강하며 기계적 강도가크다.
⑥ 모든 장소에 시설이 가능하다.

★★☆☆☆
37 금속 전선관에 16[mm]라고 표기되어 있다. 무엇을 의미하는가?

① 두께 중심과 두께 중심 사이
② 외경
③ 내경
④ 나사피치와 피치 사이

> 🔍 해설

배관공사
금속관의 규격

구 분	후강 전선관(약호 : G)	박강 전선관(약호 : C) 나사가 없는 전선관
관의 호칭	근사 내경의 짝수(10종)	근사 외경의 홀수(7종)
관의 굵기[mm]	16, 22, 28, 36, 42, 54,70, 82, 92, 104	19, 25, 31, 39, 51, 63, 75
관의 두께[mm]	2.3[mm]	1.2[mm]
한 본의 길이	3.66[m]	3.66[m]

※ KSC 규격에서 약호 : 박강전선관(AC), 후강 전선관(BC)

[정답] 35 ② 36 ④ 37 ③

★★☆☆☆

38 후강전선관은 바깥지름 21[mm] 이상, 안지름 16.4[mm] 이상이다. 두께는 몇 [mm] 이상인가?

① 1.2
② 1.9
③ 2.0
④ 2.3

🔵 해설

배관공사
후강 전선관의 상세 규격

관의 호칭	바깥 지름	근사 두께	근사 안지름
16	21.0	2.3	16.4
22	26.5	2.3	21.9
28	33.3	2.5	28.3
36	41.9	2.5	36.9
42	47.8	2.5	42.8
54	59.6	2.8	54.0
70	75.2	2.8	69.6
82	87.9	2.8	82.3
92	100.7	3.5	93.7
104	113.4	3.5	106.4

★★☆☆☆

39 후강 전선관으로서 부적당한 것은?

① 관의 두께는 2.3[mm] 이상이다.
② 1본의 길이는 3.6[m]로 되어 있다.
③ 관의 호칭은 바깥지름의 크기에 가까운 짝수로 정한다.
④ 관의 호칭은 16[mm]에서 104[mm]까지 10 종으로 구분된다.

🔵 해설

배관공사
37번 해설 참조

★★☆☆☆

40 박강 전선관으로서 부적당한 것은?

① 노출 배관으로 공사하였다.
② 관의 근사 두께 1.0[mm] 이상이다.

③ 관의 호칭은 19[mm]에서 75[mm]까지 7종으로 구분된다.
④ 관의 호칭은 바깥지름의 크기에 가까운 홀수로 정한다.

🔵 해설

배관공사
37번 해설 참조

★★☆☆☆

41 강제 전선관 중 설명이 틀린 것은?

① 후강 전선관과 박강 전선관으로 나누어진다.
② 녹이 스는 것을 방지하기 위해 건식 아연도금법이 사용된다.
③ 폭발성 가스나 부식성 가스가있는 장소에 적합하다.
④ 주로 강으로 만들고 알루미늄이나, 황동, 스테인레스 등은 강제관에서 제외된다.

🔵 해설

배관공사
강제전선관이란 주로 강으로 만들고 알루미늄이나, 황동, 스테인레스 등은 강제관에 포함된다

★★☆☆☆

42 박강 전선관의 굵기 가운데 공칭값[mm]이 아닌 것은?

① 19
② 24
③ 31
④ 51

🔵 해설

배관공사
37번 해설 참조

★★☆☆☆

43 박강 전선관의 기호는? (단, KSC 규정상)

① BC
② EC
③ AC
④ DC

[정답] 38 ④ 39 ③ 40 ② 41 ④ 42 ② 43 ③

해설
배관공사
37번 해설 참조

★★☆☆☆
44 후강 전선관의 규격이 아닌 것은?
① 22 [mm] ② 42 [mm]
③ 72 [mm] ④ 82 [mm]

해설
배관공사
37번 해설 참조

★★☆☆☆
45 후강 전선관의 기호는? (단, KSC 규정상)
① BC ② AC
③ EC ④ OC

해설
배관공사
37번 해설 참조

★★☆☆☆
46 바닥 밑으로 매입 배선할 때 사용하는 것은?
① 플로어 박스 ② 엔트런스 캡
③ 폭 너트 ④ 픽스쳐 스터드

해설
배관공사
금속관배관 부속품
① 로크너트 : 박스에 금속관을 고정(접속)시킬 때
② 아우트렛박스 (Out-let Box)=조인트 박스(Joint Box) : 전선접속점 배관이 분기되는 곳, 조명기구, 콘센트 취부(고정)시 사용되며 4각 박스와 8각 박스가있다.
③ 절연부싱 : 금속관 공사시 전선의 피복손상 방지를 위해 관 끝에 설치
④ 링리듀서(링듀우서) : 박스와 관 접속시 박스의 지름이 관의 지름보다 커 로크너트만으로 고정이 어려울 때
⑤ 커플링 : 금속관과 금속관의 상호 접속 시
⑥ 유니온 커플링 : 돌려 끼울 수 없는 금속관 상호 접속 시

⑦ 서비스(터미널)캡 : 옥내 저압가공 인입선에서 금속관으로 옮겨지는 곳 또는 금속관에서 전선을 뽑아 전동기 단자 부분에 접속할 때 전선을 보호하기 위해 관 끝에 설치
⑧ 엔트런스캡(우에샤 캡) : 저압 가공 인입구에서 수용장소로 들어가는 관단에 설치 먼지 및 빗물의 침입을 방지
⑨ 픽스터 스터드 및 히키 : 무거운 조명기구를 박스에 취부 할 때 사용
⑩ 노멀밴드 : 매입배관공사시의 관을 직각으로 구부리는데 사용하며 후강 전선관용, 박강 전선관용, 나사없는 전선관용이 있다.
⑪ 유니버셜 엘보우 : 노출배관 공사 시 관을 직각으로 구부리는데 사용하며 T, LL, LB, C(박강용) 형이 있다.
⑫ 플로어 박스 : 바닥에 매입 배선 시 콘센트 등을 바닥에 취부
⑬ 콘크리트 박스 : 콘크리트에 매입용으로 아우트렛 박스와 같은 목적을 가진 박스
⑭ 스위치 박스 : 매입형의 스위치나 콘센트를 고정하는데 사용.
⑮ 풀박스 : 전선의 통과를 쉽게 하기 위하여 배관 도중에 설치하며 금속관에서 직각 또는 직각에 가까운 굴곡장소가 3개소를 초과하는 장소 또는 금속관의 길이가 25[m]가초과하는 장소에 시설한다.
⑯ 접지 클램프(어스 클립) : 금속관 공사 시 관을 접지하거나 본딩 작업을 할 때 사용

★★☆☆☆
47 금속 전선관용 부품 중 박스에 금속관을 고정할 때 사용하는 것은?

①  ②

③  ④

해설
배관공사
46번 해설 참조
그림 ① : 로크너트, ② : 링레듀서, ③ 절연부싱, ④ 새들

★★☆☆☆
48 무거운 조명 기구를 파이프로 매달 때 사용하는 것은?
① 노멀 밴드 ② 엔트런스 캡
③ 픽스쳐스터드와 히키 ④ 파이프 행거

해설
배관공사
46번 해설 참조

[정답] 44 ③ 45 ① 46 ① 47 ① 48 ③

49 배관공사, 금속 덕트, 케이블 랙 등을 사용한 간선방식에서 전선을 당기기 위해 배관거리 몇 [m]를 넘는 직선거리 마다 풀 박스를 사용하는가?

① 15[m] ② 20[m]
③ 25[m] ④ 30[m]

해설
배관공사
46번 해설 참조

50 금속관을 노출공사에 쓸 때에 관을 조영재에 부착하는 재료는?

① 터미널 캡 ② 새들
③ 히키   ④ 엔트런스캡

해설
배관공사
46번 해설 참조

51 금속관 공사용 재료가 아닌 것은?

① Coupling ② Saddle
③ Bushing   ④ Cleat

해설
배관공사
46번 해설 참조
Cleat : 저압 애자를 노출 공사시 사용하는 자재이다.

52 접지선을 전선관에 접속할 때 사용하는 재료는?

① 엔드캡   ② 어스클립
③ 터미널 캡 ④ 픽스쳐 하키

해설
배관공사
46번 해설 참조

53 배관공사중 양쪽의 관을 돌릴 수 없는 경우에 사용되는 접속 기구는?

① 엔트런스 캡   ② 유니온 커플링
③ 유니버설 엘보   ④ 링 리듀서

해설
배관공사
46번 해설 참조

54 노출 배관용 자재 중 유니버설 엘보의 부속품 종류에 해당되지 않는 것은?

① T형   ② G형
③ LL형 ④ LB형

해설
배관공사
46번 해설 참조

55 유니버설 휘팅(전선관용)의 종류는 박강 전선관용 유니버설, 후강 전선관용 유니버설, 나사 없는 전선관용 유니버설이 있다. 이 중 박강 전선관용 유니버설형은 어떻게 표시하는가? (단, KSC 규정상)

① LL형 ② LB형
③ T형   ④ C형

해설
배관공사
46번 해설 참조

56 강제 전선관공사 중 노출 배관공사에서 관을 직각으로 굽히는 곳에 사용한다. 3방향으로 분기할 수 있는 T형과 4방향으로 분기할 수 있는 크로스(cross)형이 있는 자재는?

① 새들   ② 유니온 커플링
③ 유니버설 엘보우 ④ 노멀 밴드

[정답] 49 ③ 50 ② 51 ④ 52 ② 53 ② 54 ④ 55 ④ 56 ③

해설
배관공사
46번 해설 참조

57. ★★☆☆☆
저압 가공 인입선에서 금속관 공사로 옮겨지는 곳 또는 금속관으로부터 전선을 뽑아 전동기 단자 부분에 접속할 때 사용하는 것은?

① 엘보
② 터미널 캡
③ 접지클램프
④ 엔트런스 캡

해설
배관공사
46번 해설 참조

58. ★★☆☆☆
옥외의 빗물의 침입을 막는데 사용하며 금속관 공사의 인입구 관 끝에 사용하는 재료는?

① 링리듀서
② 서비스 엘보우
③ 강제부싱
④ 엔트런스 캡

해설
배관공사
46번 해설 참조

59. ★★☆☆☆
서비스 캡이라고도 하며, 노출배관에서 금속관 배관으로 할 때 관단에 사용하는 재료는?

① 부싱
② 엔트런스 캡
③ 터미널 캡
④ 노크 너트

해설
배관공사
46번 해설 참조

60. ★★☆☆☆
다음 그림은 무엇을 표시한 것인가?

① 케이블 헤드
② 엔드 캡
③ 엔트런스 캡
④ 터미널 캡

해설
배관공사
46번 해설 참조

61. ★★☆☆☆
금속관 사용 시 케이블 및 절연전선의 피복 손상 방지용으로 사용되는 것은?

① 로크너트
② 부싱
③ 커플링
④ 엘보

해설
배관공사
46번 해설 참조

62. ★★☆☆☆
다음 중 방폭배관의 부속품이 아닌 것은?

① 씨링 휘팅
② 드레인 휘팅
③ 타워 휘팅
④ 콘듀레이트 휘팅

해설
배관공사
방폭 배관 부속품
① 실링 휘팅
② 드레인 휘팅
③ 콘듀레이트 휘팅
타워 휘팅(tower fitting)은 345[kV] 가공 송전선로의 애자 장치를 철탑에 고정시켜주는 역할을 하는 금구이다.

[정답] 57 ② 58 ④ 59 ③ 60 ③ 61 ② 62 ③

★★☆☆☆

63 금속을 아우트렛 박스의 로크아웃에 취부할 때 로크아웃의 구멍이 관의 구멍보다 클 때 보조적으로 사용 되는 것은?

① 링 리듀서
② 엔트런스 캡
③ 부싱
④ 엘보

🔍 **해설**

배관공사
46번 해설 참조

★★☆☆☆

64 금속관과 박스 또는 캐비닛을 접속할 때 때때로 사용되는 재료는?

① 터미널 캡
② 커플링
③ 서비스 캡
④ 링 리듀서

🔍 **해설**

배관공사
46번 해설 참조

★★☆☆☆

65 특수 아우트렛 박스의 종류가아닌 것은?

① 8각 특수 아우트렛 박스
② 중형 4각 특수 아우트렛 박스
③ 소형 8각 특수 아우트렛 박스
④ 대형 4각 특수 아우트렛 박스

🔍 **해설**

배관공사
특수 아우트렛박스는 8각과 중형 4각(얕은형, 깊은형), 대형4각(얕은형, 깊은형)을 사용한다.

★★☆☆☆

66 HOT DEEP GALVANISM PIPE의 사용처로 가장 적합한 곳은 다음 중 어느 것인가?

① 염분이 많은 해변가또는 방폭설비의 노출배관
② 아파트 또는 고층 빌딩의 전력간선 배관
③ 수전반 또는 배전반 내의 조작선 및 조작 케이블의 관로
④ 굴곡이 심하여 배관이 어려운 곳

🔍 **해설**

배관공사
46번 해설 참조

★★☆☆☆

67 비닐외장 케이블을 구부리는 경우 굴곡부의 굴곡반경은 케이블 완성품 외경의 몇 배 이상으로 하여야 하는가? (단, 단심인 경우는 제외)

① 6
② 8
③ 10
④ 12

🔍 **해설**

케이블 공사 및 케이블 트레이 공사
① 연피가있는 케이블 공사
  ⓐ 연피가있는 케이블 종류 : 강대외장케이블, 주우트권케이블, 연피케이블
  ⓑ 케이블 구부리는 경우 : 케이블 바깥지름의 12배이상의 반지름으로 구부릴 것(단, 금속관에 넣는 것 15배 이상)
② 연피가없는 케이블
  ⓐ 연피가없는 케이블 종류 : 캡타이어케이블, 고무 외장케이블, 비닐 외장케이블, 클로로프렌 외장케이블, 비금속 외장 케이블
  ⓑ 케이블 구부리는 경우 : 케이블 완성품 바깥 지름의 6배 (단심인 경우 8배) 이상의 반지름

★★☆☆☆

68 케이블을 구부리는 경우 피복이 손상되지 않도록 굴곡부의 곡률반경을 원칙적으로 바깥지름의 12배 이상으로 하는 케이블은?

① 비닐외장 케이블
② 폴리에틸렌외장 케이블
③ 콘크리트 직매용 케이블
④ 알루미늄피 케이블

🔍 **해설**

케이블 공사 및 케이블 트레이 공사
67번 해설 참조
알루미늄피 케이블도 연피가있는 케이블이다.

[정답] 63 ① 64 ④ 65 ③ 66 ① 67 ① 68 ④

★★☆☆☆

69 다음 중 케이블트레이의 종류에 해당되지 않는 것은?

① 사다리형 케이블트레이
② 통풍 채널형 케이블트레이
③ 밀폐형 케이블트레이
④ 바닥 통풍형 케이블트레이

🔍 **해설**

케이블 공사 및 케이블 트레이 공사
금속제 케이블 트레이 종류
① 채널형 : 바닥통풍형, 바닥밀폐형복합채널 단면으로 구성된 조립 금속구조로 폭이 150[mm] 이하
② 사다리형 : 길이방향의 양측면 레일을 각각의 가로 방향 부재로 연결한 조립금속구조
③ 바닥밀폐형 : 일체식, 분리식 직선방향 옆면레일에서 개구부가없는 조립금속 구조
④ 바닥통풍형 (트러후형) : 일체식, 분리식 직선방향 옆면 레일에서 바닥에 통풍구가있는 것으로 폭이 100[mm]를 초과하는 조립 금속구조

★★☆☆☆

70 케이블트레이에 사용할 수 없는 케이블은?

① 난연성 케이블 ② 연피 케이블
③ 알루미늄피 케이블 ④ 비닐 절연전선

🔍 **해설**

케이블 공사 및 케이블 트레이 공사
케이블 트레이 공사에 사용되는 전선은 연피케이블, 알루미늄피 케이블 등 난연성 케이블, 기타 케이블(적당한 간격으로 연소방지 조치를 하여야 한다) 또는 금속관 혹은 합성수지관 등에 넣은 절연 전선을 사용하여야 한다.

★★☆☆☆

71 케이블트레이 및 부속재 선정에서 적합하지 않은 것은?

① 수용된 모든 전선을 지지할 수 있는 적합한 강도의 것이어야 한다.
② 비금속재 케이블트레이는 난연성 재료의 것이어야 한다.
③ 지지대는 케이블트레이 자체하중과 포설된 케이블 하중을 충분히 견딜 수 있는 강도를 가져야 한다.
④ 케이블트레이의 안전률은 1.4 이하로 하여야 한다.

🔍 **해설**

케이블 공사 및 케이블 트레이 공사
케이블트레이 시설 규정
① 수용된 모든 전선을 지지할 수 있는 적합한 강도의 것이어야 한다. 이 경우 케이블트레이의 안전율은 1.5 이상으로 하여야 한다.
② 지지대는 트레이 자체하중과 포설된 케이블하중을 충분히 견딜수 있는 강도를 가져야 한다.
③ 전선의 피복 등을 손상시킬 돌기 등이 없이 매끈하여야 한다.
④ 금속재의 것은 적절한 방식처리를 한 것이거나 내식성 재료의 것이어야 한다.
⑤ 측면 레일 또는 이와 유사한 구조재를 취부하여야 한다.
⑥ 배선의 방향 및 높이를 변경하는데 필요한 부속재 기타 적당한 기구를 갖춘 것이어야 한다.
⑦ 비금속제 케이블트레이는 난연성 재료의 것이어야 한다.
⑧ 금속제 케이블트레이 계통은 기계적 및 전기적으로 완전하게 접속하여야 하며 접지공사를 하여야 한다.
⑨ 케이블이 케이블트레이 계통에서 금속관, 합성수지관 등 또는 함으로 옮겨가는 개소에는 케이블에 압력이 가하여지지 않도록 지지

[정답] 69 ③ 70 ④ 71 ④

electrical engineer

Chapter 04 가공인입선 및 배전선 공사

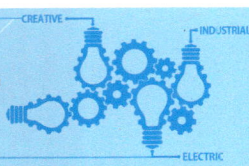

출제경향분석

제4장 가공인입선 및 배전선공사에서 시험에 자주 출제가 되는 내용은 다음과 같다.
❶ 장주 및 건주 재료
❷ 애자
❸ 배전 선로 보호기구
❹ 철탑

1 장주 및 건주 재료

1. 장주 시 지지물과 부속재료

1) 지지물의 최소길이

가공전선로의 지지물 중 가공배전선로에 주로 사용되는 지지물은 철근 콘크리트주를 사용하며 저압 8[m] 이상, 고압 10[m] 이상, 22.9[kV], 12[m] 이상 설치

2) 완금(완철)

지지물에 전선을 고정 시키기 위하여 사용되는 아연도금으로 된 금구이며 ㄱ완금과 경(ㅁ)완금을 배전선로에서 가장 많이 사용 된다.

① 완금 고정 부품
    ⓐ U볼트 : 완목이나 완금을 철근 콘크리트주에 붙이는 경우 (단 목주는 볼트) 또는 전주와 지선용 근가 연결 시 사용되는 금구
    ⓑ 암밴드 : 완금을 고정 시키는 것
    ⓒ 암타이 : 완목이나 완금이 상하로 움직이는 것을 방지하는 금구
    ⓓ 암타이 밴드 : 전주에 암타이 설치하기 위해 사용하는 금구
    ⓔ 완금밴드 : 배전선로용 콘크리트 전주의 크로스암(ㄱ형 완금 및 경완금)을 설치하기 위하여 사용하는 금구
    ⓕ 머신(M)볼트(육각머리볼트) : 경완금으로서 크로스암을 겹크로스 암으로 하여 완금밴드 장주시 완금과 완금 상호를 연결해주는 재료로서 완금밴드를 취부하여 고정하는 재료
    ⓖ 앵글 베이스 : 완금 또는 앵글류의 지지물에 COS(컷아웃스위치) 또는 핀애자를 고정시키는 금구
    ※ ㄱ형 완금은 U볼트로 취부 후 암타이, 암타이 밴드로 고정하고 경 완금 U볼트로 취부 후 완금밴드로 고정한다.

② 배전용 완금(완철)의 표준길이 및 규격

가선수	저압	고압	특고압
2	900	1400	1800
3	1400	1800	2400
4	–	2400	–
5	–	2600	–

> 예 ㄱ 90×90×9×2400 : ㄱ 완금의 규격×가로×세로×두께×길이를 뜻한다.

3) 완금(완철) 설치 기준

① 완철 설치 위치 및 방법
   ⓐ 단완철은 전원의 반대측(부하측)에 설치함을 원칙으로 한다.
   ⓑ 인류 및 분기주의 완철은 장력의 반대 측에 설치한다.
   ⓒ 철도, 도로, 약전선 또는 하천 등을 횡단 시 횡단 경간 반대 측에 설치한다.
   ⓓ 보호선(망)용 완철은 장력 방향의 반대 측에 설치한다.
   ⓔ 하부 완철은 상부 완철과 동일 측에 설치한다.
   ⓕ 완철은 교통에 지장이 없는 한 긴 쪽을 도로 측으로 한다.
   ⓖ 완철용 M볼트 완철의 반대 측에 삽입하고 완철이 밀착 되도록 조여야 한다.
   ⓗ 동일 전주에 설치되는 완철은 평행하게 설치한다.
   ⓘ 직선선로에 설치되는 완철은 전선로에 대하여 직각으로 설치 한다.
   ⓙ 수평각도 30° 미만의 각도주의 완철은 양측 전선이 이루는 각고의 2등분 방향으로 설치한다.
   ⓚ 수평각도 30° 이상인 경우(인류주)의 완철은 양측전선에 직각이 되도록 시설한다.
② 보통장주와 창출 또는 편출 개소에는 완철 밴드, 볼트, 암타이 등을 완철의 종류, 규격에 따라 설치한다.

3) 지선

① 지선 밴드 : 지선을 지지물에 부착 할 때 사용되는 금구류

종 류	규격(내경×볼트중심간 거리)[mm]
2방 밴드	150×203
〃	180×240
〃	200×260
〃	220×280
〃	250×311
3방 밴드	150×203
〃	180×240
〃	200×260
〃	220×280
〃	250×311
4방 밴드	150×203
〃	180×240
〃	200×260
〃	220×280
〃	250×311

② 지선 : 아연도철(강)선 4.0[mm] 3조 이상, 2.6[mm] 7가닥이상을 꼬아서 연선형태
③ 지선애자 : 구형 애자, 옥애자 라고도 하며, 지지물(전주등)측에 설치된 지선의 일단을 대지 측과 절연시키기 위하여 지선의 중간 부분에 설치하는 지선절연용 애자
④ 지선 로드(롯트) : 지선 및 지선용 근가를 연결하는 금구
⑤ 턴버클 : 지선 설치 시 지선에 장력을 주어 고정 시킬 때 필요한 금구
⑥ 지선용 앵커 : 가공배전선로에서 지선용 근가 설치가 용이하지 않은 개소에 근가 대신에 타입하여 지선의 장력을 지지토록 하는 앵커
⑦ 지선용 클램프 : 아연도 강연선 상호간 접속용으로 사용
⑧ 지선 콘크리트 근가 : 지선 로드가 대지에서 빠지지 않도록 하는 자재 규격 700[mm]

4) 기타

① 행거밴드 : 주상 변압기를 전주에 설치 시 사용하는 금구
② 랙(rack) : 저압 가공선을 전주에 수직 배선하고자 할 때 사용하며 암타이밴드에 연결 사용하는 금구류
③ 랙 밴드 : 전주에 랙을 설치 시 필요한 금구
④ 발판볼트(폴스텝) : 전주에 승주하기 위한 보조기구로 전주에 설치된 볼트를 말하며 너트와 와셔로 되어 있으며 지표상 1.8[m]에서 완철하부 0.9[m]까지 취부 한다.
⑤ 인입용 완금 : 전선을 지지하기 위하여 수용가측 설비에 부착하여 사용하는 ㄱ자형으로 생긴 형강

2. 건주시 지지물과 부속재료

1) 근가

전주가 외부장력에 견디지 못하고 힘이 가해지는 방향으로 기우는 것을 막기 위하여 전주 밑부분에 설치하는 철근콘크리트 자재

① 지표면 하 보통0.4[m]로 산정 지반이 연약한 곳은 0.5[m] 이상의 깊이에 취부한다.
② 근가의 규격

전주길이[m]	7~8	9~10	12~14	15	16
근가길이[m]	1.0	1.2	1.5	1.8	1.8 이상

③ 근가블록의 취부 방향은 직선선로에서는 건로 방향으로 전주 1본마다. 좌, 우 교대로 취부 한다.
④ 전주의 규격에 따른 근가용 U-Bolt 직경

전주길이[m]	7~8	9~10	12~14	15~16
직경×길이[m]	270×500	320×550	360×590	400×630

2 애자

1. 애자의 종류

1) 가공송·배전선로에서 쓰이는 애자의 종류

① 핀 애자 : 직선 선로 및 60[kV] 이하의 배전 선로
② 가지 애자 : 전선을 다른 방향으로 돌리는 부분
③ 저압 곡핀 애자 : 저압 인입선
④ 인류애자 (끝맺음 애자) : 전선로의 인류개소 및 배전선로 중성선
　　ⓐ 고압 인류 대애자의 내전압 : 40[kV]
　　ⓑ 고압 인류 소애자의 내전압 : 35[kV]
⑤ 현수애자 : 송배전용, 전기 철도용의 전선로 및 발변전소와 통신선용의 인류용으로 사용하며 경질 자기제 상하에 연결금구를 시멘트로 접착시켜 만들며, 표준형 지름은 180, 250(254), 280, 320[mm]가 있으며 송전용 볼 소켓형 연수애자는 250[mm]를 주로 사용하며 고압 전선로 및 22.9[kV-Y]의 내장주에 사용하는 것은 191[mm]를 사용한다.

※ 전압에 따른 현수애자의 연결 개수 250[mm]기준

22.9[kV]	66[kV]	154[kV]	345[kV]	765[kV]
2~3개	4~6개	9~11개	19~23개	39~43개

⑥ 라인 포스트 애자(LP애자) : 특고압 배전선로에 주로 사용하며 절연전선 및 B급 이상 염진해 지역에 사용되는 애자
⑦ 내장 애자 : 전선로의 지지물의 경간차가 큰 부분에 사용
⑧ 내무 애자 : 분진 또는 염해에 의한 섬락 사고를 방지하기 위한 송전용 애자
⑨ 폴리머 애자 : 배전선로에 사용되는 특별고압 애자 중 내오손, 초경량성, 방폭성, 경제성등이 양호하며 부드러운 외피절연 재질로 된 애자
⑩ 스모그 애자 : 안개가 많은 지역의 송전선로에 사용

2) 사용전압에 따른 애자의 색

애자종류	색별
특고압 핀애자	적색
저압용 애자(접지측 제외)	백색
접지측 애자	청색

※ 특고압 배전선로의 내장 또는 인류개소에 사용되는 내염형 현수 애자는 회색을 사용

3) 250(254)[mm] 현수애자 섬락전압

건조	주수	충격	유중
80[kV]	50[kV]	125[kV]	150[kV]

4) 애자의 전압분포 측정용 기기

① 네온관식
② 스파이크 클럽
③ 비즈스틱

2. 애자의 장치도

1) 특별 고압애자 재료

자기, 유리, 합성수지(에폭시수지) 3가지를 사용하고 여기서 자기의 재료 장석자기를 사용하여 애자 및 변압기 부싱을 제조 시에 사용되며 활석자기(산화티탄자기)는 콘덴서 제조에 사용된다.

2) 애자장치도

① 현수애자

완철구분	애자설치 방법
경 완 철	볼쇄클 — 현수애자 — 소켓아이 — 데드엔드 클램프
ㄱ형 완철	엥카쇄클 — 볼크레비스 — 현수애자 — 소켓아이 — 데드엔드 클램프

② 폴리머(Polymer) 애자

완철구분	애자설치 방법
경 완 철	볼쇄클 — 소켓아이 — 폴리머 애자 — 데드엔드 클램프

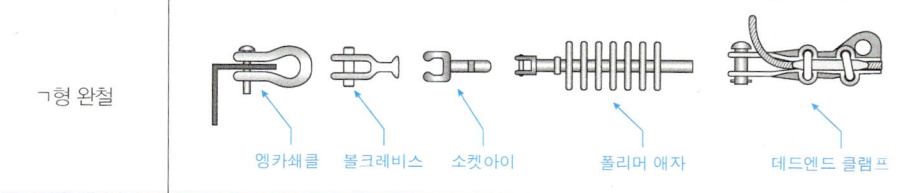

※ 장치도에서 인류 클램프는 알루미늄 전선을 사용 시 데드엔드 클램프가 된다.

3) 애자 장치도 용어

ⓐ 앵커쇄클 : ㄱ완금에 현수 애자 장치 시 사용되며 앵커 쇄클과 볼크레비스를 이용하여 현수애자에 연결하는 금구
ⓑ 볼아이 : 가공 154[kV] 송배전선로와 변전소등의 1련의 애자장치에 사용되는 금구류로 앵커쇄클과 현수애자를 연결하는 금구
ⓒ 볼쇄클 : 경완금에 현수애자 장치 시 사용 되며 앵커쇄클 과 볼크레비스를 사용하지 않아도 된다.
ⓓ 데드엔드클램프 : 현수 애자 설치 시 가공 알루미늄 배전선의 인류 및 내장개소에 알루미늄 전선을 현수애자에 설치하기 위한 금구류
ⓔ 소켓아이 : 현수애자와 데드엔드 클램프사이를 연결 하는 금구
ⓕ 압축형 인류 클램프 : 가공 송배전선로에 현수애자에 경동선 설치하기 위한 금구
ⓖ 인류스트랍 : 가공배전선로 및 입선에서 인류하는 개소에 사용하는 금구류로 인류애자와 데드 엔드 클램프를 연결하기 위한 금구류

3 배전 선로 보호 기구

1. 주상변압기 보호

① 주상변압기 1차측 : cos (컷아웃스위치)
② 주상변압기 2차측 (저압측 보호) : 캣치홀더

2. 배전선로 보호 개폐기

① 구분개폐기 : 선로긍장 2[km] 이하마다 설치
② 부하개폐기(LBS)
③ 리클로져(Recloser)
④ 섹셜라이져(Sectionalizer)
⑤ 고장구간 자동 계폐기(ASS)
⑥ 자동 부하 전환 개폐기 (ALTS)

4 철탑

1. 철탑의 장소별 종류

① 직선형 : 수평각도가 적은 개소에 사용 직선형 철탑이 연속될 때 10기 이하마다 1기씩 내장애자 장치의 각도형 철탑을 사용(내장 보강형 철탑 또는 내장형 철탑)
② 각도형 : 수평각도가 크고 내장애자 장치 철탑을 말함
③ 인류형 : 전체의 가섭선을 인류 하는 개소에 사용하는 철탑
④ 내장형 : 경간차가 매우 크고 불 평형 장력을 발생할 염려가 있는 개소
　내장철탑에서 양측 전선을 전기적으로 연결시켜주는 중요 설비로 점퍼장치를 설치한다.
⑤ 보강형 : 전선로의 직선 부분에 그 보강을 위하여 사용하는 것
　※ 롤링 스팬 : 내장주와 내장주 사이의 수평거리

2. 철탑의 성질상 종류

① 고정 철탑　　　　　　　　　② 가요 철탑

3. 철탑의 형태상 종류

① 사각 철탑　　　　　　　　　② 방형 철탑
③ 문형 철탑　　　　　　　　　④ 우두형 철탑
⑤ 회전형 철탑　　　　　　　　⑥ MC형 철탑

4. 철탑 각부의 명칭

① 부재 : 주주재, 복재, 암 재의 총칭
② 암재 : 암을 구성하는 부재로 암주재 암 보조재, 암조대, 수평재, 보조재로 구성
③ 철탑부재 : 암을 제외한 철탑 지 상부
④ 주주재 : 철탑을 구성하는 부재중 중요한 부분
⑤ 복재 : 주주재 및 암주재를 제외한 부분

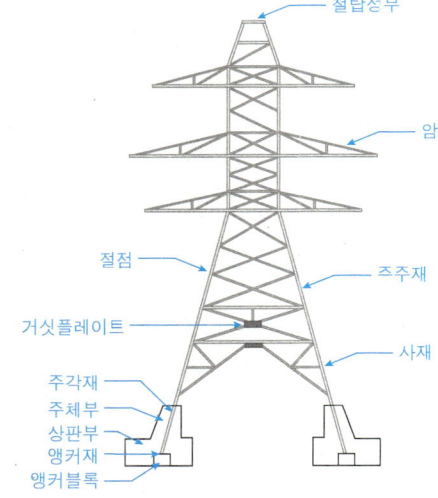

5. ACSR 전선 접속 및 진동 방지용 장치

ACSR 중간 접속시 직선조인 알루미늄 슬리브를 사용하며 진동방지를 하기 위하여 댐퍼, 아머로드, 스페이서 댐퍼를 설치한다.

Chapter 04 가공인입선 및 배전선 공사
출제예상문제

- 우선순위 논점은 전기공사(산업)기사 시험에서 가장 출제 빈도가 높은 문제로써, 수험생분들께서는 각 파트별 우선순위 문제의 논점과 키워드를 학습하시기를 바랍니다.
- 체크 리스트를 작성하시면서 문제의 유형과 학습의 완성도를 스스로 체크 해 보시기를 바랍니다.
- "선생님의 콕콕 포인트"는 틀리기 쉬운 문제의 함정과 문제의 포인트를 집어드립니다. 우선순위 문제풀이의 포인트를 꼭 참고하고 응용문제의 해결능력을 길러 줍니다.

번호	우선순위 논점	KEY WORD	맞음	나의 정답 확인 틀림(오답확인)			선생님의 콕콕 포인트
				이해 부족	암기 부족	착오 실수	
2	장주시 지지물과 부속재료	전선지지, 애자 부착					장주 시 완금의 시설규정과 ㄱ 완금과 경완철을 구분하여 암기 할 것
5	장주시 지지물과 부속재료	완금, COS, 핀애자 고정					장주시 지지물과 부속재료의 용도를 암기 할 것
6	장주시 지지물과 부속재료	장주, 완금길이					배전용 완금의 표준길이와 규격을 암기 할 것
11	장주시 지지물과 부속재료	지선, 연선, 금속선					지선의 시설규정과 부속재료의 용도를 암기 할 것
15	장주시 지지물과 부속재료	변압기, 전주 고정					장주시 지지물과 부속재료의 용도를 암기 할 것
17	장주시 지지물과 부속재료	전주, 근가					전주 길이에 따른 근가 및 U볼트의 규격을 암기 할 것
19	애자	애자, 구비조건					애자의 구비조건을 암기 할 것
22	애자	애자, 형상 분류					가공 송배전선로에 사용되는 애자의 종류 및 사용처를 암기 할 것
29	애자	애자, 색상					애자의 종류별 색깔을 구부하여 암기 할 것
31	애자	현수애자, 일련 갯수					전압에 따른 현수 애자의 연결 개수를 암기 할 것
33	애자	애자 재료					특고압 애자의 재료를 암기 할 것
35	애자	폴리머애자, 설치, 부속자재					애자 장치도 설치 부속자재를 암기 할 것
38	애자	인류, 내장개소, 전선지지					애자 장치도 설치 부속자재를 암기 할 것
42	배전선로 보호기구	저압가공인입, 변압기2차측					배전선로 보호기구의 종류와 사용방법을 암기 할 것

★★☆☆☆

01 가공전선로의 지지물 중 가공배전선로에 주로 사용되는 지지물은 어떤 것인가?

① 철근콘크리트주   ② 배전용 강관주
③ 철주   ④ 철탑

해설

장주 시 지지물과 부속재료
가공전선로의 지지물 중 가공배전선로에 주로 사용되는 지지물은 철근 콘크리트주를 사용하며 저압 8[m] 이상, 고압 10[m] 이상, 22.9[kV], 12[m] 이상 설치

★★☆☆☆

02 전선을 지지하기 위하여 사용되는 자재로 애자를 부착하여 사용하며 단면이 □형으로 생긴 형강은?

① 경완철   ② 분기고리
③ 행거밴드   ④ 인류스트랍

해설

장주 시 지지물과 부속재료
완금(완철) : 지지물에 전선을 고정 시키기 위하여 사용되는 아연도금으로 된 금구이며 ㄱ완금과 경(ㅁ)완금을 배전선로에서 가장 많이 사용 된다.

[정답] 01 ①   02 ①

★★☆☆☆
03 완철 장주의 설치 중 설치 위치 및 방법을 설명한 것으로 틀린 것은?

① 완철은 교통에 지장이 없는 한 긴 쪽을 도로측으로 설치한다.
② 완철용 M 볼트는 완철의 반대 측에서 삽입하고 완철이 밀착되게 조인다.
③ 완철 밴드는 창출 또는 편출 개소를 제외하고 보통 장주에만 사용한다.
④ 단완철은 전원 측에 설치하며 하부 완철은 상부 완철과 동일한 측에 설치한다.

🔍 **해설**
장주 시 지지물과 부속재료
완금(완철) 설치 기준
① 완철 설치 위치 및 방법
  ⓐ 단 완철은 전원의 반대측(부하측)에 설치함을 원칙으로 한다.
  ⓑ 인류 및 분기주의 완철은 장력의 반대 측에 설치한다.
  ⓒ 철도, 도로, 약전선 또는 하천 등을 횡단 시 횡단 경간 반대 측에 설치한다.
  ⓓ 보호선(망)용 완철은 장력 방향의 반대 측에 설치한다.
  ⓔ 하부 완철은 상부 완철과 동일 측에 설치한다.
  ⓕ 완철은 교통에 지장이 없는 한 긴 쪽을 도로 측으로 한다.
  ⓖ 완철용 M볼트 완철의 반대 측에 삽입하고 완철이 밀착 되도록 조여야 한다.
  ⓗ 동일 전주에 설치되는 완철은 평행하게 설치한다.
  ⓘ 직선선로에 설치되는 완철은 전선로에 대하여 직각으로 설치한다.
  ⓙ 수평각도 30° 미만의 각도주의 완철은 양측 전선이 이루는 각도의 2등분 방향으로 설치한다.
  ⓚ 수평각도 30° 이상인 경우(인류주)의 완철은 양측전선에 직각이 되도록 시설한다.
② 보통장주와 창출 또는 편출 개소에는 완철 밴드, 볼트, 암타이 등을 완철의 종류, 규격에 따라 설치한다.

★★☆☆☆
04 완목이나 완금을 목주에 붙이는 경우에는 볼트를 사용하고 철근 콘크리이트주에 붙이는 경우에는 어떤 볼트를 사용하는가?

① 지선밴드   ② 암타이
③ 아암밴드   ④ U 볼트

🔍 **해설**

장주 시 지지물과 부속재료
완금 고정 부품
① U볼트 : 완목이나 완금을 철근 콘크리트주에 붙이는 경우 (단 목주는 볼트) 또는 전주와 지선용 근가 연결시 사용되는 금구
② 암밴드 : 완금을 고정 시키는 것
③ 암타이 : 완목이나 완금이 상하로 움직이는 것을 방지하는 금구.
④ 암타이 밴드 : 전주에 암타이 설치하기 위해 사용하는 금구
⑤ 완금밴드 : 배전선로용 콘크리트 전주의 크로스암(ㄱ형 완금 및 경완금)을 설치하기 위하여 사용하는 금구
⑥ 머신볼트(육각머리볼트) : 경완금로서 크로스암을 겹크로스 암으로 하여 완금밴드 장주시 완금과 완금 상호를 연결해주는 재료로서 완금밴드를 취부하여 고정하는 재료
⑦ 앵글 베이스 : 완금 또는 앵글류의 지지물에 COS(컷아웃스위치) 또는 핀 애자를 고정시키는 금구
※ ㄱ형 완금은 U볼트로 취부 후 암타이, 암타이 밴드로 고정하고 경완금 U볼트로 취부 후 완금밴드로 고정한다.

★★☆☆☆
05 앵글 베이스(또는 U 좌금)의 용도는?

① 옥외 변대에 설치되는 변압기를 고정시키기 위한 부속 자재이다.
② 앵글을 전달 또는 가공할 때 필요한 앵글 가공용 공구이다.
③ 완금 또는 앵글류의 지지물에 COS 또는 핀애자를 고정시키는 부속 자재이다.
④ 큐비클에 부착되는 각종 기계를 고정시키는 데 사용되는 아연 도금된 앵글이다.

🔍 **해설**
장주 시 지지물과 부속재료
4번 해설 참조

★★☆☆☆
06 특별고압 가공 전선로의 장주에 사용되는 완금의 표준규격[mm]이 아닌 것은?

① 1400   ② 1800
③ 2400   ④ 2700

🔍 **해설**
장주 시 지지물과 부속재료
배전용 완금(완철)의 표준길이 및 규격

[정답] 03 ③,④   04 ④   05 ③   06 ④

가선수	저압	고압	특고압
2	900	1400	1800
3	1400	1800	2400
4	–	2400	–
5	–	2600	–

예) ㄱ 90×90×9×2400 : ㄱ 완금의 규격 가로 세로 두께 길이를 뜻한다.

07 22.9[kV] 가공 전선로에서 3상 4선식 선로의 직선주에 사용되는 크로스 완금의 길이는 얼마가 표준으로 되어 있는가?

① 900 [mm]   ② 1400 [mm]
③ 1800 [mm]   ④ 2400 [mm]

해설
장주 시 지지물과 부속재료
6번 해설 참조
전선가선수가 2조수이면 1800[mm]이고, 22.9[kV] 가공 전선로에서 3상 4선식 선로는 중선선을 제외하고 전선가선수가 3조수이므로 2400[mm]이다.

08 ㄱ형 90×90×9×2400 규격의 자재명은?

① 저압가선용 랙크   ② 랙크밴드
③ 경완금   ④ ㄱ 완금

해설
장주 시 지지물과 부속재료
6번 해설 참조

09 지지물(전주 등)의 강도 보강 및 불평형 하중에 대한 평형 유지를 목적으로 설치하는 것은?

① 소켓아이   ② 지선
③ 볼아이   ④ 볼쇄클

해설

장주 시 지지물과 부속재료
지선
① 지선 밴드 : 지선을 지지물에 부착 할 때 사용되는 금구류
② 지선 : 아연도철(강)선 4.0[mm] 3조 이상, 2.6[mm] 7가닥이상을 꼬아서 연선형태
③ 지선애자 : 구형 애자, 옥애자 라고도 하며, 지지물(전주등)측에 설치된 지선의 일단을 대지 측과 절연시키기 위하여 지선의 중간 부분에 설치하는 지선절연용 애자
④ 지선 로드(롯트) : 지선 및 지선용 근가를 연결하는 금구
⑤ 턴버클 : 지선 설치 시 지선에 장력을 주어 고정 시킬 때 필요한 금구
⑥ 지선용 앵커 : 가공배전선로에서 지선용 근가 설치가 용이하지 않은 개소에 근가 대신에 타입하여 지선의 장력을 지지토록 하는 앵커
⑦ 지선용 클램프 : 아연도 강연선 상호간 접속용으로 사용
⑧ 지선 콘크리트 근가 : 지선 로드가 대지에서 빠지지 않도록 하는 자재 규격 700[mm]

10 지선과 지선용 근가를 연결하는 금구는?

① 지선밴드   ② 지선 롯트
③ U볼트   ④ 볼쇄클

해설
장주 시 지지물과 부속재료
9번 해설 참조

11 가공전선로의 지지물에 시설하는 지선으로 연선을 사용할 경우 소선의 지름은 최소 몇 [mm] 이상의 금속선인가?

① 2.1   ② 2.3
③ 2.6   ④ 2.8

해설
장주 시 지지물과 부속재료
9번 해설 참조

12 가공전선로의 지지물에 지선을 사용하는 경우, 지선으로 사용되는 연선은?

[정답] 07 ④   08 ④   09 ②   10 ②   11 ③   12 ②

① 강심 알루미늄연선 ② 아연도강연선
③ 알루미늄연선 ④ 경동연선

해설
장주 시 지지물과 부속재료
9번 해설 참조

★★☆☆☆
13 장주에 필요한 자재중 터언버클의 용도를 옳게 나타낸 것은?

① 전주에 지선을 설치시 지선에 장력을 주어 고정시킬 때 필요한 금구
② 전주에 근가를 고정시킬 때 필요한 금구
③ 현수 애자를 고정시키기 위한 금구
④ 전주에 완금을 견고히 고정시키기 위한 금구

해설
장주 시 지지물과 부속재료
9번 해설 참조

★★☆☆☆
14 옥 애자(구형 애자)의 용도를 옳게 나타낸 것은?

① 지선중간 부분에 취부하는 애자
② 저압 가공인입시 변압기 2차측의 리드선을 지지하는 애자
③ 옥외 변대 설치시 고압 또는 특고압의 모선 지지용 애자
④ 옥내 노출배선에 필요한 저압지지 애자

해설
장주 시 지지물과 부속재료
9번 해설 참조

★★☆☆☆
15 행거 밴드라 함은?

① 전주에 C.O.S 또는 L.A를 고정시키기 위한 밴드
② 완금을 전주에 설치하는 데 필요한 밴드
③ 완금에 암타이를 고정시키기 위한 밴드
④ 전주 자체에 변압기를 고정시키기 위한 밴드

해설
장주 시 지지물과 부속재료
행거밴드 : 주상 변압기를 전주에 설치 시 사용하는 금구

★★☆☆☆
16 전선을 지지하기 위하여 수용가측 설비에 부착하여 사용하는 ㄱ자형으로 생긴 형강은?

① 암타이밴드 ② 완금밴드
③ 경완금 ④ 인입용 완금

해설
장주 시 지지물과 부속재료
인입용 완금 : 전선을 지지하기 위하여 수용가측 설비에 부착하여 사용하는 ㄱ자형으로 생긴 형강

★★☆☆☆
17 전주의 길이가 10[m] 이고 표준깊이가 1.7[m] 일 때 근가의 표준길이 [m] 는?

① 1.0 ② 1.8
③ 1.2 ④ 1.5

해설
장주 시 지지물과 부속재료
근가의 규격

전주길이 [m]	7~8	9~10	12~14	15	16
근가길이 [m]	1.0	1.2	1.5	1.8	1.8 이상

★★☆☆☆
18 전주의 길이가 12[m] 근가의 길이가 1.5[m]일 때 U-볼트(경×길이)의 표준은?

① 270×500[mm] ② 320×550[mm]
③ 360×590[mm] ④ 400×630[mm]

해설
장주 시 지지물과 부속재료
전주의 규격에 따른 근가용 U-Bolt 직경

전주길이 [m]	7~8	9~10	12~14	15~16
직경×길이 [m]	270×500	320×550	360×590	400×630

[정답] 13 ① 14 ① 15 ④ 16 ④ 17 ② 18 ③

19 가공전선로에 사용하는 애자가 구비해야 할 조건이 아닌 것은?

① 이상전압에 견디고, 내부 이상전압에 대해 충분한 절연 강도를 가질 것
② 전선의 장력, 풍압, 빙설 등의 외력에 의한 하중에 견딜 수 있는 기계적 강도를 가질 것
③ 비, 눈, 안개 등에 대하여 충분한 전기적 표면저항이 있어서 누설전류가 흐르지 못하게 할 것
④ 온도나 습도의 변화에 대해 전기적 및 기계적 특성의 변화가 클 것

해설

애자
애자의 구비조건
① 누설전류가 작고, 절연 저항, 기계적 강도가 클 것
② 온도나 습도의 변화에 대해 전기적 및 기계적 특성의 변화가 없을 것
③ 선로의 전압, 내부 이상 전압에 대해 충분한 절연 강도(절연내력)가 있을 것

20 애자의 형상에 의한 분류로서 내무애자란 다음 중 어느 것인가?

① 노브애자의 일종으로서 저압옥내 애자이다.
② 분진 또는 염해에 의한 섬락사고를 방지하기 위한 송전용애자이다.
③ 선로용으로서 점퍼선의 지지용으로 사용되는 애자이다.
④ 현수애자의 일종으로서 크레비스형의 애자이다.

해설

애자
가공송·배전선로에서 쓰이는 애자의 종류
① 핀 애자 : 직선 선로 및 60[kV] 이하의 배전 선로
② 가지 애자 : 전선을 다른 방향으로 돌리는 부분
③ 저압 곡핀 애자 : 저압 인입선
④ 인류애자 (끝맺음 애자) : 전선로의 인류개소 및 배전선로 중성선
  ⓐ 고압 인류 대애자의 내전압 : 40[kV]
  ⓑ 고압 인류 소애자의 내전압 : 35[kV]
⑤ 현수애자 : 송배전용, 전기 철도용의 전선로 및 발변전소와 통신 선용의 인류용으로 사용하며 경질 자기제 상하에 연결금구를 시멘트로 접착시켜 만들며, 표준형 지름은 180, 250(254), 280, 320[mm]가 있으며 송전용 볼 소켓형 연수애자는 250[mm]를 주로 사용하며 고압 전선로 및 22.9[kV-Y]의 내장주에 사용하는 것은 191[mm]를 사용한다.
⑥ 라인 포스트 애자(LP애자) : 특고압 배전선로에 주로 사용하며 절연전선 및 B급이상 염진해 지역에 사용되는 애자
⑦ 내장 애자 : 전선로의 지지물의 경간차가 큰 부분에 사용
⑧ 내무 애자 : 분진 또는 염해에 의한 섬락 사고를 방지하기 위한 송전용 애자
⑨ 폴리머 애자 : 배전선로에 사용되는 특별고압 애자 중 내오손, 초경량성, 방폭성, 경제성등이 양호하며 부드러운 외피절연 재질로 된 애자
⑩ 스모그 애자 : 안개가 많은 지역의 송전선로에 사용

21 애자의 형상에 의한 분류가 아닌 것은?

① 자기애자   ② 핀애자
③ 지지애자   ④ 내무애자

해설

애자
20번 해설 참조

22 전선을 다른 방향으로 돌리는 부분에 사용하는 애자는?

① 구형애자   ② 저압곡핀애자
③ 옥애자   ④ 고압가지애자

해설

애자
20번 해설 참조

23 특고압 배전선로에 사용하는 애자로서 특히 염진해 오손이 심한 지역(바닷가 등)에서 사용되며 애자의 애자핀이 별도 분리되어 있으며 사용시는 조립하여 사용하는 애자는?

① 지선용 구형애자   ② 라인포스트애자
③ 고압핀애자   ④ T형인류애자

[정답] 19 ④ 20 ② 21 ① 22 ④ 23 ②

해설

애자
20번 해설 참조

★★☆☆☆

24 경질 자기제 상하에 연결금구를 시멘트로 접착시켜 만든 것으로 전압에 따라 필요한 개수 만큼 연결해서 사용하는 애자는?

① 핀 애자
② 내무 애자
③ 현수 애자
④ 장간 애자

해설

애자
20번 해설 참조

★★☆☆☆

25 송배전용, 전기철도용의 전선로 및 발변전소와 통신선용의 인류용으로 사용하며 송배전용 표준형 지름은 250[mm], 180[mm]가 있다. 어떤 애자인가?

① 장간애자
② 현수애자
③ 지지애자
④ 인류애자

해설

애자
20번 해설 참조

★★☆☆☆

26 고압 인류애자(high voltage shackle type insulator) 중 대애자의 시험치 중 내전압은 최소 얼마 이상이어야 하는가?

① 27[kV]
② 40[kV]
③ 45[kV]
④ 85[kV]

해설

애자
20번 해설 참조

★★☆☆☆

27 배전선로에 사용되는 특별고압 애자 중 내소손, 초경량성, 방폭성, 경제성 등이 양호하며 부드러운 외피절연 재료질로된 애자의 종류는?

① 자기애자
② 뉴글래스애자
③ 폴리머애자
④ 뉴에폭시애자

해설

애자
20번 해설 참조

★★☆☆☆

28 22.9[kV-Y] 가공 선로의 내장주에 사용하여야 되는 애자는?

① 고압 인류 애자
② 고압 내장 애자
③ 191[mm] 현수애자 1개
④ 191[mm] 현수애자 2개

해설

애자
20번 해설 참조

22.9[kV]	66[kV]	154[kV]	345[kV]	765[kV]
2~3개	4~6개	9~11개	19~23개	39~43개

★★☆☆☆

29 특고압 배전선로의 내장 또는 인류개소에 사용되는 내열형 현수애자의 색깔은?

① 백색
② 갈색
③ 적색
④ 녹색

해설

애자
사용전압에 따른 애자의 색

애자종류	색별
특고압 핀애자	적색
저압용 애자(접지측 제외)	백색
접지측 애자	청색

※ 특고압 배전선로의 내장 또는 인류개소에 사용되는 내열형 현수애자는 회색을 사용

[정답] 24 ③ 25 ② 26 ② 27 ④ 28 ④ 29 ③

30 저압의 가공 전선로에 있어서 중성선 또는 접지측 전선은 어떤 빛깔의 애자를 사용하는가?

① 청색
② 백색
③ 노란색
④ 녹색

해설
애자
29번 해설 참조

31 154[kV] 송전선로에 사용하는 현수애자 일련의 갯수는 몇 개인가?

① 4~5
② 6~7
③ 8~9
④ 10~11

해설
애자
전압에 따른 현수애자의 연결 개수 250[mm] 기준

22.9[kV]	66[kV]	154[kV]	345[kV]	765[kV]
2~3개	4~6개	9~11개	19~23개	39~43개

32 다음은 송전선로에 사용되는 애자의 불량 여부를 검출하는 검출기의 명칭이다. 이들 중 애자의 전압분포 측정용 기기가 아닌 것은?

① 네온관식
② 스파이크갭
③ 비즈스틱
④ 고압 메거

해설
애자
애자의 전압분포 측정용 기기에는 네온관식, 스파이크 클럽, 비즈스틱을 사용하며 메거는 애자의 절연저항을 측정하는 기기이다.

33 가공선을 지지하는 특고압 애자의 재료로 쓰이지 않는 것은?

① 자기
② glass
③ 애폭시
④ PVC

해설
애자
특별 고압애자 재료에는 자기, 유리, 합성수지(에폭시수지) 3가지를 사용하고 여기서 자기의 재료 장석자기를 사용하여 애자 및 변압기 부싱을 제조 시에 사용되며 활석자기(산화티탄자기)는 콘덴서 제조에 사용된다.

34 다음 중 배전선의 애자, 차단기 콘덴서의 애자와 변압기의 부싱에 사용되는 자기는?

① 장석자기
② 마그네시아자기
③ 알루미나자기
④ 산화티탄자기

해설
애자
33번 해설 참조

35 폴리머애자의 설치 부속자재를 옳게 나열한 것은?

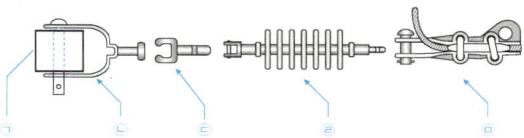

① ㉠ 경완철, ㉡ 볼쇄클, ㉢ 소켓 아이, ㉣ 폴리머 애자, ㉤ 데드앤드 크램프
② ㉠ 볼쇄클, ㉡ 소켓 아이, ㉢ 폴리머 애자, ㉣ 경완철, ㉤ 데드앤드 크램프
③ ㉠ 소켓 아이, ㉡ 볼 쇄클, ㉢ 데드앤드 크램프, ㉣ 폴리머 애자, ㉤ 경완철
④ ㉠ 경완철, ㉡ 폴리머 애자, ㉢ 소켓 아이, ㉣ 데드앤드 크램프, ㉤ 볼쇄클

해설

[정답] 30 ① 31 ④ 32 ④ 33 ④ 34 ① 35 ①

애자

① 현수애자

완철구분	애자 설치 방법
경 완 철	볼쇄클 / 현수애자 / 소켓아이 / 데드엔드 클램프
ㄱ형 완철	앵커쇄클 / 볼크레비스 / 현수애자 / 소켓아이 / 데드엔드 클램프

② 폴리머(Polymer) 애자

완철구분	애자 설치 방법
경 완 철	볼쇄클 / 소켓아이 / 폴리머 애자 / 데드엔드 클램프
ㄱ형 완철	앵커쇄클 / 볼크레비스 / 소켓아이 / 폴리머 애자 / 데드엔드 클램프

※ 장치도에서 인류 클램프는 알루미늄 전선을 사용 시 데드엔드 클램프가 된다.

④ 데드엔드클램프 : 현수 애자 설치 시 가공 알루미늄 배전선의 인류 및 내장개소에 알루미늄 전선을 현수애자에 설치하기 위한 금구류
⑤ 소켓아이 : 현수애자와 데드엔드 클램프사이를 연결 하는 금구
⑥ 압축형 인류 클램프 : 가공 송배전선로에 현수애자에 경동선 설치하기 위한 금구
⑦ 인류스트랩 : 가공배전선로 및 인입선에서 인류하는 개소에 사용하는 금구류로 인류애자와 데드 엔드 클램프를 연결하기 위한 금구류

★★☆☆☆
36 볼소켓형 현수애자 및 취부금구에서 부속금구류가 아닌 것은?

① 인류 스트랩 ② 앵커쇄클
③ 볼쇄클 ④ 볼 크레비스

🔍 해설
애자
애자 장치도 용어
① 앵커쇄클 : ㄱ완금에 현수 애자 장치 시 사용되며 앵커 쇄클과 볼 크레비스를 이용하여 현수애자에 연결하는 금구
② 볼아이 : 가공 154[kV] 송배전선로와 변전소등의 1련의 애자장치에 사용되는 금구류로 앵커쇄클과 현수애자를 연결하는 금구
③ 볼쇄클 : 경완금에 현수애자 장치 시 사용 되며 앵커쇄클 과 볼크레비스를 사용하지 않아도 된다.

★★☆☆☆
37 가공 배전선로 및 인입선에서 인류애자를 설치하기 위해 사용하는 금구류는 어느 것인가?

① 볼아이 ② 소켓아이
③ 인류스트랩 ④ 볼쇄클

🔍 해설
애자
36번 해설 참조

★★☆☆☆
38 가공 배전선의 인류 및 내장개소에서 전선을 지지 하기 위해 사용하는 것은?

① 활선 크램프 ② 데드엔드 크램프
③ 인류스트랩 ④ 배선용 래크

🔍 해설
애자
36번 해설 참조

★★☆☆☆
39 가공 송전선로 및 변전소에 있어서 애자장치에 사용되는 금구가 아닌 것은?

① PG 클램프 ② 삼각요크
③ 아마롯드 ④ 볼아이

🔍 해설
154[kV] 송전선로의 1련 현수애자 장치도

[정답] 36 ① 37 ③ 38 ② 39 ①

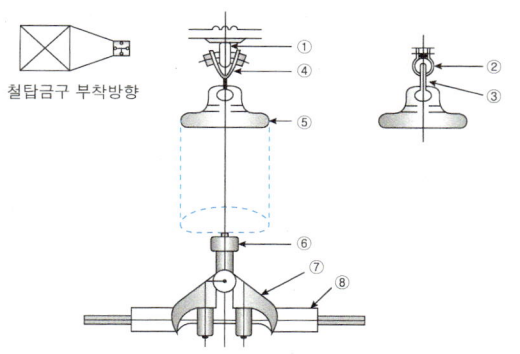

[154[kV] 송전선로의 1련 현수애자장치도]

① 애자장치 U볼트   ② 앵커쇄클
③ 볼아이   ④ Y크레비스볼
⑤ 현수애자   ⑥ 소켓아이
⑦ 현수클램프   ⑧ 아마롯드

2련일 경우 앵커쇄클과 체인링크 삼각요크를 사용한다.
PG 클램프는 지선에 사용하는 금구로 아연도 강연선 상호 접속 시 사용되는 금구이다.

★★☆☆☆
40 가공 배전선로 경완금에 현수애자를 장치할 때 사용하는 것으로 이 자재를 사용하면 앵커쇄클과 볼크레비스를 사용하지 않아도 되는 것은?

① 볼 쇄클   ② 소켓아이
③ 데드엔드 클램프   ④ 각암타이

🔍 해설
애자
36번 해설 참조

★★☆☆☆
41 주상 변압기 1차측에 설치하여 변압기의 보호와 개폐에 사용하는 스위치를 말하며, 변압기 설치시 필수적으로 설치해야 하는 것은?

① 피뢰기   ② COS
③ 행거밴드   ④ 볼쇄클

🔍 해설
배전선로 보호 기구

주상변압기 보호
① 주상변압기 1차측 : COS(컷아웃스위치)
② 주상변압기 2차측 (저압측 보호) : 캣치홀더

★★☆☆☆
42 캐치 호울더란?

① 저압 가공 인입시 변압기 2차측에 설치하는 퓨우즈이다.
② 가공 전선을 핀애자에 고정시키기 위한 바인드 선의 일종이다.
③ 고압 또는 특고압의 변압기 1차측에 설치하는 컷 아웃 스위치이다.
④ 전주 보강을 위하여 지선을 설치할 때 필요한 지선용 부속 자재이다.

🔍 해설
배전선로 보호 기구
41번 해설 참조

★★☆☆☆
43 배전 선로에서 사용하는 개폐기의 종류가 아닌 것은?

① COS   ② Recloser
③ MBS   ④ Sectionalizer

🔍 해설
배전선로 보호 기구
배전선로 보호 개폐기
① 구분개폐기 : 선로긍장 2km 이하마다 설치
② 부하개폐기(LBS)
③ 리클로져(Recloser)
④ 섹셜라이져(Sectionalizer)
⑤ 고장구간 자동 계폐기(ASS)
⑥ 자동 부하 전환 개폐기 (ALTS)

★★☆☆☆
44 철탑의 상부구조에서 사용되는 것이 아닌 것은?

① 암(arm)   ② 수평재
③ 보조재   ④ 주각재

[정답] 40 ① 41 ② 42 ① 43 ③ 44 ④

🔍 **해설**

철탑
암을 구성하는 부재로 암주재 암 보조재, 암조대, 수평재, 보조재로 구성되며 주각재는 철탑의 기초에 사용된다.

★★☆☆☆
45 내장철탑에서 양측 전선을 전기적으로 연결시켜주는 중요 설비는?

① 스페이서
② 점퍼장치
③ 지지장치
④ 베이트 댐퍼

🔍 **해설**

철탑
내장형철탑은 경간차가 매우 크고 불평형 장력을 발생할 염려가 있는 개소 시설하며 내장철탑에서 양측 전선을 전기적으로 연결시켜 주는 중요 설비로 점퍼장치를 설치한다.

★★☆☆☆
46 ACSR 전선을 선로중간에 접속할 때 쓰이는 재료는?

① 터미널 러그
② 직선조인 알루미늄 슬리브
③ S 형 슬리브
④ 압축인류 클램프

🔍 **해설**

ACSR 전선 접속 및 진동 방지용 장치
ACSR 중간 접속 시 직선조인 알루미늄 슬리브를 사용하며 진동방지를 하기 위하여 댐퍼, 아머로드, 스페이서 댐퍼를 설치한다.

★★☆☆☆
47 가공 송전선로의 ACSR 전선 등에 설치되는 진동 방지용 장치가 아닌 것은?

① Damper
② PG Clamp
③ Armor rod
④ Spacer Damper

🔍 **해설**

ACSR 전선 접속 및 진동 방지용 장치
46번 해설 참조
PG 클램프는 지선에 사용하는 금구로 아연도 강연선 상호 접속 시 사용되는 금구이다.

★★☆☆☆
48 가선 전압에 의하여 정해지고 대지와 통신선 사이에 유도되는 것은?

① 정전 유도
② 전자 유도
③ 자기 유도
④ 전해 유도

🔍 **해설**

전자 유도 장해는 영상 전류에 의해 발생하며 정전 유도 장해는 영상 전압에 의해 발생한다.

★★☆☆☆
49 전선 연선시 전선과 메신저 와이어의 접속 부분 사이에 사용하여 지지물에 설치한 블록의 통과를 돕고 전선의 회전을 방지하여 전선 연선을 원활하게 하기 위하여 사용되는 공구로서 Rurnnig board 또는 다이보라고 하는 공구의 명칭은?

① 브레이 결구
② 카운터 웨이트
③ 스위블
④ 연선 요크

🔍 **해설**

연선요크라 하며 전선 연선 시 전선과 메신저 와이어의 접속 부분 사이에 사용하여 지지물에 설치한 블록의 통과를 돕고 전선의 회전을 방지하여 전선 연선을 원활하게 하기 위하여 사용되는 공구이며 전선의 앞뒤에 설치하는 콘넥터와 연결하고 전선의 손상을 방지는 브레이드 스토킹이다.

[정답] 45 ② 46 ② 47 ② 48 ① 49 ④

electrical engineer

Chapter 05 고압 및 저압 배전선 공사

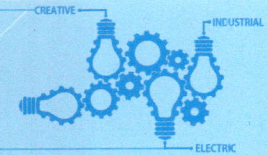

출제경향분석

제5장 고압 및 저압 배전선공사에서 시험에 자주 출제가 되는 내용은 다음과 같다.
❶ 배전반 및 분전반
❷ 수변전 설비

1 배전반 및 분전반

배전반은 기기나 회로를 감시 및 제어하기 위하여 계기류, 계전기류, 개폐기류 등을 한곳에 집중하여 시설한 것을 말하며 분전반은 간선에서 각 기계 기구 배선하는 전선을 분기 하는 곳에 주개폐기, 분기개폐기, 및 자동 차단기를 설치하기 위하여 시설한 것을 말한다.

1. 배전반 및 분전반의 시설 규정

1) 배전반 및 분전반은 다음과 같은 장소에 시설하여야 한다.
   ① 전기회로를 쉽게 조작 할 수 있는 장소
   ② 개폐기를 쉽게 개폐 할 수 있는 장소(단 벽장 내부와 화장실의 내부 욕실내부는 개폐기를 쉽게 개폐할 수 있는 장소로 볼 수 없다.)
   ③ 노출장소
   ④ 안정 된 장소

2) **옥측또는 옥외에 시설하는 배전반 및 분전반**
   옥외 옥측에 시설하는 경우는 방수형일 것

3) **배전반 및 분전반에 시설하는 기계기구**
   기구 및 전선은 쉽게 점검할 수 있도록 시설해야 한다.

4) **분전반의 시설**
   ① 분전반은 적합한 함속에 내장하여야 한다. 단 개폐기, 배선용 차단기 등과 같이 상시 충전부를 노출하지 않는 구조의 개폐기(커버 나이프 스위치 등) 또는 과전류 차단기를 설치하는 경우는 제외 한다.
   ② 한 개의 분전반은 한가지 전원(1회선이하 간선) 만 공급하여야 한다. 다만 안전확보가 충분하도록 격벽을 설치하고 사용 전압을 쉽게 식별 할 수 있도록 그 회로의 과전류 차단기 가까운 곳에 그 사용 전압을 표시하는 경우는 적용하지 않는다.

5) 배전반이나 분전반을 넣는 금속제의 함 및 이를 지지하는 금속프레임 또는 구조물은 각 규정에 맞게 접지 공사를 하여야 한다.

6) 분전반의 사용전압이 각각 다른 분기회로가 혼재하는 경우는 분기회로를 쉽게 식별할수 있게 하기 위하여 그 회로의 과전류차단기 가까운 곳에 그 전압을 표시하여야 한다.

2. 반(盤)

1) 노출되어 시설되는 배전반 및 분전반의 재료는 불연성의 것이어야 한다. 다만 다음 각 호의 1에 해당하는 것에 대하여는 난연성의 합성수지 성형품 또는 목재의 것을 사용 할 수 있다.
   ① 금속 또는 합성수지제의 함에 넣는 개폐기를 사용하는 경우
   ② 배선용 차단기를 사용하는 경우.
   ③ 400[V] 미만의 전로에서 커버 나이프 스위치를 사용하는 경우

2) 목제의 반(盤)은 충전부분을 직접 부착해서는 안된다.

3. 함(函)

1) 배전반 및 분전반을 넣는 함은 다음 각 호에 적합하여야 한다.
   ① 반(盤)의 뒤쪽은 배선 및 기구를 배치하지 말 것. 다만 쉽게 점검할수 있는 구조이거나 분배전반의 소형 덕트 내의 배선은 적용 하지 않는다.
   ② 반의 옆쪽 또는 뒤쪽에 설치하는 분배전반의 소형 덕트는 강판제로서 전선을 구부리거나 눌리지 않을 정도로 충분히 큰 것 이어야 한다.
   ③ 난연성 합성수지로 된 것은 두께 1.5[mm] 이상으로 내(耐)아크성인 것이어야 한다.
   ④ 강판제의 것은 두께 1.2[mm] 이상이어야 한다. 다만 가로 또는 세로의 길이가 30[cm] 이하인 것은 두께 1.0[mm] 이상으로 할 수 있다.
   ⑤ 절연저항 측정 및 전선접속단자의 점검이용이한 구조 일 것

4. 배전반과 분전반의 종류

1) 배전반의 종류

① 라이브 프런트식 배전반 : 수직형이며 주로 저압간선용
② 데드 프런트식 배전반 : 수직형, 포스트형, 벤치형, 조합형이 있으며 주로 고압 수전반, 고압전동기 운전반등에 사용하며 철제 수직형 배전반이며 고압측은 데드프런트식, 저압측은 라이브 프런트식를 사용한다.
③ 폐쇄식 배전반 : 큐비클형이라고도 하며 조립형과 장갑형이 있으며 점유면적이 좁고 운전보수에 안전하기 때문에 공장이나 빌딩 등에 전기실에 많이 쓰이는 배전반

2) 저압 배전반 및 분전함의 주차단기

ACB, NFB(MCCB)가 사용되며 배전반의 CB 또는 퓨즈의 용량은 사고 발생시 bus bar가 손상되기 전 CB 또는 퓨즈의 용량은 사고 발생시 bus bar 용량보다 작게 한다.

3) 배전반과 분전반의 소형 덕트의 폭

전선의 굵기 [mm^2]	분배전반의 소형 덕트의 폭 [cm]
35 이하	8
95 이하	10
240 이하	15
400 이하	20
630 이하	25
1,000 이하	30

2 수변전 설비

1. 수변전 설비의 구성

1) 개방형 수변전 설비

옥내에 철골을 조립하고 단로기, 차단기, 계기용 변성기등의 보호 기기 및 고저압 배전반 분전반을 장착하여 구성된 기존에 사용하던 수변전설비

2) 폐쇄형 수전설비

수전설비를 구성하는 기기를 단위 폐쇄 배전반이라 불리는 금속제 외함(函)에 넣어서 수전설비를 구성

① 폐쇄형 수전 설비의 종류

ⓐ Metal Enclosed Switchgear
ⓑ Metal Clad Switchgear : 큐비클 내부를 모선실, 차단기실과 같이 접지된 금속으로 칸으로 구획을 만들어 차단기, 계기용 변성기, 변압기, 피뢰기 등의 볼트, 너트 류가 밖에 나타나게 하지 않고, 차단기는 차단기가 열림 상태가 아니면 인출할 수 없도록 인터로크(interlock)되어 있는 것.
ⓒ Cubicle : 차단기, 단로기, 모선, 기타의 것들을 정지된 금속으로 둘러싼 한 개의 것으로 된 것을 큐비클이라 한다.

3) 주 차단 장치로 수전설비 분류

종류	수전 용량	주 차단기
CB형	500 [kVA] 이하	차단기를 사용한 것
PF-CB형	500 [kVA] 이하	한류형 전력 퓨즈와 차단기를 조합 사용한 것
PF-S형	300 [kV] 이하	한류형 전력 퓨즈와 고압 개폐기를 사용한 것

※ 수전용 변전 설비의 1차측에 있어서 차단기 용량은 공급측 전원의 크기에 따라 정해진다.

2. 수변전 설비용 기기의 명칭 및 내용

명 칭	문자기호	기능 및 용도
전류계	A	부하에 흐르는 전류를 측정하는 지시계기
전압계	V	부하에 걸리는 전압을 측정하는 지시계기
전류계용 전환개폐기	AS	1대의 전류계로 3상 전류를 측정하기 위하여 사용하는 개폐기
전압계용 전환개폐기	VS	1대의 전압계로 3상 전압을 측정하기 위하여 사용하는 개폐기
표시등	PL	전압의 유무를 확인 표시등(전원의 정전여부를 표시함)
계기용 변압기	PT	고전압을 저압으로 변성하여 계기 및 계전기에 전원공급 (110[V]이하)
접지형 계기용 변압기	GPT	영상전압을 검출.
변류기	CT	대전류를 소전류로 변환하여 계기 및 계전기에 전원공급(5[A]이하)
전력 수급용 계기용 변성기	MOF	PT와 CT를 함께 내장한 것으로 전력량계에 전원공급
계기용 변성기 함	PCT	MOF, CT, PT를 한 탱크에 넣은 계기용 변성기 함
단로기	DS	무부하시의 선로 개폐
선로 개폐기	LS	무부하시의 선로 개폐(66kV이상에서 의무적으로 사용)
유입차단기	OCB	부하전류의 개폐 및 고장전류의 차단을 행한다.
교류 차단기	CB	고장전류 차단 및 부하전류의 개폐
유입개폐기	OS	통상의 부하전류를 개폐한다.
피뢰기	LA	이상 전압 내습시 대지로 방전시키고 그 속류를 차단한다.
서지흡수기	SA	구내선로에서 발생 할 수 있는 개폐서지, 순간과도전압 등으로 이상전압으로 부터 2차기기를 보호
트립 코일	TC	사고시에 전류가 흘러서 차단기를 동작시킨다.
지락계전기	GR	지락 사고 시 영상전류를 검출하여 지락 계전기를 작동시키기 위한 것이며 영상 변류기와 조합하여 사용 한다.
영상변류기	ZCT	지락 사고시 영상 전류를 검출하여 지락 계전기를 작동시킨다. 1차측 200[mA], 2차측 1.5[mA]이다.
과전류계전기	OCR	과부하나 단락시에 트립코일을 여자 시킨다.
컷아웃스위치	COS	고장전류 차단 및 무부하시 전로개폐
전력용 콘덴서	SC	부하의 역률을 개선시킨다.
방전코일	DC	전원 개방시 잔류전하를 방전시켜 인체 감전사고 방지
직렬 리액터	SR	제 5 고조파 제거하여 파형 개선.
케이블 헤드	CH	케이블 단말 처리하여 절연보호
비율(전류) 차동계전기	RDF	1차와 2차의 전류 차에 의해서 동작하여 변압기 내부고장 검출

3. 수변전 설비용 계전기 기구 번호

기구 번호	명칭	동작설명
2	한시 계전기(TLR)	기동 또는 폐로 전의 시간을 설정하거나, 기동 또는 폐로 개시 전에 시간 여유를 주는 것
17	표시선 계전기	표시선 계전방식에 사용하는 것을 목적으로 함 (평행 2회선 수전방식에서 사용)
27	교류 부족전압 계전기(UVR)	상시전원 정전시 또는 부족 전압시 동작한다.
28	경보장치(부저)	기기의 고장 발생시 부저가 울린다.
30	고장표시장치(표시등) 30F-고장표시기	기기의 동작 상태나 고장을 표시한다.
37	부족전류계전기	• 37A - 교류부족전류계전기 • 37D - 직류부족전류계전기
46	역상 또는 불평형계전기	
47	결상 또는 역상전압 계전기	결상 또는 역상전압일 때 동작
49	열동 계전기(THR)	과부하시 동작하여 전동기를 보호
50	지락계전기	• GR - 지락시 트립코일을 여자시킴 • SGR - 다회선 지락고장 회선 선택 차단
51	교류 과전류 계전기	단락이나 과부하시 동작하여 차단기를 개로 • 51G - 지락과전류계전기 • 51N - 중성점과전류계전기
52	교류차단기(Circuit Breakers)	고장전류를 차단하고 부하전류를 개폐한다.
59	교류 과전압 계전기 (Over Voltage Relay)	교류 과전압으로 동작하는 것
64	지락 과전압 계전기 (Over Voltage Ground Relay)	지락을 전압에 의하여 검출한다.
66	단속계전기	교류회로의 전력, 지락 방향에 따라 동작
67	지락방향 계전기 (Directional Ground Relay)	회로의 전력방향 또는 지락방향에 의해 동작
79	교류 재폐로 계전기	교류회로의 재폐로를 제어 (투입과 개로가 자동이다.)
87	전류차동계전기(비율차동계전기) • 87B - 모선보호차동계전기 • 87G - 발전기용차동계전기 • 87T - 주변압기차동계전기	변압기 1차와 2차의 전류차에 의해 동작 변압기 내부고장 보호
95	주파수 계전기 • 95H : 고정정 주파수 계전기 • 95L : 저정정 주파수 계전기	특정한 주파수대의 전압, 전류 또는 전력이 인가되었을 때 동작하는 계전기

4. 수변전 설비용 계기

명 칭	약호(심벌)	원 어	역할 및 용도(기능)
적산전력량계	WH	Watt hour Meter	수용가측 사용전력량 측정
최대수요전력량계	DM	Maximum Demand Wattmeter	자가용 설비 수용가의 최대 (Peek)치 측정하여 기록함
무효전력(량)계	VAR	Var meter	자가용수용가 설비의 무효전력 측정
무효전력량계	VARH	Var meter Watt Hour	자가용 수용가 설비의 무효전력 측정하여 기록함
주 파 수 계	F	Frequency Meter	자가용 수용가 설비의 주파수 측정
역 률 계	PF	Power factor Meter	자가용 수용가 설비의 역률측정

Chapter 05 고압 및 저압 배전선 공사 출제예상문제

- 우선순위 논점은 전기공사(산업)기사 시험에서 가장 출제 빈도가 높은 문제로써, 수험생분들께서는 각 파트별 우선순위 문제의 논점과 키워드를 학습하시기를 바랍니다.
- 체크 리스트를 작성하시면서 문제의 유형과 학습의 완성도를 스스로 체크 해 보시기를 바랍니다.
- "선생님의 콕콕 포인트"는 틀리기 쉬운 문제의 함정과 문제의 포인트를 집어드립니다. 우선순위 문제풀이의 포인트를 꼭 참고하고 응용문제의 해결능력을 길러 줍니다.

번호	우선순위 논점	KEY WORD	맞음	이해 부족	암기 부족	착오 실수	선생님의 콕콕 포인트
1	배전반 및 분전반	배전반, 분전반, 함					배전반 분전반 시설규정을 암기 할 것
2	배전반 및 분전반	배전반, 분전반, 함					배전반 분전반 시설규정을 암기 할 것
5	배전반 및 분전반	배전반, 분전반, 함					배전반의 종류를 암기 할 것
7	배전반 및 분전반	분전반, 소형 덕트폭					배전반 분전반의 소형덕트의 폭 시설규정을 암기 할 것
13	수변전설비	MOF, PT, CT					수변전설비에 사용되는 기기의 약호 및 기능을 암기 할 것
20	수변전설비	큐비클, CB, PF-CB, PF-S					수전 용량에 다른 수변전 설비의 종류 및 주 차단기를 암기 할 것
28	수변전설비	보호계전기					수변전설비에 사용되는 보호계전기의 약호 및 기능을 암기 할 것

★★☆☆☆
01 배전반 및 분전반에 대한 설명 중 잘못된 것은?

① 개폐기를 쉽게 개폐할 수 있는 장소에 시설하여야 한다.
② 배전반 및 분전반을 옥측 또는 옥외에 시설 할 경우에는 방수형의 것을 사용한다.
③ 배전반 및 분전반에 시설하는 기구 및 전선은 쉽게 점검 할 수 있도록 시설하여야 한다.
④ 배전반이나 분전반을 넣는 금속제의 함 및 이를 지지하는 금속프레임 또는 구조물은 접지를 할 필요가 없다.

🔍 해설

배전반 및 분전반의 시설 규정
1) 배전반 및 분전반은 다음과 같은 장소에 시설하여야 한다.
   ① 전기회로를 쉽게 조작 할 수 있는 장소
   ② 개폐기를 쉽게 개폐할 수 있는 장소(단 벽장 내부와 화장실의 내부 욕실내부는 개폐기를 쉽게 개폐할 수 있는 장소로 볼 수 없다.)
   ③ 노출장소
   ④ 안정 된 장소
2) 옥측또는 옥외에 시설하는 배전반 및 분전반 : 옥외 옥측에 시설하는 경우는 방수형일 것
3) 배전반 및 분전반에 시설하는 기계기구 : 기구 및 전선은 쉽게 점검 할 수 있도록 시설해야 한다.

4) 분전반의 시설
   ① 분전반은 적합한 함속에 내장하여야 한다. 단 개폐기, 배선용 차단기 등과 같이 상시 충전부를 노출하지 않는 구조의 개폐기(커버 나이프 스위치 등) 또는 과전류 차단기를 설치하는 경우는 제외 한다.
   ② 한 개의 분전반은 한가지 전원(1회선이하 간선) 만 공급하여야 한다. 다만 안전확보가 충분하도록 격벽을 설치하고 사용 전압을 쉽게 식별 할 수 있도록 그 회로의 과전류 차단기 가까운 곳에 그 사용 전압을 표시하는 경우는 적용하지 않는다.
5) 배전반이나 분전반을 넣는 금속제의 함 및 이를 지지하는 금속프레임 또는 구조물은 각 규정에 맞게 접지 공사를 하여야 한다.
6) 분전반의 사용전압이 각각 다른 분기회로가 혼재하는 경우는 분기회로를 쉽게 식별할수 있게 하기 위하여 그 회로의 과전류차단기 가까운 곳에 그 전압을 표시하여야 한다.

★★☆☆☆
02 다음 중 배전반 및 분전반을 넣은 함의 요건으로 적합하지 않은 것은?

① 반의 옆쪽 또는 뒤쪽에 설치하는 분배전반의 소형덕트는 강관제 이어야 한다.
② 난연성 합성수지로 된 것은 두께가 최소 1.6[mm] 이

[정답] 01 ④ 02 ②

상으로 내(耐)수지성인 것 이어야 한다.
③ 강관제의 것은 두께 1.2[mm] 이상이어야 한다. 다만 가로 또는 세로의 길이가 30[cm] 이하인 것은 두께 1.0[mm] 이상으로 할 수 있다.
④ 절연저항 측정 및 전선접속단자의 점검이 용이한 구조이어야 한다.

> **해설**
> **배전반 및 분전반의 시설 규정**
> 배전반 및 분전반을 넣는 함은 다음 각 호에 적합하여야 한다.
> 1) 반(盤)의 뒤쪽은 배선 및 기구를 배치하지 말 것 다만 쉽게 점검할수 있는 구조이거나 분배전반의 소형 덕트내의 배선은 적용 하지 않는다.
> 2) 반의 옆쪽 또는 뒤쪽에 설치하는 분배전반의 소형 덕트는 강판제로서 전선을 구부리거나 눌리지 않을 정도로 충분히 큰 것 이어야 한다.
> 3) 난연성 합성수지로 된 것은 두께 1.5[mm] 이상으로 내(耐)아크성인 것이어야 한다.
> 4) 강판제의 것은 두께 1.2[mm] 이상이어야 한다. 다만 가로 또는 세로의 길이가 30[cm] 이하인 것은 두께 1.0[mm] 이상으로 할 수 있다.
> 5) 절연저항 측정 및 전선접속단자의 점검이 용이한 구조 일 것

03 분전함에 대한 설명으로 틀린 것은? ★★☆☆☆

① 반의 옆쪽에 설치하는 분배전반의 소형덕트는 강판제로서 전선을 구부리거나 눌리지 않을 정도로 충분히 큰 것이어야 한다.
② 목제함은 최소두께 1.0[cm] (뚜껑포함)이상으로 불연성 물질을 안에 바른 것이어야 한다.
③ 난연성 합성수지로 된 것은 두께 1.5[mm] 이상으로 내아크성인 것이어야 한다.
④ 강관제의 것은 일반적인 경우 두께 1.2[mm] 이상이어야 한다.

> **해설**
> **배전반 및 분전반의 시설 규정**
> 2번 해설 참조

04 분전반에 관한 설명으로 옳지 않은 것은? ★★☆☆☆

① 일반적으로 한 개의 분전반에 2가지 전원을 공급할 수 있다.
② 개폐기를 쉽게 개폐할 수 있는 장소에 시설한다.
③ 상시 충전부를 노출하지 않는 구조이어야 한다.
④ 노출하여 시설하는 분전반의 재료는 불연성의 것이다.

> **해설**
> **배전반 및 분전반의 시설 규정**
> 1번 해설 참조

05 점유 면적이 좁고, 운전·보수가 안전하여 공장 및 빌딩 등의 전기설에 많이 사용되는 배전반은? ★★☆☆☆

① 데드 프런트형   ② 수직형
③ 큐비클형   ④ 라이브 프런트형

> **해설**
> **배전반 및 분전반의 시설 규정**
> 1) 배전반의 종류
>   ① 라이브 프런트식 배전반 : 수직형이며 주로 저압간선용
>   ② 데드 프런트식 배전반 : 수직형, 포스트형, 벤치형, 조합형이 있으며 주로 고압 수전반, 고압전동기 운전반등에 사용하며 철제 수직형 배전반이며 고압측은 데드프런트식, 저압측은 라이브 프런트식을 사용한다.
>   ③ 폐쇄식 배전반 : 큐비클형이라고도 하며 조립형과 장갑형이 있으며 점유면적이 좁고 운전보수에 안전하기 때문에 공장이나 빌딩 등에 전기실에 많이 쓰이는 배전반
> 2) 저압 배전반의 주차단기
>   저압 배전반의 주차단기는 ACB, NFB(MCCB)가 사용되며 배전반의 CB 또는 퓨즈의 용량은 사고 발생시 bus bar가 손상되기 전 CB 또는 퓨즈의 용량은 사고 발생시 bus bar 용량보다 작게 한다.

06 큐비클의 정식 호칭은? ★★☆☆☆

① 라이브 프런트 배전반   ② 폐쇄 배전반
③ 데드 프런트 배전반   ④ 포스트 배전반

> **해설**
> **배전반 및 분전반의 시설 규정**
> 5번 해설 참조

[정답] 03 ② 04 ① 05 ③ 06 ②

07 분전반의 소형 덕트 폭으로 틀린 것은?

① 전선 굵기 35 [mm²] 이하는 덕트 폭 5 [cm]
② 전선 굵기 95 [mm²] 이하는 덕트 폭 10 [cm]
③ 전선 굵기 240 [mm²] 이하는 덕트 폭 15 [cm]
④ 전선 굵기 400 [mm²] 이하는 덕트 폭 20 [cm]

해설

배전반 및 분전반의 시설 규정
배전반과 분전반의 소형 덕트의 폭

전선의 굵기 [mm²]	분배전반의 소형 덕트의 폭 [cm]
35 이하	8
95 이하	10
240 이하	15
400 이하	20
630 이하	25
1,000 이하	30

08 분전함에 내장되는 부품은?

① 나이프 SW 또는 NFB
② MG SW 또는 VCB류의 차단기
③ NFB 또는 VCB류의 차단기
④ OCR 또는 UVR류의 보호 계전기

해설

배전반 및 분전반의 시설 규정
1번 해설 참조

09 배전반의 CB 또는 퓨즈의 용량은 해당 배전반의 bus bar 용량과 어떤 관계로 하여야 하는가?

① bus bar 용량과 같게 한다.
② bus bar 용량보다 적게 한다.
③ bus bar 용량의 125 [%] 로 한다.
④ bus bar 용량의 150 [%] 로 한다.

해설

배전반 및 분전반의 시설 규정
5번 해설 참조

10 구내선로에서 발생할수 있는 개폐서지, 순간과도전압 등으로 이상전압이 2차 기기에 악영향을 주는 것을 막기 위해 어떤 것을 시설하는 것이 바람직한가?

① COS
② 서지흡수기
③ 자동고장구분 개폐기
④ PF

해설

수변전 설비
SA(서지 흡수기) 구내선로에서 발생 할 수 있는 개폐서지, 순간과도전압 등으로 이상전압으로 부터 2차기기를 보호

11 다음 예문의 약호 중 전류계 전환 스위치를 표시한 것은?

① AS
② PF
③ PCT
④ ZCT

해설

수변전 설비
① AS : 전류계용 절환(전환) 개폐기
② PF : 전력용 퓨즈
③ PCT : MOF, CT, PT를 한 탱크에 넣은 계기용 변성기 함
④ ZCT : 영상 변류기

12 문자 기호중 계기류에 속하지 않는 것은?

① ZCT
② A
③ PF
④ WH

해설

수변전 설비
① ZCT : 영상변류기
② A : 전류계
③ PF : 역률계
④ WH : 전력량계
전류계, 역률계, 전력량계는 계기류 이며 영상변류기는 계기류가 아닌 계전기류이다.

[정답] 07 ① 08 ① 09 ② 10 ② 11 ① 12 ①

13 전기기기 중 MOF라는 것은 무엇인가?

① 계기용 변류기
② 계기용 변압기
③ 계기용 변압기, 변류기를 함께 조합한 것
④ 계기류의 총칭

해설

수변전 설비
MOF(계기용 변성기)는 PT(계기용 변압기) 와 CT(계기용 변류기)를 함께 내장한 것으로 전력량계에 전원공급 한다.

14 수변전 설비 회로의 특고압 및 고압을 저압으로 변성하는 것은?

① 계기용 변압기   ② 과전류 계전기
③ 계기용 변류기   ④ 전력 콘덴서

해설

수변전 설비
PT(계기용 변압기) : 고전압을 저압으로 변성하여 계기 및 계전기에 전원공급 (110[V] 이하)

15 고압으로 수전하는 변전소에서 접지 보호용으로 사용되는 계전기에 영상전류를 공급하는 계전기는?

① CT   ② PT
③ ZCT   ④ GPT

해설

수변전 설비
① CT (계기용 변류기) : 대전류를 소전류로 변환하여 계기 및 계전기에 전원공급(5[A] 이하)
② PT (계기용 변압기) : 고전압을 저압으로 변성하여 계기 및 계전기에 전원공급 (110[V] 이하)
③ ZCT(영상 변류기) : 지락 사고시 영상 전류를 검출하여 지락 계전기를 작동시키며 1차측 전류 200[mA], 2차측 전류1.5[mA]이다.
④ GPT (접지형 계기용 변압기) : 영상전압을 검출

16 전압 변성기의 종류 중 CPD는 무엇인가?

① 콘덴서형 전압 변성기
② 제어 가능형 전압 변성기
③ 케이블형 전압 변성기
④ 전자형 전압 변성기

해설

수변전 설비
- CDP(Capacitance Potential Device) : 용량성(콘덴서형) 전압 변성기
- BCDP(Bushing Capacitance Potential Device) : 붓싱형 용량성(콘덴서형) 전압 변성기

17 영상변류기(ZCT)의 1차 전류와 2차 전류는 각각 얼마를 기준으로 하는가?

① 100[mA], 1.25[mA]
② 200[mA], 1.25[mA]
③ 100[mA], 1.5[mA]
④ 200[mA], 1.5[mA]

해설

수변전 설비
ZCT(영상 변류기) : 지락 사고시 영상 전류를 검출하여 지락 계전기를 작동시키며 1차측 전류 200[mA], 2차측 전류1.5[mA]이다.

18 대전류를 정격 2차 전류 5[A], 1[A], 0.1[A]의 전류로 변환하는 것이며 전류측정, 계전기 동작전원 등의 용도로 사용하는 것은?

① CH   ② CCT
③ CT   ④ CC

해설

수변전 설비
CT(변류기) : 대전류를 소전류로 변환하여 계기 및 계전기에 전원공급(5[A] 이하)

[정답] 13 ③ 14 ① 15 ③ 16 ① 17 ④ 18 ③

★★☆☆☆

19 변성기의 종류가 아닌 것은?

① PT   ② PBS
③ GPT ④ PCT

🔍 **해설**

수변전 설비
① PT(계기용 변압기) : 고전압을 저압으로 변성하여 계기 및 계전기에 전원공급 (110[V] 이하)
② PBS : 푸시버튼 스위치=누름버튼 스위치
③ GPT(접지형 계기용 변압기) : 영상전압을 검출
④ PCT : MOF, CT, PT를 한 탱크에 넣은 계기용 변성기 함

★★☆☆☆

20 고압 수용가의 수전설비로서 사용되는 큐비클로써 그 종류가 잘못된 것은 어느 것인가?

① CB형   ② PF-CB형
③ PF-S형 ④ PF형

🔍 **해설**

수변전 설비
주 차단 장치로 수전설비 분류

종류	수전 용량	주 차단기
CB형	500[kVA] 이하	차단기를 사용한 것
PF-CB형	500[kVA] 이하	한류형 전력 퓨즈와 차단기를 조합 사용한 것
PF-S형	300[kVA] 이하	한류형 전력 퓨즈와 고압 개폐기를 사용한 것

※ 수전용 변전 설비의 1차측에 있어서 차단기 용량은 공급 측 전원의 크기에 따라 정해진다.

★★☆☆☆

21 수전용 변전 설비의 1차측에 있어서 차단기의 용량은 주로 어느 것에 의해 전해지는가?

① 수전계약 용량
② 부하 설비의 용량
③ 수전 전력의 역률과 부하율
④ 공급 측 전원의 크기

🔍 **해설**

수변전 설비
20번 해설 참조

★★☆☆☆

22 PF·S형 큐비클식 고압수전 설비에서 고압전로의 단락보호용으로 사용하는 전력퓨즈는?

① 한류형   ② 애자형
③ 인입형   ④ 내장형

🔍 **해설**

수변전 설비
20번 해설 참조

★★☆☆☆

23 수변전 설비의 전력 퓨즈(PF)가 차단기(CB)와 비교 할 때의 특징으로 볼 수 없는 것은?

① 가격이 싸다.   ② 차단용량이 적다.
③ 보수가 용이하다.   ④ 소형이며 경량이다.

🔍 **해설**

수변전 설비
전력용 퓨즈는 특별 고압 또는 고압회로 및 기기의 단락 보호 능력을 갖는 것으로 고전압 회로 및 기기의 단락 보호용의 퓨즈로 소호방식에 따라 한류형과 비한류형으로 나눈다.
전력용 퓨즈 구입 시 사용장소, 정격전압, 정격전류, 정격용량, 타보호기기와 협조 등을 고려하여 구입하여야 한다.

• 전력용 퓨즈와 차단기를 비교 시 전력용 퓨즈의 특징
① 가격이 저렴하다.
② 소형 경량이다.
③ 차단능력(용량)이 크다.
④ 고속차단이 가능하다
⑤ 보수가 용이하다.

★★☆☆☆

24 계전기별 고유 번호에서 95는 주파수 계전기이다. 95H의 명칭은?

① 고정정 주파수 계전기   ② 저정정 주파수 계전기
③ 발진 주파수 계전기   ④ 흡수형 주파수 계전기

[정답] 19 ② 20 ④ 21 ④ 22 ① 23 ② 24 ①

해설

수변전 설비
- 95 : 주파수 계전기
- 95H : 고정정 주파수 계전기
- 95L : 저정정 주파수 계전기

★★☆☆☆

25 개폐기류의 재료가 아닌 것은?

① GPT ② LBS
③ OS   ④ DS

해설

수변전 설비
① GPT : 접지형 계기용 변압기
② LBS : 부하 개폐기
③ OS : 유입 개폐기
④ DS : 단로기
접지형 계기용 변압기는 개폐기류가 아닌 변성기류이다.

★★☆☆☆

26 발전기나 주 변압기의 내부 고장에 대한 보호용으로 가장 적당한 재료는?

① 차동 전류 계전기   ② 과전류 계전기
③ 비율 차동 계전기   ④ 온도 계전기

해설

수변전 설비
비율 차동 계전기(RDF 87)는 발전기나 변압기의 내부 고장시 1차와 2차의 전류 차에 의해서 동작하여 변압기 내부고장 검출

★★☆☆☆

27 다음 변전소 시설 중 지락고장 검출용으로 적당치 않은 것은 어떤 것인가?

① ZCT ② CT
③ GPT ④ OCR

해설

수변전 설비
OCR(과전류 계전기)는 과부하나 단락 시에 트립 코일을 여자 시켜 차단기를 개로 한다.

★★☆☆☆

28 재료 중 보호 계전기가 아닌 것은?

① OCR ② OVR
③ RPR ④ ZCT

해설

수변전 설비
① OCR : 과전류 계전기 ② OVR : 과전압 계전기
③ RPR : 역전력 계전기 ④ ZCT : 영상 변류기

★★☆☆☆

29 고압 교류 차단기(3.3[kV] 혹은 6.6[kV]급)에 사용되는 것이 아닌 것은?

① 유입 차단기 ② 공기 차단기
③ 진공 차단기 ④ 디스커넥트 스위치

해설

수변전 설비
디스커넥트 스위치(DS : disconnecting switch)는 단로기라고도 하며, 고압 이상 정격전압 3.6[kV], 7.2[kV], 24[kV], 168[kV] 전로에서 단독으로 전로의 접속 또는 분리하는 것을 목적으로 하며 무전압이나 무전류에 가까운 상태에서 안전하게 전로를 개폐하는 것이다.

★★☆☆☆

30 자가용 수전설비에 주로 많이 사용되며 부하전류의 개폐 및 고장전류의 차단을 행하는 재료는?

① ACB ② MBB
③ OCB ④ 애자용 차단기

해설

수변전 설비
OCB(유입차단기) : 탱크형기주 주 전압은 3.6~36[kV]이며 자가용 수전설비에 주로 많이 사용되며 부하전류의 개폐 및 고장전류의 차단, 차단성능이 우수한 것을 물어보면 VCB(진공차단기)가 정답이다.

[정답] 25 ① 26 ③ 27 ④ 28 ④ 29 ④ 30 ③

Chapter 06 피뢰설비 및 접지공사

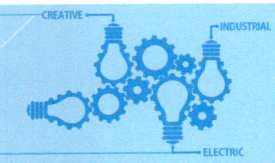

출제경향분석

제6장 피뢰 및 접지공사 에서 시험에 자주 출제가 되는 내용은 다음과 같다.
❶ 피뢰설비
❷ 접지 설비

1 피뢰설비

1. 피뢰기

1) 피뢰기의 보호대상

① 제1보호 대상 : 변압기
② 제2보호 대상 : 차단기
③ 제3보호 대상 : 송전선
④ 제4보호 대상 : 애자

2) 피뢰기의 구성

① 직렬 갭 : 이상전압 내습 시 뇌전류를 방전하고 속류(기류) 차단
② 특성요소 : 피뢰기 단자전압을 제한하여 기계기구 절연보호
③ 쉴드 링 : 전자기적 충격비를 완화시켜 동작지연 시간 방지(충격보호)
④ 아크가이드 : 고전압 피뢰기의 방전 개시시간의 지연방지

3) 피뢰기의 구비조건

① 충격방전 개시 전압이 낮을 것
② 상용주파 방전 전압이 높을 것
③ 속류 차단 능력이 있을 것
④ 제한 전압이 낮을 것
⑤ 반복동작이 가능할 것

4) 피뢰기의 시설 장소

① 발전소, 변전소의 인입 및 인출구
② 지중 전선로와 가공 전선로가 만나는 곳(접속되는 곳)
③ 고압, 특고압 수용가의 인입구
④ 특고압 옥외 배전용 변압기의 고압 및 특고압측

5) 피뢰기 접지

접지선의 굵기 : 6[mm^2] 이상인 연동선 또는 동등이상의 세기 및 굵기에 쉽게 부식되지 아니하는 금속선을 사용

6) 피뢰기의 정격

전력계통		피뢰기 정격 전압	
전압[kV]	중성점 접지 방식	변 전 소	배전선로
345	유효접지	288	
154	유효접지	138	
66	PC 접지 또는 비접지	72	
22	PC 접지 또는 비접지	24	
22.9	3상4선 다중접지	21	18
11.4	3상4선 다중접지	12	9
5.7	3상4선 다중접지	7.5	7.5
6.6	비접지	7.5	7.5
3.3	비접지	7.5	7.5(4.2)

7) 피뢰기의 종류

① 배전선로에 보통 사용되는 피뢰기 : 저항형, 밸브형, 밸브저항형, 방출통형, 펠렛형(펠렛형 : 산화막 피뢰기라고 하며 과산화 납(PbO_2)의 펠릿과열에 배열되고 직경의 튜브에 둘러싸인 리사이징의 얇고 다공성 인 코팅된 피뢰기)

② 배전선로에 최근 사용되는 시작한 피뢰기 : GAP LESS형 (금속 산화물 피뢰기)

2. 피뢰침

1) 피뢰방식

① 돌침 방식
② 수평도체 방식
③ 완전도체(cage) 방식 : 산꼭대기에 있는 관측소, 건물, 휴게소등에 시설하는 피 보호물 전체를 덮은 연속적인 망상 도체(금속판도 포함)로 완전 보호가 되며 어떠한 뇌격에도 건물이나 내부에 있는 사람에도 절대 위험이 가해지지 않는 방식
④ 독립피뢰침방식
⑤ 독립가공지선 방식
⑥ 용마루위 도체방식
⑦ 이온방사형 피뢰방식

2) 피뢰침(돌침 방식) 구성요소

① 돌침부 : 구리, 알루미늄 또는 용해 아연 도금을 한 철 또는 구리로서 공중에 돌출하게한 봉상도체를 사용하며 뇌 방전을 뇌격으로 받아내는 역할을 한다.
② 피뢰인하도선 : 뇌격 전류를 대지로 끌어들이는 나동선
③ 접지극 : 뇌격전류를 대지로 흐르게 한다.

3) 피뢰침의 보호각과 보호범위

① 일반 건축물 60°
② 위험물 저장 건축물 45°

4) KSC IEC 62305-3

수뢰도체, 피뢰침과 인하도선의 재료, 형상과 최소단면적

재료	형상	최소단면적[mm^2]	해 설[10]
구리	테이프형 단선	$50^{8)}$	최소 두께 2[mm]
	원형 단선[7]	$50^{8)}$	직경 8[mm]
	연선	$50^{8)}$	각 소선의 최소직경 1.7[mm]
	원형 단선[3), 4)]	$200^{8)}$	직경 16[mm]
주석도금한 구리[1]	테이프형 단선	$50^{8)}$	최소 두께 2[mm]
	원형 단선[7]	$50^{8)}$	직경 8[mm]
	연선	$50^{8)}$	각 소선의 최소직경 1.7[mm]
알루미늄	테이프형 단선	$70^{8)}$	최소 두께 3[mm]
	원형 단선	$50^{8)}$	직경 8[mm]
	연선	$50^{8)}$	각 소선의 최소직경 1.7[mm]
알루미늄합금	테이프형 단선	$50^{8)}$	최소 두께 2.5[mm]
	원형 단선	50	직경 8[mm]
	연선	$50^{8)}$	각 소선의 최소직경 1.7[mm]
	원형 단선[3]	$200^{8)}$	직경 16[mm]
용융아연도금강[2]	테이프형 단선	$50^{8)}$	최소 두께 2.5[mm]
	원형 단선[9]	50	직경 8[mm]
	연선	$50^{8)}$	각 소선의 최소직경 1.7[mm]
	원형 단선[3), 4), 9)]	$200^{8)}$	직경 16[mm]
스테인리스강[5]	테이프형 단선[6]	$50^{8)}$	최소 두께 2[mm]
	원형 단선[6]	50	직경 8[mm]
	연선	$70^{8)}$	각 소선의 최소직경 1.7[mm]
	원형 단선[3), 4)]	$200^{8)}$	직경 16[mm]

1) 용융 또는 전기도금피복의 최소두께는 1[μm] 이상이다.
2) 피복은 최소 50[μm]의 두께로 매끄럽고, 연속적이며 녹슬지 않도록 한다.
3) 단지 피뢰침에 적용할 수 있다. 풍압하중과 같은 기계적 응력이 크게 작용하지 않는 경우에는 직경 10[mm], 최대길이가 1[m]인 피뢰침을 부가적으로 고정하여 사용할 수 있다.
4) 단지 대지에 인입하는 봉으로 사용할 수 있다.
5) 크롬≥16[%], 니켈≥8[%], 탄소≤0.07[%].
6) 가연성 물질과 직접 접촉하는 콘크리트에 매입된 스테인리스강의 최소크기는 원형 단선은 78[mm^2](직경 10[mm]), 테이프형 단선은 75[mm^2](최소두께 3[mm]) 이상으로 한다.
7) 기계적 강도가 요구되지 않는 경우 단면적 50[mm^2](직경 8[mm])를 28[mm^2](직경 6[mm])로 줄여도 된다. 이 경우 죔쇠 사이의 간격도 줄인다.
8) 열적/기계적 고려가 중요하다면 이들 치수를 테이프형 단선은 60[mm^2]로 원형 단선은 78[mm^2]로 증가시킬 수 있다.
9) 10000[kJ/Ω]의 비에너지에 대하여 용융되지 않는 최소단면적은 구리 16[mm^2], 알루미늄 25[mm^2], 강선 50[mm^2], 스테인리스강 50[mm^2]이며, 상세한 사항은 부속서 E에 기술되어 있다.
10) 두께, 폭, 직경은 ±10[%]로 정의된다.

5) KSC IEC 62305-3

접지극의 재료, 형상과 최소치수

재료	형상	최소치수 접지봉 [⌀mm]	최소치수 접지도체	최소치수 접지판 [mm]	해설
구리	연선[3]		50[mm²]		각 소선의 최소 직경 1.7[mm]
	원형 단선[3]		50[mm²]		직경 8[mm]
	테이프형 단선[3]		50[mm²]		최소두께 2[mm]
	원형 단선	15[8]			
	파이프	20			최소벽두께 2[mm]
	판상 단선			500×500	최소두께 2[mm]
	격자판			600×600	구획 25[mm]×2[mm] 격자최소길이 : 4.8[m]
강(Steel)	아연도금 원형 단선[1),2)]	16[9]	직경 10[mm]		
	아연도금 파이프[1),2)]	25			최소벽두께 2[mm]
	아연도금 테이프형 단선[1)]		90[mm²]		최소두께 3[mm]
	아연도금 판상 단선[1)]			500×500	최소두께 3[mm]
	아연도금 격자판[1)]			600×600	구획 30[mm]×3[mm]
	구리피복 원형 단선[4)]	14			최소반경 250[μm] 99.9[%] 구리함유의 피복
	나도체 원형 단선[5)]		직경 10[mm]		
	나도체 또는 아연도금 테이프형 단선[5),6)]		75[mm²]		최소두께 3[mm]
	아연도금 연선[5),6)]		70[mm²]		각 소선의 최소 직경 1.7[mm]
	아연도금 교차배열[1)]	50×50×3			
스테인리스강[7)]	원형 단선	15	직경 10[mm]		
	테이프형 단선		100[mm²]		최소두께 2[mm]

[1)] 피복은 원형 재료는 50[μm], 판상 재료는 70[μm] 이상의 최소두께이어야 하며, 매끄럽고, 연속적이며 녹슬지 말아야 한다.
[2)] 나사는 도금하기 전에 가공한다.
[3)] 주석도금을 할 수도 있다.
[4)] 구리는 본질적으로 강에 본딩한다.
[5)] 단지 콘크리트 내에 완전히 매입되었을 때 허용된다.
[6)] 단지 기초의 대지접촉부분의 철골 구조체와 최소 5[m] 마다 확실하게 접속된 때에만 허용된다.
[7)] 크롬≥16[%], 니켈≥5[%], 몰리브덴≥2[%], 탄소≤0.08[%].
[8)] 일부 국가에서는 12[mm]도 허용된다.
[9)] 일부 국가에서 대지로 인입하는 봉은 이하도선이 지중으로 인입되는 점에서 접속용으로 사용한다.

2 접지설비

1. 접지 시공 규정

1) 접지도체의 굵기

종 류	굵 기
특고압·고압 전기설비용	6[mm²] 이상
중성점 접지용 접지도체	16[mm²] 이상 (단, 사용전압이 25[kV] 이하인 특고압 가공전선로 중성선 다중접지식 전로에 지락이 생겼을 때 2초 이내에 자동적으로 이를 전로로부터 차단하는 장치가 되어 있는 것은 6[mm²])
7[kV] 이하의 전로	6[mm²]
〈이동용〉 특고압·고압 전기설비용 접지도체 및 중성점 접지용 접지도체는 클로로프렌캡타이어케이블(3종 및 4종) 또는 클로로설포네이트폴리에틸렌캡타이어케이블(3종 및 4종)의 1개 도체 또는 다심 캡타이어케이블의 차폐 또는 기타의 금속체	기타의 경우 10[mm²]
저압 전기설비용 접지도체는 다심 코드 또는 다심 캡타이어케이블의 1개 도체의 단면적	0.75[mm²] (단, 연동연선은 1개 도체의 단면적이 1.5[mm²] 이상)

2) 접지저항 저감 대책 중 고강도 접지 저항 저감재 (토양에 화학처리)

① 비반응형 : 염, 황산 암모니아, 탄산소다, 카본분말, 백필(흑연분말과 코크스분말의 혼합물) 등이 있다
② 반응형 : 화이트 아스론, 티코겔 등
③ 저감재 시공방법
    ⓐ 타입법 : 타입 할 구멍에 저감재를 유입하는 방법
    ⓑ 보링법 : 보링 공법으로 구멍을 뚫어 전극을 설치한 후 그 속에 저감재 주입
    ⓒ 수반법 : 접지 전극 부근의 대지에 저감재를 뿌리는 방법
    ⓓ 구법 : 접지전극 주변에 고리모양의 홈을 파서 그 속에 저감재를 유입
    ⓔ 체류조법 : 접지전극 주위에 저감재(적토)를 넣어 되 메우기를 함
④ 접지 저감재의 구비조건
    ⓐ 지속성이 있을 것   ⓑ 안전할 것
    ⓒ 전기적으로 양도체일 것   ⓓ 전극을 부식시키지 않을 것
    ⓔ 작업성이 좋을 것

3) 접지극 규격

① 동판을 사용하는 경우에는 두께 0.7[mm] 이상, 면적(편면) 900[cm²] 이상의 것
② 강봉(철봉)은 지름 12[mm] 이상, 길이 0.9[m] 이상
③ 동봉, 동 피복 강봉(탄소 피복 강봉)은 지름 8[mm] 이상, 길이 0.9[m] 이상

2. KSC IEC 접지 방식

저압배선계통의 접지방식을 정의하고 있으며, 크게 나눠 TN방식(TN-S, TN-C-S, TN-C), TT방식, IT방식의 3종류로 분류하고 있다.

1) TN 계통

TN 계통이란 전원 한 점을 직접 접지하고 설비의 노출 도전성 부분을 보호도체(PE)를 이용하여 전원 한 점에 접속하는 접지 계통을 말한다. TN 계통은 중성선 및 보호 도체의 배치에 따라 TN-S 계통, TN-C-S 계통 및 TN-C 계통의 3 종류가 있다.

① TN-C 계통계통 전체에 걸쳐 중성선과 보호도체(기기접지)가 단일도선으로 연결되어 있다. TN 계통에서 지락은 과전류차단기에 의해 보호된다. 따라서, 사고가 발생한 경우 고장점 임피던스를 고려하여 일정시간 내에 전원의 과전류차단기가 작동하도록 차단기의 특성 및 도체의 굵기를 정한다.

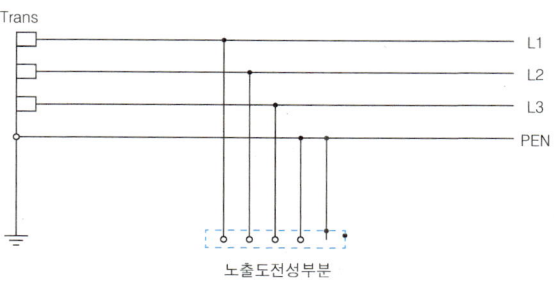

[TN-C방식]

② TN-S 계통계통 전체에 걸쳐 중성선과 보호도체(접지선)가 분리되어 있고 전원측의 접지전극을 공유한다.

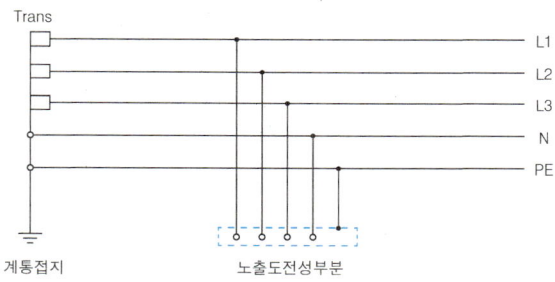

[TN-S방식]

③ TN-C-S 계통계통의 일부분에서 중성선과 보호도체가 단일도선으로 연결되어 있다. 전원 공급측은 TN-C 방식이고 기기설비측은 TN-S 방식이다.

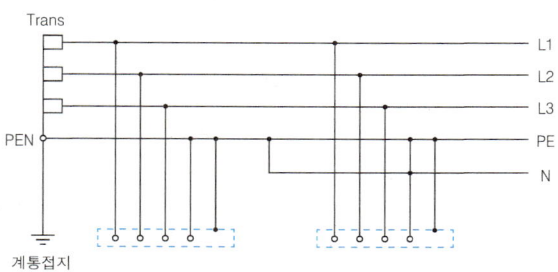

[TN-C-S방식]

2) TT 계통

TT 계통이란 전원의 한 점을 직접 접지하고 설비의 노출 도전성 부분을 전원 계통의 접지극과 전기적으로 독립한 접지극에 접지하는 접지 계통을 말한다.

즉, 계통접지와 기기접지는 완전히 분리된다. 이 계통에서 지락은 과전류차단기 또는 누전차단기로 보호하며 이 경우 기기 프레임의 대지전위 상승을 제한하기 위한 조건이 고려되어야 한다.

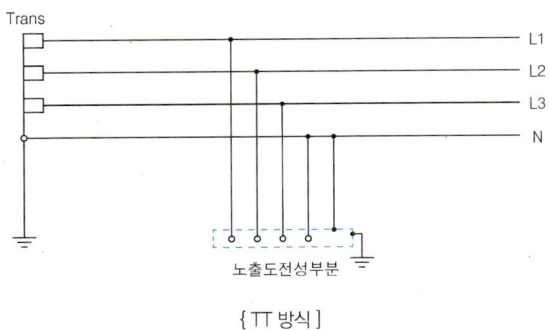

[TT 방식]

3) IT 계통

IT 계통이란 충전부 전체를 대지로부터 절연시키거나, 한 점에 임피던스를 삽입하여 대지에 접속시키고, 전기기기의 노출 도전성 부분을 단독 또는 일괄적으로 접지하거나 또는 계통 접지로 접속하는 접지 계통을 말한다. 지락사고가 발생할 때는 별도대책을 고려해야 한다. 따라서 대규모 전력계통에서는 채택이 곤란한 방식이다.

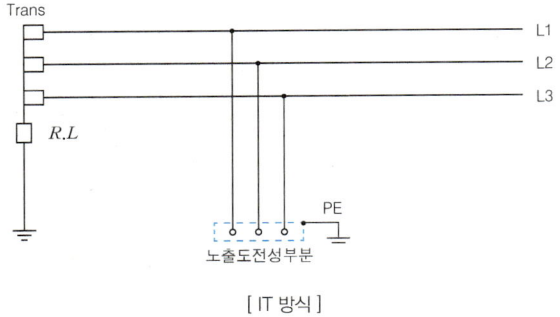

[IT 방식]

4) 보호도체 용어

① PE 도체 : 보호도체
② PEN도체 : 교류회로에서 중성선 겸용 보호도체
③ PEM도체 : 직류회로에서 중간선 겸용 보호도체
④ PEL도체 : 직류회로에서 선도체 겸용 보호도체

5) 보호도체 굵기

① 보호도체의 단면적

상도체의 단면적 S [mm²]	대응하는 보호도체의 최소 단면적 [mm²]	
	보호도체의 재질이 상도체와 같은 경우	보호도체의 재질이 상도체와 다른 경우
$S \leq 16$	S	$(k_1/k_2) \times S$
$16 < S \leq 35$	16	$(k_1/k_2) \times 16$
$S > 35$	$S/2$	$(k_1/k_2) \times (S/2)$

② 보호도체의 단면적 계산

$S = \sqrt{I^2 t}/k$ [mm²]

여기서, S [m²] : 단면적, I [A] : 지락전류, t [s] : 차단기 동작시간, k [℃] : 온도)

Chapter 06 피뢰설비 및 접지공사 출제예상문제

- 우선순위 논점은 전기공사(산업)기사 시험에서 가장 출제 빈도가 높은 문제로써, 수험생분들께서는 각 파트별 우선순위 문제의 논점과 키워드를 학습하시기를 바랍니다.
- 체크 리스트를 작성하시면서 문제의 유형과 학습의 완성도를 스스로 체크 해 보시기를 바랍니다.
- "선생님의 콕콕 포인트"는 틀리기 쉬운 문제의 함정과 문제의 포인트를 집어드립니다. 우선순위 문제풀이의 포인트를 꼭 참고하고 응용문제의 해결능력을 길러 줍니다.

번호	우선순위 논점	KEY WORD	나의 정답 확인				선생님의 콕콕 포인트
			맞음	틀림(오답확인)			
				이해 부족	암기 부족	착오 실수	
1	피뢰기	발변전소, 인입구 인출구					피뢰기의 시설장소를 암기 할 것
3	피뢰기	피뢰기, 구성요소					피뢰기의 구성요소를 암기 할 것
7	피뢰기	피뢰기, 정격전압					피뢰기의 정격전압을 암기 할 것
9	피뢰침	돌침					피뢰침의 구성요소를 암기 할 것
14	피뢰침	연속망상도체					피뢰 방식의 종류를 암기 할 것
19	접지	접지저감재 시공					접지 저감재 및 시공 방법을 암기 할 것
22	접지	접지극, 동판, 두께, 길이					접지극의 규격을 암기 할 것
25	접지	접지저감재					접지 저감재 및 시공 방법을 암기 할 것

★★☆☆☆
01 고압 및 특별 고압의 전로 중 발·변전소의 가공 전선 인입구 및 인출구에 설치할 시설은?

① 저항기 ② 피뢰기
③ 퓨즈 ④ 과전류 차단기

◎ 해설
피뢰기
피뢰기의 시설 장소
① 발전소, 변전소의 인입 및 인출구
② 지중 전선로와 가공 전선로가 만나는 곳(접속되는 곳)
③ 고압, 특고압 수용가의 인입구
④ 특고압 옥외 배전용 변압기의 고압 및 특고압측

★★☆☆☆
02 특별고압 가공전선로에서 공급을 받는 수전용 변전소에 시설하는 피뢰기의 피보호기의 제1대상이 되는 것은 어떤 기기인가?

① 전력용 변압기 ② 계전기
③ 전력용 콘덴서 ④ 차단기

◎ 해설
피뢰기
피뢰기의 보호대상
① 제1보호 대상 : 변압기 ② 제2보호 대상 : 차단기
③ 제3보호 대상 : 송전선 ④ 제4보호 대상 : 애자

★★☆☆☆
03 피뢰기의 주요 구성요소는 어떤 것인가?

① 특성요소와 콘덴서 ② 특성요소와 직렬 갭
③ 소호 리액터 ④ 특성요소와 소호 리액터

◎ 해설
피뢰기
피뢰기의 구성
① 직렬 갭 : 이상전압 내습 시 뇌전류를 방전하고 속류(기류) 차단
② 특성요소 : 피뢰기 단자전압을 제한하여 기계기구 절연보호

[정답] 01 ② 02 ① 03 ②

③ 쉴드 링 : 전자기적 충격비를 완화시켜 동작지연 시간 방지(충격보호)
④ 아크가이드 : 고전압 피뢰기의 방전 개시시간의 지연방지

★★☆☆☆
04 고전압 피뢰기의 방전 개시 시간의 지연을 방지하기 위하여 부착되는 것은?

① 아크 가이드 ② 실드링
③ 직렬갭 ④ 분로 저항

해설
피뢰기
3번 해설 참조

★★☆☆☆
05 펠릿 피뢰기의 표면에 절연층을 만드는 재료는?

① MnO_2 ② PbO
③ ZnO ④ PbO_2

해설
피뢰기
펠렛형 : 산화막 피뢰기라고 하며 과산화 납PbO_2의 펠릿과열에 배열되고 직경의 튜브에 둘러싸인 리사이징의 얇고 다공성 인 코팅된 피뢰기

★★☆☆☆
06 피뢰기의 접지선에 사용하는 연동선 굵기의 최소값은?

① $2.5[mm^2]$ ② $4.0[mm^2]$
③ $6.0[mm^2]$ ④ $10[mm^2]$

해설
피뢰기
피뢰기 접지
접지선의 굵기 : $6[mm^2]$ 이상인 연동선 또는 동등이상의 세기 및 굵기에 쉽게 부식되지 아니하는 금속선을 사용

★★☆☆☆
07 공칭전압 22$[kV]$인 비접지계통의 변전소에서 사용하는 피뢰기의 정격 전압은 몇 $[kV]$인가?

① 22 ② 20
③ 18 ④ 24

해설
피뢰기
피뢰기의 정격

전력계통		피뢰기 정격 전압	
전압[kV]	중성점 접지 방식	변전소	배전선로
345	유효접지	288	
154	유효접지	138	
66	PC 접지 또는 비접지	72	
22	PC 접지 또는 비접지	24	
22.9	3상4선 다중접지	21	18
11.4	3상4선 다중접지	12	9
5.7	3상4선 다중접지	7.5	7.5
6.6	비접지	7.5	7.5
3.3	비접지	7.5	7.5(4.2)

★★☆☆☆
08 피뢰기 자체의 고장이 계통사고에 파급되는 것을 방지하기 위한 장치는?

① 디스콘넥터(Disconnector)
② 압소바(Absorber)
③ 콘넥터(Connector)
④ 어레스터(Arrseter)

해설
피뢰기
피뢰기 자체의 고장 시 계통사고로 파급되는 것을 방지하기 위하여 22.9$[kV-Y]$ 계통에서는 피뢰기 접지 측에 몸통과 단로 장치를 취부해야 한다.(피뢰기 1차측 DS 생략된 경우)

★★☆☆☆
09 돌침의 재료가 아닌 것은?

① 동 ② 알루미늄
③ 아연도금한 알루미늄 ④ 아연도금한 철

해설
피뢰침
피뢰침(돌침 방식) 구성요소
① 돌침부 : 구리, 알루미늄 또는 용해 안연 도금을 한 철 또는 구리로서 공중에 돌출하게 한 봉상도체를 사용하며 뇌 방전을 뇌격으로 받아내는 역할을 한다.

[정답] 04 ① 05 ④ 06 ③ 07 ④ 08 ① 09 ③

② 피뢰인하도선 : 뇌격 전류를 대지로 끌어들이는 나동선
③ 접지극 : 뇌격전류를 대지로 흐르게 한다.

★★☆☆☆
10 수뢰부로 하는 것을 목적으로 공중에 돌출하게 한 봉상(棒狀) 금속체를 무엇이라 하는가?

① 돌침　　　　　　② 케이지
③ 접지극　　　　　④ 용마루

해설
피뢰침
문제 9번 해설 참조

★★☆☆☆
11 KS C IEC 62305-3에 의해 피뢰침의 재료로 테이프형 단선 형상의 알루미늄을 사용하는 경우 최소 단면적 [mm^2]은?

① 25　　　　　　② 35
③ 50　　　　　　④ 70

해설
피뢰침
수뢰도체, 피뢰침과 인하도선의 재료, 형상과 최소단면적

재료	형상	최소단면적 [mm^2]	해 설
알루미늄	테이프형 단선	70	최소 두께 3[mm]
	원형 단선	50	직경 8[mm]
	연선	50	각 소선의 최소직경 1.7[mm]

열적/기계적 고려가 중요하다면 이들 치수를 테이프형 단선은 60[mm^2]로 원형 단선은 78[mm^2]로 증가시킬 수 있다.

★★☆☆☆
12 피뢰침 인하선은?

① 고무 절연전선　　② 나선
③ PVC절연전선　　④ 캘브릭 전선

해설
피뢰침
9번 해설 참조

★★☆☆☆
13 피뢰시스템의 인하도선 재료로 원형 단선으로 된 알루미늄을 쓰고자 한다. 해당 재료의 단면적[mm^2]은 얼마 이상이어야 하는가? (단, KS C IEC 62561-2를 기준으로 한다.)

① 20　　　　　　② 30
③ 40　　　　　　④ 50

해설
피뢰침
문제 11번 해설 참조

★★☆☆☆
14 피뢰를 목적으로 피보호물 전체를 덮은 연속적인 망상 도체(금속판도 포함)는?

① 케이지　　　　　② 수직도체
③ 인하도체　　　　④ 용마루 가설 도체

해설
피뢰침
완전도체(cage) 방식 : 산꼭대기에 있는 관측소, 건물, 휴게소등에 시설하는 피 보호물 전체를 덮은 연속적인 망상 도체(금속판도 포함)로 완전 보호가 되며 어떠한 뇌격에도 건물이나 내부에 있는 사람에도 절대 위험이 가해지지 않는 방식

★★☆☆☆
15 KEC 규정에 의한 일반적인 접지 공사의 접지선(보호도체)의 색깔은?

① 적색 – 녹색　　　② 청색 – 녹색
③ 녹색 – 노란색　　④ 흑색 – 노란색

해설

교류 도체		직류 도체	
상(문자)	색상	극	색상
L1	갈색	L+	적색
L2	흑색(검정색)	L–	백색
L3	회색	중점선	청색
N	청색(파란색)	N	
보호도체	녹색 – 노란색	보호도체	녹색 – 노란색

[참고] KS C IEC 60445

[정답] 10 ① 11 ④ 12 ② 13 ④ 14 ① 15 ③

★★☆☆☆

16 이동하여 사용하는 전기기계기구의 금속제 외함 접지에서 접지선의 단면적 [mm^2]은?

① 6
② 10
③ 0.75
④ 1.25

🔍 **해설**

접지 시공 규정
접지도체 굵기

종류	굵기
특고압·고압 전기설비용	6[mm^2] 이상
중성점 접지용 접지도체	16[mm^2] 이상 (단, 사용전압이 25[kV] 이하인 특고압 가공전선로 중성선 다중접지식 전로에 지락이 생겼을 때 2초 이내에 자동적으로 이를 전로로부터 차단하는 장치가 되어 있는 것은 6[mm^2])
7[kV] 이하의 전로	6[mm^2]
〈이동용〉 특고압·고압 전기설비용 접지도체 및 중성점 접지용 접지도체는 클로로프렌캡타이어케이블(3종 및 4종) 또는 클로로설포네이트폴리에틸렌캡타이어케이블(3종 및 4종)의 1개 도체 또는 다심 캡타이어케이블의 차폐 또는 기타의 금속체	기타의 경우 10[mm^2]
저압 전기설비용 접지도체는 다심 코드 또는 다심 캡타이어케이블의 1개 도체의 단면적	0.75[mm^2] (단, 연동연선은 1개 도체의 단면적이 1.5[mm^2] 이상)

★★☆☆☆

17 특고압 및 고압 전기설비용 접지선의 굵기는 공칭단면적 몇 [mm^2] 이상 재료를 사용하여야 하는가?

① 6
② 2.5
③ 1.0
④ 1.5

🔍 **해설**

접지 시공 규정
16번 해설 참조

★★☆☆☆

18 저압 전기설비용 접지도체는 다심 캡타이어 케이블의 경우 일때 굵기[mm^2] 는?

① 6
② 0.75
③ 16
④ 25

🔍 **해설**

접지 시공 규정
16번 해설 참조

★★☆☆☆

19 접지 저감재의 시공법 중 접지전극 부근에 대지에 저감재를 첨가하는 방법은?

① 타입법
② 보링법
③ 수반법
④ 구법

🔍 **해설**

접지 시공 규정
접지저항 저감 대책 중 고강도 접지 저항 저감재 토양에 화학처리)
① 비반응형 : 염, 황산 암모니아, 탄산소다, 카본분말, 백필(흑연분말과 코크스분말의 혼합물) 등이 있다
② 반응형 : 화이트 아스론, 티코겔 등
③ 저감재 시공방법
  ⓐ 타 입 법 : 타입 할 구멍에 저감재를 유입하는 방법
  ⓑ 보 링 법 : 보링 공법으로 구멍을 뚫어 전극을 설치한 후 그 속에 저감재 주입
  ⓒ 수 반 법 : 접지 전극 부근의 대지에 저감재를 뿌리는 방법
  ⓓ 구 법 : 접지전극 주변에 고리모양의 홈을 파서 그 속에 저감재를 유입
  ⓔ 체류조법 : 접지전극 주위에 저감재(적토)를 넣어 되 메우기를 함

★★☆☆☆

20 막대모양 접지전극 대신에 선모양, 띠모양 접지 전극을 포설하는 경우로 보링공법으로 구멍을 뚫어 전극을 설치한 후 그 속에 저감재를 주입시키는 방법은?

① 타입법
② 보링법
③ 수반법
④ 구법

🔍 **해설**

접지 시공 규정
19번 해설 참조

[정답] 16 ② 17 ① 18 ② 19 ③ 20 ②

★★☆☆☆
21 접지 공사시 접지저항을 감소시키기 위하여 사용되는 저감제는 다음 중 어느 것인가?

① 백필(흑연분말과 코크스 분말의 혼합물)
② 동판 및 동봉
③ 가열 왁스
④ 아스팔트 마스틱

🔍 **해설**

접지 시공 규정
19번 해설 참조

★★☆☆☆
22 접지극으로 사용하는 동봉, 철관, 철봉, 탄소 피복 강봉의 길이는 얼마 이상으로 되어야 하는가?

① 30 [cm]
② 60 [cm]
③ 75 [cm]
④ 90 [cm]

🔍 **해설**

접지 시공 규정
접지극 규격
① 동판을 사용하는 경우에는 두께 0.7 [mm] 이상, 면적(편면) 900 [cm²] 이상의 것
② 강봉(철봉)은 지름 12 [mm] 이상, 길이 0.9 [m] 이상
③ 동봉, 동 피복 강봉(탄소 피복 강봉)은 지름 8 [mm] 이상, 길이 0.9 [m] 이상

★★☆☆☆
23 접지전극의 재료는 동판, 동봉, 철관, 철봉, 가공지선 등을 쓰고 이를 될수록 물기가 많은 장소에 시설하되 산 등으로 인하여 부식할 염려가 없는 지점을 선정하여 시공하여야 한다. 이때 동판의 두께는 최소 몇 [mm] 이상이어야 하는가?

① 0.7
② 0.9
③ 1
④ 2

🔍 **해설**

접지 시공 규정
22번 해설 참조

★★☆☆☆
24 접지극의 재료에서 접지 전극의 재료가 아닌 것은?

① Al봉
② 동봉
③ 동판
④ 철관

🔍 **해설**

접지 시공 규정
22번 해설 참조

★★☆☆☆
25 접지 저감재의 구비조건 중 틀린 것은?

① 지속성이 없을 것
② 전극을 부식시키지 않을 것
③ 전기적으로 양도체일 것
④ 안전할 것

🔍 **해설**

접지 시공 규정
접지 저감재의 구비조건
① 지속성이 있을 것
② 안전할 것
③ 전기적으로 양도체일 것
④ 전극을 부식시키지 않을 것
⑤ 작업성이 좋을 것

★★☆☆☆
26 다음 중 보호선과 중성선의 기능을 겸한 전선은?

① PEN 선
② PEM 선
③ PEL 선
④ IT 계통 선

🔍 **해설**

접지 시공 규정
보호도체 용어
① PE 도체 : 보호도체
② PEN도체 : 교류회로에서 중성선 겸용 보호도체
③ PEM도체 : 직류회로에서 중간선 겸용 보호도체
④ PEL도체 : 직류회로에서 선도체 겸용 보호도체

[정답] 21 ① 22 ④ 23 ① 24 ① 25 ① 26 ①

Chapter 07 기타 공사 재료

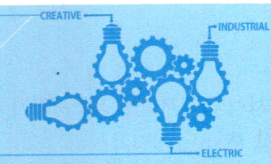

출제경향분석

제7장 기타 공사 재료에서 시험에 자주 출제가 되는 내용은 다음과 같다.
❶ 전기기기 ❷ 예비전원설비관련

1 전기기기

1. 도전 및 절연 재료

1) 도전 재료의 구비 조건

① 도전율이 클 것
③ 인장강도가 클 것
⑤ 내식성이 클 것
⑦ 가격이 저렴할 것
② 접속과 납땜이 용이 할 것
④ 가공이 용이 할 것
⑥ 가요성이 클 것

2) 절연 재료의 구비 조건

① 절연저항이 클 것 또는 체적저항률이 클 것
② 표면누설전류가 적을 것 또는 표면저항률이 클 것
③ 절연내력(내전압)이 높을 것
④ 비유전율이 적당하고 유전체손실이 적을 것(콘덴서는 유전체에 대해서는 비유전율이 크고 안정)

3) 액체 절연체의 구비 조건

① 절연저항 및 절연내력이 클 것
② 인하점이 높고 응고점이 낮을 것
③ 비열 및 열전도율이 크고 점도가 낮을 것
④ 가열, 산화, 아크로 인한 열화가 적을 것
※ 절연체의 열화에 직접적인 요인은 온도 상승이며 열 절연 재료로 가장 많이 사용하는 재료는 운모, 석면, 자기를 사용한다.

4) 절연물의 최고 허용온도

절연의 종류	Y	A	E	B	F	H	C
허용최고온도[°C]	90	105	120	130	155	180	180 초과

2. 전기기기 관련 재료

1) 정류자용 브러시의 구비 조건

① 적당한 접촉 저항을 가질 것 (가급적이면 접촉저항이 큰 것이 정류에 좋다.)
② 전기 저항이 작을 것
③ 마찰 저항이 작을 것
④ 기계적 강도가 클 것
⑤ 내열성이 클 것

2) 접촉자 재료 및 브러시 재료

① 접촉자 재료 : 텅스텐(W)+은(Ag), 텅스텐(W)+구리(Cu)
② 브러시 재료
  ⓐ 탄소질 브러쉬 : 탄소질 브러쉬는 경질탄소, 흑연탄소, 금속탄소 브러쉬의 3종으로 분류되며 주로 저용량 저속도 중전압의 직류기용으로 사용된다.
  ⓑ 흑연 브러쉬 : 저항률, 접촉저항이 낮고 허용전류가 크며 미끄러짐이 좋으므로 주로 중전압 이상의 고속도 또는 전류의 직류기 및 교류기의 브러쉬 혹은 가정용 소형전동기에 사용된다.
  ⓒ 전기흑연 브러쉬 : 각종 탄소의 미분을 전기노중에 고열(2000~2500[°C])에 처리해 흑연 화한 것이다. 기계적 강도가 크고 윤활성은 중 정도이고 전류용량이 크며 접촉저항은 비교적 크다. 주로 직류기, 회전변류기, 회전변류기, 활동 환용 브러쉬, 고속도 기계에 사용된다
  ⓓ 금속흑연 브러쉬 : 금속분말(Cu, Ag, Sn, Zn, Pb) 50[%]와 흑연과 혼합성형해서 소결한 것으로 저항률과 접촉저항이 적고 전류밀도가 크므로 주로 저전압 대전류의 직류기, 회전변류기, 유도전동기의 브러쉬에 사용된다.

3) 규소강판 : 변압기의 히스테리시스손 방지

① 정지기 규소 함유량 : 1~1.4[%] 정도
② 회전기 규소 함유량 : 1~4[%] 정도
③ 규소 함량이 가장 많은 변압기 : 대형 변압기
④ 규소강판의 종류 및 두께 : 종류 B, D, T이 있으며 변압기용은 T급, 두께는 표준 0.35[mm]

4) 변압기유(절연유)의 구비조건

① 절연 내력(30[kV]/2.5[mm])이 크고, 인화점([°C] 이상)이 높고, 응고점(-30[°C] 이하)이 낮아야 한다.
② 고온에서 화학적으로 안정되어야 하며 열화가 적어야 한다.
③ 점도가 낮고 냉각 효과가 커야 한다.
④ 절연유의 허용온도 상승값 : 절연유가 직접 바깥 공기와 접촉 시 50[°C] 변압기가 밀봉되어 있다면 65[°C]

5) 케이블 및 콘덴서 절연유의 구비조건

① 유전손이 적을 것
② 팽창 계수 적을 것
③ 열전도율이 적을 것

6) 자심 재료의 구비 조건

① 전기 저항률이 높을 것
② 투자율이 크고 보자력 및 잔류자기가 작으며 히스테리시스손을 작게 할 것
③ 포화 자속 밀도가 높을 것
④ 기계적, 전기적 충격에 대하여 안정할 것

7) 회전자 바인드선에 쓰이는 재료

비자성 강선

3. 전기기기의 방폭구조

1) 내압방폭구조(flame proof type : d)

내압방폭구조란, 전폐구조로 용기 내부에서 폭발성 가스 또는 증기가 폭발했을 때 용기가 그 압력에 견디며, 또한 접합면, 개구부 등을 통해 외부의 폭발성 가스에 인화될 우려가 없도록 한 구조를 말한다.

2) 압력방폭구조(pressureized type : p)

압력방폭구조란, 용기 내부에 보호기체(신선한 공기 또는 질소등의 불연성 기체)를 압입하여 내부 압력을 유지하므로써 폭발성 가스 또는 증기가 침입하는 것을 방지하는 구조를 말한다.

3) 유입방폭구조(oil immersed type : o)

유입방폭구조란, 전기기기의 불꽃, 아크 또는 고온이 발생하는 부분을 기름 속에 넣어 기름면 위에 존재하는 폭발성 가스 또는 증기에 인화될 우려가 없도록 한 구조를 말한다.

4) 안전증방폭구조(increased safety type : e)

안전방폭구조란, 정상운전 중에 폭발성 가스 또는 증기에 점화원이 될 전기불꽃 아크, 또는 고온이 되어서는 안 될 부분에 이런 것의 발생을 방지하기 위하여 기계적·전기적 구조상 또는 온도 상승에 대해서 특히 안전도를 증가시킨 구조를 말한다.

5) 본질안전방폭구조(intrinsic safety type : i)

본질안전방폭구조란 정상시 및 사고시(단선·단락·지락 등)에 발생하는 전기불꽃, 아크 또는 고온에 의하여 폭발성 가스 또는 증기에 점화되지 않는 것이 점화시험 등에 의하여 확인된 구조를 말한다.

6) 특수 방폭구조

특수 방폭 구조에 대해서는 방폭 검정규격에서 내압·압력·안전증·유입·본질 안전 방폭 구조까지 "이외의 방폭 구조로서 폭발성 가스 또는 증기에 점화 또는 위험 분위기로 인화를 방지할 것이 시험, 기타에 의하여 확인된 구조를 말한다."라는 총괄적인 요건이 표시되어 있다.

2. 예비전원 설비 관련

1. 예비 전원 설비

예비 전원 설비 또는 비상전원 설비 : 정전시 비상용 전원으로 설비하는 저압 발전기, 고압 발전기, 축전지 등을 말하며 비상용 발전기류를 포함한다.

1) 예비전원과 부하에 이르는 전로시설 기구

① 예비 발전기와 연결 시 : 개폐기, 과전류 차단기, 전류계, 전압계 시설
② 예비 축전기와 연결 시 : 개폐기, 과전류 차단기
③ 양전원 접속점에 전환 개폐기 (절체개폐기) 시설

2) 축전지 설비 구성요소

① 축전지   ② 보안장치
③ 충전장치   ④ 제어장치

3) 알칼리축전지의 종류

① 포켓식 : AL : 완방전형, AM : 표준형, AMH : 고율방전용 급방전형, AH-P : 초급방전형
② 소결식 : AHH : 초고율방전용 초초급방전형, AH-S : 고율방전용 초급방전형
　소결식 알카리 축전지는 고율 방전 특성이 좋고 충전시간이 짧고 수명이 긴 측성을 가진다.

2. 무정전 전원 장치 (UPS : Uninterruptible Power Supply)

UPS는 축전지, 정류 장치(Converter)와 역변환 장치(Inverter)로 구성되어 있으며 선로의 정전이나 입력 전원에 이상 상태가 발생하였을 경우에도 정상적으로 전력을 부하측에 공급하는 설비를 UPS라 한다.

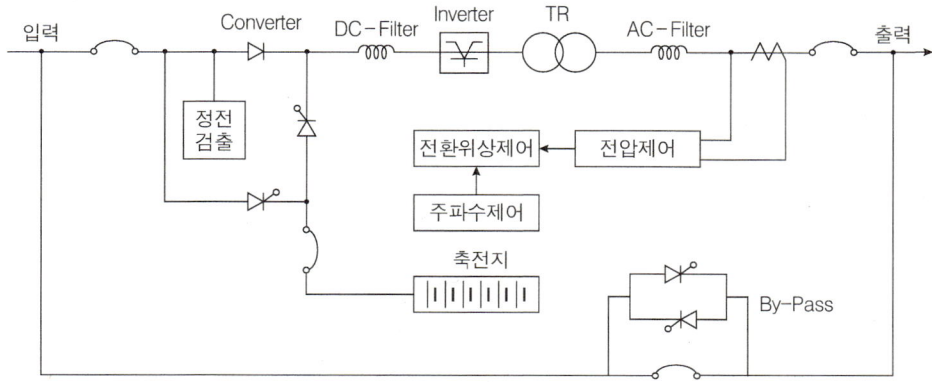

[UPS의 구성회로]

1) 명칭

① 정류 장치(Converter) : 교류를 직류로 변환
② 축전지 : 정류 장치에 의해 변환된 직류 전력을 저장
③ 역변환 장치(Inverter) : 직류를 사용 주파수의 교류 전압으로 변환
④ DC/AC필터 : 직류 필터는 정류기에서 DC로 변환된 직류 전압의 리플을 평활하게 하게 해주며 교류필터의 경우는 DC에서 AC로 변환된 출력교류전압에 포함된 고조파를 제거
⑤ 바이패스(By-Pass)회로 : 무정전 전원장치의 고장으로 차단이 되었을 경우 상용전원을 그대로 부하에 공급하는 회로

2) 전원 시스템

① 자동전압 조절장치(AVR) : 전원 전압의 변동에 비해 부하전압을 일정하게 유지하여 주는 장치를 말한다.
② 정전압 정주파수 전원 장치(CVCF) : 전압과 주파수를 일정하게 유지 시켜주는 장치로 주파수 변환장치도 포함한다.

Chapter 07 기타 공사 재료 출제예상문제

- 우선순위 논점은 전기공사(산업)기사 시험에서 가장 출제 빈도가 높은 문제로써, 수험생분들께서는 각 파트별 우선순위 문제의 논점과 키워드를 학습하시기를 바랍니다.
- 체크 리스트를 작성하시면서 문제의 유형과 학습의 완성도를 스스로 체크 해 보시기를 바랍니다.
- "선생님의 콕콕 포인트"는 틀리기 쉬운 문제의 함정과 문제의 포인트를 집어드립니다. 우선순위 문제풀이의 포인트를 꼭 참고하고 응용문제의 해결능력을 길러 줍니다.

번호	우선순위 논점	KEY WORD	나의 정답 확인				선생님의 콕콕 포인트
			맞음	틀림(오답확인)			
				이해 부족	암기 부족	착오 실수	
1	도전 및 절연 재료	도전 재료					도전 재료의 구비조건을 암기 할 것
3	도전 및 절연 재료	절연재료					절연 재료의 구비조건을 암기 할 것
4	도전 및 절연 재료	액체절연체					액체 절연체 의 구비조건을 암기 할 것
10	도전 및 절연 재료	절연재료, 온도, 운모, 석면					절연재료의 종류 및 그에 따른 허용온도를 암기 할 것
20	전기기기	변압기, 철심, 규소					전기기기 관련 재료를 암기 할 것
23	전기기기	변압기유					변압기유의 구비조건을 암기 할 것
27	전기기기	자심재료					전기기기의 자심재료의 구비조건을 암기 할 것
32	전기기기	가연성, 휘발성, 폭발성, 방폭					전기기기의 방폭구조를 암기 할 것
33	예비전원	축전지, 부하					예비전원과 부하에 이르는 전로의 시설 기구를 암기 할 것

★★☆☆☆

01 도전 재료(導電材料)로서 구비해야 할 조건은?

① 도전율이 클 것
② 인장강도가 적을 것
③ 가요성이 적을 것
④ 내식성이 작을 것

해설
도전 및 절연 재료
도전 재료의 구비 조건
① 도전율이 클 것
② 접속과 납땜이 용이 할 것
③ 인장강도가 클 것
④ 가공이 용이 할 것
⑤ 내식성이 클 것
⑥ 가요성이 클 것
⑦ 가격이 저렴할 것

★★☆☆☆

02 도전 재료에 합금을 하였을 경우 다음 중 거리가 먼 것은?

① 저항값의 증대
② 저항온도 계수의 감소
③ 내열성의 감소
④ 기계적 성질 개선

해설
도전 및 절연 재료
① 저항값의 증대
② 저항온도 계수의 감소
③ 내열성의 증가
④ 기계적 성질 개선

★★☆☆☆

03 절연재료의 구비조건 중 틀린 것은?

① 절연 저항이 클 것
② 유전체 손실이 작을 것
③ 기계적 강도가 작을 것
④ 화학적으로 안정 할 것

해설
도전 및 절연 재료
절연 재료의 구비 조건
① 절연저항이 클 것 또는 체적저항률이 클 것
② 표면누설전류가 적을 것 또는 표면저항률이 클 것

[정답] 01 ① 02 ③ 03 ③

③ 절연내력(내전압)이 높을 것
④ 비유전율이 적당하고 유전체손실이 적을 것
  (콘덴서는 유전체에 대해서는 비유전율이 크고 안정)

04 액체 절연재료의 구비조건이 아닌 것은?

① 열팽창 계수가 적을 것
② 비열, 열전도율이 적을 것
③ 절연 내력, 절연 저항이 클 것
④ 인화점이 높고 응고점이 낮을 것

🔍 **해설**

도전 및 절연 재료
액체 절연체의 구비 조건
① 절연저항 및 절연내력이 클 것
② 인하점이 높고 응고점이 낮을 것
③ 비열 및 열전도율이 크고 점도가 낮을 것
④ 가열, 산화, 아크로 인한 열화가 적을 것

05 절연재료에 있어서 직접적인 열화의 가장 큰 원인은?

① 유전손   ② 이온 도전성
③ 온도상승   ④ 자외선

🔍 **해설**

도전 및 절연 재료
절연체의 열화에 직접적인 요인은 온도 상승이며 열 절연 재료로 가장 많이 사용하는 재료는 운모, 석면, 자기를 사용한다.

06 내마모성이 가장 좋은 에나멜선은?

① 폴리비닐 포르말선   ② 폴리 에스테르선
③ 폴리 우레탄선   ④ 유성 에나멜선

🔍 **해설**

도전 및 절연 재료
폴리비닐포르말선은 내유, 내마모성이 우수하며, 전기적 성질도 우수하며 폴리비닐 포르말을 바니쉬로 사용한 에나멜선을 포르멕스선이라 하며, 기존의 유성 에나멜선에 비해 피막이 단단하고 내마모성도 우수하며, 회전기 등의 권선에 사용할 경우 선을 피복할 필요가 없다.

07 열 절연 재료로 쓰여지고 있지 않은 것은?

① 운모   ② 석면
③ 탄화 실리콘   ④ 자기

🔍 **해설**

도전 및 절연 재료
5번 해설 참조

08 건식변압기 H종 절연재료로 사용하지 않는 것은?

① 컴파운드   ② 마이카
③ 유리섬유   ④ 실리콘 수지

🔍 **해설**

도전 및 절연 재료
H종 절연 재료는 B종 절연재료인 마이카, 석면, 유리섬유, 등을 접착제로 구성된 것과 B종 절연재료와 실리콘 등 접착제와 구성된다.

09 B종 절연의 최고허용온도[℃]는 얼마인가?

① 105   ② 120
③ 130   ④ 155

🔍 **해설**

도전 및 절연 재료
절연물의 최고 허용온도

절연의 종류	Y	A	E	B	F	H	C
허용최고온도[℃]	90	105	120	130	155	180	180 초과

10 최고사용온도는 180[℃]이며 운모, 석면, 유리 섬유 등의 재료를 규소 수지 등, 특히 내열성이 우수한 접착재료와 같이 구성한 종류는?

① H종   ② Y종
③ F종   ④ B종

🔍 **해설**

[정답] 04 ② 05 ③ 06 ① 07 ③ 08 ① 09 ③ 10 ①

도전 및 절연 재료
8번, 9번 해설 참조

★★☆☆☆
11 절연유의 종류가 아닌 것은?

① D종　　　　② A종
③ B종　　　　④ H종

🔍 **해설**
도전 및 절연 재료
9번 해설 참조

★★☆☆☆
12 전동기 절연물의 허용온도는 일반적으로 저압 전동기는 E종, 고압전동기는 B종을 채택하는데 B종 절연의 허용 최고 온도 [°C]는?

① 90 [°C]　　　② 130 [°C]
③ 120 [°C]　　　④ 155 [°C]

🔍 **해설**
도전 및 절연 재료
9번 해설 참조

★★☆☆☆
13 다음 중 콘덴서로 주로 사용하는 것은?

① 산화티탄 자기　　② 장석자기
③ 알루미나 자기　　④ 스티어타이트자기

🔍 **해설**
도전 및 절연 재료
자기의 재료 장석자기를 사용하여 애자 및 변압기 부싱을 제조 시에 사용되며 활석자기(산화티탄자기)는 콘덴서 제조에 사용된다.

★★☆☆☆
14 고체 무기물 절연 재료가 아닌 것은?

① 목재　　　② 유리
③ 석면　　　④ 운모

🔍 **해설**
도전 및 절연 재료
고체 무기 절연재료로서 천연적으로 산출되는 것에는 운모, 석면, 대리석 등이 있고 합성되는 것으로는 운모, 유리, 자기등이 있으며 자기는 대체로 아주 높은 유전율을 나타내거나 높은 내열성을 나타내는 등 다른 재료에서 볼 수 없는 특징을 가지고 있다.
기체의 무기질 절연 재료는 육불화황(SF_8)을 사용한다

★★☆☆☆
15 실리콘 고무의 절연 내력 [kV/mm]은 얼마인가?

① 10∼15　　　② 5∼10
③ 15∼25　　　④ 20∼25

🔍 **해설**
도전 및 절연 재료
합성고무의 절연내력[kV/mm]
① 부타디엔계 고무 : 20∼25
② 클로로프렌계 : 10∼25
③ 부틸 고무 : 16∼25
④ 실리콘 고무 : 15∼25

★★☆☆☆
16 구리에 주석을 약 10[%] 첨가하고 탈산제로 소량의 인을 첨가한 것으로, 탄성이 풍부하고 도전성 스프링으로서 스위치, 계기류 등에 많이 사용되는 것은?

① 인청동　　　② 규동합금
③ 황동　　　　④ 구리 − 베릴륨 합금

🔍 **해설**
도전 및 절연 재료
인청동 구리에 주석을 약 10[%] 첨가하고 탈산제로 소량의 인을 첨가한 것이다.
인청동은 탄성이 풍부하므로 도전성 스프링으로서 스위치, 계기류 등에 많이 사용된다.

★★☆☆☆
17 전기의 정류자 및 슬립링과 브러시 사이의 관계와 같이 서로 슬립 접촉으로 흐르게 되는 경우가 있다. 이런 경우에 필요한 성질이 아닌 것은?

[정답]　11 ①　12 ②　13 ①　14 ①　15 ③　16 ①　17 ②

① 접촉저항이 너무 크지 않을 것
② 마멸이 클 것
③ 마찰이 작을 것
④ 기계적 충격에 견딜 것

> **해설**

전기기기 관련 재료
정류자용 브러시의 구비 조건
① 적당한 접촉 저항을 가질 것(가급적이면 접촉저항이 큰 것이 정류에 좋다.)
② 전기 저항이 작을 것
③ 마찰 저항이 작을 것
④ 기계적 강도가 클 것
⑤ 내열성이 클 것

★★☆☆☆
18 저전압 대전류의 직류기, 교류기의 슬립링에 가장 적합한 브러쉬는?

① 흑연
② 탄소흑연
③ 금속흑연
④ 전기흑연

> **해설**

전기기기 관련 재료
1) 탄소질 브러쉬 : 탄소질 브러쉬는 경질탄소, 흑연탄소, 금속탄소 브러쉬의 3 종으로 분류되며 주로 저용량 저속도 중전압의 직류기용으로 사용된다.
2) 흑연 브러쉬 : 저항률, 접촉저항이 낮고 허용전류가 크며 미끄러짐이 좋으므로 주로 중전압 이상의 고속도 또는 전류의 직류기 및 교류기의 브러쉬 혹은 가정용 소형전동기에 사용된다.
3) 전기흑연 브러쉬 : 각종 탄소의 미분을 전기노중에 고열(2000~2500[℃])에 처리해 흑연 화한 것이다. 기계적 강도가 크고 윤활성은 중 정도이고 전류용량이 크며 접촉저항은 비교적 크다. 주로 직류기, 회전류기, 회전변류기, 활동 환용 브러쉬, 고속도 기계에 사용된다
4) 금속흑연 브러쉬 : 금속분말(Cu, Ag, Sn, Zn, Pb) 50[%]와 흑연과 혼합성형해서 소결한 것으로 저항률과 접촉저항이 적고 전류밀도가 크므로 주로 저전압 대전류의 직류기, 회전변류기, 유도전동기의 브러쉬에 사용된다

★★☆☆☆
19 접촉자의 합금 재료에 속하지 않은 것은?

① Cu
② Ag
③ W
④ Ni

> **해설**

전기기기 관련 재료
접촉자 재료 : 텅스텐(W)+은(Ag), 텅스텐(W)+구리(Cu)

★★☆☆☆
20 전력용 변압기 철심용으로 사용하는 규소강판의 두께는?

① 약 0.15[mm]
② 약 0.35[mm]
③ 약 0.25[mm]
④ 약 0.75[mm]

> **해설**

전기기기 관련 재료
규소강판 : 변압기의 히스테리시스손 방지
① 정지기 규소 함유량 : 1~1.4[%] 정도
② 회전기 규소 함유량 : 1~4[%] 정도
③ 규소 함량이 가장 많은 변압기 : 대형 변압기
④ 규소강판의 종류 및 두께 : 종류 B, D, T이 있으며 변압기용은 T급, 두께는 표준 0.35[mm]

★★☆☆☆
21 전기 기기 중 성층 철심 재료의 규소 함유량이 가장 많은 것은?

① 대형 회전기
② 소형 변압기
③ 대형 변압기
④ 소형 회전기

> **해설**

전기기기 관련 재료
20번 해설 참조

★★☆☆☆
22 국산 규소강판의 종류에는 B, D 및 T 급이 있다. 이 중 T급의 용도는?

① 발전기용
② 전동기용
③ 전압 조정기용
④ 변압기용

> **해설**

전기기기 관련 재료
20번 해설 참조

[정답] 18 ③ 19 ④ 20 ② 21 ③ 22 ④

23 변압기유의 구비 조건에 맞지 않는 것은?

① 절연내력이 크다. ② 점성이 크다.
③ 인화점이 높다. ④ 열전도가 크다.

해설

전기기기 관련 재료
변압기유(절연유)의 구비조건
① 절연 내력(30[kV]/2.5[mm])이 크고, 인화점(130[°C] 이상)이 높고, 응고점(−30[°C] 이하)이 낮아야 한다.
② 고온에서 화학적으로 안정되어야 하며 열화가 적어야 한다.
③ 점도가 낮고 냉각 효과가 커야 한다.
④ 절연유의 허용온도 상승값 : 절연유가 직접 바깥 공기와 접촉 시 50[°C], 변압기가 밀봉되어 있다면 65[°C]

24 유입 변압기에 기름을 사용하는 목적이 아닌 것은?

① 절연을 좋게 하기 위하여
② 냉각을 좋게 하기 위하여
③ 효율을 좋게 하기 위하여
④ 열발산을 좋게 하기 위하여

해설

전기기기 관련 재료
23번 해설 참조

25 배전용 6[kV] 유입 변압기(절연유가 직접 바깥 공기와 접촉하는 경우)의 절연유 허용 온도 상승 값은 몇 [°C]인가?

① 40 ② 50
③ 60 ④ 65

해설

전기기기 관련 재료
23번 해설 참조

26 케이블 또는 콘덴서용 절연유는 다음과 같은 성질을 가져야 한다. 틀린 것은?

① 함침시키는 온도에서 점도가 클 것
② 유전손이 적을 것
③ 열전도율이 작을 것
④ 팽창 계수가 작을 것

해설

전기기기 관련 재료
케이블 및 콘덴서 절연유의 구비조건
① 유전손이 적을 것 ② 팽창 계수 적을 것
③ 열전도율이 적을 것

27 전기기기의 자심재료의 구비조건에 옳지 않은 것은?

① 보자력 및 잔류 자기가 클 것
② 투자율이 클 것
③ 포화 자속밀도가 클 것
④ 고유저항이 클 것

해설

전기기기 관련 재료
자심 재료의 구비 조건
① 전기 저항률이 높을 것
② 투자율이 크고 보자력 및 잔류자기가 작으며 히스테리시스손을 작게 할 것
③ 포화 자속 밀도가 높을 것
④ 기계적, 전기적 충격에 대하여 안정할 것

28 자심 재료의 성질 중 구비조건이 틀린 것은?

① 투자율이 크다.
② 히스테리시스손이 작다.
③ 작은 자장의 변화에도 큰 자속 밀도의 변화가 있을 것
④ 저항율이 작을 것

해설

전기기기 관련 재료
27번 해설 참조

[정답] 23 ② 24 ③ 25 ② 26 ① 27 ① 28 ④

29 다음 중 자석재료로 많이 사용되지 않는 것은?

① 크롬 강 ② 코발트 강
③ 텅스텐 강 ④ 주철 강

해설
전기기기 관련 재료
영구자석의 재료는 강자성체인 철(강철), 니켈, 코발트, 망간, 텅스텐이다.

30 회전자 바인드선에 쓰이는 재료는?

① 비자성강선 ② 철선
③ 구리선 ④ 망가닌선

해설
전기기기 관련 재료
회전자 바인드선에 쓰이는 재료는 비자성 강선을 사용한다.

31 층간 절연에 가장 좋은 절연 재료는?

① 운모 ② 면포
③ 크래프트 종이 ④ 에나멜

해설
전기기기 관련 재료
크래프트지
크래프트 펄프로 만들어진 갈색의 종이로 강도가 좋고 내열성이 우수하여 전동기 권선의 절연지로 가장 널리 사용되고 있다. 각종 기기의 코일 절연지로서 많이 사용되고 있다. 파라핀을 함침시킨 파라핀지는 콘덴서지나 기기의 코일 절연지로서 많이 사용되고 있다.

32 가연성 가스나 휘발성 가스가 발생할 우려가 있는 장소, 가연성 분체를 취급하는 장소 등의 위험장소에는 방폭형 조명기구를 사용하지 않으면 안된다. 방폭형 조명기구 중 램프를 내장하는 부분이 밀폐구조로서 외부의 폭발성 가스에 인화될 우려가 없는 구조는?

① 내압(耐壓) 방폭구조
② 안전증 방폭구조
③ 본질안전 방폭구조
④ 유입 방폭구조

해설
전기기기 관련 재료
1) 내압방폭구조(d : flame proof type)
    내압방폭구조란, 전폐구조로 용기 내부에서 폭발성 가스 또는 증기가 폭발했을 때 용기가 그 압력에 견디며, 또한 접합면, 개구부 등을 통해 외부의 폭발성 가스에 인화될 우려가 없도록 한 구조를 말한다.
2) 압력방폭구조(p : pressureized type)
    압력방폭구조란, 용기 내부에 보호기체(신선한 공기 또는 질소등의 불연성 기체)를 압입하여 내부 압력을 유지하므로써 폭발성 가스 또는 증기가 침입하는 것을 방지하는 구조를 말한다.
3) 유입방폭구조(o : oil immersed type)
    유입방폭구조란, 전기기기의 불꽃, 아크 또는 고온이 발생하는 부분을 기름 속에 넣어 기름면 위에 존재하는 폭발성 가스 또는 증기에 인화될 우려가 없도록 한 구조를 말한다.
4) 안전증방폭구조(e : increased safety type)
    안전방폭구조란, 정상운전 중에 폭발성 가스 또는 증기에 점화원이 될 전기불꽃 아크, 또는 고온이 되어서는 안될 부분에 이런 것의 발생을 방지하기 위하여 기계적·전기적 구조상 또는 온도 상승에 대해서 특히 안전도를 증가시킨 구조를 말한다.
5) 본질안전방폭구조(i : intrinsic safety type)
    본질안전방폭구조란 정상시 및 사고시(단선·단락·지락 등)에 발생하는 전기불꽃, 아크 또는 고온에 의하여 폭발성 가스 또는 증기에 점화되지 않는 것이 점화시험 등에 의하여 확인된 구조를 말한다.
6) 특수 방폭구조
    특수 방폭 구조에 대해서는 방폭 검정규격에서 내압·압력·안전증·유 입·본질 안전 방폭 구조까지 "이외의 방폭 구조로서 폭발성 가스 또는 증기에 점화 또는 위험 분위기로 인화를 방지할 것이 시험, 기타에 의하여 확인된 구조를 말한다. 라는 총괄적인 요건이 표시되어 있다.

33 예비전원으로 시설하는 축전지에서 부하에 이르는 전로에는 무엇을 시설 하여야 하는가?

① PT ② 개폐기 및 과전류차단기
③ CT ④ MOF

해설
예비전원 설비관련
예비전원과 부하에 이르는 전로시설 기구

[정답] 29 ④ 30 ① 31 ③ 32 ① 33 ②

① 예비 발전기와 연결 시: 개폐기, 과전류 차단기, 전류계, 전압계 시설
② 예비 축전기와 연결 시: 개폐기, 과전류 차단기
③ 양전원 접속점에 전환 개폐기 (절체개폐기) 시설

34 알칼리 축전지에서 소결식에 해당하는 초급방전형은?

① AM 형　　② AMH 형
③ AL 형　　④ AH-S 형

해설

예비전원 설비관련
알칼리축전지의 종류
ⓐ 포켓식
　AL : 완방전형, AM : 표준형, AMH : 고율방전용 급방전형,
　AH-P : 초급방전형
ⓑ 소결식
　AHH : 초고율방전용 초초급방전형, AH-S : 고율방전용 초급방전형
소결식 알카리 축전지는 고율 방전 특성이 좋고 충전시간이 짧고 수명이 긴 측성을 가진다.

35 C.V.C.F의 용도는 다음 중 어느 것인가?

① 자동전압 조정기　　② 정전압 및 정주파수 장치
③ 콘덴서 트립 장치　　④ 실리콘형의 정류기

해설

예비전원 설비관련
전원 시스템
① 자동전압 조절장치(AVR) :
　전원 전압의 변동에 비해 부하전압을 일정하게 유지하여 주는 장치를 말한다.
② 정전압 정주파수 전원 장치(CVCF) :
　전압과 주파수를 일정하게 유지 시켜주는 장치로 주파수 변환장치도 포함한다.

ELECTRICITY

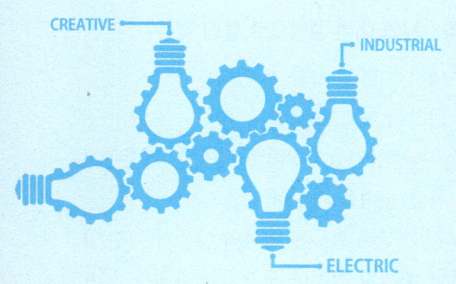

Chapter

03

전기공사기사 과년도 기출문제

2021년 1·2, 4회
2022년 1, 2, 4회
2023년 1, 2, 4회
2024년 1, 2, 3회
2025년 1, 2, 3회

2021년 1회

01 금속의 표면 담금질에 쓰이는 가열방식은?

① 유도가열   ② 유전가열
③ 저항가열   ④ 아크가열

🔍 **해설**

전기 가열의 방식-유도가열
교류(직류는 사용 할수 없다)에 의한 교번 자기장내에 놓여 진 유도성 물체에 유도된 와전류와 히스테리시스 손 즉 철손 이용하여 가열하는 방식으로 피열물의 표면을 선택적으로 급속 가열해서 표면을 담금질 할 수 있고, 국부가열과 급속가열이 가능하다.

02 구리의 원자량은 63.54이고, 원자가가 2일 때 전기화학당량은? (단, 구리 화학당량과 전기화학당량의 비는 약 96,494이다.)

① 0.3292[mg/C]   ② 0.03292[mg/C]
③ 0.3292[g/C]   ④ 0.03292[g/C]

🔍 **해설**

전기화학의 기초-전기분해

전기화학당량 $=\dfrac{\text{화학당량}}{96500}$[g/C], 화학당량 $K=\dfrac{\text{원자량}}{\text{원자가}}$[g/C]

이므로 화학당량 $K=\dfrac{63.54}{2}=31.77$이고 전기화학당량은

$\dfrac{31.77}{96494}=0.0003292[g/C]\times10^3=0.3292[mg/C]$

03 SCR 사이리스터에 대한 설명으로 틀린 것은?

① 게이트 전류에 의하여 턴온 시킬 수 있다.
② 게이트 전류에 의하여 턴오프 시킬 수 있다.
③ 오프 상태에서는 순방향전압과 역방향전압 중 역방향전압에 대해서만 차단 능력을 가진다.
④ 턴오프 된 후 다시 게이트 전류에 의하여 턴온시킬 수 있는 상태로 회복할 때까지 일정한 시간이 필요하다.

🔍 **해설**

SCR 사이리스터
오프 상태에서는 순방향전압과 역방향전압 모든 곳에 차단 능력을 가진다.

04 형광등의 광색이 주광색일 때 색온도(K)는 약 얼마인가?

① 3,000   ② 4,500
③ 5,000   ④ 6,500

🔍 **해설**

주광색 색온도
주광색 : 6000~6500[°K] (태양의 색온도)

05 풍량 6000[m³/min], 전 풍압 120[mmAq]의 주 배기용 팬을 구동하는 전동기의 소요동력[kW]은? (단, 팬의 효율 $\eta=60[\%]$, 여유계수 $K=1.2$이다.)

① 200   ② 235
③ 270   ④ 305

[정답] 2021년 1회 01 ① 02 ① 03 ③ 04 ④ 05 ②

해설

배연설비의 전동기 용량

$P = \dfrac{P_t \times K \times Q}{102 \times 60 \times \eta} = \dfrac{120 \times 1.2 \times 6000}{102 \times 60 \times 0.6} = 235.294$

P_t : 풍압, K : 여유율, Q : 풍량, η : 효율

06 단상 반파정류회로에서 직류전압의 평균값 150[V]를 얻으려면 정류소자의 피크 역전압(PIV)은 약 몇 [V]인가? (단, 부하는 순저항 부하이고 정류소자의 전압강하(평균값)는 7[V]이다.)

① 247　　　　　② 349
③ 493　　　　　④ 698

해설

피크역전압
$(150+7) \times \pi ≒ 493.23$

07 전기 철도의 전동기 속도제어방식 중 주파수와 전압을 가변시켜 제어하는 방식은?

① 저항 제어　　　② 초퍼 제어
③ 위상 제어　　　④ VVVF 제어

해설

VVVF 제어
전동기 속도제어방식 중 주파수와 전압을 가변시켜 제어하는 방식은 VVVF제어방식이다.

08 3,400[lm]의 광속을 내는 전구를 반경 14[cm], 투과율 80[%]인 구형 글로브 내에서 점등시켰을 때 글로브의 평균 휘도(sb)는 약 얼마인가?

① 0.35　　　　　② 35
③ 350　　　　　④ 3,500

해설

휘도
휘도 $B = \dfrac{I}{S} \times 투과율 = \dfrac{\frac{광속}{4\pi}}{S} \times 투과율 = \dfrac{\frac{3400}{4\pi}}{\pi \times 14^2} \times 0.8 = 0.351$

09 일반적인 농형 유도전동기의 기동법이 아닌 것은?

① Y-△ 기동　　　② 전전압 기동
③ 2차 저항 기동　④ 기동보상기에 의한 기동

해설

3상 농형유도 전동기 기동법
① 직입 기동(전 전압법)　② Y-△기동
③ 기동보상기법　　　　　④ 1차 저항 기동
⑤ 리액터 기동　　　　　⑥ 콘도르파법

10 물 7[ℓ]를 14[℃]에서 100[℃]까지 1시간 동안 가열하고자 할 때, 전열기 용량[kW]은? (단, 전열기의 효율은 70[%]이다.)

① 0.5　　　　　② 1
③ 1.5　　　　　④ 2

해설

전열기 용량

전열기 용량 $= \dfrac{질량 \times 가열량 \times 온도차}{860 \times \eta} = \dfrac{7 \times (100-14)}{860 \times 0.7} = 1$

11 알칼리 축전지에서 소결식에 해당하는 초급방전형은?

① AM형　　　　　② AMH형
③ AL형　　　　　④ AH-S형

해설

초급방전형
· AH-S : 소결식
· AH-P : 포켓식

12 장력이 걸리지 않는 개소의 알루미늄선 상호간 또는 알루미늄선과 동선의 압축접속에 사용하는 분기 슬리브는?

① 알루미늄 전선용 압축 슬리브
② 알루미늄 전선용 보수 슬리브
③ 알루미늄 전선용 분기 슬리브
④ 분기 접속용 동 슬리브

[정답] 06 ③　07 ④　08 ①　09 ③　10 ②　11 ④　12 ③

🔍 **해설**

분기 슬리브
장력이 걸리지 않는 개소의 알루미늄선 상호간 또는 알루미늄선과 동선의 압축접속에 사용하는 분기 슬리브 알루미늄 전선용 분기 슬리브이다.

13 철주의 주재료로 사용하는 강관의 두께는 몇 [mm] 이상이어야 하는가?

① 1.6   ② 2.0
③ 2.4   ④ 2.8

🔍 **해설**

철주의 강관
철주의 주재료로 사용하는 강관의 두께는 2[mm] 이상이어야 한다.

14 다음 중 지선에 근가를 시공할 때 사용되는 콘크리트 근가의 규격(길이)은 몇 [m]인가? (단, 원형지선근가는 제외한다.)

① 0.5   ② 0.7
③ 0.9   ④ 1.0

🔍 **해설**

문제 조건 오류

15 가공전선로에 사용하는 애자가 구비해야 할 조건이 아닌 것은?

① 이상전압에 견디고, 내부이상전압에 대해 충분한 절연강도를 가질 것
② 전선의 장력, 풍압, 빙설 등의 외력에 의한 하중에 견딜 수 있는 기계적 강도를 가질 것
③ 비, 눈, 안개 등에 대하여 충분한 전기적 표면저항이 있어 누설전류가 흐르지 못 하게 할 것
④ 온도나 습도의 변화에 대해 전기적 및 기계적 특성의 변화가 클 것

🔍 **해설**

애자의 구비조건
- 누설전류가 작고, 절연저항, 기계적 강도가 클 것
- 온도의 급변에 잘 견디고 습기를 흡수하지 말 것
- 선로전압, 내부이상전압에 충분한 절연내력이 있을 것

16 접지도체에 피뢰시스템이 접속되는 경우 접지도체의 최소 단면적[mm²]은? (단, 접지도체는 구리로 되어 있다.)

① 16   ② 20
③ 24   ④ 28

🔍 **해설**

접지도체의 단면적
접지도체의 최소 단면적은 구리 6[mm²], 철제 50[mm²](단, 피뢰시스템 접속시 구리16[mm²])이다.

17 셀룰러덕트의 최대 폭이 200[mm]를 초과할 때 셀룰러덕트의 판 두께는 몇 [mm] 이상이어야 하는가?

① 1.2   ② 1.4
③ 1.6   ④ 1.8

🔍 **해설**

셀룰러덕트
셀룰러덕트의 두께

폭[mm]	두께[mm]
150 이하	1.2 이상
150 초과~200 이하	1.4 이상
200 초과	1.6 이상

18 고압으로 수전하는 변전소에서 접지 보호용으로 사용되는 계전기의 영상전류를 공급하는 계전기는?

① CT   ② PT
③ ZCT   ④ GPT

🔍 **해설**

영상변류기(ZCT)
변전소에서 접지 보호용으로 사용되는 계전기의 영상전류의 공급은 영상변류기(ZCT)의 역할이다.

[정답] 13 ② 14 ②, ④ 15 ④ 16 ① 17 ③ 18 ③

19 상향 광속과 하향 광속이 거의 동일하므로 하향 광속으로 직접 작업면에 직사시키고 상향 광속의 반사광으로 작업면의 조도를 증가시키는 조명기구는?

① 간접 조명기구 ② 직접 조명기구
③ 반직접 조명기구 ④ 전반확산 조명기구

해설

조명설계

조명방식	하향광속[%]	상향광속[%]
직접조명	100~90	0~10
반 직접조명	90~60	10~40
전반 확산조명	60~40	40~60
반 간접조명	40~10	60~90
간접조명	10~0	90~100

20 KS C 8000에서 감전 보호와 관련하여 조명기구의 종류(등급)를 나누고 있다. 각 등급에 따른 기구의 설명이 틀린 것은?

① 등급 0 기구: 기초절연으로 일부분을 보호한 기구로서 접지단자를 가지고 있는 기구
② 등급 I 기구: 기초절연만으로 전체를 보호한 기구로서 보호 접지단자를 가지고 있는 기구
③ 등급 II 기구: 2중 절연을 한 기구
④ 등급 III 기구: 정격전압이 교류 30V 이하인 전압의 전원에 접속하여 사용하는 기구

해설

조명기구의 등급

등급	설명
0	기초절연만으로 전체가 보호된 기구
1	기초절연만으로 전체가 보호된 기구+보호 접지단자
2	2중 절연 기구
3	정격전압 교류 30[V] 이하인 전압의 전원에 접속하여 사용하는 기구

시행일 2021년 2회

01 형광등은 형광체의 종류에 따라 여러 가지 광색을 얻을 수 있다. 형광체가 규산아연일 때의 광색은?

① 녹색 ② 백색
③ 청색 ④ 황색

해설

형광체의 종류 및 광색
① 텅스텐산칼슘($CaWO_4-Sb$) 청색
② 텅스텐산마그네슘($MgWO_4$) 청백색
③ 규산아연($ZnsiO_3-Mn$) 녹색
④ 규산카드뮴($Cdsio_2-Mn$) 등색
⑤ 붕산카드뮴(CdB_2O_5) 핑크색(정육점)

02 반도체에 빛이 가해지면 전기 저항이 변화되는 현상은?

① 홀효과 ② 광전효과
③ 제벡효과 ④ 열진동효과

해설

광전효과
광전 효과는 반도체에 빛을 조사하면 광에너지의 자극에 의해 광전 효과가 발생한다. 광전 현상은 광에너지를 흡수하여 변화하므로 전기 저항이 감소한다.

03 루소 선도가 다음과 같이 표시될 때, 배광 곡선의 식은?

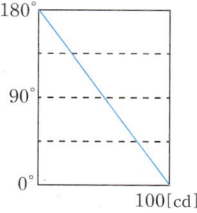

① $I_\theta = \dfrac{\theta}{\pi} \times 100$
② $I_\theta = \dfrac{\pi-\theta}{\pi} \times 100$
③ $I_\theta = 100\cos\theta$
④ $I_\theta = 50(1+\cos\theta)$

[정답] 19 ④ 20 ① 2021년 2회 01 ① 02 ② 03 ④

> **해설**

배광곡선
배광곡선과 루소선도
$I_\theta : I = r(1+\cos\theta) : 2r$ 이므로 $I_\theta : 2r = I \cdot r(+\cos\theta)$ 이고
$I_\theta = \dfrac{100}{2}(1+\cos\theta) = 50(1+\cos\theta)$

04 양수량 30[m³/min], 총 양정 10[m]를 양수하는데 필요한 펌프용 전동기의 소요출력[kW]은 약 얼마인가? (단, 펌프의 효율은 75[%], 여유계수는 1.1이다.)

① 59 ② 64
③ 72 ④ 78

> **해설**

전동기의 출력
전동기 출력 $P = \dfrac{9.8 \times Q \times H \times K}{\eta} = \dfrac{9.8 \times 30 \times 10 \times 1.1}{60 \times 0.75} = 71.86$

05 자기방전량만을 항시 충전하는 부동충전방식의 일종인 충전 방식은?

① 세류충전 ② 보통충전
③ 급속충전 ④ 균등충전

> **해설**

세류충전방식
세류충전방식은 자기 방전량만을 충전시키는 방식이다.

06 다이오드 클램퍼(clamper)의 용도는?

① 전압증폭 ② 전류증폭
③ 전압제한 ④ 전압레벨 이동

> **해설**

다이오드 클램퍼
다이오드 클램퍼는 전압레벨 이동을 위해 사용한다.

07 총 중량이 50[t]이고, 전동기 6대를 가진 전동차가 구배 20[‰]의 직선 궤도를 올라가고 있다. 주행 속도 40[km/h]일 때 각 전동기의 출력[kW]은 약 얼마인가? (단, 가속저항은 1550[kg], 중량 당 주행저항은 8[kg/t], 전동효율은 0.90이다.)

① 52 ② 60
③ 66 ④ 72

> **해설**

전동기 출력

전동기의 출력 $P = \dfrac{\text{견인력} \times \text{속도}}{367 \times \eta}$

$= \dfrac{\left\{\dfrac{1000 \times (20 \times 50)}{1000} + 1550 + 8 \times 50\right\} \times 40}{367 \times 0.9}$

$= 357.25$

6대 이므로 $\dfrac{357.25}{6} = 59.54$

08 유전체 자신을 발열시키는 유전 가열의 특징으로 틀린 것은?

① 열이 유전체 손에 의하여 피열물 자체 내에서 발생한다.
② 온도상승 속도가 빠르다.
③ 표면의 소손과 균열이 없다.
④ 전 효율이 좋고, 설비비가 저렴하다.

> **해설**

유도가열의 장·단점
- 장점
  ① 열이 유전체손에 의하여 피열물 자신에 발생하므로, 가열이 균일하다.
  ② 온도 상승 속도가 빠르고, 속도가 임의 제어된다.
- 단점
  ① 전 효율이 고주파 발진기의 효율(50~60[%])에 의하여 억제되고, 회로 손실도 가해지므로 양호하지 못하다.
  ② 고주파 전원이 필요하고 설비비가 고가이다.

[정답] 04 ③ 05 ① 06 ④ 07 ② 08 ④

09 하역 기계에서 무거운 것은 저속으로, 가벼운 것은 고속으로 작업하여 고속이나 저속에서 다 같이 동일한 동력으로 요구되는 부하는?

① 정토크 부하 ② 정동력 부하
③ 정속도 부하 ④ 제곱토크 부하

🔍 **해설**

하역 기계에서 무거운 것은 저속으로, 가벼운 것은 고속으로 작업하여 고속이나 저속에서 다 같이 동일한 동력으로 요구되는 부하를 정동력 부하라 한다.

10 흑연화로, 카보런덤로, 카바이드로 등의 전기로 가열 방식은?

① 아크 가열 ② 유도 가열
③ 간접저항 가열 ④ 직접저항 가열

🔍 **해설**

전기 가열의 방식-저항가열
① 직접 가열 저항로의 종류 : 흑연화로, 카바이트로, 카보런덤로 알루미늄 전해로 알루미늄 제철로
② 간접 가열 저항로의 종류 : 염욕로, 클립톨로, 발열체로

11 다음 중 절연성, 내온성, 내유성이 풍부하며 연피케이블에 사용하는 전기용 테이프는?

① 면테이프 ② 비닐테이프
③ 리노테이프 ④ 고무테이프

🔍 **해설**

리노테이프
리노테이프는 면 테이프의 양면에 바니스를 칠하여 건조한 것으로, 트랜스의 권선층 사이 및 인출선 부분 등에 삽입하는 절연테이프의 일종으로 절연성, 내온성, 내유성이 풍부하며 연피케이블에 사용된다.

12 전선 배열에 따라 장주를 구분할 때 수직 배열에 해당되는 장주는?

① 보통 장주 ② 래크 장주
③ 창출 장주 ④ 편출 장주

🔍 **해설**

전선 배열에 따른 장주
• 수평배열 : 보통장주, 창출장주, 편출장주
• 수직배열 : 래크장주, 돌출래크장주

13 무대 조명의 배치별 구분 중 무대 상부 배치 조명에 해당되는 것은?

① Foot light
② Tower light
③ Ceiling Spot light
④ Suspension Spot light

🔍 **해설**

무대조명
• Suspension Spot light : 무대상부조명
• Foot light, Tower light : 무대하부조명
• Ceiling Spot light : 객석배치조명

14 경완철에 현수애자를 설치할 경우에 사용되는 자재가 아닌 것은?

① 볼쇄클 ② 소켓아이
③ 인장클램프 ④ 볼크레비스

🔍 **해설**

현수애자의 설치
경완철-소켓아이-볼쇄클-현수애자-인장클램프-전선

[정답] 09 ② 10 ④ 11 ③ 12 ② 13 ④ 14 ④

15 합성수지몰드공사에 관한 설명으로 틀린 것은?

① 합성수지몰드 안에는 금속제의 조인트 박스를 사용하여 접속이 가능하다.
② 합성수지몰드 상호 간 및 합성수지 몰드와 박스 기타의 부속품과는 전선이 노출되지 아니하도록 접속해야 한다.
③ 합성수지몰드의 내면은 전선의 피복이 손상될 우려가 없도록 매끈한 것이어야 한다.
④ 합성수지몰드는 홈의 폭 및 깊이가 3.5[cm] 이하로 두께는 2[mm] 이상의 것이어야 한다.

🔍 **해설**

합성수지몰드공사
합성수지몰드 안에는 합성수지제 조인트 박스를 사용하여 전선의 접속이 가능하다.

16 버스 덕트 공사에서 덕트 최대 폭[mm]에 따른 덕트 판의 최소 두께[mm]로 틀린 것은? (단, 덕트는 강판으로 제작된 것이다.)

① 덕트 최대 폭 100[mm] : 최소 두께 1.0[mm]
② 덕트 최대 폭 200[mm] : 최소 두께 1.4[mm]
③ 덕트 최대 폭 600[mm] : 최소 두께 2.0[mm]
④ 덕트 최대 폭 800[mm] : 최소 두께 2.6[mm]

🔍 **해설**

버스덕트
버스덕트의 두께

폭[mm]	두께[mm]
100 이하	1.0 이상
100 초과 ~ 200 이하	1.4 이상
200 초과 ~ 600 이하	2.0 이상
700 초과	2.3 이상

17 저압 가공 인입선에서 금속관 공사로 옮겨지는 곳 또는 금속관으로부터 전선을 뽑아 전동기 단자 부분에 접속할 때 사용하는 것은?

① 엘보　　　　　② 터미널 캡
③ 접지클램프　　④ 엔트런스 캡

🔍 **해설**

터미널 캡
수평확장한 전선관 관 끝에 부착하여 전선관의 끝에서 도출되는 전선의 보호를 위해 사용하는 전선관 부속재료 중 하나이다.

18 3[MVA] 이하 H종 건식변압기에서 절연재료로 사용하지 않는 것은?

① 명주　　　　② 마이카
③ 유리섬유　　④ 석면

🔍 **해설**

건식변압기의 절연 재료
건식변압기의 절연 재료로는 마이카, 석면, 유리섬유 등을 사용한다.

19 피뢰침용 인하도선으로 가장 적당한 전선은?

① 동선　　　　　② 고무 절연전선
③ 비닐 절연전선　④ 캡타이어 케이블

🔍 **해설**

피뢰침용 인하도선
피뢰침용 인하도선으로는 기본적으로 동선이 사용된다.

20 고유 저항(20[°C]에서)이 가장 큰 것은?

① 텅스텐　② 백금
③ 은　　　④ 알루미늄

🔍 **해설**

고유저항
은(1.62)＜알루미늄(2.62)＜텅스텐(5.48)＜백금(10.50)

[정답] 15 ① 16 ④ 17 ② 18 ① 19 ① 20 ②

시행일 2021년 4회

01 일정 전류를 통하는 도체의 온도상승 θ와 반지름 r의 관계는?

① $\theta = kr^{-2}$ ② $\theta = kr^{-3}$
③ $\theta = kr^{-\frac{2}{3}}$ ④ $\theta = kr^{-\frac{3}{2}}$

해설

도체의 온도상승식
$\theta = kr^{-3}$

02 열차저항에 대한 설명 중 틀린 것은?

① 주행저항은 베어링 부분의 기계적 마찰, 공기저항 등으로 이루어진다.
② 열차가 곡선구간을 주행할 때 곡선의 반지름에 비례하여 받는 저항을 곡선저항이라 한다.
③ 경사궤도를 운전 시 중력에 의해 발생하는 저항을 구배저항 이라 한다.
④ 열차 가속 시 발생하는 저항을 가속저항이라 한다.

해설

열차 저항
① 출발(기동)저항 : 열차가 정지 중에 출발 시 발생하는 저항.
② 주행저항 : 열차가 평탄한 선로를 운전 시 발생하는 저항으로 차륜의 구름마찰, 베어링의 기계적 마찰, 공기저항이 있다.
③ 구배저항 : 열차가 경사(구배)로를 올라갈 때 중력에 의해 발생하는 저항
④ 곡선저항 : 열차가 곡선로를 통과 할 때 차륜과 레일과의 마찰에 의해 발생하는 저항
⑤ 가속도 저항 : 열차가 주행중에 가속시 발생하는 저항으로 열차를 가속하기 위해서 필요한 견인력과 같다.

03 단상 유도전동기 중 기동 토크가 가장 큰 것은?

① 반발 기동형 ② 분상 기동형
③ 콘덴서 기동형 ④ 셰이딩 코일형

해설

유도전동기의 기동토크
반발기동형 → 반발 유도형 → 콘덴서 기동형 → 분상 기동형 → 셰이딩 코일형

04 정류방식 중 정류 효율이 가장 높은 것은?

① 단상 반파방식 ② 단상 전파방식
③ 3상 반파방식 ④ 3상 전파방식

해설

정류방식

정류종류	직류와 교류
단상반파	$E_d = 0.45E = \frac{\sqrt{2}}{\pi}$
단상전파	$E_d = 0.9E = \frac{2\sqrt{2}}{\pi}$
3상반파	$E_d = 1.17E = \frac{3\sqrt{6}\,E}{2\pi}$
3상전파(6상반파)	$E_d = 1.35E = \frac{3\sqrt{2}}{\pi}$

05 25[℃]의 물 10[ℓ]를 그릇에 넣고 2[kW]의 전열기로 가열하여 물의 온도를 80[℃]로 올리는 데 20분이 소요되었다. 이 전열기의 효율[%]은 약 얼마인가?

① 59.5 ② 68.8
③ 84.9 ④ 95.9

해설

전열기 효율 $= \dfrac{질량 \times 가열량 \times 온도차}{860 \times 전열기\ 용량}$
$= \dfrac{10 \times (80-25)}{860 \times \dfrac{20}{60} \times 2} \times 100 = 95.93$

06 직류전동기 속도제어에서 일그너 방식이 채용되는 것은?

① 제지용 전동기 ② 특수한 공작기계용
③ 제철용 대형압연기 ④ 인쇄기

[정답] 2021년 4회 01 ② 02 ② 03 ① 04 ④ 05 ④ 06 ③

해설

일그너 방식
일그너 방식은 워드레오나드 방식에 플라이휠을 장치한 방식으로 부하 변동이 심한 제철용 압연기, 가변속도 대용량 제관기에 적합하다.

07 전기화학용 직류전원의 요구조건이 아닌 것은?

① 저전압 대전류일 것
② 전압 조정이 가능할 것
③ 일정한 전류로서 연속운전에 견딜 것
④ 저전류에 의한 저항손의 감소에 대응할 것

해설

전기화학용 직류전원
① 저전압 대전류일 것
② 전압 조정이 가능할 것
③ 일정한 전류로서 연속운전에 견딜 것
④ 대전류에 의한 저항손의 감소에 대응할 것

08 100[W] 전구를 유백색 구형 글로브에 넣었을 경우 글로브의 효율[%]은 약 얼마인가? (단, 유백색 유리의 반사율은 30[%], 투과율은 40[%]이다.)

① 25
② 43
③ 57
④ 81

해설

글로브의 효율

글로브의 효율 $\eta = \dfrac{\gamma}{1-\rho} = \dfrac{0.4}{1-0.3} = 0.57$

09 전기철도의 매설관측에서 시설하는 전식 방지 방법은?

① 임피던스본드 설치
② 보조귀선 설치
③ 이선율 유지
④ 강제배류법 사용

해설

매설금속체측 전식 방지
① 배류장치 설치
② 절연코팅
③ 매설금속체 접속부 절연
④ 저준위 금속체를 접속
⑤ 궤도와의 이격거리 증대
⑥ 금속판 등의 도체로 차폐

10 전해질용액의 도전율에 가장 큰 영향을 미치는 것은?

① 전해질용액의 양
② 전해질용액의 농도
③ 전해질용액의 빛깔
④ 전해질용액의 유효단면적

해설

전해질용액의 도전율
전해질용액의 도전율에 가장 큰 영향을 미치는 것은 전해질용액의 농도이다.

11 KS C 8309에 따른 옥내용 소형 스위치 중 텀블러스위치의 정격전류가 아닌 것은?

① 5A
② 10A
③ 15A
④ 20A

해설

옥내용 소형 스위치의 정격 전류
KS C 8309에 따른 옥내용 소형 스위치의 정격전류 값은 0.5, 1, 3, 4, 6, 7, 10, 12, 15, 16, 20을 사용한다.

12 램프효율이 우수하고 단색광이므로 안개지역에서 가장 많이 사용되는 광원은?

① 수은등
② 나트륨등
③ 크세논등
④ 메탈할라이드등

해설

나트륨등
점등시 발광까지 시간이 오래 걸리는 단점이 있으며, 연색성이 나쁘고 피조물 식별이 불가능하여 이용분야가 한정된다. 반면, 안개나 아지랑이에 대한 투과정이 좋기 때문에 주로 도로조명 용도로 사용된다.

[정답] 07 ④ 08 ③ 09 ④ 10 ② 11 ① 12 ②

13 한국전기설비규정에 따른 철탑의 주주재로 사용하는 강관의 두께는 몇 [mm] 이상이어야 하는가?

① 1.6   ② 2.0
③ 2.4   ④ 2.8

🔍 **해설**

철탑의 주주재

철탑의 주주재로 사용하는 강관의 두께는 다음 값 이상의 것일 것
- 철주의 주주재로 사용하는 것은 2[mm]
- 철탑의 주주재로 사용하는 것은 2.4[mm]
- 기타의 부재로 사용하는 것은 1.6[mm]

14 한국전기설비규정에 따른 플로어덕트공사의 시설조건 중 연선을 사용해야만 하는 전선의 최소 단면적 기준은? (단, 전선의 도체는 구리선이며 연선을 사용하지 않아도 되는 예외조건은 고려하지 않는다.)

① 6[mm²] 초과
② 10[mm²] 초과
③ 16[mm²] 초과
④ 25[mm²] 초과

🔍 **해설**

플로어덕트공사

플로어덕트공사 시실시 전선은 연선일 것. 다만, 단면적 10[mm²](알루미늄선은 단면적 16[mm²]) 이하인 것은 그러하지 아니하다.

15 공칭전압 22.9[kV]인 3상4선식 다중접지방식의 변전소에서 사용하는 피뢰기의 정격전압[kV]은?

① 20   ② 18
③ 24   ④ 21

🔍 **해설**

공칭전압 22.9[kV]인 3상4선식 다중접지방식의 변전소에서 사용하는 피뢰기의 정격전압은 21[kV]이다.

16 한국전기설비규정에 따른 상별 전선의 색상으로 틀린 것은?

① L1 : 백색   ② L2 : 흑색
③ L3 : 회색   ④ N : 청색

🔍 **해설**

전선의 색상

상(문자)	색상
L1	갈색
L2	흑색(검정색)
L3	회색
N	청색(파란색)
보호도체	녹색 – 노란색

17 저압인류애자에는 전압선용과 중성선용이 있다. 각 용도별 색깔이 옳게 연결된 것은?

① 전압선용 – 녹색, 중성선용 – 백색
② 전압선용 – 백색, 중성선용 – 녹색
③ 전압선용 – 적색, 중성선용 – 백색
④ 전압선용 – 청색, 중성선용 – 백색

🔍 **해설**

저압인류애자

저압인류애자의 색상 : 전압선용-백색, 중성선용-녹색

18 기계기구의 단자와 전선의 접속에 사용되는 자재는?

① 터미널 러그   ② 슬리브
③ 와이어커넥터   ④ T형 커넥터

🔍 **해설**

기계기구의 단자와 전선의 접속에는 터미널 러그를 사용한다.

[정답] 13 ③   14 ②   15 ④   16 ①   17 ②   18 ①

19 축전지의 충전방식 중 전지의 자기방전을 보충함과 동시에 상용부하에 대한 전력공급은 충전기가 부담하도록 하되, 충전기가 부담하기 어려운 일시적인 대전류 부하는 축전지로 하여금 부담하게 하는 충전방식은?

① 보통충전 ② 과부하충전
③ 세류충전 ④ 부동충전

🔍 **해설**

부동충전방식
부동충전방식이란 축전지의 충전방식 중 전지의 자기방전을 보충함과 동시에 상용부하에 대한 전력공급은 충전기가 부담하도록 하되, 충전기가 부담하기 어려운 일시적인 대전류 부하는 축전지로 하여금 부담하게 하는 충전방식을 말한다.

20 네온방전등에 대한 설명으로 틀린 것은?

① 네온방전등에 공급하는 전로의 대지전압은 300[V] 이하로 하여야 한다.
② 네온변압기 2차측은 병렬로 접속하여 사용하여야 한다.
③ 관등회로의 배선은 애자공사로 시설하여야 한다.
④ 관등회로의 배선에서 전선 상호간의 이격거리는 60[mm] 이상 으로 하여야 한다.

🔍 **해설**

네온변압기의 시설
- 네온변압기는 「전기용품 및 생활용품 안전관리법」의 적용을 받은 것
- 네온변압기는 2차측을 직렬 또는 병렬로 접속하여 사용하지 말 것. 다만, 조광장치 부착과 같이 특수한 용도에 사용되는 것은 적용하지 않는다.
- 네온변압기를 우선 외에 시설할 경우는 옥외형의 것을 사용할 것

시행일 ◀ 2022년 1회

01 레이저 가열의 특징으로 틀린 것은?

① 파장이 짧은 레이저는 미세가공에 적합하다.
② 에너지 변환 효율이 높아 원격가공이 가능하다.
③ 필요한 부분에 집중하여 고속으로 가열할 수 있다.
④ 레이저의 조사면적을 광범위하게 제어할 수 있다.

🔍 **해설**

레이저 가열
레이저 광선을 피열물에 접속하여 피열물을 광 에너지로 가열하는 방식으로 에너지 집중도는 좋으나 에너지 변환 효율이 낮다.

02 스테판 볼츠만(Stefan-Boltzmann) 법칙을 이용하여 온도를 측정하는 것은?

① 광 고온계 ② 저항 온도계
③ 열전 온도계 ④ 복사 고온계

🔍 **해설**

방사(복사) 온도계
1) 원리 : 온도 복사에 관한 스테판 – 볼쯔만 법칙을 이용한 온도계
2) 특징
① 온도를 직독 할 수 있으나 측정 대상의 방사율에 따라 온도가 다르므로 온도 보정이 필요하다.
② 피 측온물에서 떨어진 위치에서 온도를 기록할 수 있다.
③ 온도의 측정범위 600～4000[℃] 정도로 넓다.
④ 측정기구 : 밀리 볼트미터

03 흑체의 온도복사 법칙 중 절대 온도가 높아질수록 파장이 짧아지는 법칙은?

① 스테판 볼츠만(Stefan-Boltzmann)의 법칙
② 빈(Wien)의 변위법칙
③ 플랑크(Planck)의 복사법칙
④ 베버 페히너(Weber-Fechner)의 법칙

[정답] 19 ④ 20 ② 2022년 1회 01 ② 02 ④ 03 ②

해설
비인(빈)의 변위 법칙
흑체의 분광 방사(복사) 발산도가 최대가 되는 파장은 그 흑체의 절대온도 $T[°K]$에 반비례한다.

04 다음 중 시감도가 가장 좋은 광색은?
① 적색   ② 등색
③ 청색   ④ 황록색

해설
최대 시감도
시감도란 어떤 파장의 에너지가 빛으로써 느껴지는 정도를 시감도(Luminous efficiency) 라고 한다.
① 파장 : 555[nm]
② 발광효율 : 680[lm/W]
③ 색상 : 황록색

05 양수량 $30[\text{m}^3/\text{min}]$, 총 양정 10[m]를 양수하는데 필요한 펌프용 3상 전동기에 전력을 공급하고자 한다. 단상 변압기를 V결선하여 전력을 공급하고자 할 때 단상 변압기 한 대의 용량[kVA]은 약 얼마인가? (단, 펌프의 효율은 70[%]이다.)
① 31   ② 36
③ 41   ④ 46

해설
$P = \dfrac{Q \times H}{6.12 \times \eta} = \dfrac{30 \times 10}{6.12 \times 0.7} = 70.03 [\text{kVA}]$
V결선시 $P_v = \sqrt{3}\, P = 70.03$
$\therefore P = \dfrac{70.03}{\sqrt{3}} = 41$

06 권수비가 1 : 3인 변압기를 사용하여 교류 100[V]의 입력을 가한 후 출력 전압을 전파정류하면 출력 직류전압[V]의 크기는?

① $300\sqrt{2}$ ② 300
③ $\dfrac{300\sqrt{2}}{\pi}$ ④ $\dfrac{600\sqrt{2}}{\pi}$

해설
권수비가 1:3이므로 출력측 300[V]에 전파정류를 적용
$300 \times 0.9 = 300 \times \dfrac{2\sqrt{2}}{\pi} = \dfrac{600\sqrt{2}}{\pi}$

07 단상 교류식 전기철도에서 통신선에 발생하는 유도장해를 경감하기 위하여 사용되는 것은?
① 흡상 변압기   ② 3권선 변압기
③ 스코트 결선   ④ 크로스본드

해설
교류급전 방식
① 직접급전방식
② 흡상(BT) 변압기방식 : 전자유도에 의한 통신유도장해 경감용 변압기
③ 단권(AT) 변압기 방식

08 3상 유도전동기를 급속히 정지 또는 감속시킬 경우나 과속을 급히 막을 수 있는 가장 쉽고 효과적인 제동법은?
① 발전제동   ② 회생제동
③ 역전제동   ④ 와전류 제동

해설
역상제동
역상 제동 (역전 제동, 플러깅)은 전원 3상 중 2상을 교체하여 역상으로 회전시켜 역 토크를 발생 시켜 급제동 시키는 방식으로 3상유도 전동기에서 사용된다.

09 금속의 표면 열처리에 이용하며 도체에 고주파 전류를 흘릴 때 전류가 표면에 집중하는 효과는?
① 표피 효과   ② 톰슨 효과
③ 핀치 효과   ④ 제벡 효과

[정답] 04 ④   05 ③   06 ④   07 ①   08 ③   09 ①

> **해설**

표피효과

도선에 교류를 인가시 전류는 내부로 갈수록 전류와 쇄교하는 자속이 커지고 이에 따른 유도기전력 $e = -\dfrac{d\phi}{dt}$ [V]도 커져서 전류가 잘 흐르지 못한다.
이때 도선 표면의 전류밀도는 증가하고 도선중심의 전류 밀도는 감소하는 현상을 말하며 금속 표면 열처리에 이용한다.

10 전력용 반도체 소자 중 IGBT의 특성이 아닌 것은?

① 게이트 구동전력이 매우 높다.
② 게이트와 에미터 간 입력 임피던스가 매우 높아 BJT보다 구동하기 쉽다.
③ 소스에 대한 게이트의 전압으로 도통과 차단을 제어한다.
④ 스위칭 속도는 FET와 트랜지스터의 중간 정도로 빠른 편에 속한다.

> **해설**

IGBT

MOSFET와 트랜지스터의 장점을 취한 것으로 소스에 대한 게이트의 전압으로 도통과 차단을 제어하며 고전력 스위칭 소자로 구동전력이 작고 고속스위칭, 고내압화, 고전류밀도화가 가능한 소자

11 금속관 공사에서 부싱을 쓰는 목적은?

① 관의 끝이 터지는 것을 방지
② 관의 끝부분에서 전선 피복의 손상을 방지
③ 박스 내에서 전선의 접속을 방지
④ 관의 끝부분에서 조영재의 접속을 방지

> **해설**

금속관공사

부싱의 사용 : 전선의 피복 손상 방지

12 경완철에 폴리머 현수 애자를 설치 할 경우 사용되는 재료가 아닌 것은?

① 볼쇄클
② 소켓아이
③ 인장클램프
④ 볼크레비스

> **해설**

경완철 폴리머 현수애자

경완철 - 경완철용 아이쇄클(볼쇄클) - 소켓아이 - 폴리머 현수애자 - 인장클램프 - 전선 순으로 구성된다.

13 형광등의 점등회로 중 필라멘트를 예열하지 않고 직접 형광등에 고전압을 가하여 순간적으로 기동하는 점등회로로써, 전극이 기동 시에는 냉음극, 동작 시에는 방전전류에 의한 열음극으로 작동하는 회로는?

① 전자 스타터 점등 회로
② 글로우 스타터 점등 회로
③ 속시 기동(래피드 스타터) 점등회로
④ 순시 기동(슬림 라인) 점등회로

> **해설**

슬림라인 형광등

필라멘트를 예열할 필요가 없어 점등관등 기동 장치가 불필요하며, 순시시동으로 점등에 시간이 걸리지 않는다.

14 특고압, 고압, 저압에 사용되는 완금(완철)의 표준길이에 해당되지 않는 것은?

① 900[mm]
② 1800[mm]
③ 2400[mm]
④ 3000[mm]

> **해설**

완금의 표준길이

전선의 수	특고압	고압	저압
2	1800	1400	900
3	2400	1800	1400

[정답] 10 ① 11 ② 12 ④ 13 ④ 14 ④

15 다음 중 0.6/1[kV] 가교 폴리에틸렌 절연 비닐시스 전력케이블의 기호는?

① 0.6/1[kV] CCV ② 0.6/1[kV] CVV
③ 0.6/1[kV] CV   ④ 0.6/1[kV] CE

해설
전선의 용어
CCV : 가교폴리에틸렌 절연 비닐 시스 제어케이블
CVV : 비닐절연 비닐 시스 제어케이블
CV : 가교폴리에틸렌 절연 비닐시스 전력케이블

16 고압회로 및 기기의 단락보호용으로 사용되고 있는 기기는?

① 단로기   ② 전력퓨즈
③ 부하개폐기   ④ 선로개폐기

해설
단락보호용 기기
단락보호용으로는 사고 전류를 차단할 수 있는 차단기 또는 전력퓨즈를 사용한다.

17 KS C 7617에 따른 네온관의 공칭 관전류는 몇 [mA]인가?

① 10   ② 20
③ 30   ④ 40

해설
네온관의 공칭 관전류
KS C 7617 규격에 따른 네온관의 공칭 관전류는 20[mA]로 한다.

18 다음 1차 전지 중 음극(부극)물질이 다른 것은?

① 공기 전지   ② 망간 건전지
③ 수은 전지   ④ 리튬 전지

해설
1차 전지의 음극물질
• 아연 : 공기, 망간, 수은 전지
• 흑연 : 리튬

19 KS C 4610에 따른 고압 피뢰기의 정격 전압[kV]이 아닌 것은? (단, 전압은 RMS 값이다.)

① 7.5   ② 24
③ 74   ④ 174

해설
피뢰기의 정격 전압
KS C 4610에 따른 피뢰기의 정격 전압에 74[kV]는 적용되지 않는다.

20 2개소에서 한 개의 전등을 자유롭게 점멸할 수 있는 스위치 방식은?

① 로터리 스위치   ② 마그넷 스위치
③ 3로 스위치   ④ 푸시 버튼 스위치

해설
2개소 점멸
2개소에서 자유롭게 ON-OFF가 가능하도록 3로 스위치를 이용하여 시설할 수 있다.

시행일 2022년 2회

01 FET에 핀치 오프(pinch off)전압이란?

① 채널 폭이 막힌 때의 게이트 역방향 전압
② FET에서 애벌런치 전압
③ 드레인과 소스 사이의 최대 전압
④ 채널 폭이 최대로 되는 게이트의 역방향 전압

해설

[정답] 15 ③ 16 ② 17 ② 18 ④ 19 ③ 20 ③ 2022년 2회 01 ①

전계효과 트랜지스터에 있어서, 역 바이어스 전압을 점차 증가시켜 나가면 두 전극으로부터 채널에 공핍층이 생겨서 결국 채널이 폐쇄되고 드레인 전류가 컷 오프되는 현상을 말한다. 핀치 오프에 의해서 전류가 흐르지 않게 되는 전극 간 전압을 핀치 오프 전압이라 한다. 즉 채널 폭이 막힌 때의 게이트의 역방향 전압을 말한다

02 비금속 발열체에 대한 설명으로 틀린 것은?

① 탄화규소 발열체는 카보런덤을 주성분으로 한 발열체이다.
② 탄소질 발열체에는 인조 흑연을 가공하여 사용하는 것이 있다.
③ 규화 몰리브덴 발열체는 고온용의 발열체로써 칸탈선이라고도 한다.
④ 염욕 발열체는 높은 도전성을 가지는 고체 발열체이다.

🔍 **해설**

염욕 발열체
염류는 비교적 낮은 온도에서 용해되고 높은 도전율을 가지고 있으므로 액체 발열체로서 매우 우수한 발열체이다.

03 직류 전동기의 속도 제어법이 아닌 것은?

① 극수변환 ② 전압제어
③ 저항제어 ④ 계자제어

🔍 **해설**

직류 전동기 속도제어법
- 직렬저항법
- 계자제어법 : 정출력제어
- 전압제어법 : 정토크제어, 워드 레오나드방식, 일그너 방식

04 천장면을 여러 형태의 사각, 삼각 등으로 구멍을 내어 다양한 형태의 매입기구를 취부하여 실내의 단조로움을 피하는 조명 방식은?

① pin hole light ② coffer light
③ line light ④ cornis light

🔍 **해설**

코퍼라이트
천장에 구멍을 뚫어 그속에 기구를 매입한 방식으로 다운 라이트 방식의 일종이다.

05 형태가 복잡하게 생긴 금속 제품을 균일하게 가열하는데 가장 적합한 전기로는?

① 염욕로 ② 흑연화로
③ 카보런덤로 ④ 페로알로이로

🔍 **해설**

전기 가열의 방식 – 저항가열
간접식 가열 저항로는 저항체(발열체)로부터 열의 방사, 전도, 대류에 의해서 피열물에 전달하여 가열하는 방식으로 형태가 복잡한 금속제품을 균일하게 가열
- 간접 가열 저항로의 종류 : 염욕로, 클립톨로, 발열체로

06 온도 20[°C]에서 저항 20[Ω]인 구리선이 온도 80[°C]로 변화하였을 때, 구리선의 저항[Ω]은 약 얼마인가? (단, 온도 t[°C]에서 구리 저항의 온도 계수는 $a_t = \dfrac{1}{234.5+t}$ 이다.)

① 15.36 ② 24.72
③ 35.62 ④ 43.85

🔍 **해설**

구리선의 저항
$R_T = R_0(1+\alpha T)$
$= 20 \times \left(1 + \dfrac{1}{234.5+20} \times (80-20)\right) = 24.72$

07 전식을 방지하기 위한 전철 측에서의 방지 대책 중 틀린 것은?

① 변전소의 간격을 축소한다.
② 레일본드를 설치한다.
③ 대지에 대한 레일의 절연 저항을 적게 한다.
④ 귀선의 극성을 전기적으로 바꾸어 준다.

[정답] 02 ④ 03 ① 04 ② 05 ① 06 ② 07 ③

> **해설**
>
> **전기철도측의 전식방지 대책**
> - 변전소 간 간격 축소
> - 레일본드의 양호한 시공
> - 장대레일채택
> - 절연도상 및 레일과 침목사이에 절연층의 설치

08 엘리베이터에 사용되는 전동기의 특성이 아닌 것은?

① 소음이 적어야 한다.
② 기동 토크가 적어야 한다.
③ 회전부분의 관성 모멘트는 적어야 한다.
④ 가속도의 변화비율이 일정값이 되도록 선택한다.

> **해설**
>
> **속도제어 및 전동기 용량**
> 엘리베이터용 전동기는 기동토크가 큰 3상 유도 전동기가 사용되며 특징은 다음과 같다.
> ① 회전부분의 관성 모멘트는 적어야 한다.(기동정지가 빈번)
> ② 가속도의 변화비율이 일정값이 되도록 선택(가속감속시)한다.
> ③ 기동 토크가 커야 한다.
> ④ 소음이 적어야 한다.

09 식염전해에 대한 설명으로 틀린 것은?

① 제조법에는 격막법과 수은법이 있다.
② 염소, 수소와 수산화나트륨의 제조 방법에 사용된다.
③ 수은법에서 전해조의 애노드는 흑연, 캐소드는 수은을 사용한다.
④ 격막법은 수은법보다 전류 밀도가 크고 생산성이 높다.

> **해설**
>
> **식염전해**
> 격막법과 수은법이 있으며, 수은법은 격막법보다 5~6배 생산성이 높다.

10 휘도가 균일한 원통광원의 축 중앙 수직방향의 광도가 250[cd]이다. 전 광속[lm]은 약 얼마인가?

① 80 ② 785
③ 2467 ④ 3142

> **해설**
>
> **조명의 기초량 계산**
> 원통 원주 광원 수직 방향의 광도이므로
> $F = \pi^2 I = \pi^2 \times 100 \fallingdotseq 2467 [lm]$

11 방전등에 속하지 않는 것은?

① 할로겐등 ② 형광수은등
③ 고압나트륨등 ④ 메탈할라이드등

> **해설**
>
> **할로겐 전구**
> 백열전구의 일종으로 온도복사를 이용한 전구로 방전등에 속하지 않으며, 특징은 다음과 같다
> ① 백열전구에 비해 소형
> ② 발생광속이 많고, 광색은 적색
> ③ 고 휘도이며 배광제어 용이
> ④ 할로겐 사이클에 의해 흑화가 거의 발생 하지 않음.
> ⑤ 온도 복사이므로 온도(250[℃])가 높고 휘도가 크다.

12 과전류차단기로 시설하는 퓨즈 중 고압전로에 사용하는 포장 퓨즈는 정격 전류의 몇 배의 전류에서 2시간 이내에 용단되지 않아야 하는가? (단, 퓨즈 이외의 과전류 차단기와 조합하여 하나의 과전류 차단기로 사용하는 것은 제외한다.)

① 1.1 ② 1.3
③ 1.5 ④ 1.7

> **해설**
>
> **고압퓨즈**
> 포장 퓨즈 : 1.3배의 전류에 견디고, 2배의 전류에서는 120분 안에 용단되어야 한다.

[정답] 08 ② 09 ④ 10 ③ 11 ① 12 ②

13 나트륨램프에 대한 설명 중 틀린 것은?

① KS C 7610에 따른 기호 NX는 저압 나트륨램프를 표시하는 기호이다.
② 등황색의 단일 광색으로 색수치가 적다.
③ 색온도는 5000~6000K 정도이다.
④ 도로, 터널, 항만표지 등에 이용한다.

🔍 **해설**
나트륨등의 색온도
고압나트륨등의 색온도는 2100~2500K 정도이며, 저압은 이보다 낮다.

14 콘크리트 전주의 접지선 인출구는 지지점 표 시선으로부터 몇 [mm] 지점에 있는가?

① 600   ② 800
③ 1000   ④ 1200

🔍 **해설**
콘크리트 전주의 시설
콘크리트 전주의 접지선 인출구는 지지점 표 시선으로부터 1[m] 지점에 있다.

15 다음 중 경완철의 표준규격(길이)이 아닌 것은?

① 1000[mm]   ② 1400[mm]
③ 1800[mm]   ④ 2400[mm]

🔍 **해설**
경완철 표준 규격
900[mm], 1400[mm], 1800[mm], 2400[mm]

16 KS C 3824에 따른 전차선로용 180[mm] 현수애자 하부의 핀 모양이 아닌 것은?

① 훅(소)   ② 아이(평행)
③ 크레비스   ④ ㄷ형

🔍 **해설**
전차선로용 180mm 현수애자
아이(평행), 아이(직각), 크레비스, 훅(소), 훅(대)

17 암거에 시설하는 지중전선에 대한 설명으로 틀린 것은? (단, 암거 내에 자동소화설비가 시설되지 않은 경우이다.)

① 불연성이 있는 연소방지도료로 지중전선을 피복한 전선은 사용이 가능하다.
② 자소성이 있는 난연성 피복이 된 지중전선은 사용이 가능하다.
③ 자소성이 있는 난연성의 관에 지중전선을 넣어 시설하는 것은 불가능하다.
④ 자소성이 있는 난연성의 연소방지테이프로 지중전선을 피복한 전선은 사용이 가능하다.

🔍 **해설**
암거에 시설하는 지중전선의 시설
암거에 시설하는 지중전선은 다음의 어느 하나에 해당하는 난연조치를 하거나 암거내에 자동소화설비를 시설하여야 한다.
- 불연성 또는 자소성이 있는 난연성 피복이 된 지중전선을 사용할 것.
- 불연성 또는 자소성이 있는 난연성의 연소방지테이프, 연소방지시트, 연소방지도료 기타 이와 유사한 것으로 지중전선을 피복할 것.
- 불연성 또는 자소성이 있는 난연성의 관 또는 트라프에 넣어 지중전선을 시설할 것.

18 KS C 4506에 따른 COS(컷아웃스위치)의 정격전류[A]가 아닌 것은?

① 15   ② 30
③ 45   ④ 60

[정답] 13 ③   14 ②   15 ①   16 ④   17 ③   18 ③

해설
KS C 4506에 따른 COS(컷아웃스위치)

극 수	정격 전압[V]	정격 전류[A]	정격 차단용량[A]
2	250	15, 30	1500, 2500
		60, 100	2500, 5000
3	250	30	1500, 2500
		60, 100	2500, 5000

19 연축전지의 음극에 쓰이는 재료는?

① 납　　　　　　② 카드뮴
③ 철　　　　　　④ 산화니켈

해설
납(연)축전지

$$PbO_2 + 2H_2SO_4 + Pb(충전시) \rightleftarrows PbSO_4 + 2H_2O + PbSO_4(방전시)$$
양극　전해액　음극　　　양극　전해액　음극

20 문자 기호 중 계기류에 속하지 않는 것은?

① ZCT　　　　② A
③ W　　　　　④ WHM

해설
수변전 설비
① ZCT : 영상변류기
② A : 전류계
③ PF : 역률계
④ WH : 전력량계

전류계, 역률계, 전력량계는 계기류 이며 영상변류기는 계기류가 아닌 계전기류이다.

시행일 < 2022년 4회

01 단상 유도전동기 중 기동 토크가 가장 큰 것은?

① 반발 기동형　　② 분상 기동형
③ 콘덴서 기동형　④ 세이딩 코일형

해설
유도전동기의 기동토크

반발기동형 → 반발 유도형 → 콘덴서 기동형 → 분상 기동형 → 세이딩 코일형

02 다음 중 절연성, 내온성, 내유성이 풍부하며 연피케이블에 사용하는 전기용 테이프는?

① 면테이프　　　② 비닐테이프
③ 리노테이프　　④ 고무테이프

해설
리노테이프

리노테이프는 면 테이프의 양면에 바니스를 칠하여 건조한 것으로, 트랜스의 권선층 사이 및 인출선 부분 등에 삽입하는 절연테이프의 일종으로 절연성, 내온성, 내유성이 풍부하며 연피케이블에 사용된다.

03 접지도체에 피뢰시스템이 접속되는 경우 접지도체의 최소 단면적[mm^2]은? (단, 접지도체는 구리로 되어 있다.)

① 16　　　　　　② 20
③ 24　　　　　　④ 28

해설
접지도체의 단면적

접지도체의 최소 단면적은 구리 6[mm^2], 철제50[mm^2](단, 피뢰시스템 접속시 구리16[mm^2])이다.

[정답] 19 ①　20 ①　2022년 4회　01 ①　02 ③　03 ①

04 형광판, 야광도료 및 형광방전등에 이용되는 루미네선스는?

① 열 루미네선스
② 전기 루미네선스
③ 복사 루미네선스
④ 파이로 루미네선스

해설

루미네선스의 종류
① 전기 루미네선스 : 기체중의 방전을 이용한 것으로 네온관등, 수은등, 나트륨등이 있다.
② 복사 루미네선스 : 형광이나 인광의 파장은 원래의 빛의 파장과 같거나 그보다 길어진다는 스토크스의 법칙을 이용한 형광등이 있다.
③ 파이로 루미네선스 : 증발하기 쉬운 원소를 불꽃 속에 넣을 때 불꽃 속 기체가 발광하는 현상으로 발염 아크등이 있다.
④ 전계 루미네선스 : E.L 등과 같은 고체 내 전계(전장)에너지의 변환에 의한 발광
⑤ 생물 루미네선스 : 생물의 특수 산화 작용에 의해 발광하는 것으로 반딧불과 같은 야광충 및 오징어가 있다.
⑥ 결정 루미네선스 : 화학반응 중 결정을 이루며 발광하는 것으로 황산소다, 황산칼리가 있다.
⑦ 열 루미네선스 : 금강석, 대리석, 형석 등을 가열하면 일어나는 발광 현상

05 전기기기의 절연의 종류와 허용최고온도가 잘못 연결된 것은?

① A종 - 105[°C]
② E종 - 120[°C]
③ B종 - 130[°C]
④ H종 - 155[°C]

해설

도전 및 절연 재료
절연물의 최고 허용온도

절연의 종류	Y	A	E	B	F	H	C
허용최고온도[°C]	90	105	120	130	155	180	180초과

06 2종의 금속이나 반도체를 접합하여 열전대를 만들고 기전력을 공급하면 각 접점에서 열의 흡수, 발생이 일어나는 현상은?

① 제벡(Seebeck) 효과
② 펠티에(Peltier) 효과
③ 톰슨(Thomson) 효과
④ 핀치(Pinch) 효과

해설

온도측정
펠티어 효과 (제벡의 역효과) : 서로 다른 금속에서 다른 쪽 금속으로 전류를 흘리면 열의 발생 또는 흡수가 일어나는 현상을 펠티어 효과라 하며 전자 냉동기의 원리로 이용한다.

07 KS C IEC 62305에 의한 수뢰도체, 피뢰침과 인하도선의 재료로 사용되지 않는 것은?

① 구리
② 순금
③ 알루미늄
④ 용융아연도금강

해설

피뢰침(돌침 방식) 구성요소
① 돌침부 : 구리, 알루미늄 또는 용해 안연 도금을 한 철 또는 구리로서 공중에 돌출하게한 봉상도체를 사용하며 뇌 방전을 뇌격으로 받아내는 역할을 한다. 크기는 직경 12[mm] 이상의 봉(높이 25[cm] 이상)
② 피뢰인하도선 : 뇌격 전류를 대지로 끌어들이는 인하도선으로 50[mm^2] 이상 나동전선
③ 접지극 : 뇌격전류를 대지로 흐르게 한다.

08 비시감도가 최대인 파장[nm]은?

① 350
② 450
③ 500
④ 555

해설

조명의 기초
최대 시감도
① 파장 : 555[nm]
② 발광효율 : 680[lm/W]
③ 색상 : 황록색

[정답] 04 ③ 05 ④ 06 ② 07 ② 08 ④

09 트랜지스터의 안정도가 제일 좋은 바이어스법은?

① 고정 바이어스　　② 조합 바이어스
③ 전압궤환 바이어스　④ 전류궤환 바이어스

🔍 **해설**

트랜지스터
트랜지스터의 안정도 증가 바이어스법
① 전압궤환법
② 전류 궤환법
③ 전류전압궤환법(조합궤환법)
이중 안정도가 제일 좋은 조합법은 전류전압궤환법(조합궤환법)이다.

10 지름 40[cm]인 완전 확산성 구형 글로브의 중심에 모든 방향의 광도가 균일하게 110[cd]되는 전구를 넣고 탁상 2[m]의 높이에서 점등하였다. 탁상 위의 조도는 약 몇 [lx]인가? (단, 글로브 내면의 반사율은 40[%], 투과율은 50[%]이다.)

① 23　　② 33
③ 49　　④ 53

🔍 **해설**

조명의 기초량 계산
글로브 아래 직하조도이므로 $E = \dfrac{I}{r^2}\eta$ [lx]이고

여기서 글로브의 효율 $\eta = \dfrac{\tau}{1-\rho}$ 이므로

$E = \dfrac{110}{2^2} \times \dfrac{0.5}{1-0.4} = 22.916 ≒ 23$ [lx]

11 방전등에 속하지 않는 것은?

① 할로겐등　　② 형광수은등
③ 고압나트륨등　④ 메탈할라이드등

🔍 **해설**

할로겐 전구
백열전구의 일종으로 온도복사를 이용한 전구로 방전등에 속하지 않으며, 특징은 다음과 같다.

① 백열전구에 비해 소형
② 발생광속이 많고 광색은 적색
③ 고 휘도이며 배광제어 용이
④ 할로겐 사이클에 의해 흑화가 거의 발생 하지 않음
⑤ 온도 복사이므로 온도(250[℃])가 높고 휘도가 크다.

12 옥외용 비닐절연전선의 약호 명칭은?

① DV　　② CV
③ OW　　④ OC

🔍 **해설**

고압퓨즈
전선 구분 및 약호
① DV : 600[V] 이하 인입용 비닐절연전선(동력 전용 시 OW 사용)
② CV : 가교폴리에틸렌 절연 비닐 시스 케이블(EV케이블의 단점을 보완한 전력케이블로 기름이나 알카리 등에 의해 경화를 일으킴)
③ OW : 옥외용 비닐 절연전선(연동선에 염화비닐을 피복, 저압가공 배전선로용전선)
④ OC : 옥외용 가교 폴리에틸렌 절연전선

13 역 병렬로 된 2개의 SCR과 유사한 양 방향성 3단자 사이리스터로서 AC 전력의 제어에 사용하는 것은?

① SCS　　② GTO
③ TRIAC　④ LASCR

🔍 **해설**

전력용 반도체 - 사이리스터
TRIAC
① 쌍방향 3 단자 소자
② SCR 역병렬 구조와 같다.
③ 교류 전력을 양극성 제어
④ 과전압에 의한 파괴 안됨
⑤ (포토커플러 + 트라이액) : 전파 위상 제어 회로에 이용

[정답] 09 ②　10 ①　11 ①　12 ③　13 ③

14 알루미늄 및 마그네슘의 용접에 가장 적합한 용접방법은?

① 탄소 아크용접 ② 원자수소 용접
③ 유니온멜트 용접 ④ 불활성가스 아크용접

🔍 **해설**

불활성 가스 아크 용접
텅스텐 전극과 금속사이에 방전을 발생시켜 그 방전 주위에 아르곤(Ar), 헬륨(He), 네온(Ne),등의 불활성 가스를 부어 용접부의 산화를 방지한 용접으로 알루미늄 및 마그네슘, 스텐리스강을 용접 시 이용한다.

15 저압 가공 인입선에서 금속관 공사로 옮겨지는 곳 또는 금속관으로부터 전선을 뽑아 전동기 단자 부분에 접속할 때 사용하는 것은?

① 엘보 ② 터미널 캡
③ 접지클램프 ④ 엔트런스 캡

🔍 **해설**

금속관배관 부속품
서비스(터미널)캡은 옥내 저압가공 인입선에서 금속관으로 옮겨지는 곳 또는 금속관에서 전선을 뽑아 전동기 단자 부분에 접속할 때 전선을 보호하기 위해 관 끝에 설치한다.

16 송전용 볼 소켓형 현수애자의 표준형 지름은 약 몇 [mm]인가?

① 220 ② 250
③ 270 ④ 300

🔍 **해설**

애자
현수애자 : 송배전용, 전기 철도용의 전선로 및 발변전소와 통신선용의 인류용으로 사용하며 경질 자기제 상하에 연결금구를 시멘트로 접착시켜 만들며, 표준형 지름은 180, 250(254), 280, 320[mm]가 있으며 송전용 볼 소켓형 현수애자는 250[mm]를 주로 사용하며 고압 전선로 및 22.9[kV-Y]의 내장주에 사용하는 것은 191[mm]를 사용한다.

17 솔리드 케이블이 아닌 것은?

① H 케이블 ② SL 케이블
③ OF 케이블 ④ 벨트 케이블

🔍 **해설**

종이(지) 케이블의 종류

솔리드 케이블의 종류	전압
벨트케이블	10[kV] 이하
H형 케이블	10~30[kV] 정도의 고압 송배전용
SL형 케이블	20~30[kV] 정도의 도시 송배전용

OF 케이블 : 압력형 케이블로 60[kV] 이상에 사용 된다.

18 무대 조명의 배치별 구분 중 무대 상부 배치 조명에 해당되는 것은?

① Foot light ② Tower light
③ Ceiling Spot light ④ Suspension Spot light

🔍 **해설**

조명
① Foot light : 무대나 진열장 등의 바닥에서 위로 조명하는 방법. 관객의 눈에 직접 조명이 닿지 않도록 한 것이며 최근에는 관람석·비상계단·식당·연회장 등에도 설치하는 조명 장치
② Tower light : 무대 조명용의 사닥다리와 플랫폼을 갖는 이동식 조명 장치
③ Ceiling spot light : 객석 상부의 천정안에 설치 무대전면을 투사하여 피사체의 전면 명암을 결정지우는 주 광원으로써 높은 조도 및 강한 광선이 필요하므로 Plano Convex Lens를 사용하여 빛을 집광시켜 투광하는 조명 장치
④ Suspension spot light : 무대상부에 설치되어 연기가 이루어지는 부분을 수직으로 조명하는 것으로 고정적으로 배치되어 강한빛을 확산시켜 행위자 연기에 중심적으로 투광하는 조명이다.

19 공해 방지의 측면에서 대기 중에 부유하는 분진 입자를 포집하는 정화장치로 화력 발전소, 시멘트 공장, 용광로, 쓰레기 소각장 등에 널리 이용되는 것은?

① 정전기 ② 정전 도장
③ 전해 연마 ④ 전기 집진기

[정답] 14 ④ 15 ② 16 ② 17 ④ 18 ④ 19 ④

해설
정전기 응용 – 전기집진 및 기타 정전기 응용
전기집진기 : 기체 중에 떠다니는 미립자에 대전체간의 정전기력(정전 대전현상)을 작용시켜 분리하여 모으는 장치를 말하며 발전소, 시멘트 공업, 철강관계, 기타 공기 정화의 목적을 가진 장소에 시설한다.

20 강제 전선관에 대한 설명으로 틀린 것은?

① 후강 전선관과 박강 전선관으로 나누어진다.
② 폭발성 가스나 부식성 가스가 있는 장소에 적합하다.
③ 녹이 스는 것을 방지하기 위해 건식아연도금법이 사용된다.
④ 주로 강으로 만들고 알루미늄이나 황동, 스테인레스 등은 강제관에서 제외된다.

해설
배관공사
강제전선관이란 주로 강으로 만들고 알루미늄이나, 황동, 스테인레스 등은 강제관에 포함된다.

시행일 2023년 1회

01 전등 효율이 $14[\text{lm/W}]$인 $100[\text{W}]$ 백열 전구의 구면 광도는 몇 $[\text{cd}]$인가?

① 119
② 111
③ 109
④ 101

해설
조명의 기초량 계산
전등 효율 $\eta = \dfrac{F}{P}[\text{lm/W}]$을 이용하여 광속을 구하면
$F = P\eta = 100 \times 14 = 1400[\text{lm}]$이고
구 광원에서의 광속 $F = 4\pi I[\text{lm}]$에서
광도 $I = \dfrac{F}{4\pi} = \dfrac{1400}{4 \times \pi} = 11.408 ≒ 111[\text{cd}]$이다.

02 형광체가 발산하는 복사의 파장은 조사된 복사의 파장보다 항상 길다는 법칙은?

① 플랭크의 법칙
② 스테판볼쯔만의 법칙
③ 스토크의 법칙
④ 빈의 변위법칙

해설
광원 – 형광등
스토크스 법칙 : 발광체가 발산하는 복사의 파장은 조사된 복사의 파장보다 항상 길다.

03 다음 중 가장 많은 조도가 필요한 장소는?

① 곡선도로
② 교차로
③ 직선도로
④ 경사도로

해설
조명설계
도로 조명중 가장 많은 조도가 필요한 장소는 인사 사고 및 차량의 사고 방지를 위하여 교차로가 가장 많은 조도가 필요하다.

04 전열기 열판의 표면 전력 밀도는 $2[\text{W/cm}^2]$이다. $600[\text{W}]$ 전열기의 열판 면적$[\text{cm}^2]$은?

① 300
② 200
③ 180
④ 100

해설
전열계산 및 발열체 설계
전열선의 표면 전력 밀도 $W = \dfrac{P}{S}[\text{W/m}^2]$이므로 이를 이용하면
면적 $S = \dfrac{P}{W} = \dfrac{600}{2} = 300[\text{cm}^2]$이다.
여기서, $P[\text{W}]$: 전력, $S = \pi d l [\text{m}^2]$: 겉 표면적

05 비닐막 등의 접착에 주로 사용하는 가열 방식은?

① 저항 가열
② 유도 가열
③ 아크 가열
④ 유전 가열

[정답] 20 ④ 2023년 1회 01 ② 02 ③ 03 ② 04 ① 05 ④

> **해설**
>
> 전기 가열의 방식 – 유전가열
> ① 원리 : 전기적 절연물을 직접 가열하는데 사용되는 방식으로 고주파 전계 중에 절연성 피열물을 놓고 여기서 생기는 유전체손을 이용하는 가열 방식
> ② 용도 : 목재의 건조, 접착, 비닐막의 접착, 합성수지 공업, 식품 공업

06 바깥쪽 레일은 원심력의 작용으로 지나친 하중이 걸려 탈선하기 쉬우므로 안쪽 레일보다 얼마간 높게 한다. 이 바깥쪽 레일과 안쪽 레일의 높이 차를 무엇이라 하는가?

① 편위
② 확도
③ 고도
④ 궤간

> **해설**
>
> 전기 철도의 선로 – 곡선과 구배
> 고도(Cant = 캔트)
> 열차가 곡선로를 주행 시 바깥쪽 레일은 원심력의 작용으로 지나친 하중이 걸려 탈선하기 쉬우므로 바깥 쪽 레일과 안쪽 레일의 높이 차를 주는 것을 말하며 열차 운전의 안전을 확보하기 위함이다.

07 전기철도에서 교류 급전방식이 아닌 것은?

① 직접 급전 방식
② 주변압기 방식
③ 흡상 변압기 방식
④ 단권 변압기 방식

> **해설**
>
> 전기철도 운전설비 – 급전 설비
> 교류급전 방식
> ① 직접급전방식
> ② 흡상(BT) 변압기방식 : 전자유도에 의한 통신유도장해 경감용 변압기
> ③ 단권(AT) 변압기 방식

08 할로겐 물질로 사용되는 원소가 아닌 것은?

① 요오드
② 염소
③ 불소
④ 아르곤

> **해설**
>
> 전기화학의 기초 – 전기분해
> 할로겐 원소 : 플루오린(F)·염소(Cl)·브로민(Br)·아이오딘(I)·아스타틴(At)

09 전지에서 분극 작용에 의한 전압 강하를 방지하기 위하여 사용되는 감극제는?

① H_2O
② H_2SO_4
③ MnO_2
④ $CuSO_4$

> **해설**
>
> 전지 – 1차전지
> 각 전지의 감극재
> ① 망간 (르클랑셰, 보통) 건전지 감극제 : 이산화망간(MnO_2)
> ② 공기 건전지 감극제 : 공기 중 산소(O_2)
> ③ 수은 건전지 감극제 : 산화수은(HgO)
> ④ 표준전지(웨스턴 전지) 감극제 : 황산수은(Hg_2SO_4)

10 전기 집진기는 무엇을 이용한 것인가?

① 와전류
② 누설 전류
③ 잔류 자기
④ 대전체간의 정전기력

> **해설**
>
> 정전기 응용 – 전기집진 및 기타 정전기 응용
> 전기집진기 : 기체 중에 떠다니는 미립자에 대전체의 정전기력(정전 대전현상)을 작용시켜 분리하여 모으는 장치를 말하며 발전소, 시멘트 공업, 철강관계, 기타 공기 정화의 목적을 가진 장소에 시설한다.

11 순방향 바이어스에 대해 설명한 것이다. 적합한 것은?

① 다수 캐리어에 의한 전류가 0이 된다.
② 소수 캐리어에 의한 전류가 0이 된다.
③ 전위 장벽이 높아진다.
④ 전위 장벽이 낮아진다.

[정답] 06 ③ 07 ② 08 ④ 09 ③ 10 ④ 11 ④

> **해설**

전력용 반도체 – 다이오드의 종류
순방향 바이어스
- 저항은 0이 되며 전위 장벽이 낮아진다.
- 공간 전하영역의 폭(공핍층)이 좁아지며 전계가 약해진다.

12 SCR의 특징을 설명한 것 중 맞지 않는 것은?

① 소형이면서 가볍고 고속동작이다.
② Turn-off 시간 및 순방향 전압 강하는 다이라트론(thyratron)보다 우수하다.
③ 입력신호의 제어로 전류 출력전압은 제어할 수 있다.
④ 제어가 되지 않는다.

> **해설**

전력용 반도체 – 사이리스터
SCR의 특징
ⓐ 소형이면서 위상제어가 가능하며 대용량 대전력용 정류기로 적당하다.
ⓑ 최고 허용온도가 140~200[℃]이므로 온도의 영향이 적다.
ⓒ 무접점 스위칭 및 AVR 전력 제어용
ⓓ 아크가 생기지 않으므로 열의 발생이 적다.
ⓔ 게이트에 신호를 인가한 대부터 도통할 때까지의 시간이 짧다.
ⓕ 게이트 전류(I_G)로 통전 전압을 가변시킨다.
ⓖ 게이트 전류의 위상각으로 통전 전류의 평균값을 제어시킬 수 있다.
ⓗ 이온 소멸 시간이 짧다.
ⓘ 부성저항 특성이 있으며 과전압에 약하다.
ⓙ Turn-off 시간 및 순방향 전압 강하는 다이라트론(Thyratron)보다 우수하다.

13 교류 200[V], 정류기 전압 강하 10[V]인 단상반파 정류 회로의 저항 부하의 직류 전압[V]은?

① 약 80
② 약 155
③ 약 200
④ 약 210

> **해설**

정류 – 다이오드 정류
반파 정류이므로 $E_d = 0.45E - e$[V]이고
전압 $E=200$[V], 전압강하 $e=10$[V] 수치를 대입하면
$E_d = 0.45E - e = 0.45 \times 200 - 10 = 80$[V]

14 출력 P[kW], 속도 N[rpm]의 전동기 토크[kg·m]는?

① $746\dfrac{P}{N}$
② $850\dfrac{P}{N}$
③ $975\dfrac{P}{N}$
④ $975NP$

> **해설**

전동기 운동력학 기초 – 회전운동의 기본식
① $T = 0.975\dfrac{P}{N}$[kg·m]
　여기서, P[W] : 2차출력, N[rpm] : 분당 회전수
② $T = 975\dfrac{P}{N}$[kg·m]
　여기서, P[kW] : 2차출력, N[rpm] : 분당 회전수

15 단상 유도 전동기의 브러시의 위치를 돌려주거나 고정자 권선의 단자 접속을 바꾸어 주면 회전자의 화전 방향이 바뀌는 것은?

① 분상 기동형
② 콘덴서 기동형
③ 반발 기동형
④ 세이딩 코일형

> **해설**

전동기의 기동 특성
반발 전동기는 정류자와 브러시가 있어 주축에 대한 브러시의 위치각을 이동함으로써 발생 토크가 가변되고 속도도 변화한다.

16 피드백 제어 중 물체의 위치, 방위, 자세 등에 관계되는 제어는?

① 프로세스 제어
② 자동조정
③ 서어보 기구
④ 피드백 제어

> **해설**

자동제어계의 분류
서보기구 제어
플랜트나 생간 공정 중의 상태량을 제어량으로 하는 제어로 제어량이 기계적 변위인 추치제어이며 제어량의 종류는 위치, 방향(방위), 자세, 각도, 거리가 있다.

[정답] 12 ④　13 ①　14 ③　15 ③　16 ③

17 정현파 입력에 대한 응답을 무엇이라 하는가?

① 인디셜 응답
② 주파수 응답
③ 전동기 응답
④ 발전기 응답

> 🔍 **해설**
>
> **자동제어계의 응답**
> 주파수 응답 : 전달함수가 $G(s)$인 요소에 주파수가 ω인 정현파 입력을 가하였을 때의 출력의 크기와 위상차는 $|G(j\omega)|$, $\angle G(j\omega)$로 결정되며 $G(j\omega)$를 주파수 전달 함수 또는 주파수 응답이라고 한다.

18 금속관에 넣어 시설하면 안되는 접지선은?

① 피뢰침용 접지선
② 저압기기용 접지선
③ 고압기기용 접지선
④ 특고압기기용 접지선

> 🔍 **해설**
>
> **피뢰침**
> 피뢰침용 피뢰인하도선은 뇌격 전류를 대지로 끌어들이는 나동선 두께 2[mm] 이상의 합성수지관에 넣어서 시공한다.

19 합성수지관 상호 간 및 관과 박스 접속 시에 삽입하는 최소 깊이는? (단, 접착제를 사용하는 경우는 제외한다.)

① 관 안지름의 1.2배
② 관 안지름의 1.5배
③ 관 바깥지름의 1.2배
④ 관 바깥지름의 1.5배

> 🔍 **해설**
>
> **합성수지관 공사**
> 관 상호간 및 박스와 관을 삽입하는 깊이를 관의 바깥지름의 1.2배 이상으로 하고 또한 꽂음 접속에 의하여 견고하게 접속할 것

20 반직접 조명에서 하향광속의 배광은 몇 [%]인가?

① 0~30
② 30~60
③ 60~90
④ 90~100

> 🔍 **해설**
>
> **조명설계**
>
> | 조명방식 | 하향광속[%] | 상향광속[%] |
> |---|---|---|
> | 직접조명 | 100~90 | 0~10 |
> | 반 직접조명 | 90~60 | 10~40 |
> | 전반 확산조명 | 60~40 | 40~60 |
> | 반 간접조명 | 40~10 | 60~90 |
> | 간접조명 | 10~0 | 90~100 |

시행일 | 2023년 2회

01 핀치 오프(Pinch off) 전압을 설명한 것 중 옳은 것은?

① 드레인(Drain) 전류가 0[A]일 때 게이트(Gate)와 드레인 사이 전압
② 드레인 전류가 0[A]일 때 드레인과 소스(Source) 사이의 전압
③ 드레인 전류가 0[A]일 때 게이트와 소스 사이의 전압
④ 드레인 전류가 흐르고 있을 때 드레인과 소스 사이의 전압

> 🔍 **해설**
>
> **전력용 반도체 – 트랜지스터**
> MOS FET에서 드레인 전류가 0[A]일 때 게이트와 소스 사이의 전압을 핀치오프 전압이라 한다.

02 직류 전동기의 속도 제어법에서 정출력 제어에 속하는 것은?

① 전압 제어법
② 계자 제어법
③ 워드레오나드 제어법
④ 전기자 저항 제어법

> 🔍 **해설**
>
> **전동기 속도제어**
> 계자 제어법 : 정 출력 가변속도 제어법이다.

[정답] 17 ② 18 ① 19 ③ 20 ③ 2023년 2회 01 ③ 02 ②

03 형태가 복잡하게 생긴 금속 제품을 균일하게 가열하는데 가장 적합한 가열 방식은?

① 직접 저항 가열 ② 유도 가열
③ 염욕로 ④ 적외선 가열

🔍 **해설**

전기 가열의 방식 – 저항가열
간접식 가열 저항로는 저항체(발열체)로부터 열의 방사, 전도, 대류에 의해서 피열물에 전달하여 가열하는 방식으로 형태가 복잡한 금속제품을 균일하게 가열
- 간접 가열 저항로의 종류 : 염욕로, 클립톨로, 발열체로

04 엘리베이터에 사용되는 전동기의 특징이 아닌 것은?

① 가속도의 변화비율이 일정값이 되도록 선택한다.
② 회전부분의 관성 모멘트는 적어야 한다.
③ 소음이 적어야 한다.
④ 기동 토크가 적어야 한다.

🔍 **해설**

속도제어 및 전동기 용량
엘리베이터용 전동기는 기동토크가 큰 3상 유도 전동기가 사용되며 특징은 다음과 같다.
① 회전부분의 관성 모멘트는 적어야 한다.(기동정지가 빈번)
② 가속도의 변화비율이 일정값이 되도록 선택(가속감속시)한다.
③ 기동 토크가 커야 한다.
④ 소음이 적어야 한다.

05 주행레일을 귀선으로 이용하는 경우에는 누설전류에 의하여 케이블, 금속제 지중관로 및 선로 구조물 등에 영향을 미치는 것을 방지하기 위한 적절한 시설을 하여야 하는데 이 때, 전기철도측의 전식방식 또는 전식예방을 위한 방법중 틀린 것은?

① 변전소 간 간격 축소 ② 레일본드의 양호한 시공
③ 장대레일채택 ④ 매설금속체 접속부 절연

🔍 **해설**

매설금속체 접속부 절연은 매설금속체측의 누설전류에 의한 전식의 피해가 예상되는 곳에 시행하는 방식이다.

06 방전발광(루미네선스)에서 고압 수은 램프에 속하지 않는 것은?

① 수은 램프 ② 할로겐전구
③ 형광 수은 램프 ④ 메탈할라이트 램프

🔍 **해설**

루미네선스
루미네선스는 빛을 발생시키는 온도 복사를 제외한 모든 발광현상을 루미네선스(Luminescence)라 한다. 그러나 백열전구나 할로겐 전구는 온도 복사를 이용한 광원이다.

07 나트륨의 효율은 어떤 범위가 가장 적당한가?

① $20 \sim 25 [\text{lm/W}]$ ② $25 \sim 55 [\text{lm/W}]$
③ $80 \sim 150 [\text{lm/W}]$ ④ $50 \sim 75 [\text{lm/W}]$

🔍 **해설**

광원 – 나트륨등
각등의 효율 범위
① 나트륨 램프 : $80 \sim 150 [\text{lm/W}]$
② 메탈 핼라이드 램프 : $75 \sim 105 [\text{lm/W}]$
③ 형광 램프 : $48 \sim 80 [\text{lm/W}]$
④ 수은 램프 : $35 \sim 55 [\text{lm/W}]$
⑤ 할로겐 램프 : $20 \sim 22 [\text{lm/W}]$
⑥ 백열 전구 : $7 \sim 22 [\text{lm/W}]$

08 납축전지의 공칭 전압은 몇 [V]인가?

① 2.0 ② 1.8
③ 1.5 ④ 1.2

🔍 **해설**

전지 – 2차전지
① 납(연) 축전지의 공칭전압 및 공칭 용량 : 2[V/cell], 10[Ah]
② 알칼리 축전지의 공칭전압 및 공칭 용량 : 1.2[V/cell], 5[Ah]

09 고전압 대전력 정류기로서 가장 적당한 것은?

① 회전 변류기 ② 수은 정류기
③ 전동 발전기 ④ 벨토로

[정답] 03 ③ 04 ④ 05 ④ 06 ② 07 ③ 08 ① 09 ②

> 해설

정류 – 전력 변환기기
전동 발전기는 고가, 저효율로 부적당하며 전압을 미세조정 해야하며 회전 변류기와 벨토로는 저전압 대전류용에는 고효율이지만 고전압에서는 사용하지 못하나, 수은 정류기는 고전압 대전력용으로 사용이 가능하다.

10 철-크롬 제2종의 최고사용온도[°C]는?

① 500   ② 900
③ 1000 ④ 1100

> 해설

전열재료(발열체)
발열체의 종류 및 온도

		1종/2종	온도
금속발열체	니크롬선 (가정용이며 저항은 구리에 60배)	1종	1100[°C]
		2종	900[°C]
	철-크롬선 (공업용이며 저항은 구리의 80배)	1종	1200[°C]
		2종	1100[°C]
순금속 발열체	백금		1768[°C]
	몰리브덴		2610[°C]
	탄탈		2886[°C]
	텅스텐		3380[°C]
비금속 발열체	탄화규소(SiC)		1400[°C]

11 Down-light의 일종으로 아래로 조사되는 구멍을 적게 하거나 렌즈를 달아 복도에 집중 조소되도록 한 조명은?

① Pin hole light   ② Coffer light
③ Line light   ④ Cornis light

> 해설

조명설계
① 다운 라이트 : 천장에 구멍을 뚫어 그속에 기구를 매입한 방식으로 핀홀라이트, 코퍼 라이트 방식이 있다
② 핀홀라이트 : 다운라이트의 일종으로 아래로 조사되는 구멍을 작게하거나 렌즈를 달아 복도에 집중 조사되도록 하는 방식
③ 코니스 조명 : 코너 조명과 같은 방식이지만 건축적으로 둘레 턱을 만들어 내부에 등기구를 설치하는 방식

④ 코퍼 조명 : 천장 면을 여러 형태로(사각 또는 원) 오려내고 다양한 매입기구를 취부하여 실내의 단조로움을 피한 조명방식 천장면에 매입한 등기구 하부에는 주로 아크릴판을 부탁하고 천장중앙에 반 간접기구를 매다는 조명방식으로 은행, 1층홀, 백화점 1층 로비 등에 많이 시설된다.

12 휘도가 균일한 기 원통 광원의 축 중앙 수직 방향의 광도가 100[cd]일 때 전 광속은 약 몇 [lm]인가?

① 514   ② 100
③ 986   ④ 1256

> 해설

조명의 기초량 계산
원통 원주 광원 수직 방향의 광도이므로
$F = \pi^2 I = \pi^2 \times 100 = 986.960 ≒ 986[\text{lm}]$

13 게이트(Gate)에 신호를 가해야만 동작되는 소자는?

① DIAC   ② UJT
③ SCR   ④ MPS

> 해설

전력용 반도체 – 사이리스터
SCR에 순방향 전압이 인가되어 있을시 게이트 전류를 인가하면 게이트작용에 의해 SCR은 도통되며 전원공급은 애노드(+),캐소드(-) 게이트(+) 전압을 인가한다.

14 전열기 열판의 표면 전력 밀도는 2[W/cm²]이다. 600[W] 전열기의 열판 면적[cm²]은?

① 300   ② 200
③ 180   ④ 100

> 해설

전열계산 및 발열체 설계
전열선의 표면 전력 밀도 $W = \dfrac{P}{S}[\text{W/m}^2]$이므로 이를 이용하면

면적 $S = \dfrac{P}{W} = \dfrac{600}{2} = 300[\text{cm}^2]$이다.

여기서, $P[\text{W}]$: 전력, $S = \pi dl [\text{m}^2]$: 겉 표면적

[정답] 10 ④ 11 ① 12 ③ 13 ③ 14 ①

15 다음 중 경완철의 표준규격[mm](길이)이 아닌 것은?

① 1000 ② 1400
③ 1800 ④ 2400

해설

경완철의 표준규격[mm]
900, 1400, 1800, 2400

16 식염을 전기분해할 때 양극에서 발생하는 가스는?

① 산소 ② 수소
③ 질소 ④ 염소

해설

전기화학의 기초 – 전기분해공업 및 계면 전해 공업
식염수를 전기분해하면 양극에 염소(Cl), 음극에는 수소와 가성소다 즉 수산화나트륨(NaOH)이 발생한다.

17 다음의 ⓐ, ⓑ에 들어갈 내용으로 옳은 것은?

> 과전류차단기로 시설하는 퓨즈 중 고압전로에 사용하는 비포장퓨즈는 정격전류의 (ⓐ)배의 전류에 견디고 또한 2배의 전류로 (ⓑ)분 안에 용단되는 것이어야 한다.

① ⓐ 1.1, ⓑ 1   ② ⓐ 1.2, ⓑ 1
③ ⓐ 1.25, ⓑ 2 ④ ⓐ 1.3, ⓑ 2

해설

- 포장 퓨즈 : 1.3배의 전류에 견디고, 2배의 전류에서는 120분 안에 용단되어야 한다.
- 비포장 퓨즈 : 1.25배의 전류에 견디고, 2배의 전류에서는 2분 안에 용단되어야 한다.

18 발광에 양광주를 이용하는 조명등은?

① 텅스텐 아크등 ② 네온 전구
③ 탄소 아크등   ④ 네온관 등

해설

광원 – 네온관등
네온관등은 가늘고 긴 유리관의 양단에 전극을 봉입하고 수[mmHg] 불활성가스의 방전에 이용한 냉음극 방전등으로 발광 원리는 양광주를 이용한다.
① 양광주 이용 : 네온관등, 수은등 및 형광등
② 음극 글로우 이용 : 네온 전구

19 전기차의 속도제어방식 중 VVVF 제어법은 무엇인가?

① 주파수와 전압을 동시에 제어하는 방법이다.
② 주파수를 고정하는 전압만 제어하는 방식이다.
③ 전압을 고정하고 주파수만 제어하는 방식이다.
④ 초퍼제어 방식이다.

해설

VVVF(Variable Voltage Variable Frequency)
가변전압 가변주파수 제어법으로 전압과 주파수를 제어하는 방식이다.

20 단상 유도 전동기의 브러시의 위치를 돌려주거나 고정자 권선의 단자 접속을 바꾸어 주면 회전자의 회전 방향이 바뀌는 것은?

① 분상 기동형   ② 콘덴서 기동형
③ 반발 기동형   ④ 셰이딩 코일형

해설

전동기의 기동 특성
반발 전동기는 정류자와 브러시가 있어 주축에 대한 브러시의 위치각을 이동함으로써 발생 토크가 가변되고 속도도 변화한다.

[정답] 15 ① 16 ④ 17 ③ 18 ④ 19 ① 20 ③

시행일 2023년 4회

01 반사율 ρ, 투과율 τ, 반지름 r인 완전 확산성 구형 글로브의 중심의 광도 I의 점광원을 켰을 때 광속 발산도는?

① $\dfrac{\rho I}{r^2(1-\rho)}$ ② $\dfrac{4\pi\rho I}{r^2(1-r)}$

③ $\dfrac{\tau I}{r^2(1-\rho)}$ ④ $\dfrac{\rho\pi I}{r^2(1-\rho)}$

🔍 **해설**

조명의 기초량 계산

광속발산도 $R = \dfrac{F}{S}\eta = \eta E = \rho E = \tau E = \pi B\,[\mathrm{rlx}]$

구의 전광속 $F = 4\pi I\,[\mathrm{lm}]$

구형 글로브의 면적 $S = 4\pi r^2\,[\mathrm{m}^2]$

글로브의 효율 $\eta = \dfrac{\tau}{1-\rho}$

02 납축전지의 방전 및 충전 시 화학 반응식으로 옳은 것은?

① $Pb + 2H_2SO_4 + PbO_2 \leftrightarrow PbSO_4 + 2H_2O + PbSO_4$
② $2PbO_2 + H_2SO_4 + 2Pb \leftrightarrow 2PbSO_4 + H_2O + PbSO_4 + O_2$
③ $PbO_2 + H_2SO_4 + 2Pb \leftrightarrow 2PbSO_4 + 2H_2O + 2PbSO_4$
④ $2PbO_2 + 2H_2SO_4 + 2Pb \leftrightarrow 2PbSO_4 + H_2O + 2PbSO_4$

🔍 **해설**

납(연)축전지

$PbO_2 + 2H_2SO_4 + Pb$ (충전시) $\rightleftarrows PbSO_4 + 2H_2O + PbSO_4$ (방전시)
양극 전해액 음극   양극   전해액   음극

03 SCR의 턴온(Turn on) 시 20[A]의 전류가 흐른다. 게이트 전류를 반으로 줄이면 SCR의 전류[A]는?

① 5 ② 10
③ 20 ④ 40

🔍 **해설**

전력용 반도체 – 사이리스터

SCR에서 애노드 전류는 게이트전류에 의해 한번 도통되면 역바이어스가 되까지 게이트전류와 관계없이 애노드 전류를 유지 하므로 20[A]이다.

04 발열량 5700[kcal/kg]인 석탄 150[ton]을 사용하여 200[MWh]를 발전하였다. 이 화력발전소의 열효율은 몇 [%]인가?

① 50 ② 40
③ 30 ④ 20

🔍 **해설**

열효율 $\eta = \dfrac{8600W}{mH} = \dfrac{860Ph}{mH}$

$= \dfrac{860 \times 200 \times 10^3}{150 \times 10^3 \times 5700} \times 100 = 20\,[\%]$

05 다음 중 정속도 특성을 갖고 있는 전동기는?

① 직류 분권전동기 ② 가동 분권전동기
③ 직류 직권전동기 ④ 차동 복권전동기

🔍 **해설**

정속도 전동기

① 특성 : 부하에 관계없이 속도 일정 즉 토크가 변해도 속도가 크게 변화가 없다.
② 전동기의 종류 : 직류 타여자 전동기, 직류 분권 전동기, 동기 전동기

06 형태가 복잡한 금속제품을 급속으로 온도를 균일하게 가열하는데 가장 적합한 방법은?

① 적외선 가열 ② 염욕로
③ 유도가열 ④ 저주파 유도로

🔍 **해설**

전기 가열의 방식 – 저항가열

[정답] 2023년 4회 01 ③ 02 ① 03 ③ 04 ④ 05 ① 06 ②

간접식 가열 저항로는 저항체(발열체)로부터 열의 방사, 전도, 대류에 의해서 피열물에 전달하여 가열하는 방식으로 형태가 복잡한 금속제품을 균일하게 가열
- 간접 가열 저항로의 종류 : 염욕로, 클립톨로, 발열체로

07 PN 접합형 Diode는 어떤 작용을 하는가?

① 발진작용
② 증폭작용
③ 정류작용
④ 교류작용

해설

전력용 반도체 - 다이오드의 종류
다이오드는 한쪽 방향으로만 전류가 흐를 수 있도록 만든 반도체 소자로서 애노드에서 캐소드 방향으로 전류가 흐를 수 있지만 반대로는 흐를 수가 없어 정류작용을 한다.

08 열차가 정지신호를 무시하고 운행할 경우 또는 정해진 신호에 따른 속도 이상으로 운행할 경우 설정시간 이내에 제동 또는 지정속도로 감속조작을 하지 않으면 자동으로 열차를 안전하게 정지 시키는 장치는?

① ATC
② ATS
③ ATO
④ CTC

해설

전기 철도의 선로 - 보안 설비 및 본드
ATS : 지상에 레버를 설치하여 열차가 신호를 무시하고 구내에 들어오면 열차에 비상브레이크가 걸리도록 하는 장치

09 60[m²]의 정원에 평균조도 20[lx]를 얻기 위해 필요한 광속[lm]은? (단, 유효한 광속은 전광속의 40[%]이다.)

① 3000
② 4000
③ 4500
④ 5000

해설

광속
$FUN = DES$ 공식 이용
$F = \dfrac{DES}{UN} = \dfrac{1 \times 20 \times 60}{0.4 \times 1} = 3000[\text{lm}]$

10 경완철에 현수애자를 설치할 경우에 사용되는 자재가 아닌 것은?

① 볼쇄클
② 소켓아이
③ 인장클램프
④ 볼크레비스

해설

경완철에 현수애자를 설치할 경우 경완철, 볼쇄클, 현수애자, 소켓아이, 인장클램프를 사용한다.

11 전선을 지지하기 위하여 수용가 측 설비에 부착하여 사용하는 "ㄱ"자형으로 생긴 형강은?

① 암타이 밴드
② 완금 밴드
③ 경완금
④ 인입용 완금

해설

인입용 완금
전선을 지지하기 위하여 수용가 측 설비에 부착하여 사용하는 "ㄱ"자형으로 생긴 형강을 인입용 완금이라한다.

12 합성수지몰드공사에 관한 설명으로 틀린 것은?

① 합성수지몰드 안에는 금속제의 조인트 박스를 사용하여 접속이 가능하다.
② 합성수지몰드 상호 간 및 합성수지 몰드와 박스 기타의 부속품과는 전선이 노출되지 아니하도록 접속해야 한다.
③ 합성수지몰드의 내면은 전선의 피복이 손상될 우려가 없도록 매끈한 것이어야 한다.
④ 합성수지몰드는 홈의 폭 및 깊이가 3.5[cm] 이하로 두께는 2[mm] 이상의 것이어야 한다.

해설

합성수지몰드공사
합성수지몰드공사시 전선의 접속점은 없어야 한다. (단, 합성수지제 조인트 박스 사용시 가능)

[정답] 07 ③ 08 ② 09 ① 10 ④ 11 ④ 12 ①

13 부하전류 차단이 불가능한 전력개폐 장치는?

① VCB ② OCB
③ DS   ④ GCB

> **해설**
> **부하전류 개폐장치**
> 단로기(DS)는 선로의 점검, 수리 시 완벽한 차단을 그 목적으로 하며, 무부하 상태에서 개폐가 가능하다. 따라서 부하전류 차단능력이 없다.

14 알칼리(융그너) 축전지의 음극으로 사용할 수 있는 것은?

① 카드뮴 ② 아연
③ 마그네슘 ④ 납

> **해설**
> **전지 – 2차전지**
> 알칼리 축전지
> ① 양극 : $Ni(OH)_2$(수산화 니켈)
> ② 음극 : 융그너축전지 Cd(카드뮴), 에디슨축전지 Fe(철)
> ③ 전해액 : KOH(수산화칼륨)
> ④ 공칭전압 및 공칭 용량 : 1.2[V/cell], 5[Ah]

15 가공전선로에서 22.9[kV-Y] 특고압 가공전선 2조를 수평으로 배열하기 위한 완금의 표준길이[mm]는?

① 1400 ② 1800
③ 2000 ④ 2400

> **해설**
> **가공 전선로에서 사용되는 완금 표준길이**
>
> | 전선의 갯수 | 특고압 | 고압 | 저압 |
> |---|---|---|---|
> | 2 | 1800 | 1400 | 900 |
> | 3 | 2400 | 1800 | 1400 |

16 네온방전등에 대한 설명으로 틀린 것은?

① 네온방전등에 공급하는 전로의 대지전압은 300[V] 이하로 하여야 한다.
② 네온변압기 2차측은 병렬로 접속하여 사용하여야 한다.
③ 관등회로의 배선은 애자공사로 시설하여야 한다.
④ 관등회로의 배선에서 전선 상호간의 이격거리는 60[mm] 이상 으로 하여야 한다.

> **해설**
> **네온방전등공사**
> 네온변압기는 다음에 의하는 외에 사람이 쉽게 접촉될 우려가 없는 장소에 위험하지 않도록 시설하여야 한다.
> • 네온변압기는 「전기용품 및 생활용품 안전관리법」의 적용을 받은 것
> • 네온변압기는 2차측을 직렬 또는 병렬로 접속하여 사용하지 말 것. 다만, 조광장치 부착과 같이 특수한 용도에 사용되는 것은 적용하지 않는다.
> • 네온변압기를 우선 외에 시설할 경우는 옥외형의 것을 사용할 것

17 등기구 중 특별히 표시할 경우 용량 앞에 각각의 기호를 표시한다. 알맞게 표시된 기호는?

① 형광등 : F   ② 수은등 : N
③ 나트륨등 : T ④ 메탈 할라이트등 : H

> **해설**
> **광원**
> 형광등 : F, 수은등 : H, 나트륨등 : N, 메탈할라이드등 : M, 크세논등 : X

18 배전반 및 분전반에 대한 설명으로 틀린 것은?

① 개폐기를 쉽게 개폐할 수 있는 장소에 시설하여야 한다.
② 옥측 또는 옥외 시설하는 경우는 방수형을 사용하여야 한다.
③ 노출하여 시설되는 분전반 및 배전반의 재료는 불연성의 것이어야 한다.
④ 난연성 합성수지로 된 것은 두께가 최소 2[mm] 이상으로 내아크성인 것이어야 한다.

[정답] 13 ③ 14 ① 15 ② 16 ② 17 ① 18 ④

> **해설**
>
> **배전반 및 분전반의 두께**
> - 난연성 합성수지제 : 1.5[mm] 이상
> - 강판제 : 1.2[mm] 이상

19 금속몰드 배선공사에 대한 설명으로 틀린 것은?

① 몰드에는 접지공사를 하지말것
② 접속점을 쉽게 점검할 수 있도록 시설할 것
③ 황동제 또는 동제의 몰드는 폭이 5[cm] 이하, 두께 0.5[mm] 이상인 것일 것
④ 몰드 안의 전선을 외부로 인출하는 부분은 몰드의 관통부분에서 전선이 손상될 우려가 없도록 시설할 것

> **해설**
>
> **금속몰드 및 박스 기타 부속품의 시설**
> ① 몰드 상호 간 및 몰드 박스 기타의 부속품과는 견고하고 또한 전기적으로 완전하게 접속할 것
> ② 몰드에는 211 및 140의 규정에 준하여 접지공사를 할 것

20 고압 및 특고압 케이블이 아닌 것은?

① 알루미늄피 케이블
② EP 고무절연 클로로프렌시스 케이블
③ 가교 폴리에틸렌 절연 비닐시스 케이블
④ 콤바인덕트 케이블

> **해설**
>
> **케이블의 종류**
> 클로로프렌시스 케이블은 저압용케이블이다.

시행일 2024년 1회

01 필라멘트 재료가 갖추어야 할 조건 중 틀린 것은?

① 융해점이 높을 것
② 고유저항이 작을 것
③ 선팽창 계수가 적을 것
④ 높은 온도에서 증발이 적을 것

> **해설**
>
> **광원 - 백열전구**
> 백열전구 필라멘트 재료로서의 필요 조건은 다음과 같다.
> ① 융해점이 높을 것
> ② 고유저항이 클 것
> ③ 높은 온도에서 기계적 강도 크고 증발성이 적을 것
> ④ 선팽창 계수가 적을 것
> ⑤ 전기저항의 온도계수가 + 일 것
> ⑥ 경제적이며 가공이 용이 할 것

02 2종의 금속이나 반도체를 접합하여 열전대를 만들고 기전력을 공급하면 각 접점에서 열의 흡수, 발생이 일어나는 현상은?

① 핀치(Pinch) 효과
② 제벡(Seebeck) 효과
③ 펠티에(Peltier) 효과
④ 톰슨(Thomson) 효과

> **해설**
>
> **온도측정**
> 펠티어 효과 (제벡의 역효과) : 서로 다른 금속에서 다른 쪽 금속으로 전류를 흘리면 열의 발생 또는 흡수가 일어나는 현상을 펠티어 효과라 하며 전자 냉동기의 원리로 이용한다.

03 차단기 중 자연 공기 내에서 개방할 때 접촉자가 떨어지면서 자연 소호에 의한 소호방식을 가지는 기능을 이용한 것은?

① 공기차단기
② 가스차단기
③ 기중차단기
④ 유입차단기

[정답] 19 ① 20 ② 2024년 1회 01 ② 02 ③ 03 ③

> **해설**
>
> **기중차단기**
> 자연 공기 내에서 개방할 때 접촉자가 떨어지면서 자연 소호에 의한 소호방식을 가지는 기능을 이용한다.

04 MOSFET, BJT, GTO의 이점을 조합한 전력용 반도체 소자로서 대전력의 고속 스위칭이 가능한 소자는?

① 게이트 절연 양극성 트랜지스터
② MOS제어 사이리스터
③ 금속 산화물 반도체 전계효과 트랜지스터
④ 모놀리틱 달링톤

> **해설**
>
> **게이트 절연 양극성 트랜지스터**
> 양극성 접합 트랜지스터보다 고속 스위칭이 가능하다.

05 3상 농형 유도전동기의 속도 제어방법이 아닌 것은?

① 극수 변환법 ② 주파수 제어법
③ 전압 제어법 ④ 2차저항 제어법

> **해설**
>
> **속도제어**
> 2차저항 제어법은 권선형 유도전동기의 속도 제어방식이다.

06 형태가 복잡하게 생긴 금속제품을 균일한 온도로 가열하는데 가장 적합한 전기로는?

① 염욕료 ② 흑연화로
③ 요동식 아크로 ④ 저주파 유도로

> **해설**
>
> **염욕료 특징**
> - 산화 및 탈탄 등을 방지할 수 있다.
> - 소량 다품종 부품의 열처리에 적합하다.
> - 대류가 잘되어 균일한 온도 분포를 유지할 수 있다.

07 리튬전지의 특징이 아닌 것은?

① 자기방전이 크다.
② 에너지 밀도가 높다.
③ 기전력이 약 3[V] 정도로 높다.
④ 동작온도범위가 넓고 장기간 사용이 가능하다.

> **해설**
>
> **리튬전지**
> 리튬전지는 일반 전지에 비해 2배이상 높은 3~3.6[V]의 전압을 가지며, 일반조건에서 자가 방전율이 연 2[%] 미만이므로 자기방전이 작다.

08 효율 80[%]의 전열기로 1[kWh]의 전기량을 소비하였을 때 10[ℓ]의 물을 몇 [°C] 올릴 수 있는가?

① 588 ② 688
③ 58.8 ④ 68.8

> **해설**
>
> 온도 $\theta = \dfrac{860 \cdot \eta Pt}{C \cdot m} = \dfrac{860 \times 0.8 \times 1}{1 \times 10} = 68.8[°C]$

09 터널 내의 배기가스 및 안개 등에 대한 투과력이 우수하여 터널조명, 교량 조명, 고속도로 인터체인지 등에 많이 사용되는 방전등은?

① 수은등 ② 나트륨등
③ 크세논등 ④ 메탈 할라이드등

> **해설**
>
> **나트륨등의 특징**
> ① 투시력이 좋아 안개 지역, 터널, 주사액의 불순물 검출 등에 사용된다.
> ② 단색 광원으로 옥내 조명에 부적당하다.
> ③ 인공 광원 중 효율이 가장 좋다.
> ④ 복사에너지 대부분이 5890[Å]에 D선이고, 비시감도가 좋다. (비시감도 76.5[%])

[정답] 04 ① 05 ④ 06 ① 07 ① 08 ④ 09 ②

10 전동기의 정격(Rate)에 해당되지 않는 것은?

① 연속 정격
② 반복 정격
③ 단시간 정격
④ 중시간 정격

해설

전동기의 정격
- 연속정격
  전부하 전류로 연속사용할 때, 정해져 있는 온도 상승한도를 초과하지 않고 기타의 제한에 벗어나지 않는 상태의 정격을 말한다.
- 단시간정격
  전부하 전류로 냉각상태에서 시작하여 지정된 일정한 단시간 조건하에서 사용할 때 정해져 있는 온도 상승한도를 초과하지 않고 기타의 제한에 벗어나지 않는 상태의 정격을 말한다.
- 반복 정격
  운전·정지의 주기적인 반복사용 또는 연속 운전중의 부하·무부하의 반복사용 조건하에서 사용할 때, 정해져 있는 온도 상승한도를 초과하지 않고 기타의 제한에 벗어나지 않는 상태의 정격을 말한다.

11 할로겐 전구의 특징이 아닌 것은?

① 휘도가 낮다.
② 열충격에 강하다.
③ 단위광속이 크다.
④ 연색성이 좋다.

해설

할로겐 전구
- 백열전구에 비해 소형
- 발생광속이 많고, 광색은 적색
- 고 휘도이며 배광제어 용이
- 할로겐 사이클에 의해 흑화가 거의 발생 하지 않음
- 온도 복사이므로 온도(250[℃])가 높고 휘도가 크다.

12 다음 중 주로 안개가 많은 지역의 송전선로에 사용되는 애자는?

① 라인 포스트 애자
② 스테이션 포스트 애자
③ 트리 애자
④ 스모그 애자

해설

스모그애자
안개가 많은 지역에서 주로 사용되며, 표준애자에 비해 누설거리를 크게 한 심구애자로서 섬락전압은 높아진다.

13 재료중 저항률이 가장 큰 것은?

① 백금
② 텅스텐
③ 납
④ 마그네슘

해설

재료의 저항률
납 > 백금 > 텅스텐 > 마그네슘

14 가공전선로에서 22.9[kV-Y] 특별고압 가공전선 2조를 수평으로 배열하기 위한 완금의 표준길이[mm]는?

① 2400
② 2000
③ 1800
④ 1400

해설

완금의 표준길이

전선의 갯수	특고압	고압	저압
2	1800	1400	900
3	2400	1800	1400

15 가공전선로의 지지물에 취급자가 오르고 내리는 데 사용하는 발판 볼트 등은 지표상 몇 [m] 미만에 시설하여서는 아니 되는가?

① 1.2
② 1.5
③ 1.8
④ 2.0

해설

가공전선로 지지물의 철탑오름 및 전주오름 방지
가공전선로의 지지물에 취급자가 오르고 내리는데 사용하는 발판 볼트 등을 지표상 1.8[m] 미만에 시설하여서는 아니 된다.

[정답] 10 ④ 11 ① 12 ④ 13 ③ 14 ③ 15 ③

16 후강전선관의 호칭이 아닌 것은?

① 36[mm]　② 51[mm]
③ 54[mm]　④ 82[mm]

해설
후강전선관 규격[mm]
16, 22, 28, 36, 42, 54, 70, 82, 92 등

17 부하전류 차단이 불가능한 전력개폐 장치는?

① 진공차단기　② 유입차단기
③ 단로기　④ 가스차단기

해설
단로기
단로기는 부하전류가 흐르지 않는 상태에서 선로의 분리 및 점검시 사용된다.

18 열차가 곡선 궤도를 운행할 때 차륜의 플랜지와 레일 사이의 측면 마찰을 피하기 위해 내측 레일의 궤간을 넓히는 것은?

① 고도　② 유간
③ 확도　④ 철차각

해설
확도
곡선 궤도를 운행 할 때 내측 궤조의 궤간을 조금 넓혀 주는 것

19 합성수지관 및 부속품의 시설에 대한 설명으로 틀린 것은?

① 관의 지지점 간의 거리는 1.5[m] 이하로 할 것
② 합성수지제 가요전선관 상호 간은 직접 접속할 것
③ 접착제를 사용하여 관 상호 간을 삽입하는 깊이는 관의 바깥지름의 0.8배 이상으로 할 것
④ 접착제를 사용하지 않고 관 상호 간을 삽입하는 깊이는 관의 바깥지름의 1.2배 이상으로 할 것

해설
합성수지관 공사
관 상호 간 및 박스와는 관을 삽입하는 깊이를 관의 바깥지름의 1.2배(접착제를 사용하는 경우에는 0.8배) 이상으로 하고 또한 꽂음 접속에 의하여 견고하게 접속할 것

20 다음 그림 기호가 나타내는 반도체 소자의 명칭은?

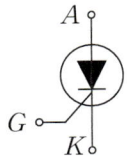

① SSS　② PUT
③ SCR　④ DV

시행일 2024년 2회

01 전선을 지지하기 위하여 수용가 측 설비에 부착하여 사용하는 "ㄱ"자형으로 생긴 형강은?

① 암타이 밴드　② 완금 밴드
③ 경완금　④ 인입용 완금

해설
인입용 완금
전선을 지지하기 위하여 수용가 측 설비에 부착하여 사용하는 "ㄱ"자형으로 생긴 형강이다.

02 2극 쌍방향 사이리스터의 통칭은?

① SCR　② TRIAC
③ DIAC　④ SCS

해설
사이리스터
- 2극(단자) 소자 : DIAC, SSS, Diode
- 3극(단자) 소자 : SCR, LASCR, GTO, TRIAC
- 4극(단자) 소자 : SCS

[정답] 16 ②　17 ③　18 ③　19 ②　20 ③　2024년 2회　01 ④　02 ③

03 하루에 8600[kcal/kg]의 석탄을 100[ton] 사용하여, 최대출력 50000[kW], 일부하율 50[%]로 운전하는 화력 발전소의 효율은 몇 [%]인가?

① 30　　　　　　　② 40
③ 50　　　　　　　④ 60

🔍 **해설**

$$\eta = \frac{8600 Pt}{mH} \times 100[\%]$$
$$= \frac{0.5 \times 860 \times 50000 \times 24}{100 \times 10^3 \times 8600} \times 100 = 60[\%]$$

P : 발전기 출력[kW], m : 연료량[kg], H : 발열량[kcal/kg]

04 네온방전등에 대한 설명으로 틀린 것은?

① 네온방전등에 공급하는 전로의 대지전압은 300[V] 이하로 하여야 한다.
② 네온변압기 2차측은 병렬로 접속하여 사용하여야 한다.
③ 관등회로의 배선은 애자공사로 시설하여야 한다.
④ 관등회로의 배선에서 전선 상호간의 이격거리는 60[mm] 이상 으로 하여야 한다.

🔍 **해설**

네온변압기
- 네온변압기는 「전기용품 및 생활용품 안전관리법」의 적용을 받은 것
- 네온변압기는 2차측을 직렬 또는 병렬로 접속하여 사용하지 말 것. 다만, 조광장치 부착과 같이 특수한 용도에 사용되는 것은 적용하지 않는다.
- 네온변압기를 우선 외에 시설할 경우는 옥외형의 것을 사용할 것

05 다음 전지 중 물리 전지에 속하는 것은?

① 열전지　　　　　② 수은전지
③ 산화은전지　　　④ 연료전지

🔍 **해설**

태양광선이나 방사선을 조사하여 기전력을 얻는 전지 방식의 전지를 물리전지라 하며 종류에는 태양 전지, 원자력 전지, 열전지, 광전지가 있다.

06 금속재료 중 용융점이 제일 높은 것은?

① 백금　　　　　　② 이리듐
③ 몰리브덴　　　　④ 텅스텐

🔍 **해설**

금속재료의 용융점
텅스텐＞몰리브덴＞이리듐＞백금

07 변압기 철심으로 사용하는 전력용 규소강판의 두께는?

① 약 0.15[mm]　　② 약 0.35[mm]
③ 약 0.55[mm]　　④ 약 0.75[mm]

🔍 **해설**

규소강판
철에 5[%] 이내의 규소를 가한 것을 압연하여 만든 것으로 두께 0.35[mm]것을 주로 만든다.

08 반사율 41[%], 흡수율 23[%]의 종이의 투과율 [%]은?

① 41　　　　　　　② 23
③ 36　　　　　　　④ 64

🔍 **해설**

ρ(반사율)$+\tau$(투과율)$+\alpha$(흡수율)$=1$
투과율$=1-$반사율$-$흡수율$=1-0.41-0.23=0.36$
∴ $0.36 \times 100 = 36[\%]$

09 서미스터의 주된 용도는?

① 온도 보상용　　　② 잡음 제거용
③ 출력 전류 조절용　④ 전압 증폭용

🔍 **해설**

서미스터(더미스터)
부(-)저항 온도계수 특성을 가지며 온도보상용 및 계측용으로 사용

[정답] 03 ④　04 ②　05 ①　06 ④　07 ②　08 ③　09 ①

10 알카리 축전지의 양극에 쓰이는 재료는?

① 납 ② 카드뮴
③ 철 ④ 산화니켈

🔍 **해설**
알카리 축전지
양극의 경우 산화니켈, 음극의 경우 카드뮴, 전애핵은 수산화칼륨을 사용한다.

11 등기구 용량 앞에 특별히 표시할 경우에는 각각의 기호를 표시한다. 다음 중 등기구 종류별 기호가 옳은 것은?

① 형광등 : F ② 수은등 : N
③ 나트륨등 : N ④ 메탈 헬라이드등 : H

🔍 **해설**
형광등 : F, 수은등 : H, 나트륨등 : N, 메탈할라이드등 : M, 크세논등 : X

12 피뢰침의 재료로 테이프형 단선 형상의 알루미늄을 사용하는 경우 최소 단면적은 몇 [mm²] 이상인가?

① 50 ② 70
③ 25 ④ 16

🔍 **해설**
피뢰침의 재료
알루미늄의 경우 테이프형 단선은 70[mm²] 이상, 원형단선은 50[mm²] 이상을 사용한다.

13 지상에 레버를 설치함으로써 열차가 신호를 무시하고 구내에 들어오면 열차의 비상 브레이크가 걸리도록 하는 장치는?

① ATC ② ATS
③ ATO ④ CTC

🔍 **해설**
ATS
지상에 레버를 설치하여 열차가 신호를 무시하고 구내에 들어오면 열차에 비상브레이크가 걸리도록 하는 장치

14 부하전류의 차단능력이 없는 것은?

① NFB ② OCB
③ VCB ④ DS

🔍 **해설**
단로기(DS)
단로기는 무부하상태에서 선로의 보수 및 점검 시 개폐하는 역할을 하며, 부하전류의 차단능력이 없다.

15 하역기계에서 무거운 것은 저속으로, 가벼운 것은 고속으로 작업하여 고속이나 저속에서 다같이 동일한 동력이 요구되는 부하는?

① 정토크 부하 ② 제곱 토크 부하
③ 정동력 부하 ④ 정속도 부하

🔍 **해설**
정동력(정출력)부하
속도가 증가하면 토크가 감소하고, 속도가 감소하면 토크가 증가하여 속도에 관계없이 기계동력이 일정하게 되는 부하

16 특고압 가공 전선로의 장주에 사용되는 완금의 표준 규격[mm]이 아닌 것은?

① 1400 ② 1800
③ 2400 ④ 2700

🔍 **해설**
완금의 표준길이

전선의 갯수	특고압	고압	저압
2	1800	1400	900
3	2400	1800	1400

[정답] 10 ④ 11 ① 12 ② 13 ② 14 ④ 15 ③ 16 ④

17 유전체 역률 (tan δ)과 무관한 것은?

① 주파수　　② 정전용량
③ 인가전압　　④ 누설저항

해설
유전체 역률(tan δ)
주파수, 정전용량, 저항과 관련이 있다.

18 용접부의 비파괴 검사의 종류가 아닌 것은?

① 고주파검사　　② 방사선검사
③ 자기검사　　④ 초음파검사

해설
용접 비파괴 검사
- 자기 검사
- γ(감마)선 투과 시험
- 방사선 시험
- X선 투과 시험
- 초음파 탐상기 시험

19 배전반 및 분전반에 대한 설명으로 틀린 것은?

① 개폐기를 쉽게 개폐할 수 있는 장소에 시설하여야 한다.
② 옥측 또는 옥외 시설하는 경우는 방수형을 사용하여야 한다.
③ 노출하여 시설되는 분전반 및 배전반의 재료는 불연성의 것이어야 한다.
④ 난연성 합성수지로 된 것은 두께가 최소 2[mm] 이상으로 내아크성인 것이어야 한다.

해설
난연성 합성수지로 된 것은 두께 1.5[mm] 이상으로 내아크성인 것이어야 한다.

20 녹 아웃 펀치와 같은 목적으로 사용하는 공구의 명칭은?

① 리머　　② 히키
③ 드라이브 이트　　④ 홀소

해설
홀소
배전반, 분전반등에 구멍을 뚫는 공구

시행일 2024년 3회

01 금속재료 중 용융점이 제일 높은 것은?

① 백금　　② 이리듐
③ 몰리브덴　　④ 텅스텐

해설
금속재료의 용융점
텅스텐 > 몰리브덴 > 이리듐 > 백금

02 형광판, 야광도료 및 형광방전등에 이용되는 루미네선스는?

① 열 루미네선스　　② 전기 루미네선스
③ 복사 루미네선스　　④ 파이로 루미네선스

해설
복사 루미네선스
형광이나 인광의 파장은 원래의 빛의 파장과 같거나 그보다 길어진다는 스토크스의 법칙을 이용한 형광등이 있다.

03 도통상태(On 상태)에 있는 SCR을 차단상태(Turn off) 상태로 하기위한 적당한 방법은?

① 게이트 전류를 차단시킨다.
② 양극(애노드) 전압을 음으로 한다.
③ 게이트에 역방향 바이어스를 인가시킨다.
④ 양극전압을 더 높게 가한다.

[정답] 17 ③　18 ①　19 ④　20 ④　2024년 3회　01 ④　02 ③　03 ②

해설

도통중인 SCR을 차단하기 위해서는 순방향으로 가해진 전압을 역방향으로 변경하면 된다. 즉 양극 전압을 음으로 한다.

04 백열전구의 앵커에 사용되는 재료는?

① 철 ② 크롬
③ 망간 ④ 몰리브덴

해설

백열전구 구성 및 재료

구성	재료
베이스	황동판, 내식성알루미늄
외부도입선	구리, 니켈 도금 철선, 듀우밋선
봉합부도입선 또는 봉착부도입선	듀밋선 = 니켈강에 구리를 피복 (유리와 팽창 계수가 같다.)
내부도입선	구리, 니켈 도금 철선, 듀밋선
앵커(지지선)	몰리브덴선(부착계수가 좋다.)
필라멘트(발광체)	텅스텐(최고온도 2800~3200[°K])

05 보호계전기의 종류가 아닌 것은?

① ASS ② RDR
③ DGR ④ OCGR

해설

ASS는 무전압 시 개폐가 가능하고, 과부하시 자동으로 개폐할 수 있는 고장구분개폐기로 돌입전류 억제기능을 하는 기구이다.

06 애자의 형상에 의한 분류가 아닌 것은?

① 자기애자 ② 핀애자
③ 지지애자 ④ 내무애자

해설

- 재질에 따른 분류
  자기애자, 유리애자, 고분자 애자
- 형상에 따른 분류
  지지애자, 장간애자, 내무애자, 핀애자, 현수애자

07 배관공사, 금속 덕트, 케이블 랙 등을 사용한 간선방식에서 전선을 당기기 위해 배관거리 몇 [m]를 넘는 직선거리 마다 풀 박스를 사용하는가?

① 15[m] ② 20[m]
③ 25[m] ④ 30[m]

해설

풀박스

금속관 공사에서 굴곡이 많은 경우 또는 관의 길이가 25[m]를 초과하는 경우 사용한다.

08 PF·S형 큐비클식 고압수전 설비에서 고압전로의 단락보호용으로 사용하는 전력퓨즈는?

① 한류형 ② 애자형
③ 인입형 ④ 내장형

해설

한류형 전력퓨즈

고압계통 선로에서 단락사고 발생시 계통을 차단하여 기구 및 선로를 보호하는 역할을 한다.

09 납축전지의 양극재료는?

① $2H_2SO_4$ ② Pb
③ $PbSO_2$ ④ PbO_2

해설

납축전지

납축전지의 양극 제료는 이산화납(PbO_2)로 충전 상태에서는 양그에 산화 상태로 존재하며, 방전시 황산과 반응하여 황산납($PbSO_4$)으로 변한다.

[정답] 04 ④ 05 ① 06 ① 07 ③ 08 ① 09 ④

10 유도전동기 제동방법으로 쓰이지 않는 것은?

① 회생제동
② 계자제동
③ 역상제동
④ 발전제동

🔍 **해설**

유도전동기 제동방법
발전제동, 회생제동, 역상제동 등이 있다.

11 풍량 6000[m³/min], 전 풍압 120[mmAq]의 주 배기용 팬을 구동하는 전동기의 소요동력[kW]은? (단, 팬의 효율 $\eta=60[\%]$, 여유계수 $K=1.2$이다.)

① 200
② 235
③ 270
④ 305

🔍 **해설**

배연설비의 전동기 용량

송풍기 $P = \dfrac{KQH}{620 \times \eta} = \dfrac{1.2 \times 6000 \times 120}{6120 \times 0.6} = 235.29[kW]$

K : 여유계수, Q : 송풍기의 풍량[m³/min], H : 풍압[mmAq], η : 효율

12 자기부상식 철도에서 자석에 의해 부상하는 방법으로 틀린 것은?

① 영구자석간의 흡인력에 의한 자기부상방식
② 고온 초전도체와 영구자석의 조합에 의한 자기부상방식
③ 자석과 전기코일간의 유도전류를 이용하는 유도식 자기부상방식
④ 전자석의 흡인력을 제어하여 일정한 간격을 유지하는 흡인식 자기부상방식

🔍 **해설**

자기부상식 철도
궤도와 열차 사이를 전자기력에 의한 반발력으로 띄우고 추친력을 이용하는 방식이다.

13 전기기기의 절연종류별로 따른 최고 허용온도를 나타낸 것 중 맞는 것은?

① A종 - 155[℃]
② E종 - 130[℃]
③ B종 - 120[℃]
④ Y종 - 90[℃]

🔍 **해설**

전동기 절연물의 허용온도

절연의 종류	Y	A	E	B	F	H	C
허용최고온도[℃]	90	105	120	130	155	180	180초과

14 공칭전압 345[kV]인 경우 현수애자 일련의 개수는?

① 10~11
② 18~20
③ 25~30
④ 40~45

🔍 **해설**

현수애자 일련의 개수
- 66[kV] : 4~6개
- 154[kV] : 10~11개
- 345[kV] : 18~20개
- 765[kV] : 40~45개

15 자기소호 기능을 갖는 소자는?

① GTO
② SCR
③ TRIAC
④ LASCR

🔍 **해설**

GTO(Gate Turn Off thyristor)
사이리스터 중 GTO는 자기소호 기능을 가지고 있다.

16 피뢰설비 중 돌침 지지관의 재료로 적합하지 않은 것은?

① 스테인리스 강관
② 황동관
③ 합성수지관
④ 알루미늄관

[정답] 10 ② 11 ② 12 ① 13 ④ 14 ② 15 ① 16 ③

> **해설**
>
> 피뢰설비 중 돌침 지지관의 재료
> - 황동관
> - 알루미늄관
> - 스테인리스 강관

17 저항용접에 속하는 것은?

① TIG 용접 ② 탄소 아크 용접
③ 유니온멜트 용접 ④ 프로젝션 용접

> **해설**
>
> 저항 용접의 종류
> ① 점 용접(Spot welding) : 전구의 필라멘트, 열전대 접점의 용접에 이용
> ② 돌기용접(Projection welding) : 프로젝션 용접이라고도 한다.
> ③ 이음매 용접(심 용접)(Seam welding)
> ④ 맞대기 용접 : 업셋과 플래쉬(불꽃) 용접이 있다.
> ⑤ 충격 용접 : 고유저항이 적고 열전도율이 큰 것에 사용(경금속 용접)

18 램프효율이 우수하고 단색광이므로 안개지역에서 가장 많이 사용되는 광원은?

① 나트륨등 ② 메탈 할라이드등
③ 수은등 ④ 크세논 등

> **해설**
>
> 나트륨등
> - 투시력이 좋아 안개 지역, 터널, 주사액의 불순물 검출 등에 사용된다.
> - 단색 광원으로 옥내 조명에 부적당
> - 인공 광원 중 효율이 가장 좋다.
> - 복사에너지 대부분이 5890[Å]에 D선이고, 비시감도가 좋다. (나트륨등의 분광 분포에서 D선의 에너지는 전 방사 에너지의 76[%])

19 물탱크의 물의 양에 따라 동작하는 스위치로서 공장, 빌딩 등의 옥상에 있는 물탱크의 급수펌프에 설치된 전동기 운전용 마그네트 스위치와 조합하여 사용하는 스위치는?

① 수은 스위치 ② 타임 스위치
③ 압력 스위치 ④ 플로트레스 스위치

> **해설**
>
> 플로트레스 스위치
> 물탱크의 물의 양에 따라 동작하는 스위치로서 공장, 빌딩 등의 옥상에 있는 물탱크의 급수펌프에 설치된 전동기 운전용 마그네트 스위치와 조합하여 사용하는 스위치이다.

20 25[℃]의 물 10[ℓ]를 그릇에 넣고 2[kW]의 전열기로 가열하여 물의 온도를 80[℃]로 올리는 데 20분이 소요되었다. 이 전열기의 효율[%]은 약 얼마인가?

① 59.5 ② 68.8
③ 84.9 ④ 95.9

> **해설**
>
> 효율 $\eta = \dfrac{Cm\theta}{860Pt} \times 100[\%]$
>
> $= \dfrac{1 \times 10 \times (80-25)}{860 \times 2 \times \dfrac{20}{60}} \times 100 = 95.9[\%]$
>
> C : 비열(물의 비열 : 1), m : 질량[kg], θ : 온도차[℃], P : 출력[kW], t : 시간[h]

시행일 2025년 1회

01 약호 중 계기용 변성기를 표시하는 것은?

① PF ② PT
③ MOF ④ ZCT

> **해설**
>
> 수변전 설비
> MOF(계기용 변성기)는 PT(계기용 변압기)와 CT(계기용 변류기)를 함께 내장한 것으로 전력량계에 전원공급 한다.

[정답] 17 ④ 18 ① 19 ④ 20 ④ 2025년 1회 01 ③

02 다음 중 저압 배전반의 주 차단기로 사용되는 것은?

① GCB ② ACB
③ VCB ④ OCB

🔍 **해설**

저압 배전반의 주차단기
저압 배전반의 주 차단기는 ACB, NFB(MCCB)가 사용되며 배전반의 CB 또는 퓨즈의 용량은 사고 발생시 Bus bar가 손상되기 전 CB 또는 퓨즈의 용량은 사고 발생시 Bus bar 용량보다 작게 한다.

03 철근 콘크리트 주에 완철을 취부하고자 할 때 사용하는 부속재는?

① 폴 스텝 ② 행거 밴드
③ U볼트 ④ 앵클 베이스

🔍 **해설**

U볼트
완목이나 완금을 철근 콘크리트주에 붙이는 경우(단, 목주는 볼트) 또는 전주와 지선용 근가 연결시 사용되는 금구

04 피뢰침용 인하도선으로 가장 적당한 전선은?

① 동선 ② 고무 절연전선
③ 비닐 절연전선 ④ 캡타이어 케이블

🔍 **해설**

피뢰시스템 설치기준
피뢰설비의 재료는 최소 단면적이 없는 동선을 기준으로 수뢰부, 인하도선 및 접지극은 $50[mm^2]$ 이상이거나 이와 동등 이상의 성능을 갖출 것

05 2개의 SCR을 역병렬로 접속한 것과 같은 특성의 소자는?

① GTO ② TRIAC
③ 광사이리스터 ④ 역전용 사이리스터

🔍 **해설**

전력용 반도체 - 사이리스터
TRIAC
① 쌍방향 3 단자 소자
② SCR 역병렬 구조와 같다.
③ 교류 전력을 양극성 제어
④ 과전압에 의한 파괴 안됨
⑤ (포토커플러+트라이액) : 전파 위상 제어 회로에 이용

06 5[t]의 하중을 매분 30[m]의 속도로 권상할 때, 권상 전동기의 용량은 약 몇 [kW]인가? (단, 장치의 효율은 70[%], 전동기 출력의 여유를 20[%]로 계산한다.)

① 40 ② 42
③ 44 ④ 46

🔍 **해설**

권상전동기 용량
$$P = \frac{KVW}{6.12\eta} = \frac{1.2 \times 30 \times 5}{6.12 \times 0.7} \times 1.2 = 42.02 [kW]$$

07 22.9[kV-Y] 다중접지 계통의 지중 배전 선로용 전력 케이블로, 수분의 침투가 우려되는 곳에 사용하는 케이블은?

① CNCV ② CNCV-W
③ CD-C ④ ACSR

🔍 **해설**

22.9[KV-Y]의 전선 및 케이블
CNCV-W 수밀형 동심 중성선 가교폴리에틸렌 절연 비닐시스 케이블로 방수형에 속한다.

08 니켈 카드뮴 축전지의 음극재료로 옳은 것은?

① $PbSO_4$ ② PbO_2
③ Cd ④ H_2SO_4

[정답] 02 ② 03 ③ 04 ① 05 ② 06 ② 07 ② 08 ③

해설

니켈 카드뮴(Ni-Cd)

극	사용재료
양극	NIO(OH) 니켈 산화수산화물
음극	Cd 카드뮴
전해액	KOH(수산화칼륨)알칼리성 전해액

09 고압으로 수전하는 변전소에서 접지 보호용으로 사용되는 계전기의 영상전류를 공급하는 계전기는?

① CT   ② PT
③ ZCT   ④ GPT

해설

영상변류기(ZCT)
변전소에서 접지 보호용으로 사용되는 계전기의 영상전류의 공급은 영상변류기(ZCT)의 역할이다.

10 다음 중 LED(Light Emitting Diode)의 특징으로 옳지 않은 것은?

① 레이저방식을 이용한다.
② 광원의 수명이 길다.
③ 점등·소등 시간이 매우 빠르다.
④ 내구성이 높아 유지보수 비용이 절감된다.

해설

LED 특징
① 저전력, 고효율이다.
② 광원의 수명이 길다.
③ 점등·소등 시간이 매우 빠르다.
④ 내구성이 높아 유지보수 비용이 절감된다.

11 지선과 지선용 근가를 연결하는 금구는?

① 볼 쇄클   ② U 볼트
③ 지선 롯트   ④ 지선 밴드

해설

장주 시 지지물과 부속재료
① 지선 밴드 : 지선을 지지물에 부착 할 때 사용되는 금구류
② 지선 로드(롯트) : 지선 및 지선용 근가를 연결하는 금구

12 다음 가공전선로의 지지물 중 지지선을 사용하여 그 강도를 분담시켜서는 안 되는 것은?

① A종 철주   ② 철근 콘크리트주
③ 철탑   ④ B종 철주

해설

지지선의 시설
가공전선로의 지지물로 사용하는 철탑은 지지선을 사용하여 그 강도를 분담시켜서는 안 된다.

13 2종의 금속이나 반도체를 접합하여 열전대를 만들고 기전력을 공급하면 각 접점에서 열의 흡수, 발생이 일어나는 현상은?

① 제벡(Seebeck) 효과   ② 펠티에(Peltier) 효과
③ 톰슨(Thomsom) 효과   ④ 핀치(Pinch) 효과

해설

온도측정
펠티어 효과(제벡의 역효과) : 서로 다른 금속에서 다른 쪽 금속으로 전류를 흘리면 열의 발생 또는 흡수가 일어나는 현상을 펠티어 효과라 하며 전자 냉동기의 원리로 이용한다.

14 KS C IEC 62305에 의한 수뢰도체, 피뢰침과 인하도선의 재료로 사용되지 않는 것은?

① 구리   ② 순금
③ 알루미늄   ④ 용융아연도금강

해설

인하도선의 재료
KS C IEC 62305
피뢰시스템 전도부 재료로 구리·알루미늄·스테인리스·아연도금강(표준 도금)을 인정하지만 용융아연도금강은 부식·열적 안정성·전기적 성능 문제로 인해 피뢰침/수뢰도체로 사용 권장되지 않는다.

[정답] 09 ③   10 ①   11 ③   12 ③   13 ②   14 ④

15 터널 내의 배기가스 및 안개 등에 대한 투과력이 우수하여 터널조명, 교량 조명, 고속도로 인터체인지 등에 많이 사용되는 방전등은?

① 수은등　　　　② 나트륨등
③ 크세논등　　　④ 메탈 할라이드등

🔍 **해설**

나트륨등의 특징
① 투시력이 좋아 안개 지역, 터널, 주사액의 불순물 검출 등에 사용된다.
② 단색 광원으로 옥내 조명에 부적당
③ 인공 광원 중 효율이 가장 좋다.
④ 복사에너지 대부분이 5890[Å]에 D선이고, 비시감도가 좋다. (비시감도 76.5[%])

16 다음 중 분전함에 내장되는 부품은?

① COS　　　　② VCB
③ UVR　　　　④ MCCB

🔍 **해설**

분점함에 내장되는 부품은 배선용차단기(MCCB), 누전차단기(ELB) 등이 있다.

17 전동기의 제동시 전원을 끊고 전동기를 발전기로 동작시켜 이때 발생하는 전력을 저항에 의해 열로 소모시키는 제동법은?

① 회생제동　　　② 발전제동
③ 와전류제동　　④ 역상제동

🔍 **해설**

전동기 제동법
발전 제동 : 전동기의 전기자 전원을 끊고 전동기를 발전기로 전환하여 발생 전력을 단자에 접속된 저항에서 열로 소비하여 제동

18 부식성의 산, 알칼리 또는 유해가스가 있는 장소에서 실용상 지장 없이 사용할 수 있는 구조의 전동기는?

① 방적형　　　　② 방진형
③ 방수형　　　　④ 방식형

🔍 **해설**

전동기의 종류
방식형전동기는 부식성 환경 전용 구조, 재질·도장·씰링 등을 강화해 산, 알칼리, 유해가스에 견디는 구조로 되어 있다.

19 저압 나트륨등에 대한 설명 중 틀린 것은?

① 광원의 효율은 방전등 중에서 가장 우수하다.
② 가시광의 대부분이 단일 광색이므로 연색지수가 낮다.
③ 물체의 형체나 요철의 식별에 우수한 효과가 있다.
④ 연색성이 우수하여 도로, 터널의 조명 등에 쓰인다.

🔍 **해설**

저압 나트륨등
- 투시성이 우수하여 도로, 터널의 조명 등에 쓰인다.
- 저압 나트륨등의 연색성은 매우 나쁘다.

20 E 종 절연물의 최고허용온도[°C]는?

① 130　　　　② 120
③ 90　　　　　④ 105

🔍 **해설**

절연물의 최고 허용온도

절연의 종류	Y	A	E	B	F	H	C
허용최고온도[°C]	90	105	120	130	155	180	180초과

[정답] 15 ②　16 ④　17 ①　18 ④　19 ④　20 ②

시행일: 2025년 2회

01 광속 5000[lm] 광원과 효율 80[%]의 조명기구를 사용하여 넓이 4[m²]의 우유빛 유리를 균일하게 비출 때 유리 이(裏)면(빛이 들어오는 면의 뒷면)의 휘도는 약 몇 [cd/m²]인가? (단, 우유빛 유리의 투과율은 80[%]이다.)

① 255
② 318
③ 1019
④ 1274

해설

조명의 기초량 계산

광속발산도 $R = \dfrac{F}{S}\eta = \eta E = \rho E = \tau E = \pi B [\text{rlx}]$

이면(반대쪽 면)의 광속 발산도이므로 투과 광속을 이용하여 계산하여야 한다. 우유 빛 유리의 투과되는 이면의 광속
$F = \tau F = 0.8 \times 5000 = 4000 [\text{lm}]$

이면의 광속 발산도 $R = \dfrac{F}{S}\eta = \dfrac{4000}{4} \times 0.8 = 800 [\text{rlx}]$

이때 $R = \pi B [\text{rlx}]$이므로 $R = \dfrac{R}{\pi} = \dfrac{800}{\pi} = 254.647 ≒ 255 [\text{cd}]$

여기서, τ : 투과율, η : 광원(글로브)의 효율

02 전자빔으로 용해하는 고융점 활성금속재료는?

① 니크롬 제2종
② 철-크롬 제1종
③ 탄화규소
④ 탄탈, 지르코늄

해설

전자빔 용해가 필요한 탄탈, 지르코튬의 특징
- 융점이 매우 높다
- 산소, 질소 등에 잘 반응하는 활성금속이어야 한다.
- 진공 또는 불활성 분위기에서 용해해야 한다.

03 피뢰기의 구비조건으로 틀린 것은?

① 속류차단능력이 클 것
② 충격방전개시전압이 낮을 것
③ 상용주파방전개시전압이 높을 것
④ 제한전압이 높을 것

해설

피뢰기 구비조건
① 속류차단능력이 클 것
② 충격방전개시전압이 낮을 것
③ 상용주파방전개시전압이 높을 것
④ 제한전압이 낮을 것

04 한국전기설비규정에 따른 상별 전선의 색상으로 틀린 것은?

① L1 : 백색
② L2 : 흑색
③ L3 : 회색
④ N : 청색

해설

전선의 색상

상(문자)	색상
L1	갈색
L2	검정색
L3	회색
N	파란색
보호도체	녹색 – 노란색

05 전차의 경제적인 운전방법이 아닌 것은?

① 가속도를 크게 한다.
② 감속도를 크게 한다.
③ 표정속도를 작게 한다.
④ 가속도·감속도를 작게 한다.

해설

가속도와 감속도가 작아 질 경우 전체 운행시간이 늘어나며, 에너지 소비가 증가되므로 경제성이 떨어진다.

[정답] 2025년 2회 01 ① 02 ④ 03 ④ 04 ①

06 산업용 누전차단기에 대한 설명으로 잘못된 것은?

① 고속도형 : 정격 감도전류에서 동작시간이 0.5초 이내인 누전차단기
② 전류동작형 : 지락전류를 영상변류기(차동변류기 포함)로 검출하고, 자동차단시키는 누전차단기
③ 감전보호형 : 정격 감도전류에서 동작시간이 0.03초 이내인 누전차단기
④ 고감도형 : 정격 감도전류가 30[mA] 이하인 차단기

해설
산업용 누전차단기
산업용 누전차단기의 고속도형의 동작시간은 0.03초 이하이다.

07 다음 중 배전반 및 분전반을 넣은 함의 요건으로 적합하지 않은 것은?

① 반의 옆쪽 또는 뒤쪽에 설치하는 분배전반의 소형덕트는 강판제이어야 한다.
② 난연성 합성수지로 된 것은 두께가 최소 1.6[mm] 이상으로 내(耐)수지성인 것이어야 한다.
③ 강판제의 것은 두께 1.2[mm] 이상이어야 한다. 다만, 가로 또는 세로의 길이가 30[cm] 이하인 것은 두께 1.0[mm] 이상으로할 수 있다.
④ 절연저항 측정 및 전선접속단자의 점점이 용이한 구조이어야 한다.

해설
배전반 및 분전반의 시설 규정
배전반 및 분전반을 넣는 함은 다음 각 호에 적합하여야 한다.
① 반(盤)의 뒤쪽은 배선 및 기구를 배치하지 말 것. 다만 쉽게 점검할수 있는 구조이거나 분배전반의 소형 덕트내의 배선은 적용 하지 않는다.
② 반의 옆쪽 또는 뒤쪽에 설치하는 분배전반의 소형 덕트는 강판제로서 전선을 구부리거나 눌리지 않을 정도로 충분히 큰 것 이어야 한다.
③ 난연성 합성수지로 된 것은 두께 1.5[mm] 이상으로 내(耐)아크성인 것이어야 한다.
④ 강판제의 것은 두께 1.2[mm] 이상이어야 한다. 다만 가로 또는 세로의 길이가 30[cm] 이하인 것은 두께 1.0[mm] 이상으로 할 수 있다.
⑤ 절연저항 측정 및 전선접속단자의 점검이 용이한 구조 일 것

08 가공전선로에 사용하는 애자가 구비해야 할 조건이 아닌 것은?

① 이상전압에 견디고, 내부 이상전압에 대해 충분한 절연강도를 가질 것
② 전선의 장력, 풍압, 빙설 등의 외력에 의한 하중에 견딜 수 있는 기계적 강도를 가질 것
③ 비, 눈, 안개 등에 대하여 충분한 전기적 표면저항이 있어서 누설전류가 흐르지 못하게 할 것
④ 온도나 습도의 변화에 대해 전기적 및 기계적 특성의 변화가 클 것

해설
애자의 구비조건
① 누설전류가 작고, 절연 저항, 기계적 강도가 클 것
② 온도나 습도의 변화에 대해 전기적 및 기계적 특성의 변화가 없을 것
③ 선로의 전압, 내부 이상 전압에 대해 충분한 절연 강도(절연내력)가 있을 것

09 MOSFET, BJT, GTO의 이점을 조합한 전력용 반도체 소자로서 대전력의 고속 스위칭이 가능한 소자는?

① 게이트 절연 양극성 트랜지스터
② MOS 제어 사이리스터
③ 금속 산화물 반도체 전계효과 트랜지스터
④ 모놀리틱 달링톤

해설
게이트 절연 양극성 트랜지스터
양극성 접합 트랜지스터보다 고속 스위칭이 가능하다.

10 자심재료의 구비조건으로 틀린 것은?

① 저항률이 클 것
② 투자율이 작을 것
③ 히스테리시스 면적이 작을 것
④ 잔류자기가 크고 보자력이 작을 것

[정답] 05 ④ 06 ① 07 ② 08 ④ 09 ① 10 ②

> **해설**

전기기기 관련 재료
자심 재료의 구비 조건
① 전기 저항률이 높을 것
② 투자율이 크고 보자력 및 잔류자기가 작으며 히스테리시스손을 작게 할 것
③ 포화 자속 밀도가 높을 것
④ 기계적, 전기적 충격에 대하여 안정할 것

11 앵글 베이스(또는 U 좌금)의 용도는?

① 옥외 변대에 설치되는 변압기를 고정시키기 위한 부속 자재이다.
② 앵글을 전달 또는 가공할 때 필요한 앵글 가공용 공구 이다.
③ 완금 또는 앵글류의 지지물에 COS 또는 핀애자를 고정 시키는 부속 자재이다.
④ 큐비클에 부착되는 각종 기계를 고정시키는 데 사용되는 아연 도금된 앵글이다.

> **해설**

장주 시 지지물과 부속재료
앵글 베이스
완금 또는 앵글류의 지지물에 COS(컷아웃스위치) 또는 핀 애자를 고정시키는 금구

12 도통상태(ON 상태)에 있는 SCR을 차단상태(Turn off) 상태로 하기위한 적당한 방법은?

① 게이트 전류를 차단시킨다.
② 양극(애노드) 전압을 음으로 한다.
③ 게이트에 역방향 바이어스를 인가시킨다.
④ 양극전압을 더 높게 가한다.

> **해설**

도통중인 SCR을 차단하기 위해서는 순방향으로 가해진 전압을 역방향으로 변경하면 된다. 즉 양극 전압을 음으로 한다.

13 20[Ω]의 저항체에 5[A]의 전류를 1시간 동안 흘렸을 때 발생되는 총 열량[kcal]은 얼마인가?

① 90
② 432
③ 1800
④ 6000

> **해설**

열량계산
$H = 0.24 I^2 Rt = 0.24 \times 5^2 \times 20 \times 3600 \times 10^{-3} = 432 [\text{kcal}]$

14 철도차량이 운행하는 곡선부의 종류가 아닌 것은?

① 단곡선
② 복곡선
③ 반향곡선
④ 완화곡선

> **해설**

전기 철도의 선로
① 단곡선 : 원의 중심이 1개인 곡선을 말한다.
② 복심곡선 : 동심구와 같은 개념을 가진 곡선으로 반경이 서로 다른 두 개의 원의 중심이 동일한 축에 위치한 곡선을 말한다.
③ 종곡선 : 수평궤도에서 경사궤도로 변화하는 부분
④ 완화곡선 : 직선궤도에서 곡선궤도로 변화하는 부분에서의 곡선
⑤ 반향곡선(S곡선) : 두 개의 곡선 반경의 중심이 선로를 기준으로 서로 반대 측에 위치한 것을 말한다.

15 합성수지관 상호 간 및 관과 박스 접속 시에 삽입하는 최소 깊이는? (단, 접착제를 사용하는 경우는 제외한다.)

① 관 안지름의 1.2배
② 관 안지름의 1.5배
③ 관 바깥지름의 1.2배
④ 관 바깥지름의 1.5배

> **해설**

합성수지관 공사
관 상호간 및 박스와 관을 삽입하는 깊이를 관의 바깥지름의 1.2배이상으로 하고 또한 꽂음 접속에 의하여 견고하게 접속할 것

[정답] 11 ③ 12 ② 13 ② 14 ② 15 ③

16 접지도체에 피뢰시스템이 접속되는 경우 접지도체의 최소 단면적[mm²]은? (단, 접지도체는 구리로 되어 있다.)

① 16 ② 20
③ 24 ④ 28

해설

접지도체의 단면적

접지도체의 최소 단면적은 구리 6[mm²], 철제 50[mm²](단, 피뢰시스템 접속시 구리 16[mm²])이다.

17 전열 방식의 종류 중 전자의 충돌에 의한 가열 방식은?

① 아크 가열 ② 레이저 가열
③ 유도 가열 ④ 전자빔 가열

해설

전기 가열의 방식

전자빔 가열이란 진공속에서 고속으로 전자를 방출하여 전자의 충돌에 의한 에너지로 가열하는 방식을 말한다.

18 무대 조명의 배치별 구분 중 무대 상부 배치 조명에 해당되는 것은?

① Foot light ② Tower light
③ Ceiling Spot light ④ Suspension Spot light

해설

무대 조명의 배치별 구분

① Foot light : 무대나 진열장 등의 바닥에서 위로 조명하는 방법. 관객의 눈에 직접 조명이 닿지 않도록 한 것이며 최근에는 관람석·비상계단·식당·연회장 등에도 설치하는 조명 장치
② Tower light : 무대 조명용의 사닥다리와 플랫폼을 갖는 이동식 조명 장치
③ Ceiling spot light : 객석 상부의 천정안에 설치 무대전면을 투사하여 피사체의 전면 명암을 결정지우는 주 광원으로써 높은 조도 및 강한 광선이 필요하므로 Plano Convex Lens를 사용하여 빛을 집광시켜 투광하는 조명 장치
④ Suspension spot light : 무대상부에 설치되어 연기가 이루어지는 부분을 수직으로 조명하는 것으로 고정적으로 배치되어 강한빛을 확산시켜 행위자 연기에 중심적으로 투광하는 조명이다.

19 다음 중 일반적으로 휘도가 가장 높은 램프는?

① 백열전구 ② 고압 수은등
③ 탄소 아크등 ④ 형광등

해설

광원 - 특수 전구 및 특수 광원

탄소 아크등의 용도는 휘도가 큰 점광원이 얻어지므로, 영사기, 투광기 등의 광원으로 사용된다.

20 열량 344[kcal]를 전력량으로 환산하면 몇 [Wh]인가?

① 40 ② 220
③ 400 ④ 22

해설

열량 환산

1[kWh] = 860[kcal]이므로

$344[\text{kcal}] = \dfrac{344}{860} = 0.4[\text{kWh}] = 400[\text{Wh}]$

시행일 2025년 3회

01 100[ℓ], 15[°C]의 물을 2시간에 45[°C]의 온도로 올리는데 필요한 전열기의 용량은 약 몇 [kW]인가? (단, 열효율은 90[%]라 한다.)

① 2.0 ② 2.5
③ 3.0 ④ 3.5

해설

전열계산 및 발열체 설계

① $H(Q) = 860P\eta t = cm\theta = cm(T_2 - T_1)[\text{Kcal}]$
② 기화열, 증발열, 잠열을 준 경우
$H(Q) = 860P\eta t = cm\theta = cm[(T_2 - T_1) + q][\text{Kcal}]$
전열기 용량 $P = \dfrac{cm(T_2 - T_1)}{860 t \eta}$

$= \dfrac{100 \times (45 - 15)}{860 \times 2 \times 0.9} = 1.94 ≒ 2[\text{kW}]$

[정답] 16 ① 17 ④ 18 ④ 19 ③ 20 ③ 2025년 3회 01 ①

02 물탱크의 물의 양에 따라 동작하는 스위치로서 공장, 빌딩 등의 옥상에 있는 물탱크의 급수펌프에 설치된 전동기 운전용 마그네트 스위치와 조합하여 사용하는 스위치는?

① 수은 스위치 ② 타임 스위치
③ 압력 스위치 ④ 플로트레스 스위치

🔍 **해설**

플로트레스 스위치
물탱크의 물의 양에 따라 동작하는 스위치로서 공장, 빌딩 등의 옥상에 있는 물탱크의 급수펌프에 설치된 전동기 운전용 마그네트 스위치와 조합하여 사용하는 스위치이다.

03 다음 중 상단지선과 하단지선을 전기적으로 절연하기 위해 사용하는 것은?

① 지선밴드 ② 지선로드
③ 지선애자 ④ 지선근가

🔍 **해설**

지선애자
전주에 이상전압(낙뢰, 이상전류 등)이 발생하면 그 전위가 지선 전체로 전도될 수 있기에 중간에 지선애자를 삽입하여 상단지선과 하단지선을 절연한다.

04 다음 재료 중 저항률이 가장 큰 것은?

① 백금 ② 텅스텐
③ 납   ④ 마그네슘

🔍 **해설**

재료의 저항률
납 > 백금 > 텅스텐 > 마그네슘

05 터널 내의 배기가스 및 안개 등에 대한 투과력이 우수하여 터널조명, 교량 조명, 고속도로 인터체인지 등에 많이 사용되는 방전등은?

① 수은등 ② 나트륨등
③ 크세논등 ④ 메탈 할라이드등

🔍 **해설**

나트륨등의 특징
① 투시력이 좋아 안개 지역, 터널, 주사액의 불순물 검출 등에 사용된다.
② 단색 광원으로 옥내 조명에 부적당
③ 인공 광원 중 효율이 가장 좋다.
④ 복사에너지 대부분이 $5890[\text{Å}]$에 D선이고, 비시감도가 좋다.
   (비시감도 $76.5[\%]$)

06 특고압 가공 배전선로의 지지물에서 전선을지지 및 고정하는데 사용되는 장주용 애자를 무엇이라 하는가?

① 핀 애자 ② 인류 애자
③ 라인포스트 애자 ④ 지선 애자

🔍 **해설**

라인포스트애자
특고압 가공 배전선로의 지지물에서 전선을지지 및 고정하는데 사용되는 장주용 애자를 라인포스트애자라 한다.

07 전기철도의 직류전압제어 방식 중 매우 빠른 속도로 전류를 ON/OFF 스위칭하여 전압을 조정하는 제어방식은?

① VVVF제어 ② 저항제어
③ 직·병렬 제어 ④ 초퍼제어

🔍 **해설**

전차용 전동기
1. 직류 전동차 전동기 속도 제어법
   ① 직렬 저항 제어
   ② 계자 제어 : 단락계자법, 계자 분로법, 혼합법
   ③ 직·병렬 제어 : 개로도법, 단락도법, 교락도법
   ④ 초퍼 제어 : 고전압 대용량 노면 전차 사용
   ⑤ 메타다인 제어 : 직류 정전류 제어법
2. 교류 전기차 전동기 속도 제어법
   ① 주 변압기의 탭절환제어
   ② 위상제어
   ③ VVVF

[정답] 02 ④ 03 ③ 04 ③ 05 ② 06 ③ 07 ④

08 보호계전기의 종류가 아닌 것은?

① ASS
② RDR
③ DGR
④ OCGR

해설

ASS
ASS는 무전압 시 개폐가 가능하고, 과부하시 자동으로 개폐할 수 있는 고장구분개폐기로 돌입전류 억제기능을 하는 기구이다.

09 케이블트레이 및 부속재 선정에서 적합하지 않은 것은?

① 수용된 모든 전선을 지지할 수 있는 적합한 강도의 것이어야 한다.
② 비금속재 케이블트레이는 난연성 재료의 것이어야 한다.
③ 지지대는 케이블트레이 자체하중과 포설된 케이블 하중을 충분히 견딜 수 있는 강도를 가져야 한다.
④ 케이블트레이의 안전률은 1.4 이하로 하여야 한다.

해설

케이블트레이의 선정
수용된 모든 전선을 지지할 수 있는 적합한 강도의 것이어야 한다. 이 경우 케이블트레이의 안전율은 1.5 이상으로 하여야 한다.

10 철도차량이 운행하는 곡선부의 종류가 아닌 것은?

① 단곡선
② 복곡선
③ 반향곡선
④ 완화곡선

해설

전기 철도의 선로
① 단곡선 : 원의 중심이 1개인 곡선을 말한다.
② 복심곡선 : 동심구와 같은 개념을 가진 곡선으로 반경이 서로 다른 두 개의 원의 중심이 동일한 축에 위치한 곡선을 말한다.
③ 종곡선 : 수평궤도에서 경사궤도로 변화하는 부분
④ 완화곡선 : 직선궤도에서 곡선궤도로 변화하는 부분에서의 곡선
⑤ 반향곡선(S곡선) : 두 개의 곡선 반경의 중심이 선로를 기준으로 서로 반대 측에 위치한 것을 말한다.

11 고압전로에서 사용할 수 없는 차단기는?

① VCB
② OCB
③ MCCB
④ MBB

해설

배선용차단기(MCCB)
배선용차단기 MCCB는 저압에서 사용하는 차단기이다.

12 n형 반도체에 대한 설명으로 옳은 것은?

① 순수 실리콘 내에 정공의 수를 늘리기 위해 As, P, Sb 과 같은 불순물 원자를 첨가한 것
② 순수 실리콘 내에 정공의 수를 늘리기 위해 Al, B, Ga 과 같은 불순물 원자를 첨가한 것
③ 순수 실리콘 내에 전자의 수를 늘리기 위해 As, P, Sb 과 같은 불순물 원자를 첨가한 것
④ 순수 실리콘 내에 전자의 수를 늘리기 위해 Al, B, Ga 과 같은 불순물 원자를 첨가한 것

해설

n형 반도체
진성 실리콘에서 전도대의 전자의 수를 늘리기 위하여 5가의 불순물 원자를 첨가한다. 이 불순물은 비소(As), 인(P), 비스무스(Bi), 안티몬(Sb)과 같이 다섯 개의 가전자를 가진 원자들이다. 안티몬을 예로 들면, 불순물 원자가 네 개의 인접 실리콘 원자와 공유 결합을 형성하고 있다. 안티몬 원자의 가전자들 중 네 개의 가전자는 실리콘 원자와 공유결합을 이루게 되고 결과적으로 한 개의 잉여전자가 남는다. 이 잉여전자는 어떤 원자에도 구속되지 않기 때문에 전도 전자가 된다.

13 1차전지에 대한 설명으로 옳지 않은 것은?

① 망간전지는 기전력 1.5[V], 음극물질로 Zn을 사용한다.
② 수은전지는 기전력 1.5[V], 전해질 HgO를 사용한다.
③ 산화은전지는 기전력 1.55[V], 양극물질로 Ag_2O를 사용한다.
④ 리튬전지는 기전력 3[V], 양극물질로 MnO_2를 사용한다.

[정답] 08 ① 09 ④ 10 ② 11 ③ 12 ③ 13 ②

> **해설**

수은전지
수은전지의 기전력은 1.35[V]이며, 전해질로는 KOH(수산화칼륨) 또는 NaOH(수산화나트륨)이 사용된다.

14 휘도가 $B[\text{cd/m}^2]$이고 반지름이 $r[\text{m}]$인 등휘도 완전 확산성 구 광원의 전광속 $F[\text{lm}]$은 얼마인가?

① $4r^2 B$
② $\pi r^2 B$
③ $\pi^2 r^2 B$
④ $4\pi^2 r^2 B$

> **해설**

조명의 기초량 계산
반지름이 $r[\text{m}]$인 등휘도 완전 확산성 구 광원의 휘도
$B = \dfrac{I}{S} = \dfrac{I}{\pi r^2} = \dfrac{F}{4\pi \times \pi r^2}[\text{nt}]$를 이용 정리하면
$F = 4\pi^2 r^2 B[\text{lm}]$

15 다음 중 정속도 특성을 갖고 있는 전동기는?

① 직류 분권전동기
② 가동 분권전동기
③ 직류 직권전동기
④ 차동 복권전동기

> **해설**

정속도 전동기
① 특성 : 부하에 관계없이 속도 일정 즉 토크가 변해도 속도가 크게 변화가 없다.
② 전동기의 종류 : 직류 타여자 전동기, 직류 분권 전동기, 동기 전동기

16 다음 기기 중 초음파를 이용한 기기가 아닌 것은?

① 잠수용 탐지기
② 어군 탐지기
③ 의료용 세척기
④ 팩시밀리

> **해설**

팩시밀리
문서나 그림을 전화회선을 통해 전송/복사하는 장치

17 엘리베이터에 사용되는 전동기의 특징이 아닌 것은?

① 가속도의 변화비율이 일정값이 되도록 선택한다.
② 회전부분의 관성 모멘트는 적어야 한다.
③ 소음이 적어야 한다.
④ 기동 토크가 적어야 한다.

> **해설**

속도제어 및 전동기 용량
엘리베이터용 전동기는 기동토크가 큰 3상 유도 전동기가 사용되며 특징은 다음과 같다.
① 회전부분의 관성 모멘트는 적어야 한다.(기동정지가 빈번)
② 가속도의 변화비율이 일정값이 되도록 선택(가속감속시)한다.
③ 기동 토크가 커야 한다.
④ 소음이 적어야 한다.

18 휘발성원소 또는 그 열류를 가스 불꽃에 넣을 때 금속증기가 발광하는 현상에 따른 루미네센스는?

① 전기 루미네센스
② 열 루미네센스
③ 파이로 루미네센스
④ 화학 루미네센스

> **해설**

루미네센스의 종류
① 전기 루미네센스 : 기체중의 방전을 이용한 것으로 네온관등, 수은등, 나트륨등이 있다.
② 복사 루미네센스 : 형광이나 인광의 파장은 원래의 빛의 파장과 같거나 그보다 길어진다는 스토크스의 법칙을 이용한 형광등이 있다.
③ 파이로 루미네센스 : 증발하기 쉬운 원소를 불꽃 속에 넣을 때 불꽃 속 기체가 발광하는 현상으로 발염 아크등이 있다.
④ 전계 루미네센스 : E.L 등과 같은 고체 내 전계(전장)에너지의 변환에 의한 발광
⑤ 생물 루미네센스 : 생물의 특수 산화 작용에 의해 발광하는 것으로 반딧불과 같은 야광충 및 오징어가 있다.
⑥ 결정 루미네센스 : 화학반응 중 결정을 이루며 발광하는 것으로 황산소다, 황산칼리가 있다.
⑦ 열 루미네센스 : 금강석, 대리석, 형석 등을 가열하면 일어나는 발광 현상

[정답] 14 ④ 15 ① 16 ④ 17 ④ 18 ③

19 크세논등의 특징으로 옳지 않은 것은?

① 자연주광과 비슷하고 휘도는 낮다.
② 크세논 가스 중의 방전을 이용한다.
③ 광장 조명등 및 영사용 광원, 광학기기용 광원등으로 사용된다.
④ 분광분포는 자외선 영역으로부터 가시광선 영역에 걸쳐서 균등한 연속 스펙트럼으로 되어 있다.

해설
크세논등은 자연광에 매우 가까우며, 휘도는 높다.(고휘도 점광원)

20 다음 중 니크롬 제1종의 최고사용온도[°C]는?

① 1100
② 900
③ 1300
④ 700

해설
발열체의 종류 및 온도

금속발열체	니크롬선 (가정용이며 저항은 구리에 60배)	1종	1100[°C]
		2종	900[°C]
	철-크롬선 (공업용이며 저항은 구리의 80배)	1종	1200[°C]
		2종	1100[°C]
순금속 발열체	백금		1768[°C]
	몰리브덴		2610[°C]
	탄탈		2886[°C]
	텅스텐		3380[°C]
비금속 발열체	탄화규소(SiC)		1400[°C]

[정답] 19 ① 20 ①

ELECTRICITY

Chapter

04

전기공사산업기사 과년도 기출문제

2021년 1·2, 4회

2022년 1, 2, 4회

2023년 1, 2, 4회

2024년 1, 2, 3회

2025년 1, 2, 3회

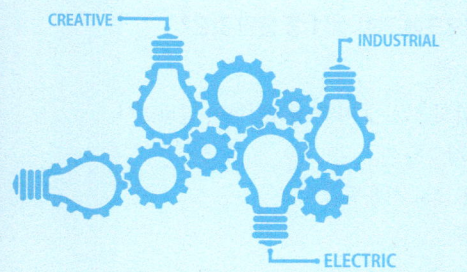

자격종목 및 등급	과목명	성명
전기공사산업기사	전기응용	대산전기학원

시행일 2021년 1회

01 유도 전동기의 기동법이 아닌 것은?

① Y-△ 기동법
② 기동 보상법
③ 기동 권선법
④ 저항 기동법

해설
전동기의 기동 특성
1) 3상 농형유도 전동기 기동법
   ① 직입 기동(전 전압법)
   ② Y-△기동
   ③ 기동보상기법
   ④ 1차 저항 기동
   ⑤ 리액터 기동
   ⑥ 콘도르파법
2) 3상 권선형 유도 전동기 기동법
   ① 2차 저항 기동법(비례추이)
   ② 2차 임피던스 기동법
   ③ 게르게스법

02 서보 전동기(servo motor)는 서보기구에서 주로 어느 부분의 기능을 말하는가?

① 검출부
② 제어부
③ 비교부
④ 조작부

해설
자동제어계의 분류
서보 전동기는 서보 기구에서 주로 조작부의 역할을 한다.

03 제너 다이오드에 관한 설명 중 틀린 것은?

① 정전압 소자이다.
② 인가되는 전압의 크기에 따라 전류방향이 달라진다.
③ 정·부의 온도계수를 가진다.
④ 과전류 보호용으로 사용된다.

해설
전력용 반도체 – 다이오드의 종류
제너 다이오드(정전압 다이오드)
① 정전압 정류작용
② 정·부의 온도 계수를 가진다.
③ 다이오드의 직렬 연결 : 과전압 방지
④ 다이오드의 병렬 연결 : 과전류 방지(순방향 전류를 증가 시킬 수 있다.)

04 열전 온도계의 원리는?

① 핀치 효과
② 톰슨 효과
③ 제벡 효과
④ 홀 효과

해설
온도측정
① 저항 온도계 : 순수 금속의 저항율이 온도 변화에 비례하여 변화하는 것을 이용한 온도계
② 열전 온도계 : 서로 다른 두 종류 금속의 열전대에 온도차를 주면 기전력 발생하는 제어벡 효과를 이용한 온도계
③ 방사(복사) 온도계 : 온도 복사에 관한 스테판 – 볼쯔(츠)만 법칙을 이용한 온도계
④ 광고온계 : 온도 복사에 의한 플랭크의 복사(방사)법칙을 이용한 온도계

[정답] 2021년 1회 01 ③ 02 ④ 03 ② 04 ③

05 완전확산면의 광속 발산도가 3140[rlx]일 때 휘도는 몇 [cd/cm²]인가?

① 0.1
② 3.14
③ 628
④ 1000

해설

조명의 기초량 계산

광속발산도 $R = \dfrac{F}{S}\eta = \eta E = \rho E = \tau E = \pi B$ [rlx]

광속 발산도 R[rlx] 휘도 B[nt]와의 관계는
$R = \pi B$[rlx]이므로

휘도 $B = \dfrac{R}{\pi} = \dfrac{3140}{\pi}$[nt=cd/m²] $= \dfrac{3140}{\pi \times 10^4}$
$= 0.1$[sb=cd/cm²] [cd/cm²]

06 전차용 전동기에 보극을 실시하는 이유는?

① 진동 방지
② 역회전 방지
③ 섬락 방지
④ 불꽃 방지

해설

전차용 전동기

전기철도 전동기에는 역회전을 방지하기 위하여 보극을 설치한다.

07 전열기 열판의 표면 전력 밀도는 2[W/cm²]이다. 600[W] 전열기의 열판 면적[cm²]은?

① 300
② 200
③ 180
④ 100

해설

전열계산 및 발열체 설계

전열선의 표면 전력 밀도 $W = \dfrac{P}{S}$[W/m²]이므로 이를 이용하면

면적 $S = \dfrac{P}{W} = \dfrac{600}{2} = 300$[cm²]이다.

여기서, P[W] : 전력, $S = \pi dl$[m²] : 겉 표면적

08 금속 중 이온화 경향이 가장 큰 물질은?

① Au
② Fe
③ K
④ Zn

해설

전기화학의 기초 – 전기분해

이온화 경향이 가장 큰 원소 순서
칼륨(K) > 칼슘(Ca) > 나트륨(Na) > 마그네슘(Mg) > 아연(Zn)

09 $G(s) = \dfrac{s+3}{s^2+5s+4}$의 특성근은?

① 0
② -3
③ 4, 1, 3
④ -1, -4

해설

전달함수

이득 정수 $K = 0$일 때 특성 방정식은 $s^2+5s+4=0$이고
$(s+1)(s+4)=0$ 이므로 $s=-1, \; -4$이다.

10 루소 선도가 그림과 같은 광원의 배광 곡선의 식을 구하면?

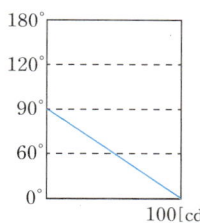

① $I_\theta = 100\cos\theta$
② $I_\theta = 50(1+\cos\theta)$
③ $I_\theta = \dfrac{2\theta}{\pi}100$
④ $I_\theta = \dfrac{\pi-2\theta}{\pi}100$

해설

배광곡선과 루소선도

비례관계를 이용한 배광곡선 식을 성립하면 $I_\theta : I = r\cos\theta : r$이 된다. 이를 정리하면 $I_\theta \cdot r = I \cdot r\cos\theta$이고 $I_\theta = 100\cos\theta$이다.

별해

루소선도에서 $\theta = 90°$일 때 $I = 0$[cd],
$\theta = 0°$일 때 $I = 100$[cd]이므로 $I_\theta = 100\cos\theta$이다.

[정답] 05 ① 06 ② 07 ① 08 ③ 09 ④ 10 ①

11 단상 정류로 직류전압 200[V]를 얻으려면 반파 정류의 경우에 변압기의 2차 권선 상전압 V_s를 약 몇 [V]로 하여야 하는가?

① 127
② 200
③ 322
④ 444

🔍 **해설**

정류 - 다이오드 정류
단상 반파에서 $E_d = 0.45E[V]$이므로
$E = \dfrac{E_d}{0.45} = \dfrac{200}{0.45} = 444.44[V]$이다.

12 형광 램프의 동정 특성에서 광속은 어느 때 측정한 값을 말하는가?

① 제조 직후
② 점등 100시간 후
③ 점등 500시간 후
④ 점등 1000시간 후

🔍 **해설**

광원 - 형광등
형광등 광속 특성
① 전광속 : 점등 100 시간 후 광속 측정(초특성)
② 동정특성 광속 : 점등 500 시간 후 광속 측정

13 흑연화 전기로의 가열 방식은?

① 아크 가열
② 유전 가열
③ 유도 가열
④ 저항 가열

🔍 **해설**

전기 가열의 방식 - 저항가열
① 직접 가열 저항로의 종류
　흑연화로, 카바이트로, 카보런덤로 알루미늄 전해로 알루미늄 제철로
② 간접 가열 저항로의 종류
　염욕로, 클립톨로, 발열체로

14 저항용접에서 접합면의 일부가 녹아 바둑알 모양의 단면으로 오목하게 들어간 부분을 무엇이라 하는가?

① 슬랙(slag)
② 용입
③ 너깃(nugget)
④ 플럭스(flux)

🔍 **해설**

전기용접
저항 용접에서의 너깃이란 저항용접에서 접합면의 일부가 녹아 바둑알 모양의 단면으로 오목하게 들어간 부분을 말한다.

15 선박의 전기 추진기에 많이 사용되는 속도 제어 방식은?

① 극수 변환 제어 방식
② 전원 주파수 제어 방식
③ 2차 저항 제어 방식
④ 크레머 제어 방식

🔍 **해설**

속도제어 및 전동기 용량
주파수 제어 방식은 유도 전동기의 동기속도 근처에서 부하 토크와 평행되어 안정도가 높고 속도 변동이 낮으며 연속변화가 가능한 제어 법으로 인견공업의 포트 모터, 선박의 전기 추진기에 사용.

16 반간접 조명의 설계에서 등(燈)의 높이란?

① 피조면 에서 등(燈)까지의 높이
② 바닥면 에서 등(燈)까지의 높이
③ 피조면 에서 천장까지의 높이
④ 바닥면 에서 천장까지의 높이

🔍 **해설**

조명설계
등 고(등의 설치 높이) H
① (반) 직접 조명 : 피조면 에서 광원까지
② (반) 간접 조명 : 피조면 에서 천장까지

[정답] 11 ④　12 ③　13 ④　14 ③　15 ②　16 ③

17 다음 납 축전지에 대한 설명 중 잘못된 것은?

① 납 축전지의 전해액의 비중은 1.2정도이다.
② 납 축전지의 격리판은 양극과 음극의 단락 보호용이다.
③ 전지의 내부저항은 클수록 좋다.
④ 전지용량은 [Ah]로 표시하며 10시간 방전율을 많이 쓴다.

해설
전지 – 2차전지
전지의 내부저항이 클수록 자체방전이 일어나므로 내부저항이 작은 것이 좋다.

18 조명기구나 소형전기기구에 전력을 공급하는 것으로 상점이나 백화점, 전시장 등에서 조명기구의 위치를 바꾸기가 빈번한 곳에 사용되는 것은?

① 라이팅 덕트   ② 스포트라이트
③ 다운라이트   ④ 코퍼라이트

해설
조명설계
라이팅덕트 : 금속제 또는 합성수지제 덕트로 상점이나 백화점, 전시장 등에서 전원에서 복수의 조명 기구로의 조명 기구로의 배선을 공통으로 접속 수용하며 조명기구의 위치를 바꾸기가 빈번한 곳에 사용한다.

19 비닐막 등의 접착에 주로 사용하는 가열 방식은?

① 저항 가열   ② 유도 가열
③ 아크 가열   ④ 유전 가열

해설
전기 가열의 방식 – 유전가열
유도가열
① 원리 : 전기적 절연물을 직접 가열하는데 사용되는 방식으로 고주파 전계 중에 절연성 피열물을 놓고 여기서 생기는 유전체손을 이용하는 가열 방식
② 용도 : 목재의 건조, 접착, 비닐막의 접착, 합성수지 공업, 식품공업

20 지상에 레버를 설치함으로써 열차가 신호를 무시하고 구내에 들어오면 열차의 비상 브레이크가 걸리도록 하는 장치는?

① ATC   ② ATS
③ ATO   ④ CTC

해설
전기 철도의 선로 – 보안 설비 및 본드
ATS : 지상에 레버를 설치하여 열차가 신호를 무시하고 구내에 들어오면 열차에 비상브레이크가 걸리도록 하는 장치

시행일 2021년 2회

01 직류 아크 용접에서 용접봉을 용접기의 양(+)극에, 모재를 음(−)극에 연결하는 경우의 극성은?

① 정극성   ② 역극성
③ 자극성   ④ 용극성

해설
전기용접
직류 아크 용접 시 용접봉을 용접기의 양극(+)에, 모재를 음극(−)에 연결하면 역극성이고 반대로 하면 양극성이다.

02 고도가 20[mm]이고 반지름이 800[m]인 곡선 궤도를 주행할 때 열차가 낼수 있는 최대 속도 [km/h]는 약 얼마인가? (단 궤간은 1067[mm]이다.)

① 34.94   ② 38.94
③ 43.64   ④ 83.64

해설
전기 철도의 선로 – 곡선과 구배
고도(켄트) $h = \dfrac{GV^2}{127R}$ 를 이용 정리하면

속도 $V = \sqrt{\dfrac{127Rh}{G}} = \sqrt{\dfrac{127 \times 800 \times 20}{1067}} = 43.369 ≒ 43.64 [\text{km/h}]$

[정답] 17 ③ 18 ① 19 ④ 20 ② 2021년 2회 01 ② 02 ③

03 h[m]의 높이에 있는 점광원에 의한 직사 조도에서 수평면 조도와 수직면 조도가 같게 되는 조건은? (단, 광원의 직하점에서 구하는 조도점까지의 거리를 d[m]라 한다.)

① $h = 0.5d$ ② $h = d$
③ $h = 1.5d$ ④ $h = 2d$

🔍 **해설**

조명의 기초량 계산
수평면조도와 수직면조도가 같게 되는 조건
수평면 조도 $E_h = \dfrac{I}{r^2}\cos\theta$[lx], 수직면 조도 $E_v = \dfrac{I}{r^2}\sin\theta$[lx]
$\cos\theta = \sin\theta$ 즉 $\theta = 45°$이 되므로 $h = d$일 때
수평면조도와 수직면 조도가 같게 된다.

04 궤조를 직류 전차선 전류의 귀로로 사용할 때에는 폐색 구간의 경계를 귀로 전류가 흐르게 하여야 될 터인데 이와 같은 목적을 이루기 위하여 각 구간의 경계는 무엇으로 연결하여야 하는가?

① 열차 단락 감도 ② 궤도 회로
③ 임피던스 본드 ④ 연동 장치

🔍 **해설**

전기 철도의 선로 – 보안 설비 및 본드
임피던스 본드 : 폐색구간을 열차가 통과 시에 귀선 전류를 흐르게 하고 신호전류는 흐르지 못하게 하는 회로

05 알칼리 축전지의 양극에 쓰이는 것은?

① 납 ② 철
③ 카드뮴 ④ 산화니켈

🔍 **해설**

전지 – 2차전지
알칼리 축전지
① 양극 : $Ni(OH)_2$(수산화 니켈)
② 음극 : 융그너축전지 Cd(카드뮴), 에디슨축전지 Fe(철)
③ 전해액 : KOH(수산화칼륨)
④ 공칭전압 및 공칭 용량: 1.2[V/cell], 5[Ah]

06 같은 색을 내는 흑체의 온도는?

① 복사 온도 ② 절대 온도
③ 색 온도 ④ 휘도 온도

🔍 **해설**

광원의 발광 현상
흑체 온도
① 색온도 : 어느 광원의 광색이 흑체의 광색과 같을 때 온도
② 복사온도 : 임의의 복사체의 전복사속이 흑체의 전복사속과 같을 때의 온도
③ 휘도온도 : 어느 광원의 휘도가 흑체의 휘도와 같을 때 온도

07 열전대(thermocouple)를 사용하여 고온을 측정할 때 사용 온도가 가장 높은 것은?

① 구리–콘스탄탄 ② 철–콘스탄탄
③ 크로멜–알루멜 ④ 백금–백금로듐

🔍 **해설**

온도측정
열전대(열전쌍)의 종류 및 온도

열전대의 종류	온도
구리 – 콘스탄탄 (보통 열전대에 가장 많이 사용)	500[℃]
철 – 콘스탄탄	700~800[℃]
크로멜 – 알루멜	1100[℃]
백금 – 백금로듐 (사용온도가 최대이며 공업용으로 사용)	1400[℃]

08 기동 토크가 가장 큰 단상 유도 전동기는?

① 콘덴서 기동 전동기 ② 콘덴서 전동기
③ 분상 기동 전동기 ④ 반발 전동기

🔍 **해설**

전동기의 기동 특성
기동토크의 큰 순서
반발기동형 → 반발 유도형 → 콘덴서 기동형 → 분상 기동형 → 셰이딩 코일형

[정답] 03 ② 04 ③ 05 ④ 06 ③ 07 ④ 08 ④

09 유전 가열과 유도 가열의 공통점은?

① 교류만 사용
② 직류만 사용
③ 도체만 가열
④ 절연체만 가열

🔍 **해설**

전기 가열의 방식 – 유전가열
유도가열과 유전가열의 공통점은 직류 전원은 사용 불가능 즉 교류만 사용이 가능하다.

---

10 SCR를 역병렬로 접속한 것과 같은 특성의 소자는?

① TRIAC
② GTO
③ 광 사이리스터
④ 역전통 사이리스터

🔍 **해설**

전력용 반도체 – 사이리스터
TRIAC
① 쌍방향 3 단자 소자
② SCR 역병렬 구조와 같다.
③ 교류 전력을 양극성 제어
④ 과전압에 의한 파괴 안됨
⑤ (포토커플러+트라이액) : 전파 위상 제어 회로에 이용

---

11 가스를 넣은 전구에서 질소 대신 아르곤을 사용한 이유는?

① 값이 싸다
② 열의 전도율이 크다.
③ 열의 전도율이 작다.
④ 비열이 작다.

🔍 **해설**

광원 – 백열전구
백열전구의 가스(gas) 봉입
1) 가스 봉입 이유
  ① 필라멘트의 증발을 억제
  ② 수명을 길게
  ③ 발광효율을 높게 하기 위하여
2) 봉입 가스 : 아르곤(Ar)과 질소(N)을 봉입한다.
  ① 아르곤 Ar(90~96[%]) : 열전도율이 작아 가스손을 줄일 수 있으나 단점은 가격이 비싸다.
  ② 질소 N(4~10[%]) : 산화 방지 및 아크를 방지하여 수명을 길게 한다.

---

12 구리의 원자량은 63.54이고 원자가가 2일 때, 전기 화학당량은 약 얼마인가? (단, 구리 화학당량과 전기 화학당량의 비는 약 96494임)

① 0.03292[mg/C]
② 0.3292[mg/C]
③ 0.3292[g/C]
④ 0.03292[g/C]

🔍 **해설**

전기화학의 기초 – 전기분해

전기화학당량 $= \dfrac{\text{화학당량}}{96500}$[g/C], 화학당량 $K = \dfrac{\text{원자량}}{\text{원자가}}$[g/C]

이므로 화학당량 $K = \dfrac{63.54}{2} = 31.77$이고 전기화학당량은

$\dfrac{31.77}{96494} = 0.0003292$[g/C] $\times 10^3 = 0.3292$[mg/C]

---

13 전기로에 사용되는 전극 재료의 구비 조건이 아닌 것은?

① 전기 전도율이 클 것
② 열 전도율이 클 것
③ 고온에 견디며 기계적 강도가 클 것
④ 피열물과 화학작용을 일으키지 않을 것

🔍 **해설**

전기 가열의 방식 – 아크가열
전극재료의 구비 조건
① 불순물이 적고 산화 및 소요가 적을 것
② 고온에서 기계적 강도가 크고 열팽창률이 적을 것
③ 열전도율이 작고 도전율이 커서 전류밀도가 클 것
④ 성형이 유리하면 값이 쌀 것
⑤ 피열물에 의한 화학반응이 없고 침식되지 않을 것

---

14 열차의 자동제어 목적이 아닌 것은?

① 운전 조작의 단순화
② 경제성의 향상
③ 열차밀도의 감소
④ 운전속도의 향상

🔍 **해설**

전차용 전동기

[정답] 09 ① 10 ④ 11 ③ 12 ② 13 ② 14 ③

열차의 자동 제어 목적
① 안정성의 향상
② 열차 밀도의 증가
③ 경제성 향상
④ 운전 조작의 단순화 및 운전 속도의 향상

15 메탈 할라이드 램프의 특징에 해당되지 않는 것은?

① 고휘도 광원이다.
② 광속이 적고 배광 제어가 용이하다.
③ 수명이 길다.
④ 연색성이 양호하다.

🔵 해설

광원 – 메탈할라이드 등
메탈할라이드 등의 특징
① 연색성이 좋다.
② 고 휘도이며 1등당 광속이 많고 배광 제어가 용이하다.
③ 수명이 길고 효율(75~105[lm/W])이 높다.
④ 점등 부속장치 필요하므로 가격이 비싸다.
⑤ 시동전압이 높으며 점등 방향이 수평이 되어야 한다.
⑥ 광색은 백색이다.

16 다음 중 전기철도의 주전동기의 특성이 아닌 것은?

① 병렬운전이 가능할 것
② 전원전압의 변화에 대한 영향이 적을 것
③ 속도가 상승함에 따라 토크가 클 것
④ 오름 구배에서 토크의 저하가 적을 것

🔵 해설

전차용 전동기
전기철도 주 전동기 요구 조건
① 기동 토크가 클 것.(직류 직권 전동기, 교류 단상 정류자 전동기)
② 올라가는 구배에서 과부하 되지 않고 토크 저하가 적을 것
③ 병렬 운전이 가능하고 전동기 상호 부하 불평형이 적을 것
④ 용량과 크기가 작아야 하며 넓은 범위에 걸쳐 능률이 높아야 한다.
⑤ 단자 전압이 변화하여도 전류의 변화가 적을 것
⑥ 속도 조정이 용이 할 것
⑦ 유지 보수가 용이 할 것

17 100[ℓ], 15[℃]의 물을 2시간에 45[℃]의 온도로 올리는데 필요한 전열기의 용량은 약 몇 [kW]인가? (단 열효율은 90[%]라 한다.)

① 2.0 ② 2.5
③ 3.0 ④ 3.5

🔵 해설

전열계산 및 발열체 설계
1) $H(Q) = 860P\eta t = cm\theta = cm(T_2 - T_1)$ [Kcal]
2) 기화열, 증발열, 잠열을 준 경우 :
$H(Q) = 860P\eta t = cm\theta = cm[(T_2 - T_1) + q]$ [Kcal]
여기서, P[kW] : 전력, η : 발열효율, t[h] : 시간,
c[kcal/℃·kg] : 비열(물 일 경우 비열 $C=1$, 질량 1[ℓ]=1[kg]
이다), m[kg] : 질량, $\theta = (T_2 - T_1)$[℃] : 온도차,
q[kcal/kg] : 기화 잠열(물 1[kg]을 수증기 변화 시 539[kcal] 필요)

전열기 용량 $t = \dfrac{cm(T_2 - T_1)}{860t\eta} = \dfrac{100 \times (45-15)}{860 \times 2 \times 0.9}$
$= 1.94 ≒ 2$[kW]

18 권상 하중이 100[t]이며, 1.5[m/min]의 속도로 물체를 들어올리는 권상기용 전동기의 용량은 약 몇 [kW]인가? (단, 전동기를 포함한 기중기의 총 효율은 70[%]이다.)

① 50 ② 40
③ 35 ④ 30

🔵 해설

속도제어 및 전동기 용량

기중기 및 권상기용 전동기 $P = \dfrac{9.8KvW}{\eta} = \dfrac{KVW}{6.12\eta}$ 를 이용

· 분당 속도이며 여유계수는 조건에 주지 않았으므로 $K=1$

$P = \dfrac{KVW}{6.12\eta} = \dfrac{1 \times 1.5 \times 100}{6.12 \times 0.7} = 35.014 ≒ 35$[kW]

여기서, K : 여유계수(손실계수), W[ton] : 중량(하중)
v[m/sec] : 권상속도, η : 효율, V[m/min] : 권상속도

19 조명 기구를 일정한 높이 및 간격으로 배치하여 방 전체의 조도를 균일하게 조명하는 방식이며 특징은 작업대의 위치가 변하여도 등기구의 배치를 변경시킬 필요가 없다. 가장 적합한 조명 방식은?

[정답] 15 ② 16 ③ 17 ① 18 ③ 19 ①

① 전반 조명   ② 국부 조명
③ 전반 국부 겸용 조명   ④ 중점 배열 조명

해설

조명설계
전반 조명 : 작업면의 전체를 균일한 조도가 되도록 조명하는 방식으로 작업의 위치가 변동하여도 기구 배치를 변경 할 필요가 없다.

20 터널 다이오드의 용도로 다음 중 가장 널리 사용되는 것은?

① 검파 회로   ② 스위칭 회로
③ 정류기   ④ 정전압 소자

해설

전력용 반도체 – 다이오드의 종류
터널 다이오드
작용 : 증폭, 발진, 개폐(스위칭)

시행일 2021년 4회

01 작업면에 필요한 조도를 E, 면적을 A, 조명률을 U, 전등수를 N, 광원 1개의 광속을 F, 감광 보상률을 D라고 할 때 실내 조명에서의 전소요 광속은?

① $NF = \dfrac{AED}{U}$ ② $F = \dfrac{AEDN}{U}$

③ $NF = \dfrac{AED}{D}$ ④ $F = \dfrac{N}{EAD}$

해설

조명설계
조명설계 식을 이용 $NFU = ESD$
전체 소요광속 $NF = \dfrac{ESD}{U}$ [lm]

02 게이트(gate)에 신호를 가해야만 동작되는 소자는?

① DIAC   ② UJT
③ SCR   ④ MPS

해설

전력용 반도체 – 사이리스터
SCR에 순방향 전압이 인가되어 있을시 게이트 전류를 인가하면 게이트작용에 의해 SCR은 도통되며 전원공급은 애노드(＋), 캐소드(－) 게이트(＋) 전압을 인가한다.

03 다음 중 전기저항 용접이 아닌 것은?

① 점 용접   ② 불꽃 용접
③ 심 용접   ④ 원자 수소 용접

해설

전기용접
저항 용접의 종류
① 점 용접(Spot welding) : 전구의 필라멘트, 열전대 접점의 용접에 이용
② 돌기용접(Projection welding) : 프로젝션 용접이라고도 한다.
③ 이음매 용접(심 용접)(Seam welding)
④ 맞대기 용접 : 업셋과 플래쉬(불꽃) 용점이 있다.
⑤ 충격 용접 : 고유저항이 적고 열전도율이 큰 것에 사용(경금속 용접)

04 2차 전지에서 음극 활물질에 해면상의 Pb, 양극 활물질에는 PbO_2를 사용하며, 전해액은 묽은 황산 용액을 사용하는 전지는?

① 공기 건전지   ② 리튬 전지
③ 연축전지   ④ 연료전지

해설

전지 – 2차전지
• 납(연)축전지

PbO_2	$+ 2H_2SO_4 +$	Pb(충전시)	$\rightleftharpoons$	$PbSO_4$	$+ 2H_2O +$	$PbSO_4$(방전시)
양극	전해액	음극		양극	전해액	음극

• 극판의 색
  – 충전 시 : 양극판 PbO_2(이산화납)이 되므로 적갈색 음극판은 납이므로 회백색.
  – 방전 시 : 양극판과 음극판 모두 $PbSO_4$(황산납)이 되므로 회백색에 가까워진다.

[정답] 20 ② 2021년 4회 01 ① 02 ③ 03 ④ 04 ③

05 전달 함수의 정의는?

① 출력 신호가 입력 신호의 곱이다.
② 모든 초기값을 0으로 한다.
③ 모든 초기값을 고려한다.
④ 모든 초기값이 ∞일 때의 입력과 출력의 비이다.

🔍 **해설**

자동제어계의 분류
전달함수란 모든 초기값을 0으로 하였을 때 출력신호의 라플라스 변환과 입력신호의 라플라스 변환의 비를 말한다.

06 방전등의 일종으로 효율이 좋으며 빛의 투과율이 크고 황색의 단색광이며 안개속을 잘 투과하는 등은?

① 나트륨등 ② 옥소전구
③ 형광등   ④ 수은등

🔍 **해설**

광원 – 나트륨등
나트륨등의 특징
① 투시력이 좋아 안개 지역, 터널, 주사액의 불순물 검출 등에 사용된다.
② 단색 광원으로 옥내 조명에 부적당
③ 인공 광원 중 효율이 가장 좋다.
④ 복사에너지 대부분이 5890[Å]에 D선이고, 비시감도가 좋다. (비시감도 76.5[%])

07 전류가 통과할 때 전극 표면 부근에 있는 반응 생성물의 활동도(또는 농도)가 변화해서 이것을 보충 할 때에 과잉 전압이 요구되는 것은?

① 농도 과전압   ② 전이 과전압
③ 저항 과전압   ④ 결정화 과전압

🔍 **해설**

전기화학의 기초 – 전기분해공업 및 계면 전해 공업
농도 과전압 : 전기분해시 전극에 가까운 곳의 농도는 액본체의 농도와 다르게 된다. 즉 양극 부근의 구리농도는 액본체 농도 보다 크고 음극 부근에서의 농도는 작게 되므로 양극보다 음극의 전위를 높게 하여 과잉전압을 공급하는 것을 말한다.

08 전동기의 절연 종별에서 일반적으로 저압 전동기는 E종, 고압전동기는 B종을 채택하는데 B종 절연의 허용 최고 온도[℃]는?

① 90[℃]   ② 130[℃]
③ 120[℃] ④ 155[℃]

🔍 **해설**

전동기 절연물의 허용온도

절연의 종류	Y	A	E	B	F	H	C
허용최고온도[℃]	90	105	120	130	155	180	180초과

09 광원의 광색 온도란?

① 백색을 낼 때의 온도
② 같은 색을 낼 때의 백금의 온도
③ 같은 색을 내는 흑체의 온도
④ 같은 색을 내는 열루미네센스의 온도

🔍 **해설**

광원의 발광 현상
• 어느 광원의 광색이 어떤 온도의 흑체 광색과 같은 색을 내는 흑체의 온도를 말한다.
• 색온도, 휘도온도, 복사온도 모두 흑체를 기준으로 한 것이다.

10 전기철도에서 교류 급전방식이 아닌 것은?

① 직접 급전 방식   ② 주변압기 방식
③ 흡상 변압기 방식 ④ 단권 변압기 방식

🔍 **해설**

전기철도 운전설비 – 급전 설비
교류급전 방식
① 직접급전방식
② 흡상(BT) 변압기방식 : 전자유도에 의한 통신유도장해 경감용 변압기
③ 단권(AT) 변압기 방식

[정답] 05 ② 06 ① 07 ① 08 ② 09 ③ 10 ②

11 철-크롬 제2종의 최고사용온도[°C]는?

① 500 ② 900
③ 1000 ④ 1100

> **해설**

전열재료(발열체)
발열체의 종류 및 온도

금속발열체	니크롬선 (가정용이며 저항은 구리에 60배)	1종	1100[°C]
		2종	900[°C]
	철-크롬선 (공업용이며 저항은 구리의 80배)	1종	1200[°C]
		2종	1100[°C]
순금속 발열체	백금		1768[°C]
	몰리브덴		2610[°C]
	탄탈		2886[°C]
	텅스텐		3380[°C]
비금속 발열체	탄화규소(SiC)		1400[°C]

12 교류 전기차의 속도제어에 해당되는 것은?

① 저항제어 ② 직병렬 전압제어
③ 계자제어 ④ 탭절환 제어

> **해설**

전차용 전동기
1) 직류 전동차 전동기 속도 제어법
 ① 직렬 저항 제어
 ② 계자 제어 : 단락계자법, 계자 분로법, 혼합법
 ③ 직.병렬 제어 : 개로도법, 단락도법, 교락도법
 ④ 초퍼 제어(VVVF) : 고전압 대용량 노면 전차 사용
 ⑤ 메타다인 제어 : 직류 정전류 제어법
2) 교류 전기차 전동기 속도 제어법
 ① 주 변압기의 탭절환제어
 ② 위상제어

13 같은 크기의 교류전압을 실리콘 정류기로 정류하여 직류전압을 얻을 경우 가장 높은 직류전압을 얻을 수 있는 정류 방식은? (단, 필터는 없는 것으로 하고 부하는 순저항 부하이다.)

① 단상반파 ② 3상반파
③ 단상전파 ④ 3상전파

> **해설**

정류 - 다이오드 정류

정류종류	직류와 교류
단상반파	$E_d = 0.45E = \dfrac{\sqrt{2}}{\pi}$
단상전파	$E_d = 0.9E = \dfrac{2\sqrt{2}}{\pi}$
3상반파	$E_d = 1.17E = \dfrac{3\sqrt{6}\,E}{2\pi}$
3상전파(6상반파)	$E_d = 1.35E = \dfrac{3\sqrt{2}}{\pi}$

14 점광원 150[cd]에서 5[m] 떨어진 거리에서, 그 방향과 직각인 면과 기울기 60°로 설치된 간판의 조도[lx]는?

① 1 ② 2
③ 3 ④ 4

> **해설**

조명의 기초량 계산
광원에서 $r[\mathrm{m}]$ 떨어져서 θ만큼 기울어진 면의 조도 $E[\mathrm{lx}]$는 입사각 코사인 법칙을 이용

$$E = \dfrac{I}{r^2}\cos\theta\,[\mathrm{lx}] = \dfrac{150}{5^2} \times \cos 60° = 3\,[\mathrm{lx}]$$

15 다음 전지 중 물리 전지에 속하는 것은?

① 열전지 ② 수은 전지
③ 산화은 전지 ④ 연료 전지

> **해설**

전지 - 기타 전지
태양광선이나 방사선을 조사하여 기전력을 얻는 전지 방식의 전지를 물리전지라 하며 종류에는 태양 전지, 원자력 전지, 열전지, 광전지가 있다.

[정답] 11 ④ 12 ④ 13 ④ 14 ③ 15 ①

16 부하에 관계없이 회전수가 일정하며, 몇 단계로 회전수를 바꾸는 전동기로서 직류 분권 및 타여자 전동기, 농형 유도 전동기는 어떤 속도 전동기에 속하는가?

① 정속도 전동기 ② 변속도 전동기
③ 다단속도 전동기 ④ 가감속도 전동기

🔍 **해설**

부하의 속도 및 토크 특성 – 속도 특성에 의한 분류
다단 속도 전동기는 몇 단계로 회전수를 바꾸는 전동기로 부하에 관계없이 회전수가 일정하며 전동기의 종류는 극수변환 전동기, 직류 분권 전동기, 타여자 전동기, 농형유도 전동기가 있다.

17 형태가 복잡하게 생긴 금속 제품을 균일하게 가열하는데 가장 적합한 가열 방식은?

① 직접 저항 가열 ② 유도 가열
③ 염욕로 ④ 적외선 가열

🔍 **해설**

전기 가열의 방식 – 저항가열
- 간접식 가열 저항로는 저항체(발열체)로부터 열의 방사, 전도, 대류에 의해서 피열물에 전달하여 가열하는 방식으로 형태가 복잡한 금속제품을 균일하게 가열
- 간접 가열 저항로의 종류 : 염욕로, 클립톨로, 발열체로

18 기계기구의 단자와 전선의 접속에 사용되는 자재는?

① 터미널 러그 ② 슬리브
③ 와이어커넥터 ④ T형 커넥터

🔍 **해설**

기계기구의 단자와 전선의 접속에는 터미널 러그를 사용한다.

19 최대 시감도에서의 발광 효율[lm/W]은?

① 555 ② 680
③ 5550 ④ 6800

🔍 **해설**

조명의 기초
최대 시감도
① 파장 : 555[nm]
② 발광효율 : 680[lm/W]
③ 색상 : 황록색

20 직경 25[cm], 길이 1[m]의 탄소 전극의 열 저항값[열Ω]을 구하여라. (단, 전극의 고유 저항은 2.5[열Ω·cm]이다.)

① 0.05 ② 0.5
③ 5 ④ 50

🔍 **해설**

전열계산 및 발열체 설계
열저항 $R = \dfrac{\theta}{I} = \rho \dfrac{l}{S} = \dfrac{l}{kS}$[°C/W=열Ω]이므로

$R = \rho \dfrac{l}{S} = \rho \dfrac{l}{\pi r^2} = \rho \dfrac{4l}{\pi d^2} = 2.5 \times \dfrac{4 \times 100}{\pi \times 25^2} = 0.509 ≒ 0.5$[열Ω]

여기서, ρ[열Ω·m] : 전극의 고유저항, l[m] : 길이

$S = \pi r^2 = \dfrac{\pi d^2}{4}$[m²] : 단면적, r[m] : 단면적 반지름

d[m] : 단면적의 지름

시행일 2022년 1회

01 권상 하중이 100[t]이며, 1.5[m/min]의 속도로 물체를 들어올리는 권상기용 전동기의 용량은 약 몇 [kW]인가? (단, 전동기를 포함한 기중기의 총 효율은 70[%]이다.)

① 50 ② 40
③ 35 ④ 30

🔍 **해설**

속도제어 및 전동기 용량
기중기 및 권상기용 전동기 $P = \dfrac{9.8KvW}{\eta} = \dfrac{KVW}{6.12\eta}$[kW]를 이용
분당 속도이며 여유계수는 조건에 주지 않았으므로 $K=1$

[정답] 16 ③ 17 ② 18 ① 19 ② 20 ② 2022년 1회 01 ③

$$P = \frac{KVW}{6.12\eta} = \frac{1 \times 1.5 \times 100}{6.12 \times 0.7} = 35.014 ≒ 35[\text{kW}]$$

여기서, K : 여유계수(손실계수), $W[\text{ton}]$: 중량(하중)
$v[\text{m/sec}]$: 권상속도, η : 효율, $V[\text{m/min}]$: 권상속도

02 나트륨등의 이론 효율[lm/W]는 약 얼마인가?

① 255　　　　　　② 300
③ 395　　　　　　④ 500

🔍 **해설**

광원 – 나트륨등
나트륨등의 효율을 물어볼 시 고압 나트륨등이 기준이므로 나트륨등의 분광 분포에서 D선의 에너지는 전방사 에너지의 76[%], 비시감도는 0.765, 최대시감도는 680[lm/W]이므로 이론 효율은 $680 \times 0.765 \times 0.76 ≒ 395[\text{lm}]$

03 저항 가열은 어떠한 원리를 이용한 것인가?

① 아아크손　　　　② 유전체손
③ 줄손(열)　　　　④ 히스테리시스손

🔍 **해설**

전기 가열의 방식 – 저항가열
전류에 의한 옴손(주울열)을 이용 피열물을 가열하는 방식

04 목표치가 미리 정해진 시간적 변화를 하는 경우 제어량을 그것에 추종시키기 위한 제어는?

① 프로그래밍 제어　② 정치 제어
③ 추종 제어　　　　④ 비율 제어

🔍 **해설**

자동제어계의 분류
프로그램제어는 미리 정해진 시간적 변화에 따라 정해진 순서대로 제어 하며 무인 엘리베이터, 무인 자판기, 무인 열차, 산업용 로봇 제어가 이에 해당된다.

05 다음 납 축전지에 대한 설명 중 잘못된 것은?

① 납 축전지의 전해액의 비중은 1.2정도이다.
② 납 축전지의 격리판은 양극과 음극의 단락 보호용이다.
③ 전지의 내부저항은 클수록 좋다.
④ 전지용량은 [Ah]로 표시하며 10시간 방전율을 많이 쓴다.

🔍 **해설**

전지 – 2차전지
전지의 내부저항이 클수록 자체방전이 일어나므로 내부저항이 작은 것이 좋다.

06 사이리스터의 응용에 대한 설명이 잘못된 것은?

① AC-DC 변환이 가능해진다.
② 위상 제어에 의해 AC 전력 제어가 가능해 진다.
③ AC 전원에서 가변 주파수 AC 변환이 가능하다.
④ DC 전력의 증폭인 컨버터가 가능하다.

🔍 **해설**

전력용 반도체 – 사이리스터
사이리스터(Thyristor)란 : PN 접합 3개 이상 내장하여 ON → OFF(OFF → ON) 전환하는 장치로 제어단자(G)로부터 음극(K)에 전류를 흘리는 것으로, 양극(A)과 음극(K) 사이를 도통(導通)시킬 수 있는 3단자의 반도체 소자이며, 사이리스터는 교류 위상 제어, 정지 스위치, 인버터 초퍼, 타이머 회로, 트리거 카운터, 과전압 보호 등에 쓰인다.

07 최대 시감도에서의 발광 효율[lm/W]은?

① 555　　　　　　② 680
③ 5550　　　　　　④ 6800

🔍 **해설**

조명의 기초
최대 시감도
① 파장 : 555[nm]
② 발광효율 : 680[lm/W]
③ 색상 : 황록색

[정답] 02 ③　03 ③　04 ①　05 ③　06 ④　07 ②

08 반사율 41[%], 흡수율 23[%]의 종이의 투과율[%]은?

① 41　　② 23
③ 36　　④ 64

> **해설**
>
> **조명의 기초량 계산**
> 반사율 $\rho=0.41$, 흡수율 $\delta(\alpha)=0.23$이고
> 빛의 원리는 $\rho+\tau+\delta=1$이므로
> 투과율 $\tau=1-\rho-\delta=1-0.41-0.23=0.36$이므로
> 투과율 $\tau=36[\%]$이다.

09 20[cm²]의 면적에 0.8[lm]의 광속이 조사하고 있다. 이 면의 조도는 몇 [lx]인가?

① 200　　② 300
③ 400　　④ 500

> **해설**
>
> **조명의 기초량 계산**
> 조도 $E=\dfrac{F}{S}[\text{lm/m}^2=\text{lx}]=\dfrac{0.8}{20\times10^{-4}}=400[\text{lx}]$

10 완전확산면의 광속 발산도가 3140[rlx]일 때 휘도는 몇 [cd/cm²]인가?

① 0.1　　② 3.14
③ 628　　④ 1000

> **해설**
>
> **조명의 기초량 계산**
> 광속발산도 $B=\dfrac{F}{S}\eta=\eta E=\rho E=\tau E=\pi B[\text{rlx}]$
> 광속 발산도 $R[\text{rlx}]$ 휘도 $B[\text{nt}]$와의 관계는
> $R=\pi B[\text{rlx}]$이므로
> 휘도 $B=\dfrac{R}{\pi}=\dfrac{3140}{\pi}[\text{nt}=\text{cd/m}^2]$
> $=\dfrac{3140}{\pi\times10^4}=0.1[\text{sb}=\text{cd/cm}^2][\text{cd/cm}^2]$

11 형광체가 발산하는 복사의 파장은 조사된 복사의 파장보다 항상 길다는 법칙은?

① 플랭크의 법칙　　② 스테판볼쯔만의 법칙
③ 스토크의 법칙　　④ 빈의 변위법칙

> **해설**
>
> **광원 - 형광등**
> 스토크스 법칙 : 발광체가 발산하는 복사의 파장은 조사된 복사의 파장보다 항상 길다.

12 전기로에 사용되는 전극 재료의 구비 조건이 아닌 것은?

① 전기 전도율이 클 것
② 열 전도율이 클 것
③ 고온에 견디며 기계적 강도가 클 것
④ 피열물과 화학작용을 일으키지 않을 것

> **해설**
>
> **전기 가열의 방식 - 아크가열**
> 전극재료의 구비 조건
> ① 불순물이 적고 산화 및 소요가 적을 것
> ② 고온에서 기계적 강도가 크고 열팽창률이 적을 것
> ③ 열전도율이 작고 도전율이 커서 전류밀도가 클 것
> ④ 성형이 유리하면 값이 쌀 것
> ⑤ 피열물에 의한 화학반응이 없고 침식되지 않을 것

13 방직, 염색의 건조에 적합한 가열 방식은?

① 적외선 가열
② 전열 가열
③ 고주파 유전 가열
④ 고주파 유도 가열

> **해설**
>
> **전기 가열의 방식 - 적외선 가열**
> 적외선가열은 방직, 염색, 도장, 수지 가공 등의 공산품의 표면 건조에 이용된다.

[정답] 08 ③　09 ③　10 ①　11 ③　12 ②　13 ①

14 전기 철도에서 궤도(tract)의 3요소가 아닌 것은?

① 궤조
② 침목
③ 도상
④ 구배

> **해설**
> 전기 철도의 선로 - 궤도의 구조
> 궤도의 3요소는 레일(궤조), 침목, 도상(자갈) 이다.

15 열차가 평탄한 직선로 위를 운전할 때 발생하는 저항은?

① 구배 저항
② 주행 저항
③ 가속도 저항
④ 출발 저항

> **해설**
> 견인 전동기와 열차의 운전 - 열차저항에 필요한 힘
> 열차 저항
> ① 출발(기동)저항 : 열차가 정지 중에 출발 시 발생하는 저항
> ② 주행저항 : 열차가 평탄한 선로를 운전 시 발생하는 저항으로 차륜의 구름마찰, 베어링의 기계적 마찰, 공기저항이 있다.
> ③ 구배저항 : 열차가 경사(구배)로를 올라갈 때 중력에 의해 발생하는 저항
> ④ 곡선저항 : 열차가 곡선로를 통과 할 때 차륜과 레일과의 마찰에 의해 발생하는 저항
> ⑤ 가속도 저항 : 열차가 주행중에 가속시 발생하는 저항으로 열차를 가속하기 위해서 필요한 견인력과 같다.

16 피드백 제어계에서 가장 중요한 장치는?

① 응답속도를 빠르게 하는 장치
② 안정도를 좋게 하는 장치
③ 입·출력 비교하는 장치
④ 고주파 발생장치

> **해설**
> 자동제어계의 종류
> 폐루프 제어계(closed loop control system)라고 하며 출력값을 입력방향으로 피드백 시켜 일정한 목표값과 비교·검토하여 오차를 자동적으로 정정하게 하는 제어로서 피드백 제어(feedback control)라고도 하며 입력과 출력을 비교하는 장치가 필수적이다.

17 식염을 전기분해할 때 양극에서 발생하는 가스는?

① 산소
② 수소
③ 질소
④ 염소

> **해설**
> 전기화학의 기초 - 전기분해공업 및 계면 전해 공업
> 식염수를 전기분해하면 양극에 염소(Cl), 음극에는 수소와 가성소다 즉 수산화나트륨(NaOH)이 발생한다.

18 다음 사이리스터 소자 중 게이트에 의한 턴·온을 이용하지 않는 소자는?

① SSS(silicon symmetrical switch)
② SCR(silicon controlled rectifier)
③ GTO(gate turn off)
④ SCS(sillicon controlled switch)

> **해설**
> 전력용 반도체 - 사이리스터
> SSS는 게이트가 없는 사이리스터로 게이트에 의한 턴·온을 할 수 없다.

19 3상 4극 유도 전동기를 입력 주파수 80[Hz], 슬립 3[%]로 운전할 경우 회전자 주파수[Hz]는?

① 1.2
② 1.6
③ 2.4
④ 3

> **해설**
> 부하의 속도 및 토크 특성 - 속도 특성에 의한 분류
> 유도 전동기 회전자 주파수 회전자 주파수 $f_2 = sf_1$이다.
> 이를 이용 $f_2 = sf_1 = 0.03 \times 80 = 2.4[Hz]$

20 전동기를 발전기로 운전시키고 그 유도 전압을 전원 전압보다 높게 하여 발생전력을 전원에 반환하는 방식의 제동은?

[정답] 14 ④　15 ②　16 ③　17 ④　18 ①　19 ③　20 ③

① 맴돌이 제동　② 역전 제동
③ 회생 제동　④ 발전 제동

해설

전동기 제동법
회생 제동은 전동기에 전원을 접속한 상태에서 전동기를 발전기로 전환하여 역기전력을 전원전압보다 높게 발생된 전력을 전원 측에 반환하면서 제동

시행일 2022년 2회

01 단상 정류로 직류전압 200[V]를 얻으려면 반파 정류의 경우에 변압기의 2차 권선 상전압 V_s 를 약 몇 [V]로 하여야 하는가?

① 127　② 200
③ 322　④ 444

해설

정류 – 다이오드 정류
단상 반파에서 $E_d = 0.45E$[V] 이므로
$E = \dfrac{E_d}{0.45} = \dfrac{200}{0.45} = 444.44$[V]이다.

02 서보기구에 유압 서보 모터나 전기 서보 모터가 사용되는 가장 큰 이유는?

① 편차가 적으므로
② 회전력이 커야 하므로
③ 정확도가 있어야 하므로
④ 조작량이 커야 하므로

해설

자동제어계의 분류
서보기구에서 유압 서보 모터나 전기 서보모터가 사용되는 이유는 조작량이 커야 하기 때문이다.

03 르크랑셰 전지(망간 건전지)의 전해액으로는 어느 것을 사용하는가?

① KOH　② $CuSO_4$
③ NH_4Cl　④ H_2SO_4

해설

전지 – 1차전지
① 망간(르클랑셰, 보통) 건전지 전해액 : 염화암모늄(NH_4Cl)
② 공기 건전지 전해액 : 염화암모늄(NH_4Cl), 가성소다(NaOH)
③ 수은 전지 전해액 : 수산화칼륨(KOH)
④ 표준 전지 전해액 : 카드뮴 설파이트($CdSO_4$)

04 실리콘 제어 정류기(SCR)는 어떤 형태의 반도체인가?

① NP형 반도체　② N형 반도체
③ PN형 반도체　④ P형 반도체

해설

전력용 반도체 – 사이리스터
SCR은 PNPN구조 이므로 PN형 반도체 이다.

05 다음 중 잘못된 것은?

① $1[lx] = 1[lm/m^2]$　② $1[ph] = 1[lm/cm^2]$
③ $1[ph] = 10^5[lx]$　④ $1[rlx] = 1[lm/m^2]$

해설

조명의 기초량 계산
조도의 단위
① $1[lm/m^2] = 1[lx]$ 럭스
② $1[lm/cm^2] = 10^4[lx] = 1[ph]$ 포토

06 바깥쪽 레일은 원심력의 작용으로 지나친 하중이 걸려 탈선하기 쉬우므로 안쪽 레일보다 얼마간 높게 한다. 이 바깥쪽 레일과 안쪽 레일의 높이 차를 무엇이라 하는가?

① 편위　② 확도
③ 고도　④ 궤간

[정답] 2022년 2회　01 ④　02 ④　03 ③　04 ③　05 ③　06 ③

해설
전기 철도의 선로 – 곡선과 구배
고도(cant = 캔트)
열차가 곡선로를 주행 시 바깥쪽 레일은 원심력의 작용으로 지나친 하중이 걸려 탈선하기 쉬우므로 바깥쪽 레일과 안쪽 레일의 높이 차를 주는 것을 말하며 열차 운전의 안전을 확보하기 위함이다.

07 유도 전동기의 기동법이 아닌 것은?
① Y-△ 기동법 ② 기동 보상법
③ 기동 권선법 ④ 저항 기동법

해설
전동기의 기동 특성
1) 3상 농형유도 전동기 기동법
   ① 직입 기동(전 전압법)
   ② Y-△기동
   ③ 기동보상기법
   ④ 1차 저항 기동
   ⑤ 리액터 기동
   ⑥ 콘도르파법
2) 3상 권선형 유도 전동기 기동법
   ① 2차 저항 기동법(비례추이)
   ② 2차 임피던스 기동법
   ③ 게르게스법

08 다음 중 전기철도의 주전동기의 특성이 아닌 것은?
① 병렬운전이 가능할 것
② 전원전압의 변화에 대한 영향이 적을 것
③ 속도가 상승함에 따라 토크가 클 것
④ 오름 구배에서 토크의 저하가 적을 것

해설
전차용 전동기
전기철도 주 전동기 요구 조건
① 기동 토크가 클 것.(직류 직권 전동기, 교류 단상 정류자 전동기)
② 올라가는 구배에서 과부하 되지 않고 토크 저하가 적을 것.
③ 병렬 운전이 가능하고 전동기 상호 부하 불평형이 적을 것.
④ 용량과 크기가 작아야 하며 넓은 범위에 걸쳐 능률이 높아야 한다.
⑤ 단자 전압이 변화하여도 전류의 변화가 적을 것.
⑥ 속도 조정이 용이 할 것.
⑦ 유지 보수가 용이 할 것.

09 다음 중 일반적으로 휘도가 가장 높은 램프는?
① 백열 전구 ② 탄소 아크등
③ 고압 수은등 ④ 형광등

해설
광원 – 특수 전구 및 특수 광원
탄소 아크등의 용도는 휘도가 큰 점광원이 얻어지므로, 영사기, 투광기 등의 광원으로 사용된다.

10 광원의 광색 온도란?
① 백색을 낼 때의 온도
② 같은 색을 낼 때의 백금의 온도
③ 같은 색을 내는 흑체의 온도
④ 같을 색을 내는 열루미네센스의 온도

해설
광원의 발광 현상
어느 광원의 광색이 어떤 온도의 흑체 광색과 같은 색을 내는 흑체의 온도를 말한다.
색온도, 휘도온도, 복사온도 모두 흑체를 기준으로 한 것이다.

11 다음의 법칙은 어느 법칙에 해당되는지 문자를 잘 읽고 골라라. 평등 전계하에서 방전 개시전압은 기체의 압력과 전극거리와의 곱의 함수가 된다.
① 스토크스의 법칙 ② 스테판–볼츠만의 법칙
③ 파센의 법칙 ④ 플랑크의 법칙

해설
파센 법칙
기체 중에 평등 전계 하에서 방전개시 전압은 기체의 압력과, 전극 거리와의 곱의 함수가 된다.
$V \propto p \times d$
여기서, $V[\text{V}]$: 방전개시전압, $P[\text{Pa}]$: 기압,
$d[\text{mm}]$: 전극사이의 거리

[정답] 07 ③ 08 ③ 09 ② 10 ③ 11 ③

12 전열기 열판의 표면 전력 밀도는 2[W/cm²]이다. 600[W] 전열기의 열판 면적[cm²]은?

① 300　　　　② 200
③ 180　　　　④ 100

🔍 **해설**

전열계산 및 발열체 설계

전열선의 표면 전력 밀도 $W=\dfrac{P}{S}$[W/m²]이므로 이를 이용하면

면적 $S=\dfrac{P}{W}=\dfrac{600}{2}=300$[cm²]이다.

여기서, P[W] : 전력, $S=\pi dl$[m²] : 겉 표면적

13 피열물에 직접 통전하여 발열시키는 직접식 저항로가 아닌 것은?

① 카바이드로　　　② 염욕로
③ 흑연화로　　　　④ 알루미늄로

🔍 **해설**

전기 가열의 방식 - 저항가열

① 직접 가열 저항로의 종류
　흑연화로, 카바이트로, 카보런덤로 알루미늄 전해로 알루미늄 제철로
② 간접 가열 저항로의 종류
　염욕로, 클립톨로, 발열체로

14 다음 중에서 변위 → 전압 변환 장치는?

① 벨로즈　　　　　② 노즐플래퍼
③ 가변 저항 스프링　④ 차동 변압기

🔍 **해설**

자동제어계의 변환요소

변화량	변환요소
압력 → 변위	벨로스, 다이어프램, 스프링
변위 → 압력	노즐 플래퍼, 유압 분사관, 스프링
온도 → 임피던스	측온저항(열선, 서미스터, 백금, 니켈)
온도 → 전압	열전대

변화량	변환요소
변위 → 임피던스	가변저항기, 저항스프링
변위 → 전압	포텐셔미터, 차동변압기, 전위차계
전압 → 변위	전자석, 전자코일

15 전자 빔(electron beam) 가열의 특징이 아닌 것은?

① 고융점 재료 및 금속박 재료의 용접이 쉽다.
② 에너지 밀도나 분포를 자유로이 조절할 수 있다.
③ 가열 범위가 극히 국한된 부분에 집중시킬 수 있어서 열에 의한 변질이 될 부분을 적게 할 수 있다.
④ 진공 중에서 가열이 불가능 하다.

🔍 **해설**

전기 가열의 방식

- 전자빔 가열
　진공속에서 고속으로 전자를 방출하여 전자의 충돌에 의한 에너지로 가열하는 방식

- 특징
　① 전자 빔을 국부적으로 모아서 전력밀도를 높게 할 수 있어 대단히 적은 부분 면적의 가공이나 구멍 뚫는 작업이 쉽다.(국소 표면 열처리)
　② 가열범위가 국부적이어서 열에 의한 변질이 될 부분을 적게 할 수 있다.
　③ 고융점 재료 및 금속박 재료의 용접이 가능하고 쉽다.
　④ 진공 중에서 가열이 가능하다.
　⑤ 에너지의 밀도나 분포는 자유로이 조절할 수 있다.
　⑥ 접합(증착), 용접, 가공에 응용

16 전기 분해로 제조 되는 것은?

① 식회 질소　　② 카바이드
③ 알루미늄　　④ 철

🔍 **해설**

전기화학의 기초 - 전기분해공업 및 계면 전해 공업

전기분해의 종류중 하나인 전해 정련을 이용하여 보크사이트(Al_2O_3가 60[%] 함유된 광석)를 용해하여 산화알루미늄을 만든 후 방정석을 넣고 약 1000[℃]로 전기 분해하여 순도 99.8[%]의 알루미늄을 제조 생산한다.

[정답] 12 ① 13 ② 14 ④ 15 ④ 16 ③

17 일그너(Ilgner) 장치의 속도 특성과 사용처는?

① 정속도 소용량 탈곡기
② 고속도 소용량 압연기
③ 가변 속도 중용량 크레인
④ 가변 속도 대용량 제관기

🔍 **해설**

속도제어 및 전동기 용량
일그너 방식은 워드레오나드 방식에 플라이휠을 장치한 방식으로 부하 변동이 심한 제철용 압연기, 가변속도 대용량 제관기에 적합하다.

18 전동기의 절연 종별에서 일반적으로 저압 전동기는 E종, 고압전동기는 B종을 채택하는데 B종 절연의 허용 최고 온도[°C]는?

① 90[°C] ② 130[°C]
③ 120[°C] ④ 155[°C]

🔍 **해설**

전동기 절연물의 허용온도

절연의 종류	Y	A	E	B	F	H	C
허용최고온도[°C]	90	105	120	130	155	180	180초과

19 휘도가 $B[\text{cd/m}^2]$이고 반지름이 $r[\text{m}]$인 등휘도 완전 확산성 구 광원의 전광속 $F[\text{lm}]$은 얼마인가?

① $4r^2B$ ② $\pi r^2 B$
③ $\pi^2 r^2 B$ ④ $4\pi^2 r^2 B$

🔍 **해설**

조명의 기초량 계산
반지름이 $r[\text{m}]$인 등휘도 완전 확산성 구 광원의 휘도
$B = \dfrac{I}{S} = \dfrac{I}{\pi r^2} = \dfrac{F}{4\pi \times \pi r^2}[\text{nt}]$를 이용 정리하면
$F = 4\pi^2 r^2 B[\text{lm}]$

20 40[W] 2중 코일 텅스텐 전구의 표준 광속이 500[lm]이다. 이때 전등 효율[lm/W]은?

① 12.5 ② 11
③ 14 ④ 15.5

🔍 **해설**

조명의 기초량 계산
전등(램프) 효율 : 소비전력 $P[\text{W}]$에 대한 전 광속 $F[\text{lm}]$의 비를 말한다.
$\eta = \dfrac{F}{P}[\text{lm/W}]$
$\eta = \dfrac{F}{P} = \dfrac{500}{40} = 12.5[\text{lm/W}]$

시행일 2022년 4회

01 바리스터(Varistor)의 용도는?

① 전압증폭
② 정전압
③ 과도 전압에 대한 회로보호
④ 전류특성을 갖는 4단자 반도체 장치에 사용

🔍 **해설**

전력용 반도체 – 기타반도체
바리스터 : 전압에 따라 저항치가 변화하는 비직선 저항체로 비직선적인 전압 전류 특성을 갖는 2단자 반도체 장치이며 서지전압을 흡수하는 전자회로를 보호, 계전기의 접점 및 개폐기의 불꽃소거용으로 이용된다.

02 양수량 매분 5[m³/min], 총양정 6[m]를 양수하는데 필요한 구동용 전동기의 출력 P[kW]은 약 얼마인가? (단, 펌프 효율 70[%], 여유 계수 K는 1.1이다.)

① 5.4 ② 7.7
③ 47 ④ 52

🔍 **해설**

속도제어 및 전동기 용량

[정답] 17 ④ 18 ② 19 ④ 20 ① 2022년 4회 01 ③ 02 ②

펌프용(양수펌프) 전동기 $P=\dfrac{9.8KqH}{\eta}=\dfrac{KQH}{6.12\eta}[\text{kW}]$

분당 양수량을 주었으므로

$P=\dfrac{KQH}{6.12\eta}=\dfrac{1.1\times 5\times 6}{6.12\times 0.7}=7.703≒7.7[\text{kW}]$

여기서, K : 여유계수(손실계수), $H[\text{m}]$: 양정
$q[\text{m}^3/\text{sec}]$: 양수량, η : 효율, $Q[\text{m}^3/\text{min}]$: 양수량

03 다음 설명 중 잘못된 것은?

① 조도의 단위는 $[\text{lx}]=[\text{lm}/\text{m}^2]$이다.
② 광속 발산도 단위$[\text{lm}/\text{m}]$를 [radiant lux]라 하며 $[\text{lx}]$로 표시한다.
③ 광도의 단위는 $[\text{lm}/\text{sterad}]$로 [candela]라 하며 $[\text{cd}]$로 표시한다.
④ 휘도 보조 단위는 $[\text{cd}/\text{cm}^2]$를 사용하고 [stilb]라 하며 $[\text{sb}]$로 표시한다.

🔍 **해설**

조명의 기초량 계산
발광면의 단위 면적으로부터 발산되는 광속으로 발산 광속의 밀도를 광속 발산도(luminous emittance) 라 하고, 단위로는 래드럭스(radlux, 기호 : rlx)를 사용한다.

04 직권 정류자 전동기는 다음 분류하는 전동기 중 어디에 속하는가?

① 변속도 전동기 ② 다속도 전동기
③ 가감속도 전동기 ④ 정속도 전동기

🔍 **해설**

부하의 속도 및 토크 특성 – 속도 특성에 의한 분류
변속도 전동기는 부하전류에 따라 속도가 감소한다. 즉 토크가 증가하면 속도가 저하되는 특성을 가지며 전동기의 종류는 직류 직권 전동기(기동토크가 크다), 교류 직권 정류자 전동기가 있다.

05 완전 확산면은 어느 방향에서 보아도 무엇이 같은가?

① 광속 ② 조도
③ 광도 ④ 휘도

🔍 **해설**

조명의 기초량 계산
완전 확산면이란 어떤 방향에서 바라보아도 휘도가 동일한 면을 완전 확산면 이라고 하며 광원의 경우 완전확산성 광원이라 한다.

06 저압 수은 등에서 발산되는 스펙트럼에서 최대 에너지의 파장은?

① 5560[Å] ② 3550[Å]
③ 4500[Å] ④ 2537[Å]

🔍 **해설**

광원 – 수은등
저압 수은등
① 봉입가스 0.01[mmHg](10^{-2})기압
② 스펙트럼 에너지 파장 : 2537[Å]
③ 효율 5~10[lm/W]이고 자외선 살균등에 사용

07 피드백 제어 중 물체의 위치, 방위, 자세 등에 관계되는 제어는?

① 프로세스 제어 ② 자동조정
③ 서어보 기구 ④ 피드백 제어

🔍 **해설**

자동제어계의 분류
서보기구 제어
플랜트나 생간 공정 중의 상태량을 제어량으로 하는 제어로 제어량이 기계적 변위인 추치제어이며 제어량의 종류는 위치, 방향(방위), 자세, 각도, 거리가 있다.

08 조명 기구를 일정한 높이 및 간격으로 배치하여 방 전체의 조도를 균일하게 조명하는 방식이며 특징은 작업대의 위치가 변하여도 등기구의 배치를 변경시킬 필요가 없다. 가장 적합한 조명 방식은?

① 전반 조명 ② 국부 조명
③ 전반 국부 겸용 조명 ④ 중점 배열 조명

[정답] 03 ② 04 ① 05 ④ 06 ④ 07 ③ 08 ①

해설

조명설계
전반 조명 : 작업면의 전체를 균일한 조도가 되도록 조명하는 방식으로 작업의 위치가 변동하여도 기구 배치를 변경 할 필요가 없다.

09 페이스트식 연축전지의 설명 중 옳지 못한 것은?

① 고율 방전이 뛰어나다.
② 국내에서 생산 가능하며 가격이 저렴하여 경제적이다.
③ 수명이 약간 짧다.
④ 공칭 전압은 2[V]와 1.2[V] 두 종류가 있다.

해설

전지 – 2차전지
페이스트식 연축전지의 특징
① 고율 방전이 뛰어나다.
② 공칭전압은 2[V]이다.
③ 수명이 짧다.
④ 가격이 저렴하여 경제적이다.

10 전기로에 사용하는 전극 중 주로 제강, 제철용 전기로에 사용되며 고유 저항이 가장 작은 것은?

① 인조 흑연 전극
② 고무 천연 흑연 전극
③ 천연 흑연 전극
④ 무정형 탄소 전극

해설

전기 가열의 방식 – 아크가열
인조흑연전극 : 전기로에 사용하는 전극 중 주로 제강, 제철용 전기로에 사용되는 아크로에 전극 재료 중 고유저항이 가장 작다.

11 열전 온도계의 원리는?

① 핀치 효과
② 톰슨 효과
③ 제벡 효과
④ 홀 효과

해설

온도측정

① 저항 온도계 : 순수 금속의 저항율이 온도 변화에 비례하여 변화하는 것을 이용한 온도계
② 열전 온도계 : 서로 다른 두 종류 금속의 열전대에 온도차를 주면 기전력 발생하는 제어벡 효과를 이용한 온도계
③ 방사(복사) 온도계 : 온도 복사에 관한 스테판–볼쯔(츠)만 법칙을 이용한 온도계
④ 광고온계 : 온도 복사에 의한 플랭크의 복사(방사)법칙을 이용한 온도계

12 직선인 선로에서 호륜 궤조를 설치하지 않으면 안 되는 곳은?

① 분기 개소
② 저속도 운전 구간
③ 병용 궤도
④ 교량의 전방

해설

전기 철도의 선로 – 선로(궤조)의 분기
호륜궤조(가이드레일) : 직선 레일 중 분기개소 및 철차가 있는 곳에 보조적으로 설치

13 일정한 전압을 가진 전지에 부하를 걸면 단자 전압이 저하한다. 그 원인은?

① 이온화 경향
② 분극 작용
③ 전해액의 변색
④ 주위 온도

해설

전지 – 1차전지
전지에 부하를 걸면 전류가 흐를 때 수소가 음극제에 달라붙어 전지의 내부저항이 증가하여 기전력(단자전압)이 저하하는 현상을 분극 작용이라 한다.

14 균일한 휘도를 가진 원통(원주) 광원의 축 중앙 수직 방향의 광도가 150[cd]이다. 이 원통 광원의 구면 광도[cd]는 약 얼마인가?

① 117
② 128
③ 136
④ 147

해설

조명의 기초량 계산

[정답] 09 ④ 10 ① 11 ③ 12 ① 13 ② 14 ①

원통,원주 광원의 광속 $F=\pi^2 I=\pi^2 \times 150=1480.44[\text{lm}]$이고
구면 광원의 광속식 $F=4\pi[\text{lm}]$을 이용

광도 $I=\dfrac{F}{4\pi}=\dfrac{1480.44}{4\times\pi}=117.809[\text{cd}]$

15 입력 임피던스가 가장 높은 트랜지스터는?
① JFET
② MOS FET
③ UJT
④ Masa 트랜지스터

🔍 **해설**

전력용 반도체 – 트랜지스터
입력 임피던스가 가장 높은 트랜지스터는 MOS FET이며 $10^{10}\sim10^{15}[\Omega]$이 된다.

16 플라이휠의 사용 목적에 관계가 없는 것은?
① 첨두 부하값이 감소한다.
② 최대 토크가 작아진다.
③ 전류의 동요가 감소한다.
④ 효율이 좋아진다.

🔍 **해설**

속도제어 및 전동기 용량
플라이휠의 사용 목적은 첨두부하 값이 감소하고 최대토크가 작아지며 전류의 동요가 감소한다.

17 전달 함수의 정의는?
① 출력 신호가 입력 신호의 곱이다.
② 모든 초기값을 0으로 한다.
③ 모든 초기값을 고려한다.
④ 모든 초기값이 ∞일 때의 입력과 출력의 비이다.

🔍 **해설**

자동제어계의 분류
전달함수란 모든 초기값을 0으로 하였을 때 출력신호의 라플라스 변환과 입력신호의 라플라스 변환의 비를 말한다.

18 전기로에 사용되는 전극 재료의 구비 조건이 아닌 것은?
① 전기 전도율이 클 것
② 열 전도율이 클 것
③ 고온에 견디며 기계적 강도가 클 것
④ 피열물과 화학작용을 일으키지 않을 것

🔍 **해설**

전기 가열의 방식 – 아크가열
전극재료의 구비 조건
① 불순물이 적고 산화 및 소요가 적을 것
② 고온에서 기계적 강도가 크고 열팽창률이 적을 것
③ 열전도율이 작고 도전율이 커서 전류밀도가 클 것
④ 성형이 유리하면 값이 쌀 것
⑤ 피열물에 의한 화학반응이 없고 침식되지 않을 것

19 전기철도에서 교류 급전방식이 아닌 것은?
① 직접 급전 방식
② 주변압기 방식
③ 흡상 변압기 방식
④ 단권 변압기 방식

🔍 **해설**

전기철도 운전설비 – 급전 설비
교류급전 방식
① 직접급전방식
② 흡상(BT) 변압기방식 : 전자유도에 의한 통신유도장해 경감용 변압기
③ 단권(AT) 변압기 방식

20 완전 확산면의 휘도가 1[stilb]일 때의 광속 발산도 [rlx]는?
① π
② $10^4\pi$
③ 4π
④ $10^{-4}\pi$

🔍 **해설**

조명의 기초량 계산
광속발산도 $R=\dfrac{F}{S}\eta=\eta E=\rho E=\tau E=\pi B[\text{rlx}]$

완전확산면의 광속 발산도 $R=\pi B[\text{rlx}]$을 이용
휘도 $1[\text{nt}]=10^{-4}[\text{sb}]$, $1[\text{sb}]=10^4[\text{nt}]$이므로
$R=\pi B=10^4\pi[\text{rlx}]$이다.

[정답] 15 ② 16 ④ 17 ② 18 ② 19 ② 20 ②

시행일 2023년 1회

01 평면 구면 광도가 780[cd]인 전구로 부터의 총 발산 광속은 약 얼마인가?

① 9800[cd]   ② 9800[lm]
③ 2450[cd]   ④ 2450[lm]

해설 조명의 기초량 계산
구 광원의 광속이므로
$F = 4\pi I = 4\pi \times 780 = 9801.769 ≒ 9800[\text{lm}]$

02 파장폭이 좁은 3가지의 빛을 조합하여 효율이 높은 백색 빛을 얻는 3파장 형광램프에서 3가지 빛에 해당하지 않는 것은?

① 적색   ② 청색
③ 황색   ④ 녹색

해설 3파장 형광램프
3파장 형광램프는 적색, 녹색, 청색의 빛이 해당된다.

03 방전용접 중 불활성 가스용접에 쓰이는 불활성 가스는?

① 아르곤   ② 질소
③ 산소   ④ 수소

해설 불활성 가스 아크 용접
텅스텐 전극과 금속사이에 방전을 발생시켜 그 방전 주위에 아르곤(Ar), 헬륨(He), 네온(Ne), 등의 불활성 가스를 부어 용접부의 산화를 방지한 용접으로 알루미늄 및 마그네슘, 스텐리스강을 용접 시 이용한다.

04 점광원 150[cd]에서 5[m] 떨어진 거리에서, 그 방향과 직각인 면과 기울기 60°로 설치된 간판의 조도[lx]는?

① 1   ② 2
③ 3   ④ 4

해설 조명의 기초량 계산
광원에서 $r[\text{m}]$ 떨어져서 θ만큼 기울어진 면의 조도 $E[\text{lx}]$는 입사각 코사인 법칙을 이용
$E = \dfrac{I}{r^2}\cos\theta[\text{lx}] = \dfrac{150}{5^2} \times \cos 60° = 3[\text{lx}]$

05 전기철도에서 교류 급전방식이 아닌 것은?

① 직접 급전 방식   ② 주변압기 방식
③ 흡상 변압기 방식   ④ 단권 변압기 방식

해설 교류급전 방식
① 직접급전방식
② 흡상(BT) 변압기방식 : 전자유도에 의한 통신유도장해 경감용 변압기
③ 단권(AT) 변압기 방식

06 100[ℓ], 15[℃]의 물을 2시간에 45[℃]의 온도로 올리는데 필요한 전열기의 용량은 약 몇 [kW]인가? (단 열효율은 90[%]라 한다.)

① 2.0   ② 2.5
③ 3.0   ④ 3.5

해설 전열계산 및 발열체 설계
① $H(Q) = 860P\eta t = cm\theta = cm(T_2 - T_1)[\text{Kcal}]$
② 기화열, 증발열, 잠열을 준 경우 :
 $H(Q) = 860P\eta t = cm\theta = cm[(T_2 - T_1) + q][\text{Kcal}]$
여기서, $P[\text{kW}]$: 전력, η : 발열효율, $t[\text{h}]$: 시간,
$c[\text{kcal/℃·kg}]$: 비열(물 일 경우 비열 $C=1$, 질량 $1[\ell]=1[\text{kg}]$)
$m[\text{kg}]$: 질량, $\theta=(T_2-T_1)[℃]$: 온도차, $q[\text{kcal/kg}]$: 기화잠열(물 $1[\text{kg}]$을 수증기 변화 시 539[kcal] 필요)
전열기 용량 $P = \dfrac{cm(T_2-T_1)}{860t\eta} = \dfrac{100 \times (45-15)}{860 \times 2 \times 0.9}$
$= 1.94 ≒ 2[\text{kW}]$

[정답] 2023년 1회 01 ② 02 ③ 03 ① 04 ③ 05 ② 06 ①

07 전지에서 휴대용 라디오, 손전등, 완구, 시계 등 매우 광범위하게 이용되고 있는 전지는?

① 망간 건전지 ② 공기 건전지
③ 수은 건전지 ④ 리튬 건전지

🔍 **해설**

전지 – 1차전지
수은전지는 보청기, 휴대용 카메라, 휴대용 라디오, 손전등, 시계 등 휴대용 기기에 많이 사용된다.

08 메탈 할라이드 램프의 특징에 해당되지 않는 것은?

① 고휘도 광원이다.
② 광속이 적고 배광 제어가 용이하다.
③ 수명이 길다.
④ 연색성이 양호하다.

🔍 **해설**

광원 – 메탈할라이드 등
메탈할라이드 등의 특징
① 연색성이 좋다.
② 고 휘도이며 1등당 광속이 많고 배광 제어가 용이하다.
③ 수명이 길고 효율(75~105[lm/W])이 높다.
④ 점등 부속장치 필요하므로 가격이 비싸다.
⑤ 시동전압이 높으며 점등 방향이 수평이 되어야 한다.
⑥ 광색은 백색이다.

09 다이액(DIAC) 설명 중 잘못된 것은?

① npn 3층으로 되어 있다.
② 역저지 4극 사이리스터로 되어 있다.
③ 쌍방향으로 대칭적인 부성저항을 나타낸다.
④ 다이액의 항복전압을 넘을 때 갑자기 콘덴서가 방전하고 방전전류에 의하여 트라이액을 On시킬 수가 있다.

🔍 **해설**

전력용 반도체 – 사이리스터
DIAC
① 쌍방향 2 단자 소자
② 소용량 저항 부하의 AC 전력제어

③ NPN 3층구조
④ 브레이크오버 전압을 가지고 있으며 부성저항 특징이 있다.
⑤ TRIAC의 제어소자이다.

10 아크 전류200[V], 전극간 전압 20[V], 고장시간 1[h]일 때 발열량[kcal]은?

① 3456 ② 3890
③ 4116 ④ 4345

🔍 **해설**

전기저항용접의 발열량
$$H = 0.24 I^2 R t = 0.24 \times 200^2 \times \frac{20}{200} \times 3600 = 3456$$

11 다음 중 유전가열의 용도가 아닌 것은?

① 식품 공업 ② 기어의 열간 건조
③ 합성수지의 열처리 ④ 목재의 건조

🔍 **해설**

유전 가열의 특징
(1) 사용 주파수 : 1~200[MHz]
(2) 유도가열과 유전가열의 공통점은 직류 전원은 사용 불가능
(3) 유도가열의 장단점

- 장점
  ① 열이 유전체손에 의하여 피열물 자신에 발생하므로, 가열이 균일하다.
  ② 온도 상승 속도가 빠르고, 속도가 임의 제거된다.
- 단점
  ① 전 효율이 고주파 발진기의 효율(50~60[%])에 의하여 억제되고, 회로 손실도 가해지므로 양호하지 못하다.
  ② 고주파 전원이 필요하고 설비비가 고가이다.

12 목표치가 미리 정해진 시간적 변화를 하는 경우 제어량을 그것에 추종시키기 위한 제어는?

① 프로그래밍 제어 ② 정치 제어
③ 추종 제어 ④ 비율 제어

[정답] 07 ③ 08 ② 09 ② 10 ① 11 ① 12 ①

> **해설**

자동제어계의 분류
프로그램제어는 미리 정해진 시간적 변화에 따라 정해진 순서대로 제어 하며 무인 엘리베이터, 무인 자판기, 무인 열차, 산업용 로봇 제어가 이에 해당된다.

13 교류 200[V], 정류기 전압 강하 10[V]인 단상반파 정류 회로의 저항 부하의 직류 전압[V]은?

① 약 80   ② 약 155
③ 약 200   ④ 약 210

> **해설**

정류 – 다이오드 정류
반파 정류이므로 $E_d = 0.45E - e$ [V]이고
전압 $E = 200$[V], 전압강하 $e = 10$[V] 수치를 대입하면
$E_d = 0.45E - e = 0.45 \times 200 - 10 = 80$[V]

14 발열체의 구비조건이다. 이중에서 틀린 것은?

① 저항의 온도계수가 양(+)수로서 작을 것
② 압연성이 풍부하고 가공이 용이할 것
③ 내식성이 작을 것
④ 내열성이 클 것

> **해설**

전열재료(발열체)
발열체의 구비 조건
① 내열성과 내식성이 클 것
② 내식성이 클 것
③ 적당한 고유 저항을 가질 것
④ 압연성이 풍부하며 가공이 쉬울 것
⑤ 가격이 쌀 것
⑥ 저항 온도 계수가 +로서 그 값은 비교적 적다.
⑦ 선팽창 계수가 작아야 한다.

15 알칼리 축전지의 양극에 쓰이는 것은?

① 납   ② 철
③ 카드뮴   ④ 산화니켈

> **해설**

전지 – 2차전지
알칼리 축전지
① 양극 : $Ni(OH)_2$(수산화 니켈)
② 음극 : 융그녀축전지 Cd(카드뮴), 에디슨축전지 Fe(철)
③ 전해액 : KOH(수산화칼륨)
④ 공칭전압 및 공칭 용량 : 1.2[V/cell], 5[Ah]

16 권상 하중이 100[t]이며, 1.5[m/min]의 속도로 물체를 들어올리는 권상기용 전동기의 용량은 약 몇 [kW]인가? (단, 전동기를 포함한 기중기의 총 효율은 70[%]이다.)

① 50   ② 40
③ 35   ④ 30

> **해설**

속기중기 및 권상기용 전동기 $P = \dfrac{9.8KvW}{\eta} = \dfrac{KVW}{6.12\eta}$ [kW]를 이용
분당 속도이며 여유계수는 조건에 주지 않았으므로 $K = 1$
$P = \dfrac{KVW}{6.12\eta} = \dfrac{1 \times 1.5 \times 100}{6.12 \times 0.7} = 35.014 ≒ 35$ [kW]
여기서, K : 여유계수(손실계수), W[ton] : 중량(하중)
v[m/sec] : 권상속도, η : 효율, V[m/min] : 권상속도

17 어떤 종이가 반사율 50[%], 흡수율 20[%]이다. 여기서 1200[lm]의 광속을 비추었을 때 투과 광속[lm]은?

① 36   ② 96
③ 360   ④ 960

> **해설**

조명의 기초량 계산
반사율 $\rho = 0.5$, 흡수율 $\delta(a) = 0.2$, 광속 $F = 1200$[lm]에서
$\rho + \tau + \delta = 1$이므로
투과율 $\tau = 1 - \rho - \delta = 1 - 0.5 - 0.2 = 0.3$이므로
투과광속 $F_\tau = \tau F = 0.3 \times 1200 = 360$[lm]이다.

[정답] 13 ①   14 ③   15 ④   16 ③   17 ③

18 철-크롬 제2종의 최고사용온도[°C]는?

① 500   ② 900
③ 1000 ④ 1100

해설

전열재료(발열체)
발열체의 종류 및 온도

금속발열체	니크롬선 (가정용이며 저항은 구리에 60배)	1종	1100[°C]
		2종	900[°C]
	철-크롬선 (공업용이며 저항은 구리의 80배)	1종	1200[°C]
		2종	1100[°C]
순금속 발열체	백금		1768[°C]
	몰리브덴		2610[°C]
	탄탈		2886[°C]
	텅스텐		3380[°C]
비금속 발열체	탄화규소(SiC)		1400[°C]

19 출력 P[kW], 속도 N[rpm]의 전동기 토크[kg·m]는?

① $746\dfrac{P}{N}$ ② $850\dfrac{P}{N}$
③ $975\dfrac{P}{N}$ ④ $975NP$

해설

전동기 운동력학 기초 – 회전운동의 기본식

① $T = 0.975\dfrac{P}{N}$[kg·m]

여기서, P[W] : 2차출력, N[rpm] : 분당 회전수

② $T = 975\dfrac{P}{N}$[kg·m]

여기서, P[kW] : 2차출력, N[rpm] : 분당 회전수

20 기동 토크가 가장 큰 특성을 가지는 전동기는?

① 직류 분권 전동기   ② 직류 직권 전동기
③ 3상 농형 유도 전동기   ④ 3상 동기 전동기

해설

부하의 속도 및 토크 특성 – 속도 특성에 의한 분류
직류 직권 전동기의 토크 $T = K\phi I_a = KI_a^2$으로 $T \propto I^2$관계로 부하에 대한 토크의 증가율이 가장 크며 크레인, 기중기, 전차 등에 쓰인다.

시행일 2023년 2회

01 복진지에 대한 설명으로 옳은 것은?

① 열차의 진동을 막는것
② 열차의 탈선을 막는것
③ 침목의 이동을 막는 것
④ 레일이 열차의 진행과 반대방향으로 이동하는 것을 막는 것

해설

전기철도– 궤도의 구조
복진지(엔티 클리핑)란 레일이 열차 진행 방향의 반대 또는 같은 방향으로 이동하는 것을 막는 것이다.

02 다음 중 금속발열체에 해당하지 않는 것은?

① 니크롬 제1종   ② 니크롬 제2종
③ 철크롬 제2종   ④ 탄화규소

해설

발열체의 종류 및 온도

금속발열체	니크롬선 (가정용이며 저항은 구리에 60배)	1종	1100[°C]
		2종	900[°C]
	철-크롬선 (공업용이며 저항은 구리의 80배)	1종	1200[°C]
		2종	1100[°C]
비금속 발열체	탄화규소(SiC)		1400[°C]

[정답] 18 ④ 19 ③ 20 ② 2023년 2회 01 ④ 02 ④

03 농형 유도 전동기의 기동법인 것은?

① Y-△ 기동법, 기동 보상법, 리액터 기동법
② 직입 기동법, Y-△ 기동법, 극수 변환법
③ 직입 기동법, Y-△ 기동법, 2차 여자 기동법
④ 직입 기동법, Y-△ 기동법, 2차 저항 제어법

해설

3상 농형유도 전동기 기동법
① 직입 기동(전 전압법)   ② Y-△기동
③ 기동보상기법   ④ 1차 저항 기동
⑤ 리액터 기동   ⑥ 콘도르파법

04 자동 제어의 추치 제어에 속하지 않는 것은?

① 추종 제어   ② 프로세스 제어
③ 프로그램 제어   ④ 비율 제어

해설

자동제어계의 분류
목표값(제어목적)에 의한 분류
1) 정치제어 : 목표값이 시간에 관계없이 항상 일정한 값을 제어
   ① 프로세스제어
   ② 자동 조정 제어
2) 추치제어 : 목표값의 크기나 위치가 시간에 따라 변하는 값을 제어
   ① 추종제어
   ② 프로그램제어
   ③ 비율제어

05 무인 커피 판매기는 무슨 제어인가?

① 프로세스 제어   ② 서보 제어
③ 자동 조정   ④ 시퀀스 제어

해설

자동제어계의 분류
시퀀스 제어는 미리 정해 놓은 순서 또는 일정한 논리에 의하여 정해진 순서에 따라 제어의 각 단계를 순서적으로 진행하는 제어이며 대표적으로 커피 자판기가 시퀀스제어에 해당 됩니다.

06 정전압형 발전기에 해당하지 않는 것은?

① 로젠베르그   ② 베르그만
③ 제3브러시   ④ 로토트롤

해설

정전압형 발전기
정전압형 발전기로는 로젠베르그, 베르그만, 제3브러시 등이 있다. 로토트롤의 경우 증폭 발전기에 해당한다.

07 피열물에 직접 통전하여 발열시키는 직접식 저항로가 아닌 것은?

① 카바이드로   ② 염욕로
③ 흑연화로   ④ 알루미늄로

해설

전기 가열의 방식 – 저항가열
① 직접 가열 저항로의 종류
   흑연화로, 카바이트로, 카보런덤로 알루미늄 전해로 알루미늄 제철로
② 간접 가열 저항로의 종류
   염욕로, 클립톨로, 발열체로

08 무영등(無影燈)의 사용이 절실히 요구되는 곳은?

① 수술실   ② 초정밀 가공식
③ 축구 경기장   ④ 천연색 촬영실

해설

광원 – 특수 전구 및 특수 광원
무영등은 간접조명이며 그림자가 발생하지 않아 의료 수술실에 사용하는 등을 말한다.

09 전동기를 발전기로 작용시켜 그 출력을 저항으로 소모시키는 제동법은?

① 발전 제동   ② 회생 제동
③ 역상 제동   ④ 와류 제동

[정답] 03 ① 04 ② 05 ④ 06 ④ 07 ② 08 ① 09 ①

> **해설**

전동기 제동법
발전 제동 : 전동기의 전기자 전원을 끊고 전동기를 발전기로 전환하여 발생 전력을 단자에 접속된 저항에서 열로 소비하여 제동

10 SCR의 특징을 설명한 것 중 맞지 않는 것은?

① 소형이면서 가볍고 고속동작이다.
② Turn-off 시간 및 순방향 전압 강하는 다이라트론(Thyratron)보다 우수하다.
③ 입력신호의 제어로 전류 출력전압은 제어할 수 있다.
④ 제어가 되지 않는다.

> **해설**

전력용 반도체 – 사이리스터
SCR의 특징
ⓐ 소형이면서 위상제어가 가능하며 대용량 대전력용 정류기로 적당하다.
ⓑ 최고 허용온도가 140~200[℃]이므로 온도의 영향이 적다.
ⓒ 무접점 스위칭 및 AVR 전력 제어용
ⓓ 아크가 생기지 않으므로 열의 발생이 적다.
ⓔ 게이트에 신호를 인가할 대부터 도통할 때까지의 시간이 짧다.
ⓕ 게이트 전류(I_G)로 통전 전압을 가변시킨다.
ⓖ 게이트 전류의 위상각으로 통전 전류의 평균값을 제어시킬 수 있다.
ⓗ 이온 소멸 시간이 짧다.
ⓘ 부성저항 특성이 있으며 과전압에 약하다.
ⓙ Turn-off 시간 및 순방향 전압 강하는 다이라트론(Thyratron)보다 우수하다.

11 4[kW] 전력으로 1시간에 20000[kcal]의 열을 방열 시 열펌프의 성능계수[C.O.P]는 얼마인가?

① 0.58　　② 5.8
③ 0.17　　④ 1.7

> **해설**

열펌프 효율
열펌프 효율 : $1 \leq \eta$ → $\dfrac{\text{kcal}}{860 \times \text{kW} \times \text{h}} = \dfrac{20000}{860 \times 4 \times 1} = 5.813$

12 평균 구면 광도 100[cd]의 전구 5개를 지름 10[m]인 원형의 방에 점등할 때 조명률 0.5, 감광보상률 1.5라 하면, 방의 평균 조도[lx]는?

① 약 26　　② 약 35
③ 약 48　　④ 약 59

> **해설**

조명설계
조명설계 식을 이용 $NFU = ESD$
조도 $E = \dfrac{NFU}{SD}[\text{lx}]$
이때 광속과 면적을 주어지지 않았으므로 계산을 하면
평균 구면광도 $I = \dfrac{F}{4\pi}[\text{cd}]$이고
광속 $F = 4\pi I = 4\pi \times 100 = 400\pi = 1256.637[\text{lm}]$
면적은 원형의 방이므로 $S = \pi r^2 = \pi \times 5^2 = 25\pi = 78.539[\text{m}^2]$
$E = \dfrac{FUN}{DS} = \dfrac{1256.637 \times 0.5 \times 5}{1.5 \times 78.539} = 26.666 \fallingdotseq 26[\text{lx}]$
여기서, N[등] : 전등(광원) 수, F[lm] : 전등 1개의 광속, NF[lm] : 전체 소요광속, U : 조명율, E[lx] : 평균 조도, S[m²] : 면적, $D = \dfrac{1}{M}$: 감광보상율, $M = \dfrac{1}{D}$: 유지율

13 열전 온도계의 원리는?

① 핀치 효과　　② 톰슨 효과
③ 제벡 효과　　④ 홀 효과

> **해설**

온도측정
① 저항 온도계 : 순수 금속의 저항율이 온도 변화에 비례하여 변화하는 것을 이용한 온도계
② 열전 온도계 : 서로 다른 두 종류 금속의 열전대에 온도차를 주면 기전력 발생하는 제어벡 효과를 이용한 온도계
③ 방사(복사) 온도계 : 온도 복사에 관한 스테판 – 볼쯔(츠)만 법칙을 이용한 온도계
④ 광고온계 : 온도 복사에 의한 플랑크의 복사(방사)법칙을 이용한 온도계

[정답] 10 ④　11 ②　12 ①　13 ③

14 폭연성의 먼지 또는 가스가 체류하는 장소에서 사용 가능한 기구는?

① 방폭형　　② 방진형
③ 방적형　　④ 방수형

해설

방폭형 기구
폭발의 위험이 있는 장소에서는 방폭형 기구를 사용해야한다.

15 축전지를 사용 할 때 극판이 휘고, 내부 저항이 대단히 커져서 용량이 감퇴되는 원인은?

① 전지의 황산화　　② 과도방전
③ 전해액의 농도　　④ 감극작용

해설

전지 – 2차전지
극판의(전지의) 황산화 : 납축전지를 방전 상태에서 오랫동안 방치하면 극판에 백색의 황산납이 생기는 현상으로 극판이 휘어지고 내부저항이 대단히 커져서 용량이 감소한다.

16 전지에서 자체 방전 현상이 일어나는 것은 다음 중 어느 것과 가장 관련이 있는가?

① 전해액 농도　　② 이온화 경향
③ 전해액 온도　　④ 불순물 혼합

해설

전지 – 1차전지
국부작용이란 불순물 혼합에 의해 국부적인 자체 방전 현상을 말한다.

17 흑연화 전기로의 가열 방식은?

① 아크 가열　　② 유전 가열
③ 유도 가열　　④ 저항 가열

해설

전기 가열의 방식 – 저항가열
① 직접 가열 저항로의 종류
　흑연화로, 카바이트로, 카보런덤로 알루미늄 전해로 알루미늄 제철로
② 간접 가열 저항로의 종류
　염욕로, 클립톨로, 발열체로

18 다음 중 잘못된 것은?

① $1[\text{lx}] = 1[\text{lm/m}^2]$　　② $1[\text{ph}] = 1[\text{lm/cm}^2]$
③ $1[\text{ph}] = 10^5[\text{lx}]$　　④ $1[\text{rlx}] = 1[\text{lm/m}^2]$

해설

조명의 기초량 계산
조도의 단위
① $1[\text{lm/m}^2] = 1[\text{lx}]$ 럭스
② $1[\text{lm/cm}^2] = 10^4[\text{lx}] = 1[\text{ph}]$ 포토

19 200[W] 전구를 우유색 구형 글로브에 넣었을 경우 우유색 유리 반사율을 40[%], 투과율은 50[%]라고 할 때 글로브의 효율[%]을 구하면?

① 40　　② 55
③ 83　　④ 104

해설

조명의 기초량 계산
글로브의 효율 $\eta = \dfrac{\tau}{1-\rho} \times 100[\%]$

$\eta = \dfrac{\tau}{1-\rho} \times 100 = \dfrac{0.5}{1-0.4} \times 100 = 83.333 ≒ 83[\%]$

20 반간접 조명의 설계에서 등(燈)의 높이란?

① 피조면 에서 등(燈)까지의 높이
② 바닥면 에서 등(燈)까지의 높이
③ 피조면 에서 천장까지의 높이
④ 바닥면 에서 천장까지의 높이

[정답] 14 ①　15 ①　16 ④　17 ②　18 ③　19 ③　20 ③

> **해설**

조명설계
등 고(등의 설치 높이) H
① (반) 직접 조명 : 피조면 에서 광원까지
② (반) 간접 조명 : 피조면 에서 천장까지

시행일 **2023년 4회**

01 자동차 기타 차량공업, 기계 및 전기 기계기구 등과 기타 금속제품의 도장을 건조하는데 주로 이용되는 가열 방식은?

① 저항가열
② 고주파 가열
③ 유도 가열
④ 적외선 가열

> **해설**

전기 가열의 방식 – 적외선 가열
적외선가열은 방직, 염색, 도장, 수지 가공 등의 공산품의 표면 건조에 이용된다.

02 자동제어 분류에서 제어량에 의한 분류가 아닌 것은?

① 서보 기구
② 프로세스제어
③ 자동조정
④ 정치제어

> **해설**

자동제어계의 분류
1) 제어량의 종류에 의한 분류
　① 프로세스 제어　② 서보 제어
　③ 자동조정제어
2) 목표값의 시간적 성질에 의한 분류
　① 정치 제어　② 추치 제어

03 전기철도의 급전 방식으로 교류급전 방식 중 AT 급전 방식은 어떤 변압기를 사용하여 급전하는 방식을 말하는가?

① 스콧 변압기
② 3권선 변압기
③ 단권 변압기
④ 흡상 변압기

> **해설**

전기철도 교류급전 방식
① 직접급전방식
② 흡상(BT) 변압기방식 : 전자유도에 의한 통신유도장해 경감용 변압기
③ 단권(AT) 변압기 방식

04 1[kW]의 전열기를 사용하여 20[℃]의 물 10[ℓ]를 80[℃]까지 올리는데 걸리는 시간은?

① 약 1시간
② 약 30분
③ 약 1시간 15분
④ 약 42분

> **해설**

$$h = \frac{cm(T_2-T_1)}{860P\eta} = \frac{1\times10\times(80-20)}{860\times1\times1} = 0.7[\text{h}]$$

여기서 분으로 환산시 $0.7\times60=42[\text{분}]$

05 반사율 ρ, 투과율 τ, 흡수율 δ일 때 이들의 관계식은?

① $-\rho+\tau+\delta=1$
② $\rho+\tau+\delta=1$
③ $\rho+\tau+\delta=-1$
④ $\rho-\tau-\delta=1$

> **해설**

조명의 기초량 계산
빛의 원리

반사율 $\rho = \dfrac{\text{반사광속}}{\text{입사광속}} \times 100[\%]$

투과율 $\tau = \dfrac{\text{투과광속}}{\text{입사광속}} \times 100[\%]$

흡수율 $\delta(\alpha) = \dfrac{\text{흡수광속}}{\text{입사광속}} \times 100[\%]$

$\rho+\tau+\delta=1$ 이 된다.

06 전기분해에 의하여 전극에 석출되는 물질의 양은 전해액을 통과하는 총 전기량에 비례하고 또 그 물질의 화학당량에 비례하는 법칙은?

① 암페어(Ampere)의 법칙
② 패러데이(Faraday)의 법칙

[정답] 2023년 4회　01 ④　02 ④　03 ③　04 ④　05 ②　06 ②

③ 톰슨(Thomson)의 법칙
④ 줄(Joule)의 법칙

해설

페러데이 법칙
전기분해에 의해 석출되는 물질의 양은 전해액을 통과하는 전기량에 비례하고 물질의 화학 당량에 비례한다.

07 모든 방향의 광도 360[cd]되는 전등을 지름 3[m]의 책상중심 바로 위 2[m]되는 곳에 놓았다. 책상 위의 최소 수평조도는?

① 35
② 46
③ 71
④ 90

해설

수평면조도 $E_h = E_n \cdot \cos\theta = \dfrac{I}{\ell^2}\cos\theta$

$\ell = \sqrt{2^2 + 1.5^2} = 2.5[\text{m}]$

$\therefore E_h = \dfrac{360}{2.5^2} \times \dfrac{2}{2.5} \fallingdotseq 46$

08 가시광선 파장[nm]의 범위는?

① 280~310
② 380~760
③ 400~430
④ 555~580

해설

가시광선의 파장의 범위

색상	보라색(자색)	파랑색	녹색	노랑색	주황색	빨강색(적색)
파장[mm]	380~430	430~452	452~550	550~590	590~640	640~760

09 표준전지에 쓰이는 것이 아닌 것은?

① $CdSO_4$
② Cd
③ CdS
④ H_2SO_4

해설

표준전지
CdS는 황화카드뮴으로 표준전지에 속하지 않는다.

10 유도 전동기를 기동하여 각속도 ω_s에 이르기까지 회전자에서의 발열손실 Q를 나타내는 식은? (단, J는 관성 모멘트이다.)

① $Q = \dfrac{1}{2}J^2\omega_s^2$
② $Q = \dfrac{1}{2}J^2\omega_s$
③ $Q = \dfrac{1}{2}J\omega_s^2$
④ $Q = \dfrac{1}{2}J\omega_s$

해설

전동기 운동력학 기초 – 회전운동의 기본식
회전자의 발열 손실은 회전 시 회전속도에 의해 회전자에 축적된 운동에너지와 같으므로 $Q = \dfrac{1}{2}J\omega_s^2[\text{J}]$이다.

11 500[W]의 전열기로 물 2[kg]을 10[℃]에서 100[℃]까지 가열하는데 약 몇 분[min]이 걸리겠는가? (단, 전열기의 발생열은 전부 물의 온도로 이용된다고 가정한다.)

① 70
② 60
③ 25
④ 20

해설

$h = \dfrac{cm\theta}{860P\eta} = \dfrac{1 \times 2 \times 90}{860 \times 0.5 \times 1} = 0.42[\text{h}]$

분으로 환산시 $0.42 \times 60 = 25.2[\text{분}]$

12 기중기 등으로 물건을 내릴 때 또는 전차가 언덕을 내려가는 경우 전동기가 갖는 운동에너지를 전기에너지로 변환하고, 이것을 전원에 반환하면서 속도를 점차로 감속시키는 제동법은?

① 발전제동
② 회생제동
③ 역상제동
④ 와류제동

[정답] 07 ② 08 ② 09 ③ 10 ③ 11 ③ 12 ②

> **해설**

전동기 제동법
회생 제동은 전동기에 전원을 접속한 상태에서 전동기를 발전기로 전환하여 역기전력을 전원전압보다 높게 발생된 전력을 전원 측에 반환하면서 제동

13 다음 SCR 기호 중 옳은 것은?

① [기호] ② [기호]
③ [기호] ④ [기호]

> **해설**

SCR에서 G는 게이트단자로 G로 전류가 흘러야 A에서 K로 전류가 흐를 수 있다.

14 반도체 소자의 종류 중에서 게이트에 의한 턴온을 이용하지 않는 소자는?

① SSS   ② SCR
③ GTO   ④ SCS

> **해설**

사이리스터의 구분
- 양방향성(쌍방향성) 소자 : DIAC, TRIAC, SSS
- 역저지(단방향성) 소자 : SCR, SCS, GTO, Diode

15 방전등의 전압전류특성은 부특성으로 일정전압의 전원에 연결하면 전류가 급속히 증대되어 방전등을 파괴할 수 있다. 이를 방지하기 위한 장치는?

① 커패시터   ② 안정기
③ 바이메탈   ④ 형광체

> **해설**

안정기
방전등의 전압전류특성은 마이너스 특성으로 일정전압의 전원에 연결하면 전류가 급속히 증대되어 방전등을 파괴할 수 있으므로 이를 방지하기 위한 장치를 말한다.(안정기 역율 50~60[%], 고 역율 안정기는 85[%])

16 가시광선을 구성하는 색 중 파장이 가장 긴 색은?

① 적색   ② 녹색
③ 황색   ④ 청색

> **해설**

가시광선
가시광선을 구성하는 색상에서 사람의 눈으로 감광 할 수 있는 파장 중 보라색이 380~430으로 가장 낮으며, 빨강색(적색)이 640~760으로 가장 길다.

17 유전 가열과 유도 가열의 공통점은?

① 교류만 사용한다.
② 선택 가열이 가능하다.
③ 파열물 자체를 직접 가열한다.
④ 전기적 절연물을 직접 가열한다.

> **해설**

전기 가열의 방식
유도가열과 유전가열의 공통점은 직류 전원은 사용 불가능 즉 교류만 사용이 가능하다.

18 다음 중 전기저항 용접이 아닌 것은?

① 점 용접   ② 불꽃 용접
③ 심 용접   ④ 원자 수소 용접

> **해설**

저항 용접의 종류

[정답] 13 ③ 14 ① 15 ② 16 ① 17 ① 18 ④

① 점 용접(Spot welding) : 전구의 필라멘트, 열전대 접점의 용접에 이용
② 돌기용접(Projection welding) : 프로젝션 용접이라고도 한다.
③ 이음매 용접(심 용접)(Seam welding)
④ 맞대기 용접 : 업셋과 플래쉬(불꽃) 용접이 있다.
⑤ 충격 용접 : 고유저항이 적고 열전도율이 큰 것에 사용(경금속 용접)

19 잔류편차가 발생하는 제어 방식은?

① 비례제어　　② 적분제어
③ 비례적분제어　　④ 비례적분미분제어

🔍 **해설**

연속동작에 의한 분류
비례동작(P제어) : Off-set(오프셋, 잔류편차, 정상편차, 정상오차)가 발생, 속응성(응답속도)이 나쁘다.

20 전차용 전동기에 보극을 실시하는 이유는?

① 진동 방지　　② 역회전 방지
③ 섬락 방지　　④ 불꽃 방지

🔍 **해설**

전차용 전동기
전기철도 전동기에는 역회전을 방지하기 위하여 보극을 설치한다.

시행일　2024년 1회

01 무인 엘리베이터의 자동제어는?

① 정치제어　　② 추종제어
③ 프로그래밍제어　　④ 비율제어

🔍 **해설**

프로그램제어
미리 정해진 시간적 변화에 따라 정해진 순서대로 제어 하며 무인 엘리베이터, 무인 자판기, 무인 열차, 산업용 로봇 제어가 이에 해당 된다.

02 휘도가 균일한 긴 원통 광원의 축 중앙 수직 방향의 광도가 100[cd]일 때 전광속[lm]은 약 얼마인가?

① 514[lm]　　② 100[lm]
③ 986[lm]　　④ 1256[lm]

🔍 **해설**

원통광원 $F=\pi^2 I=\pi^2 \times 100 = 986[\text{lm}]$

03 출력이 7000[W], 900[rpm]으로 회전하고 있는 전동기의 토크[kg·m]는?

① 15.2　　② 8.77
③ 7.58　　④ 10.2

🔍 **해설**

전동기의 토크
전동기의 토크 $T=0.975\dfrac{P}{N}[\text{kg}\cdot\text{m}]$이므로
$T=0.975\times\dfrac{7000}{900}=7.583≒7.58[\text{kg}\cdot\text{m}]$
여기서, $P[\text{W}]$: 2차출력, $N[\text{rpm}]$: 분당 회전수

04 납축전지에 대한 설명 중 틀린 것은?

① 공칭전압은 1.2[V]이다.
② 전해액으로 묽은 황산을 사용한다.
③ 주요 구성부분은 극판, 격리판, 전해액, 케이스로 이루어져 있다.
④ 양극은 이산화납을 극판에 입힌 것이고, 음극은 해면 모양의 납이다.

🔍 **해설**

축전지
- 납(연) 축전지의 공칭전압 및 공칭 용량: 2[V/cell], 10[Ah]
- 알칼리 축전지의 공칭전압 및 공칭 용량: 1.2[V/cell], 5[Ah]

[정답] 19 ①　20 ②　2024년 1회　01 ③　02 ③　03 ②　04 ①

05 전기가열 방식 중 전기적 절연물에 교번전계를 가할 때 물체 내부의 전기 쌍극자의 회전에 의해 발열하는 가열 방식은?

① 저항 가열
② 유도 가열
③ 유전 가열
④ 전자빔 가열

🔍 **해설**

유전가열
전기적 절연물에 교번전계를 가할 때 물체 내부의 전기 쌍극자의 회전에 의해 발열하는 가열 방식이다.

06 어느 쪽 게이트에서든 게이트 신호를 인가할 수 있고, 역저지 4극 사이리스터로 구성된 것은?

① SCS
② GTO
③ PUT
④ DIAC

🔍 **해설**

사이리스터
- 2극(단자) 소자 : DIAC, SSS, Diode
- 3극(단자) 소자 : SCR, LASCR, GTO, TRIAC
- 4극(단자) 소자 : SCS

07 적분 요소의 전달함수는?

① K
② Ts
③ 1/Ts
④ K/1+Ts

🔍 **해설**

제어요소의 전달함수
① K : 비례 요소
② $\dfrac{1}{1+T_s}$: 1차 지연 요소
③ $\dfrac{1}{T_s}$: 적분 요소
④ T_s : 미분 요소

08 전기철도에서 전식을 방지하는 방법이 아닌 것은?

① 전차선 전압을 승압 한다.
② 변전소 간격을 단축 한다.
③ 도상의 절연저항을 작게 한다.
④ 귀선로의 저항을 적게 한다.

🔍 **해설**

전기철도 전식방지
전기철도측
- 변전소 간 간격 축소
- 레일본드의 양호한 시공
- 장대레일채택
- 절연도상 및 레일과 침목사이에 절연층의 설치(절연을 크게)

09 반사율 10[%], 흡수율 20[%]인 5.6[m²]의 유리면에 광속 1000[lm]인 광원을 균일하게 비추었을 때, 그 이면의 광속 발산도[rlx]는? (단, 전등 기구 효율은 80[%]이다.)

① 100
② 114
③ 129
④ 142

🔍 **해설**

조명의 기초량 계산

광속발산도 광속발산도 $R = \dfrac{F}{S}\eta = \eta E = \rho E = \tau E = \pi B\,[\text{rlx}]$

이면(반대쪽 면)의 광속 발산도이므로 투과 광속을 이용하여 계산 하여야 한다.

빛의 원리 $\rho + \tau + \delta(\alpha) = 1$ 이므로
투과율 $\tau = 1 - \rho - \delta(\alpha) = 1 - 0.1 - 0.2 = 0.7$

이면의 광속 발산도 $R = \dfrac{\tau F}{S} \cdot \eta = \dfrac{0.7 \times 1000}{5.6} \times 0.8 = 100\,[\text{rlx}]$

10 반지름이 1500[m]인 곡선 궤도를 시속 120[km/h]인 열차가 주행하기 위한 고도 [mm]는 약 얼마인가? (단, 궤간은 1435[mm]이다.)

① 25.4
② 51.5
③ 84.0
④ 108.5

[정답] 05 ③ 06 ① 07 ③ 08 ③ 09 ① 10 ④

> **해설**

전기 철도의 선로 – 곡선과 구배

고도(켄트) $h = \dfrac{GV^2}{127R}$ [mm]이므로

$h = \dfrac{1435 \times 120^2}{127 \times 1500} = 108.472 ≒ 108.5$ [mm]

여기서, G[mm] : 궤간, V[km/h] : 평균속도
R[m] : 곡선반지름(곡률반경)

11 다음은 사이리스터를 이용하여 얻을 수 있는 결과들이다. 적당하지 않은 것은?

① 교류 전력 제어
② 주파수 변환
③ 직류 위상 변환
④ 직류 전압 변환

> **해설**

전력용 반도체 – 사이리스터

사이리스터(Thyristor) : PN 접합 3개 이상 내장하여 ON → OFF(OFF → ON) 전환하는 장치로 제어단자(G)로부터 음극(K)에 전류를 흘리는 것으로, 양극(A)과 음극(K) 사이를 도통(導通)시킬 수 있는 3단자의 반도체 소자이며, 사이리스터는 교류 위상 제어, 정지 스위치, 인버터 초퍼, 타이머 회로, 트리거 카운터, 과전압 보호 등에 쓰인다.

12 가시광선 중에서 시감도가 가장 좋은 광색과 그 때의 시감도[nm]는 얼마인가?

① 황적색, 680[nm]
② 황록색, 680[nm]
③ 황적색, 555[nm]
④ 황록색, 555[nm]

> **해설**

최대 시감도

① 파장 : 555[nm]
② 발광효율 : 680[lm/W]
③ 색상 : 황록색

13 직접 가열식 저항로의 고온을 가열하여 흑연화시키는 데 이용되는 전극은?

① 텅스텐 전극
② 니켈 전극
③ 탄소 전극
④ 철 전극

> **해설**

흑연화로

상용주파 단상교류 전원을 사용하는 방식으로 열효율이 최대이며 무정형 탄소 전극으로 2200[°C] 이상의 고온 으로 가열하여 이를 흑연화 시키는 저항로를 말한다.

14 용접의 종류 중에서 저항용접이 아닌 것은?

① 점 용접
② 심 용접
③ TIG 용접
④ 프로젝션 용접

> **해설**

저항 용접의 종류

① 점 용접(Spot welding) : 전구의 필라멘트, 열전대 접점의 용접에 이용
② 돌기용접(Projection welding) : 프로젝션 용접이라고도 한다.
③ 이음매 용접(심 용접)(Seam welding)
④ 맞대기 용접 : 업셋과 플래쉬(불꽃) 용접이 있다.
⑤ 충격 용접 : 고유저항이 적고 열전도율이 큰 것에 사용(경금속 용접)

15 가로조명, 도로조명 등에 사용되는 저압 나트륨등의 설명으로 틀린 것은?

① 효율은 높고 연색성은 나쁘다.
② 점등 후 10분 정도에서 방전이 안정된다.
③ 냉음극이 설치된 발광관과 외관으로 되어 있다.
④ 실용적인 유일한 단색광원으로 589[nm]의 파장을 낸다.

> **해설**

나트륨등

열음극이 설치된 발광관과 외관으로 되어 있다.

[정답] 11 ③　12 ④　13 ③　14 ③　15 ③

16 단위 변환이 틀리게 표현된 것은?

① $1[\text{J}] = 0.2389 \times 10^{-3}[\text{kcal}]$
② $1[\text{kWh}] = 860[\text{kcal}]$
③ $1[\text{BTU}] = 0.252[\text{kcal}]$
④ $1[\text{kcal}] = 3968[\text{J}]$

해설

$1[\text{kcal}] = 4184[\text{J}]$

17 열 회로에서 열용량의 단위는?

① $[\text{J/°C} \cdot \text{cm}]$
② $[\text{J/°C}]$
③ $[\text{J/cm}^2 \cdot \text{°C}]$
④ $[\text{J/cm}^3 \cdot \text{°C}]$

해설

전 열	
명 칭	기 호 및 단 위
온도차	$\theta[\text{°C}]$
열 류	$I[\text{W}]$
열저항	$R[\text{°C/W}]$
열 량	$Q[\text{J}]$
열전도율	$k[\text{W/m} \cdot \text{°C}]$
열저항율	$\rho[\text{m} \cdot \text{°C/W}]$
열용량	$C[\text{J/°C}]$

18 절대온도 $T[\text{K}]$인 흑체의 복사발산도(전방사에너지)는? (단, σ는 스테판-볼츠만의 상수이다.)

① σT
② $\sigma T^{1.6}$
③ σT^2
④ σT^4

해설

스테판 볼츠만의 법칙
$W = KT^4[\text{W/m}^2]$
여기서, K : 스테판 볼츠만 상수, T : 절대 온도

19 모든 방향으로 860[cd]의 광도를 갖는 전등을 지름 4[m]인 원형 탁자의 중심에서 수직으로 3[m] 위에 점등하였다. 이 원형 탁자의 평균조도[lx]는 얼마인가?

① 72
② 126
③ 144
④ 180

해설

$$E = \frac{F}{S} = \frac{2\pi I(1-\cos\theta)}{\pi r^2} = \frac{2\pi \times 860\left(1 - \frac{3}{\sqrt{13}}\right)}{\pi \times 2^2} = 72[\text{lx}]$$

20 권상 하중 10[t] 권상 속도 8[m/min]의 천장 권상기의 권상용 전동기의 소요동력[kW]은 얼마나 되겠는가? (단, 권상장치의 효율은 70[%]이다.)

① 약 7
② 약 12
③ 약 19
④ 약 28

해설

$$P = \frac{WV}{6.12\eta} = \frac{10 \times 8}{6.12 \times 0.7} = 18.67[\text{kW}]$$

시행일 ▶ 2024년 2회

01 니켈-카드뮴(Ni-Cd) 축전지에 대한 설명으로 틀린 것은?

① 1차 전지이다.
② 전해액으로 수산화칼륨이 사용된다.
③ 양극에 수산화니켈, 음극에 카드뮴이 사용된다.
④ 탄광의 안전등 및 조명등용으로 사용된다.

해설

니켈-카드뮴 축전지의 경우 2차전지에 속한다.

[정답] 16 ④ 17 ② 18 ④ 19 ① 20 ③   2024년 2회 01 ①

02 다음 SCR 기호 중 옳은 것은?

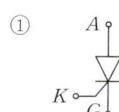

해설
SCR에서 G는 게이트단자로 G로 전류가 흘러야 A에서 K로 전류가 흘를 수 있다.

03 유도전동기를 기동하여 각속도 ωs에 이르기까지 회전자에서의 발열손실을 Q를 나타낸 식은? (단, J는 관성모멘트이다.)

① $Q = \dfrac{1}{2} J^2 \omega_s^2$
② $Q = \dfrac{1}{2} J^2 \omega_s$
③ $Q = \dfrac{1}{2} J \omega_s^2$
④ $Q = \dfrac{1}{2} J \omega_s$

해설
발열손실 $Q = \dfrac{1}{2} J \omega_s^2$

04 반사율 ρ, 투과율 τ, 흡수율 δ일 때 이들의 관계식은?

① $-\rho + \tau + \delta = 1$
② $\rho + \tau + \delta = 1$
③ $\rho + \tau + \delta = -1$
④ $\rho - \tau - \delta = 1$

해설
반사율과 투과율과 흡수율의 합은 1이다.

05 1[kW]의 전열기를 사용하여 20[℃]의 물 5[ℓ]를 70[℃]까지 올리는데 걸리는 시간[min]은?

① 14.6
② 12.1
③ 17.4
④ 25.6

해설
$t = \dfrac{C \cdot m (T - T_0)}{860 \eta P} = \dfrac{1 \times 5 \times (70-20)}{860 \times 1 \times 1} \times 60 = 17.4 [분]$

06 전기철도의 교류 급전방식 중 AT 급전방식은 어떤 변압기를 사용하여 급전하는 방식을 말하는가?

① 단권변압기
② 흡상변압기
③ 스코트변압기
④ 3권선변압기

해설
교류급전 방식
① 직접급전방식
② 흡상(BT) 변압기방식 : 전자유도에 의한 통신유도장해 경감용 변압기
③ 단권(AT) 변압기 방식

07 파장폭이 좁은 3가지의 빛을 조합하여 효율이 높은 백색 빛을 얻는 3파장 형광램프에서 3가지 빛이 아닌 것은

① 청색
② 녹색
③ 황색
④ 적색

해설
3파장 형광등
청색, 녹색, 적색의 형광체를 조합해서 구성된다.

08 가시광선 파장[nm]의 범위는?

① 280 ~ 310
② 380 ~ 760
③ 400 ~ 430
④ 555 ~ 580

해설
가시광선의 파장의 범위
가시광선을 사람의 눈으로 감광 할 수 있는 파장

[정답] 02 ③ 03 ③ 04 ② 05 ③ 06 ① 07 ③ 08 ②

색 상	보라색(자색)	파랑색	녹색	노랑색	주황색	빨강색(적색)
파장 [mm]	380~430	430~452	452~550	550~590	590~640	640~760

09 전차용 전동기에 보극을 실시하는 이유는?

① 진동 방지 ② 역회전 방지
③ 섬락 방지 ④ 불꽃 방지

🔍 **해설**

전차용 전동기
전기철도 전동기에는 역회전을 방지하기 위하여 보극을 설치한다.

10 기중기 등으로 물건을 내릴 때 또는 전차가 언덕을 내려가는 경우 전동기가 갖는 운동에너지를 전기에너지로 변환하고, 이것을 전원에 반환하면서 속도를 점차로 감속시키는 제동법은?

① 발전제동 ② 회생제동
③ 역상제동 ④ 와류제동

🔍 **해설**

전동기 제동법
회생 제동은 전동기에 전원을 접속한 상태에서 전동기를 발전기로 전환하여 역기전력을 전원전압보다 높게 발생된 전력을 전원 측에 반환하면서 제동

11 자동제어 분류에서 제어량에 의한 분류가 아닌 것은?

① 추종제어 ② 자동조정
③ 프로세스제어 ④ 서보기구

🔍 **해설**

1. 제어량의 종류에 의한 분류
   ① 프로세스 제어
   ② 서보 제어
   ③ 자동조정제어
2. 목표값의 시간적 성질에 의한 분류
   ① 정치 제어
   ② 추치 제어

12 자동차 등 차량공업, 기계 및 전기 기계기구, 기타 금속제품의 도장을 건조하는데 주로 이용되는 가열방식은?

① 저항 가열 ② 유도 가열
③ 고주파 가열 ④ 적외선 가열

🔍 **해설**

적외선 가열
적외선가열은 방직, 염색, 도장, 수지 가공 등의 공산품의 표면 건조에 이용된다.

13 다음 용접 방식 중 저항용접에 속하는 것은?

① 프로젝션 용접 ② 금속 아크 용접
③ 가스 용접 ④ 단 접

🔍 **해설**

저항 용접의 종류
① 점 용접(Spot welding) : 전구의 필라멘트, 열전대 접점의 용접에 이용
② 돌기용접(Projection welding) : 프로젝션 용접이라고도 한다.
③ 이음매 용접(심 용접)(Seam welding)
④ 맞대기 용접 : 업셋과 플래쉬(불꽃) 용점이 있다.
⑤ 충격 용접 : 고유저항이 적고 열전도율이 큰 것에 사용(경금속 용접)

14 잔류편차가 발생하는 제어 방식은?

① 비례제어 ② 적분제어
③ 비례적분제어 ④ 비례적분미분제어

🔍 **해설**

자동제어 동작에 따른 분류
① 연속제어
  • 비례제어(P동작) : 잔류편차(Offset)
  • 비례적분제어(PI동작)
  • 미분제어(D동작) : Rate제어(오차가 커지는 것을 미연에 방지)
② 불연속제어 : On-off 동작(전기냉장고)

[정답] 09 ② 10 ② 11 ① 12 ④ 13 ① 14 ①

15 반사율 ρ, 투과율 τ인 완전 확산성 구형 글로브의 중심에 광도 I의 점광원을 켰을 때, 광속 발산도는?

① $\dfrac{\tau I}{r^2(1-\rho)}$ ② $\dfrac{\rho I}{r^2(1-\rho)}$

③ $\dfrac{4\pi\rho I}{r^2(1-\tau)}$ ④ $\dfrac{\rho\pi I}{r^2(1-\rho)}$

🔍 **해설**

조명의 기초량 계산

광속발산도 $R = \dfrac{F}{S}\eta = \eta E = \rho E = \tau E = \pi B\,[\text{rlx}]$

구의 전광속 $F = 4\pi I\,[\text{lm}]$

구형 글로브의 면적 $S = 4\pi r^2\,[\text{m}^2]$

글로브의 효율 $\eta = \dfrac{\tau}{1-\rho}$

---

16 방전등의 전압-전류특성은 부 특성이므로 일정전압을 인가하면 전류가 급속히 증가하여 방전등이 파괴되는 것을 방지하는 장치는?

① 발광관   ② 콘덴서
③ 점등관   ④ 안정기

🔍 **해설**

안정기

방전등의 전압전류특성은 마이너스 특성으로 일정전압의 전원에 연결하면 전류가 급속히 증대되어 방전등을 파괴할 수 있으므로 이를 방지하기 위한 장치를 말한다.
(안정기 역율 50~60[%], 고 역율 안정기는 85[%])

---

17 반지름이 1500[m]인 곡선궤도를 시속 120[km/h]인 열차가 주행하기 위한 고도[mm]는 약 얼마인가? (단, 궤간은 1435[mm]이다.)

① 25.4   ② 51.5
③ 84.0   ④ 108.5

🔍 **해설**

곡선과 구배

고도(켄트) $h = \dfrac{GV^2}{127R}\,[\text{mm}]$이므로

$h = \dfrac{1435 \times 120^2}{127 \times 1500} = 108.472 ≒ 108.5\,[\text{mm}]$

여기서, $G[\text{mm}]$: 궤간, $V[\text{km/h}]$: 평균속도
$R[\text{m}]$: 곡선반지름(곡률반경)

---

18 전기분해에 의하여 전극에 석출되는 물질의 양은 전해액을 통과하는 총 전기량에 비례하고 또 그 물질의 화학당량에 비례하는 법칙은?

① 암페어(Ampere)의 법칙
② 패러데이(Faraday)의 법칙
③ 톰슨(Thomson)의 법칙
④ 줄(Joule)의 법칙

🔍 **해설**

전기분해

패러데이 법칙 : 전기분해에 의해 석출되는 물질의 양은 전해액을 통과하는 전기량에 비례하고 물질의 화학 당량에 비례한다.
$W = KQ = KIt\,[\text{g}]$
여기서, $W[\text{g}]$: 석출되는 물질의 양, $K[\text{g/C}]$: 화학당량,
$Q = It[\text{C}]$: 전기량, $I[\text{A}]$: 전류, $t[\text{s}]$: 시간

---

19 반도체 소자의 종류 중에서 게이트에 의한 턴온을 이용하지 않는 소자는?

① SSS   ② SCR
③ GTO   ④ SCS

🔍 **해설**

SSS는 2단자 소자로서 게이트가 없어 게이트에 의한 턴온을 할 수 없다.

---

20 유도가열과 유전가열의 공통된 특성은?

① 도체만을 가열한다.   ② 선택가열이 가능하다.
③ 절연체만을 가열하다.   ④ 직류를 사용할 수 없다.

[정답] 15 ①   16 ④   17 ④   18 ②   19 ①   20 ④

> **해설**
> - 유도가열 : 히스테리시스손 과 와류손을 즉 철손을 이용, 직류 전원은 사용 불가능
> - 유전가열 : 사용 주파수 : 1 ~ 200[MHz], 직류 전원은 사용 불가능

시행일 2024년 3회

01 어떤 전열기에서 5분 동안에 900000[J]의 일을 했다고 한다. 이 전열기에서 소비한 전력은 몇 [W]인가?

① 450
② 1800
③ 3000
④ 18000

> **해설**
> 전열기 소비전력 $P = \dfrac{E}{t}$
> 여기서, P : 전력[W], E : 에너지[J], t : 시간[s]
> $\therefore P = \dfrac{900000[\text{J}]}{5 \times 60[\text{s}]} = 3000[\text{W}]$

02 궤간이 1[m]이고 반경이 1270[m]인 곡선궤도를 64[km/h]로 주행하는데 적당한 고도는 약 몇 [mm]인가?

① 13.4
② 15.8
③ 18.6
④ 25.4

> **해설**
> $h = \dfrac{GV^2}{127R} = \dfrac{1000 \times 64^2}{127 \times 1270} = 25.4[\text{mm}]$

03 전지의 국부작용을 방지하는 방법은?

① 감극제
② 완전밀폐
③ 니켈 도금
④ 수은 도금

> **해설**
> 국부작용은 불순물 혼합에 의해 국부적인 자체 방전 현상이며 방지책으로 순수금속, 수은을 도금 한다.

04 백열전구의 동정 곡선은 다음 중 어느 것을 결정하는 중요한 요소가 되는가?

① 전류, 광속, 전압, 시간
② 전류, 광속, 효율, 시간
③ 광속, 휘도, 전압, 시간
④ 광속, 휘도, 효율, 시간

> **해설**
> **백열전구 동정곡선**
> 에이징후 필라멘트가 승화하여 가늘어지면서 저항이 증가하고 전류 및 광속은 감소하는 과정을 동정이라 하며 전류, 광속, 효율, 시간의 변화를 그래프상에 나타낸 것을 동정곡선이라 한다.

05 다음 중 가장 밝게 느껴지는 빛의 파장은?

① 255[nm]
② 355[nm]
③ 455[nm]
④ 555[nm]

> **해설**
> **최대 시감도**
> ① 파장 : 555[nm]
> ② 발광효율 : 680[lm/W]
> ③ 색상 : 황록색

06 2차전지에 속하는 것은?

① 적층 전지
② 내한 전지
③ 공기 전지
④ 자동차용 축전지

> **해설**
> **2차전지**
> 한번 사용한 뒤 다시 충전하여 계속 사용할 수 있는 재충전식 전지로 납(연)축전지, 알칼리축전지, 니켈 – 수소전지, 니켈 – 카드뮴전지, 자동차용 전지 등이 있다.

07 전기철도의 전기차량용으로 교류전동기를 사용할 때 장점으로 틀린 것은?

[정답] 2024년 3회 01 ③ 02 ④ 03 ④ 04 ② 05 ④ 06 ④ 07 ②

① 제한된 공간에서 소형·경량으로 할 수 있고, 대출력화가 가능하다.
② 브러시 및 정류가 있어서, 구조가 간단하고 제작 및 유지보수가 간단하다.
③ 속도제어 범위가 넓기 때문에 고속운전에 적합하다.
④ 인버터 제어방식으로 주 회로를 무접점화 할 수 있다.

해설
직류전동기가 아니므로 교류전동기는 브러시가 필요가 없다.

08 열차의 무인운전과 같이 미리 정해진 시간적 변화에 따라 정해진 순서대로 제어하는 방식은?

① 추종제어　　② 비율제어
③ 정치제어　　④ 프로그램제어

해설
자동제어계의 분류
프로그램제어는 미리 정해진 시간적 변화에 따라 정해진 순서대로 제어 하며 무인 엘리베이터, 무인 자판기, 무인 열차, 산업용 로봇 제어가 이에 해당된다.

09 서로 관계 깊은 것들끼리 짝지은 것이다. 틀린 것은?

① 유도가열 : 와전류손　　② 표면가열 : 표피효과
③ 형광등 : 스토크스정리　　④ 열전온도계 : 톰슨효과

해설
열전온도계
서로 다른 두 종류 금속의 열전대에 온도차를 주면 기전력 발생하는 제어벡 효과를 이용

10 평균구면광도가 780[cd]인 전구로부터 발산하는 전광속[lm]은 약 얼마인가?

① 9800　　② 8600
③ 7000　　④ 6300

해설
광원의 형태에 따른 전광속
구광원(백열전구) : $F = 4\pi I = 4 \times \pi \times 780 ≒ 9800 [\text{lm}]$

11 정류방식 중 맥동률이 가장 적은 것은? (단, 저항부하인 경우이다.)

① 3상 반파방식　　② 3상 전파방식
③ 단상 반파방식　　④ 단상 전파방식

해설
정류 - 다이오드 정류

정류종류	맥동률	맥동주파수[Hz]
단상반파	121%	f
단상전파	48%	$2f$
3상반파	17.7%	$3f$
3상전파 (6상반파)	4%	$6f$

12 반사율 50[%], 면적 50[cm]×40[cm]인 완전 확산면에 100[lm]의 광속을 투사하면 그 면의 휘도[cd/m²]는?

① 약 120　　② 약 100
③ 약 80　　④ 약 60

해설
조명의 기초량 계산
광속발산도 $R = \dfrac{F}{S}\eta = \eta E = \rho E = \tau E = \pi B [\text{rlx}]$

반사면의 조도 $E[\text{lx}]$와 휘도 $B[\text{nt}]$와의 관계는
$\rho E = \dfrac{F}{S}\rho = \pi B [\text{rlx}]$

반사면의 광속발산도 $R = \dfrac{F}{S}\rho = \dfrac{100}{0.5 \times 0.4} \times 0.5 = 250 [\text{rlx}]$이고
광속발산도 $R = \pi B [\text{rlx}]$이므로
휘도 $B = \dfrac{R}{\pi} = \dfrac{250}{\pi} = 79.577 ≒ 80 [\text{nt}]$

[정답] 08 ④　09 ④　10 ①　11 ②　12 ③

13 기동 토크가 크며, 입력 변동이 적고 전차용 전동기로 적당한 것은?

① 직권형　　② 분권형
③ 가동 복권형　　④ 차동 복권형

> **해설**
>
> 기동 토크가 크며, 입력 변동이 적고 전차용 전동기로 적당한 것은 직권형을 사용한다.

14 점광원 150[cd]에서 5[m] 떨어진 곳의 그 방향과 직각인 면과 기울기 60°로 설치된 간판의 조도는 몇 [lx]인가?

① 1　　② 2
③ 3　　④ 4

> **해설**
>
> **조명의 기초량 계산**
>
> 광원에서 r[m] 떨어져서 θ만큼 기울어진 면의 조도 E[lx]는 입사각 코사인 법칙을 이용
>
> $E = \dfrac{I}{r^2}\cos\theta[\mathrm{lx}] = \dfrac{150}{5^2} \times \cos 60° = 3[\mathrm{lx}]$

15 자동제어에서 제어량에 의한 분류인 것은?

① 정치제어　　② 연속제어
③ 불연속제어　　④ 프로세스제어

> **해설**
>
> **자동제어계의 분류**
> ① 제어량의 종류에 의한 분류
>   - 프로세스 제어
>   - 서보 제어
>   - 자동조정제어
> ② 목표값의 시간적 성질에 의한 분류
>   - 정치 제어
>   - 추치 제어

16 비닐막 등의 접착에 주로 사용하는 가열방식은?

① 저항 가열　　② 유도 가열
③ 아아크 가열　　④ 유전 가열

> **해설**
>
> **유전가열**
> - 원리 : 전기적 절연물을 직접 가열하는데 사용되는 방식으로 고주파 전계 중에 절연성 피열물을 놓고 여기서 생기는 유전체손을 이용하는 가열 방식
> - 용도 : 목재의 건조, 접착, 비닐막의 접착, 합성수지 공업, 식품공업

17 전동기의 토크 단위는?

① kg　　② kg·m²
③ kg·m　　④ kg·m/s

> **해설**
>
> $T = 0.975 \dfrac{P}{N}[\mathrm{kg \cdot m}]$
>
> 여기서, P[W] : 2차출력, N[rpm] : 분당 회전수

18 방전용접 중 불활성 가스용접에 쓰이는 가스는?

① 아르곤　　② 수소
③ 산소　　④ 질소

> **해설**
>
> **불활성 가스 아크 용접**
>
> 텅스텐 전극과 금속사이에 방전을 발생시켜 그 방전 주위에 아르곤(Ar) 등의 불활성 가스를 부어 용접부의 산화를 방지한 용접으로 알루미늄 및 마그네슘, 스텐리스강을 용접 시 이용한다.

19 반도체 소자의 종류 중에서 게이트에 의한 턴온을 이용하지 않는 소자는?

① SSS　　② SCR
③ GTO　　④ SCS

[정답] 13 ①　14 ③　15 ④　16 ④　17 ③　18 ①　19 ①

해설
SSS는 2단자 소자로서 게이트가 없어 게이트에 의한 턴 온을 할 수 없다.

20 네온전구에 대한 설명으로 옳지 않은 것은?

① 소비전력이 적으므로 배전반의 파이롯 램프 등에 적합하다.
② 전극간의 길이가 짧으므로 부글로우를 발광으로 이용한 것이다.
③ 음극 글로우를 이용하고 있어 직류의 극성 판별용에 이용된다.
④ 광학적 검시용으로 이용된다.

해설
네온전구
- 발광원리(부 글로우)
- 특징 : 소비전력이 매우 적으므로 배전반의 파일럿등과 같이 종야등에 사용
- 용도 : 파일럿등, 직류극성 판별용, 검전기, 교류파고치 측정, 오실로스코프용으로 많이 사용한다.

시행일 2025년 1회

01 제어요소가 제어대상에 주는 양은?

① 제어량　　② 조작량
③ 동작신호　　④ 되먹임 신호

해설
피드백 제어계의 구성
조작량은 제어장치 또는 제어요소의 출력이면서 제어대상의 입력인 신호이다.

02 열전온도계와 가장 관계가 깊은 것은?

① 제벡 효과　　② 톰슨 효과
③ 핀치 효과　　④ 홀 효과

해설
온도측정
① 저항 온도계 : 순수 금속의 저항율이 온도 변화에 비례하여 변화하는 것을 이용한 온도계
② 열전 온도계 : 서로 다른 두 종류 금속의 열전대에 온도차를 주면 기전력 발생하는 제어벡 효과를 이용한 온도계
③ 방사(복사) 온도계 : 온도 복사에 관한 스테판 – 볼쯔(츠)만 법칙을 이용한 온도계
④ 광고온계 : 온도 복사에 의한 플랭크의 복사(방사)법칙을 이용한 온도계

03 목푯값이 시간에 따라 변화하는 것을 목푯값에 제어량을 추종하도록 하는 제어가 아닌 것은?

① 프로그램 제어　　② 비율 제어
③ 정치 제어　　④ 추치 제어

해설
정치제어
일정한 목푯값을 유지해야 하는 제어 방식으로 정치 제어가 사용된다.

04 반지름이 1500[m]인 곡선궤도를 시속 120[km/h]인 열차가 주행하기 위한 고도[mm]는 약 얼마인가? (단, 궤간은 1435[mm]이다.)

① 25.4　　② 51.5
③ 84.0　　④ 108.5

해설
곡선과 구배
고도(켄트) $h = \dfrac{GV^2}{127R}$[mm]이므로

$h = \dfrac{1435 \times 120^2}{127 \times 1500} = 108.472 ≒ 108.5$[mm]

여기서, G[mm] : 궤간, V[km/h] : 평균속도
　　　　R[m] : 곡선반지름(곡률반경)

[정답] 20 ④　2025년 1회　01 ②　02 ①　03 ③　04 ④

05 열전 온도계의 특징에 대한 설명으로 틀린 것은?

① 적절한 열전대를 선정하면 0~1600[℃] 온도 범위의 측정이 가능하다.
② 열전대를 보호할 수 있는 보호관을 필요로 하지 않는다.
③ 제벡 효과의 동작원리를 이용한 것이다.
④ 온도가 열기전력으로써 검출되므로 피측온점의 온도를 알 수 있다.

> 🔍 **해설**

열전 온도계
서로 다른 두 종류 금속의 열전대에 온도차를 주면 기전력 발생하는 제어벡 효과를 이용한 온도계
특징
① 적절한 열전대를 선정하면 0~1600[℃]온도 범위의 측정이 가능
② 응답 속도가 빠르다.
③ 측정 값의 오차가 적다.
④ 온도가 열기전력으로 검출 측정 되므로 피측온점의 온도를 알 수 있다.
⑤ 특정 지점이나 협소한 장소에서의 온도 측정이 가능하다.
⑥ 열전대가 기계적 충격에 약하므로 열전대를 보호 할 수 있는 보호관이 필요하다.

06 금속의 표면 담금질에 쓰이는 가열방식은?

① 유도가열   ② 유전가열
③ 저항가열   ④ 아크가열

> 🔍 **해설**

전기 가열의 방식 – 유도가열
교류(직류는 사용 할 수 없다)에 의한 교번 자기장내에 놓여 진 유도성 물체에 유도된 와전류와 히스테리시스 손 즉 철손 이용하여 가열하는 방식으로 피열물의 표면을 선택적으로 급속 가열해서 표면을 담금질 할 수 있고, 국부가열과 급속가열이 가능하다.

07 200[W] 전구를 우유색 구형 글로브에 넣었을 경우 우유색 유리 반사율을 40[%], 투과율은 50[%]라고 할 때 글로브의 효율[%]을 구하면?

① 40   ② 55
③ 83   ④ 104

> 🔍 **해설**

조명의 기초량 계산
글로브의 효율 $\eta = \dfrac{\tau}{1-\rho} \times 100 [\%]$

$\eta = \dfrac{\tau}{1-\rho} \times 100 = \dfrac{0.5}{1-0.4} \times 100 = 83.333 ≒ 83[\%]$

08 다음 중 인버터(Inverter)에 대한 설명으로 알맞은 것은 어떤 것인가?

① 직류를 더 높은 직류로 변환 하는 장치
② 교류 전원을 더 낮은 교류 전원으로 변환하는 장치
③ 교류 전원을 직류 전원으로 변환하는 장치
④ 직류 전원을 교류 전원으로 변환하는 장치

> 🔍 **해설**

정류 – 전력 변환기기
1. 정류장치(Converter=컨버터) : 교류를 직류로 변환
   ① 종류 : 전동 직류 발전기, 수은정류기, 회전변류기, 셀렌정류기
   ② 수은정류기는 고전압 대전력 정류기로 사용된다.
2. 역변환장치(Inverter=인버터) : 직류를 사용 주파수의 교류 전압으로 변환

09 15[kW] 이상의 중형 및 대형기의 기동에 사용되는 농형 유도전동기의 기동법은?

① 기동 보상기법   ② 2차 임피던스 기동법
③ 전전압 기동법   ④ 2차 저항 기동법

> 🔍 **해설**

전동기의 기동 특성
1. 3상 농형유도 전동기 기동법
   ① 직입 기동(전 전압법)
   ② Y-△기동
   ③ 기동보상기법
   ④ 1차 저항 기동
   ⑤ 리액터 기동
   ⑥ 콘도르파법
2. 3상 권선형 유도 전동기 기동법
   ① 2차 저항 기동법(비례추이)
   ② 2차 임피던스 기동법
   ③ 게르게스법

[정답]　05 ②　06 ①　07 ③　08 ④　09 ①

10 권상 하중이 100[t]이며, 1.5[m/min]의 속도로 물체를 들어올리는 권상기용 전동기의 용량은 약 몇 [kW]인가? (단, 전동기를 포함한 기중기의 총 효율은 70[%]이다.)

① 50
② 40
③ 35
④ 30

해설

속도제어 및 전동기 용량

기중기 및 권상기용 전동기 $P = \dfrac{9.8KvW}{\eta} = \dfrac{KVW}{6.12\eta}$[kW]를 이용

분당 속도이며 여유계수는 조건에 주지 않았으므로 $K=1$

$P = \dfrac{KVW}{6.12\eta} = \dfrac{1 \times 1.5 \times 100}{6.12 \times 0.7} = 35.014 ≒ 35[\text{kW}]$

여기서, K : 여유계수(손실계수), $W[\text{ton}]$: 중량(하중)
$v[\text{m/sec}]$: 권상속도, η : 효율, $V[\text{m/min}]$: 권상속도

11 휘도가 균일한 기 원통 광원의 축 중앙 수직 방향의 광도가 100[cd]일 때 전 광속은 약 몇 [lm]인가?

① 514
② 100
③ 986
④ 1256

해설

조명의 기초량 계산

원통 원주 광원 수직 방향의 광도이므로
$F = \pi^2 I = \pi^2 \times 100 = 986.960 ≒ 986[\text{lm}]$

12 형광등을 사용함에 따라 광속이 감속하는 원인이 아닌 것은?

① 전극의 전자 복사가 적어진다
② 방전관의 양단의 흑화 현상
③ 형광체의 열화
④ 형광등의 부특성

해설

방전등의 전압전류특성은 마이너스 특성으로 일정전압의 전원에 연결하면 전류가 급속이 증대되어 방전등을 파괴할 수 있으므로 이를 방지하기 위한 장치로 안정기를 사용한다.

13 4[kW] 전력으로 1시간에 20000[kcal]의 열을 방열시 열펌프의 성능계수[C.O.P]는 얼마인가?

① 0.58
② 5.8
③ 0.17
④ 1.7

해설

열펌프 효율

열펌프 효율 : $1 ≤ \eta$ → $\dfrac{\text{kcal}}{860 \times \text{kW} \times \text{h}} = \dfrac{20000}{860 \times 4 \times 1} = 5.813$

14 다음 ( )에 들어갈 도금의 종류로 옳은 것은?

( )도금은 철, 구리, 아연 등의 장식용과 내식용으로 사용되며, 크롬도금의 전 단계 공정으로 이용되고 있다.

① 동
② 은
③ 니켈
④ 카드뮴

해설

전기화학의 기초 – 전기분해공업 및 계면 전해 공업

니켈도금은 철, 구리, 아연등의 장식용과 내식용으로 사용되며, 크롬도금의 전 단계 공정으로 이용되고 있다.

15 전지에서 자체 방전 현상이 일어나는 것은 다음 중 어느 것과 가장 관련이 있는가?

① 전해액 농도
② 전해액 온도
③ 이온화 경향
④ 불순물 혼합

해설

전지 – 1차전지

국부작용이란 불순물 혼합에 의해 국부적인 자체 방전 현상을 말한다.

[정답] 10 ③ 11 ③ 12 ④ 13 ② 14 ③ 15 ④

16 반사율 ρ, 투과율 τ, 흡수율 δ일 때 이들의 관계식은?

① $\rho+\tau-\delta=1$ ② $\rho-\tau+\delta=1$
③ $\rho+\tau+\delta=1$ ④ $\rho-\tau-\delta=1$

해설

조명의 기초량 계산
빛의 원리

반사율 $\rho = \dfrac{\text{반사광속}}{\text{입사광속}} \times 100[\%]$

투과율 $\tau = \dfrac{\text{투과광속}}{\text{입사광속}} \times 100[\%]$

흡수율 $\delta(\alpha) = \dfrac{\text{흡수광속}}{\text{입사광속}} \times 100[\%]$

$\rho+\tau+\delta=1$ 이 된다.

17 평균 구면 광도 100[cd]의 전구 5개를 지름 10[m]인 원형의 방에 점등할 때 조명률 0.5, 감광보상률 1.5라 하면, 방의 평균 조도[lx]는?

① 약 26   ② 약 35
③ 약 48   ④ 약 59

해설

조명설계
조명설계 식을 이용 $NFU=ESD$

조도 $E = \dfrac{NFU}{SD}[\text{lx}]$

이때 광속과 면적을 주어지지 않았으므로 계산을 하면

평균 구면광도 $I = \dfrac{F}{4\pi}[\text{cd}]$ 이고

광속 $F = 4\pi I = 4\pi \times 100 = 400\pi = 1256.637[\text{lm}]$

면적은 원형의 방이므로 $S = \pi r^2 = \pi \times 5^2 = 25\pi = 78.539[\text{m}^2]$

$E = \dfrac{FUN}{DS} = \dfrac{1256.637 \times 0.5 \times 5}{1.5 \times 78.539} = 26.666 ≒ 26[\text{lx}]$

여기서, $N[$등$]$: 전등(광원) 수, $F[\text{lm}]$: 전등 1개의 광속,
$NF[\text{lm}]$: 전체 소요광속, U : 조명률, $E[\text{lx}]$: 평균 조도,
$S[\text{m}^2]$: 면적, $D = \dfrac{1}{M}$: 감광보상율, $M = \dfrac{1}{D}$: 유지율

18 다음 납축전지에 대한 설명 중 잘못된 것은?

① 납 축전지의 전해액의 비중은 1.2 정도이다.
② 납 축전지의 격리막은 양극과 음극의 단락 보호용이다.
③ 전지의 내부 저항은 클수록 좋다.
④ 전지 용량은 [Ah]로 표시하며 10시간 방전율을 많이 쓴다.

해설

전지 – 2차전지
전지의 내부저항이 클수록 자체방전이 일어나므로 내부저항이 작은 것이 좋다.

19 납 축전지를 사용할 때 극판이 휘고, 내부저항이 대단히 커져서 용량이 감퇴되는 원인은?

① 전지의 황산화   ② 전해액의 농도
③ 과도방전   ④ 감극작용

해설

전지 – 2차전지
극판의(전지의) 황산화 : 납축전지를 방전 상태에서 오랫동안 방치하면 극판에 백색의 황산납이 생기는 현상으로 극판이 휘어지고 내부저항이 대단히 커져서 용량이 감소한다.

20 유도가열과 유전가열의 공통된 특성은?

① 도체만을 가열한다.   ② 선택가열이 가능하다.
③ 절연체만을 가열한다.   ④ 직류를 사용할 수 없다.

해설

전기 가열의 방식 – 유전가열
유도가열과 유전가열의 공통점은 직류 전원은 사용 불가능 즉 교류만 사용이 가능하다.

[정답] 16 ③ 17 ① 18 ③ 19 ① 20 ④

시행일 2025년 2회

01 전기철도에서 전기부식방지 방법 중 전기철도측 시설이 아닌 것은?

① 레일에 본드를 시설한다.
② 레일을 따라 보조귀선을 설치한다.
③ 변전소 간 간격을 짧게 한다.
④ 매설관의 표면을 절연한다.

해설

전기철도측의 전기 부식 방지
① 변전소 간 간격 축소
② 레일본드의 양호한 시공
③ 장대레일채택
④ 절연도상 및 레일과 침목사이에 절연층의 설치

02 전기철도용 주전동기의 구비조건으로 틀린 것은?

① 기동토크가 클 것
② 전원 전압의 변화에 대한 영향이 클 것
③ 소형·경량일 것
④ 오름 구배에서 과부하가 되지 않을 것

해설

전차용 전동기
전기철도 주 전동기 요구 조건
① 기동 토크가 클 것(직류 직권 전동기, 교류 단상 정류자 전동기)
② 올라가는 구배에서 과부하 되지 않고 토크 저하가 적을 것
③ 병렬 운전이 가능하고 전동기 상호 부하 불평형이 적을 것
④ 용량과 크기가 작아야 하며 넓은 범위에 걸쳐 능률이 높아야 한다.
⑤ 단자 전압이 변화하여도 전류의 변화가 적을 것
⑥ 속도 조정이 용이 할 것
⑦ 유지 보수가 용이 할 것

03 전기분해에 의하여 전극에 석출되는 물질의 양은 전해액을 통과하는 총 전기량에 비례하며 그 물질의 화학당량에 비례하는 법칙은?

① 줄(Joule)의 법칙
② 암페어(Ampere)의 법칙
③ 톰슨(Thomson)의 법칙
④ 패러데이(Faraday)의 법칙

해설

전기화학의 기초 – 전기분해
패러데이 법칙 : 전기분해에 의해 석출되는 물질의 양은 전해액을 통과하는 전기량에 비례하고 물질의 화학 당량에 비례한다.
$W = KQ = KIt$ [g]
여기서, W[g] : 석출되는 물질의 양, K[g/C] : 화학당량,
$Q = It$[C] : 전기량, I[A] : 전류, t[s] : 시간

04 모든 방향의 광도 360[cd]되는 전등을 지름 3[m]의 책상중심 바로 위 2[m]되는 곳에 놓았다. 책상 위의 최소 수평조도는?

① 35
② 46
③ 71
④ 90

해설

수평면조도 $E_h = E_n \cdot \cos\theta = \dfrac{I}{\ell^2}\cos\theta$

$\ell = \sqrt{2^2 + 1.5^2} = 2.5$ [m]

$\therefore E_h = \dfrac{360}{2.5^2} \times \dfrac{2}{2.5} \fallingdotseq 46$

05 1차 전지의 국부작용을 방지하기 위해 아연 전극을 아말감화할 때 사용하는 금속은?

① 구리(Cu)
② 주석(Sn)
③ 납(Pb)
④ 수은(Hg)

해설

국부작용은 불순물 혼합에 의해 국부적인 자체 방전 현상이며 방지책으로 순수금속, 수은을 도금한다.

[정답] 2025년 2회 01 ④ 02 ② 03 ④ 04 ② 05 ④

06 제너다이오드에 관한 설명 중 틀린 것은?

① 정전압 소자이다.
② 전압 조정기에 사용된다.
③ 인가되는 전압의 크기에 따라 전류방향이 달라진다.
④ 제너 항복이 발생되면 전압은 거의 일정하게 유지되나 전류는 급격하게 증가한다.

🔍 **해설**

전력용 반도체 – 다이오드의 종류
제너 다이오드(정전압 다이오드)
① 정전압 정류작용
② 정·부의 온도 계수를 가진다.
③ 다이오드의 직렬 연결 : 과전압 방지
④ 다이오드의 병렬 연결 : 과전류 방지(순방향 전류를 증가 시킬 수 있다.)

07 1[kW]의 전열기를 사용하여 20[℃]의 물 10[ℓ]를 80[℃]까지 올리는데 걸리는 시간은?

① 약 1시간   ② 약 30분
③ 약 1시간 15분   ④ 약 42분

🔍 **해설**

$$h = \frac{cm(T_2-T_1)}{860P\eta} = \frac{1 \times 10 \times (80-20)}{860 \times 1 \times 1} = 0.7[\text{h}]$$

여기서, 분으로 환산시 $0.7 \times 60 = 42[\text{분}]$

08 형광등은 형광체의 종류에 따라 여러 가지 광색을 얻을 수 있다. 형광체가 규산아연일 때의 광색은?

① 녹색   ② 백색
③ 청색   ④ 황색

🔍 **해설**

형광체의 종류 및 광색
① 텅스텐산칼슘($CaWO_4-Sb$) 청색
② 텅스텐산마그네슘($MgWO_4$) 청백색
③ 규산아연($ZnSiO_3-Mn$) 녹색
④ 규산카드뮴($CdSiO_2-Mn$) 등색
⑤ 붕산카드뮴(CdB_2O_5) 핑크색(정육점)

09 회전축에 대한 관성모멘트가 150[kg·m²]인 회전체의 플라이휠 효과(GD^2)는 몇 [kg·m²]인가?

① 450   ② 600
③ 900   ④ 1000

🔍 **해설**

전동기 운동력학 기초 – 회전운동의 기본식

관성모멘트 $J=Gr^2=\dfrac{GD^2}{4}[\text{kg}\cdot\text{m}^2]$이고 $GD^2=4J$이므로
$GD^2=4 \times 150=600[\text{kg/m}^2]$이다.
여기서, $G[\text{kg}]$: 휠의 전 질량, $r[\text{m}]$: 반지름, $D[\text{m}]$: 지름

10 전동기 절연물의 종별에서 허용 온도 상승 한도가 130[℃]인 것은 어느 것인가?

① Y종   ② A종
③ E종   ④ B종

🔍 **해설**

도전 및 절연 재료
절연물의 최고 허용온도

절연의 종류	Y	A	E	B	F	H	C
허용최고온도[℃]	90	105	120	130	155	180	180초과

11 Rate 동작이라고도 하며 제어 오차가 검출될 때 오차가 변화하는 속도에 비례하여 조작량을 가감하도록 하는 동작은?

① 미분 동작   ② 비례 적분 동작
③ 적분 동작   ④ 비례 동작

🔍 **해설**

자동제어계의 분류
미분동작(D제어)는 오차가 커지는 것을 방지하며 보통 Rate 동작이라고 하며 단독으로 사용하지 않음

[정답] 06 ③   07 ④   08 ①   09 ②   10 ④   11 ①

12 적분 요소의 전달 함수는?

① K ② Ts

③ $\dfrac{1}{Ts}$ ④ $\dfrac{K}{1+Ts}$

> **해설**
>
> **전달함수**
> 제어요소의 전달함수
> ① K : 비례 요소
> ② $\dfrac{1}{1+T_s}$: 1차 지연 요소
> ③ $\dfrac{1}{T_s}$: 적분 요소
> ④ T_s : 미분 요소

13 저항 용접에 속하지 않는 것은?

① 심 용접 ② 아크 용접
③ 스폿 용접 ④ 프로젝션 용접

> **해설**
>
> **저항 용접의 종류**
> ① 점 용접(Spot welding) : 전구의 필라멘트, 열전대 접점의 용접에 이용
> ② 돌기용접(Projection welding) : 프로젝션 용접이라고도 한다.
> ③ 이음매 용접(심 용접)(Seam welding)
> ④ 맞대기 용접 : 업셋과 플래쉬(불꽃) 용접이 있다.
> ⑤ 충격 용접 : 고유저항이 적고 열전도율이 큰 것에 사용(경금속 용접)

14 반사율 ρ, 투과율 τ, 반지름 r인 완전 확산성 구형 글로브의 중심의 광도 I의 점광원을 켰을 때 광속 발산도는?

① $\dfrac{\rho I}{r^2(1-\rho)}$ ② $\dfrac{4\pi \rho I}{r^2(1-r)}$

③ $\dfrac{\tau I}{r^2(1-\rho)}$ ④ $\dfrac{\rho \pi I}{r^2(1-\rho)}$

> **해설**
>
> **조명의 기초량 계산**
>
> 광속발산도 $R=\dfrac{F}{S}\eta=\eta E=\rho E=\tau E=\pi B[\text{rlx}]$
> 구의 전광속 $F=4\pi I[\text{lm}]$
> 구형 글로브의 면적 $S=4\pi r^2[\text{m}^2]$
> 글로브의 효율 $\eta=\dfrac{\tau}{1-\rho}$

15 교류식 전기철도가 직류식 전기철도보다 유리한 점은?

① 전철용 변전소에 정류장치를 설치한다.
② 전선의 굵기가 크다.
③ 차내에서 전압의 선택이 가능하다.
④ 변전소간의 간격이 짧다.

> **해설**
>
> **교류식 전기철도**
> 교류 전압은 변압기를 통해 쉽게 변환 및 조절이 가능하므로 에너지 손실이 적고, 대용량 수송에 적합하다.

16 전열기에서 발열선의 지름이 1[%] 감소하면 저항 및 발열량은 몇 [%] 증감 되는가?

① 저항 2[%] 증가, 발열량 2[%] 감소
② 저항 2[%] 증가, 발열량 2[%] 증가
③ 저항 4[%] 증가, 발열량 4[%] 감소
④ 저항 4[%] 증가, 발열량 4[%] 증가

> **해설**
>
> **전열계산 및 발열체 설계**
> 전기저항 $R \propto \dfrac{1}{d^2}$ 이고 1[%] 감소하면 $\dfrac{1}{(1-0.01)^2}=1.02$ 이므로 저항은 2[%]증가하고 발열량 $H(Q)=0.24P\eta t[\text{cal}]$ 에서 전열선의 전압과 저항이 일정하다고 가정시 $P=\dfrac{V^2}{R}[\text{W}]$
> $H(Q) \propto \dfrac{1}{R}$ 이고 $\dfrac{1}{1.02}=0.98$ 이므로 열량은 2[%] 감소한다.

[정답] 12 ③ 13 ② 14 ③ 15 ③ 16 ①

17 파장폭이 좁은 3가지의 빛을 조합하여 효율이 높은 백색 빛을 얻는 3파장 형광램프에서 3가지 빛이 아닌 것은

① 청색
② 녹색
③ 황색
④ 적색

🔍 **해설**

3파장 형광등
청색, 녹색, 적색의 형광체를 조합해서 구성된다.

18 목재의 건조, 베니어판 등의 합판에서의 접착 건조, 약품의 건조 등에 적합한 전기 건조 방식은?

① 아크 건조
② 고주파 건조
③ 적외선 건조
④ 자외선 건조

🔍 **해설**

고주파 건조법의 특징
① 목재의 두께가 두꺼운 목재에서도 건조가 가능하다.
② 건조결함이 적고, 균질한 건조가 가능하다.
③ 온도의 제어가 신속하고, 정확하다.
④ 고주파 장비가 고가이다.

19 전기회로와 열회로의 대응관계로 틀린 것은?

① 전류 – 열류
② 전압 – 열량
③ 도전율 – 열전도율
④ 정전용량 – 열용량

🔍 **해설**

전열계산 및 발열체 설계
전기회로와 전열회로의 대응관계

전 기		전 열		공업용
명 칭	기호 및 단위	명 칭	기호 및 단위	단 위
전위차	$V[V]$	온도차	$\theta[°C]$	$[°C=deg]$
전 류	$I[A]$	열 류	$I[W]$	$[Kcal/h]$
저 항	$R[\Omega]$	열저항	$R[°C/W]$	$[°C·h/Kcal]$
전기량	$Q[C]$	열 량	$Q[J]$	$[Kcal]$
전도율	$k[℧/m]$	열전도율	$k[W/m·°C]$	$[Kcal/h·m·°C]$
저항율	$\rho[\Omega·m]$	열항율	$\rho[m·°C/W]$	—
정전용량	$C[F]$	열용량	$C[J/°C]$	$[Kcal/°C]$

20 다음 중 유도전동기의 속도 제어법이 아닌 것은?

① 2차 저항법
② 2차 여자법
③ 1차 저항법
④ 주파수 제어법

🔍 **해설**

유도전동기의 속도 제어법
1. 농형 유도 전동기
   ① 주파수 제어 : 동기속도 근처에서 부하 토크와 평행되어 안정도가 높고 속도 변동이 낮으며 연속변화가 가능한 제어법으로 인견공업의 포트 모터, 선박의 전기 추진기가 있다.
   ② 극수 제어 : 극수P를 바꾸어 속도를 제어하는 방법
   ③ 전압 제어 : 전압을 제어하여 속도 토크 특성을 바꾸어 부하의 속도를 제어
2. 권선형 유도 전동기
   ① 2차 저항 제어법 : 비례추이 이용하는 방법으로 가감속도 특성이 있다.
   ② 2차 여자법 : 슬립 주파수 전압 인가
   ③ 2차 종속법 : 2대 전동기를 접속하여 극수로 제어

시행일 **2025년 3회**

01 휘도가 낮고 효율이 좋으며 투과성이 양호하여 터널조명, 도로조명, 광장조명 등에 주로 사용되는 것은?

① 형광등
② 백열전구
③ 나트륨등
④ 할로겐등

🔍 **해설**

나트륨등의 특징
① 투시력이 좋아 안개 지역, 터널, 주사액의 불순물 검출 등에 사용된다.
② 단색 광원으로 옥내 조명에 부적당
③ 인공 광원 중 효율이 가장 좋다.
④ 복사에너지 대부분이 5890[Å]에 D선이고, 비시감도가 좋다. (비시감도 76.5[%])

02 자동제어 분류에서 제어량에 의한 분류가 아닌 것은?

① 추종제어
② 자동조정
③ 프로세스제어
④ 서보기구

[정답] 17 ③ 18 ② 19 ② 20 ③ 2025년 3회 01 ③ 02 ①

해설

1. 제어량의 종류에 의한 분류
   ① 프로세스 제어   ② 서보 제어
   ③ 자동조정제어
2. 목표값의 시간적 성질에 의한 분류
   ① 정치 제어   ② 추치 제어

03 구리의 원자량은 63.54이고 원자가가 2일 때, 전기 화학당량은 약 얼마인가? (단, 구리 화학당량과 전기 화학당량의 비는 약 96494임)

① 0.03292[mg/C]   ② 0.3292[mg/C]
③ 0.3292[g/C]   ④ 0.03292[g/C]

해설

전기화학의 기초 – 전기분해

전기화학당량 $= \dfrac{\text{화학당량}}{96500}$ [g/C], 화학당량 $K = \dfrac{\text{원자량}}{\text{원자가}}$ [g/C]

이므로 화학당량 $K = \dfrac{63.54}{2} = 31.77$ 이고 전기화학당량은

$\dfrac{31.77}{96494} = 0.0003292$ [g/C] $\times 10^3 = 0.3292$ [mg/C]

04 회전축에 대한 관성모멘트가 150[kg·m²]인 회전체의 플라이휠 효과(GD^2)는 몇 [kg·m²]인가?

① 450   ② 600
③ 900   ④ 1000

해설

전동기 운동력학 기초 – 회전운동의 기본식

관성모멘트 $J = Gr^2 = \dfrac{GD^2}{4}$ [kg·m²]이고 $GD^2 = 4J$ 이므로

$GD^2 = 4 \times 150 = 600$ [kg/m²]이다.
여기서, G[kg] : 휠의 전 질량, r[m] : 반지름, D[m] : 지름

05 서로 다른 두 개의 금속이나 반도체를 접속하여 전류를 인가하면 접합부에서 열이 발생하거나 흡수되는 현상은?

① 제벡 효과   ② 펠티에 효과
③ 톰슨 효과   ④ 핀치 효과

해설

펠티어 효과

서로 다른 금속에서 다른 쪽 금속으로 전류를 흘리면 열의 발생 또는 흡수가 일어나는 현상을 펠티어 효과라 하며 전자 냉동기의 원리로 이용한다.

06 금속의 표면 담금질에 적합한 가열 방식은?

① 직접 아크 가열   ② 고주파 유도 가열
③ 고주파 유전 가열   ④ 간접 저항 가열

해설

전기 가열의 방식 – 유도가열

교류(직류는 사용 할 수 없다)에 의한 교번 자기장내에 놓여 진 유도성 물체에 유도된 와전류와 히스테리시스 손 즉 철손 이용하여 가열하는 방식으로 피열물의 표면을 선택적으로 급속 가열해서 표면을 담금질 할 수 있고, 국부가열과 급속가열이 가능하다.
제철, 제강, 반도체 정련, 금속의 표면 열처리(표피효과)에 이용한다.

07 평균 구면 광도 100[cd]의 전구 5개를 지름 10[m]인 원형의 방에 점등할 때 조명률 0.5, 감광보상률 1.5라 하면, 방의 평균 조도[lx]는?

① 약 26   ② 약 35
③ 약 48   ④ 약 59

해설

조명설계

조명설계 식을 이용 $NFU = ESD$

조도 $E = \dfrac{NFU}{SD}$ [lx]

이때 광속과 면적을 주어지지 않았으므로 계산을 하면

평균 구면광도 $I = \dfrac{F}{4\pi}$ [cd]이고

광속 $F = 4\pi I = 4\pi \times 100 = 400\pi = 1256.637$ [lm]
면적은 원형의 방이므로 $S = \pi r^2 = \pi \times 5^2 = 25\pi = 78.539$ [m²]

$E = \dfrac{FUN}{DS} = \dfrac{1256.637 \times 0.5 \times 5}{1.5 \times 78.539} = 26.666 ≒ 26$ [lx]

여기서, N[등] : 전등(광원) 수, F[lm] : 전등 1개의 광속,
NF[lm] : 전체 소요광속, U : 조명율, E[lx] : 평균 조도,
S[m²] : 면적, $D = \dfrac{1}{M}$: 감광보상율, $M = \dfrac{1}{D}$: 유지율

[정답] 03 ② 04 ② 05 ② 06 ② 07 ①

08 전기철도의 교류 급전방식 중 AT 급전방식은 어떤 변압기를 사용하여 급전하는 방식을 말하는가?

① 단권변압기 ② 흡상변압기
③ 스코트변압기 ④ 3권선변압기

해설

전기철도 운전설비 – 급전 설비
교류급전 방식
① 직접급전방식
② 흡상(BT) 변압기방식 : 전자유도에 의한 통신유도장해 경감용 변압기
③ 단권(AT) 변압기 방식

09 시감도가 가장 좋은 광색은?

① 청색 ② 백색
③ 적색 ④ 황록색

해설

조명의 기초
최대 시감도
① 파장 : $555[nm]$
② 발광효율 : $680[lm/W]$
③ 색상 : 황록색

10 반도체 소자의 종류 중에서 게이트에 의한 턴온을 이용하지 않는 소자는?

① SSS ② SCR
③ GTO ④ SCS

해설

SSS는 2단자 소자로서 게이트가 없어 게이트에 의한 턴온을 할 수 없다.

11 기중기 등으로 물건을 내릴 때 또는 전차가 언덕을 내려가는 경우 전동기가 갖는 운동에너지를 전기에너지로 변환하고, 이것을 전원에 반환하면서 속도를 점차로 감속시키는 제동법은?

① 발전제동 ② 회생제동
③ 역상제동 ④ 와류제동

해설

전동기 제동법
회생 제동은 전동기에 전원을 접속한 상태에서 전동기를 발전기로 전환하여 역기전력을 전원전압보다 높게 발생된 전력을 전원 측에 반환하면서 제동

12 방전등의 전압-전류특성은 부 특성이므로 일정전압을 인가하면 전류가 급속히 증가하여 방전등이 파괴되는 것을 방지하는 장치는?

① 발광관 ② 콘덴서
③ 점등관 ④ 안정기

해설

안정기
방전등의 전압전류특성은 마이너스 특성으로 일정전압의 전원에 연결하면 전류가 급속이 증대되어 방전등을 파괴할 수 있으므로 이를 방지하기 위한 장치를 말한다.
(안정기 역율 $50 \sim 60[\%]$, 고 역율 안정기는 $85[\%]$)

13 다음 납 축전지에 대한 설명 중 잘못된 것은?

① 납 축전지의 전해액의 비중은 1.2정도이다.
② 납 축전지의 격리판은 양극과 음극의 단락 보호용이다.
③ 전지의 내부저항은 클수록 좋다.
④ 전지용량은 [Ah]로 표시하며 10시간 방전율을 많이 쓴다.

해설

전지 – 2차전지
전지의 내부저항이 클수록 자체방전이 일어나므로 내부저항이 작은 것이 좋다.

14 2개의 곡선반경 중심이 선로에 대해 서로 반대측에 위치하는 선로 곡선은?

① 단심곡선 ② 복심곡선
③ 반향곡선 ④ 완화곡선

[정답] 08 ① 09 ④ 10 ① 11 ② 12 ④ 13 ③ 14 ③

해설
전기 철도의 선로
① 단곡선 : 원의 중심이 1개인 곡선을 말한다.
② 복심곡선 : 동심구와 같은 개념을 가진 곡선으로 반경이 서로 다른 두 개의 원의 중심이 동일한 축에 위치한 곡선을 말한다.
③ 종곡선 : 수평궤도에서 경사궤도로 변화하는 부분
④ 완화곡선 : 직선궤도에서 곡선궤도로 변화하는 부분에서의 곡선
⑤ 반항곡선(S곡선) : 두 개의 곡선 반경의 중심이 선로를 기준으로 서로 반대 측에 위치한 것을 말한다.

15 축전지의 용량을 표시하는 단위는?
① J
② Wh
③ Ah
④ VA

해설
축전지의 용량
축전지용량은 [Ah]로 표시한다.

16 가시광선 파장[nm]의 범위는?
① 280 ~ 310
② 380 ~ 760
③ 400 ~ 430
④ 555 ~ 580

해설
가시광선의 파장의 범위
가시광선을 사람의 눈으로 감광 할 수 있는 파장

색 상	보라색(자색)	파랑색	녹색	노랑색	주황색	빨강색(적색)
파장 [nm]	380~430	430~452	452~550	550~590	590~640	640~760

17 자동차 등 차량공업, 기계 및 전기 기계기구, 기타 금속제품의 도장을 건조하는데 주로 이용되는 가열방식은?
① 저항 가열
② 유도 가열
③ 고주파 가열
④ 적외선 가열

해설
적외선 가열
적외선가열은 방직, 염색, 도장, 수지 가공 등의 공산품의 표면 건조에 이용된다.

18 전차용 전동기에 보극을 실시하는 이유는?
① 진동 방지
② 역회전 방지
③ 섬락 방지
④ 불꽃 방지

해설
전차용 전동기
전기철도 전동기에는 역회전을 방지하기 위하여 보극을 설치한다.

19 일그너(Ilgner) 장치의 속도 특성과 사용처는?
① 정속도 소용량 탈곡기
② 고속도 소용량 압연기
③ 가변 속도 중용량 크레인
④ 가변 속도 대용량 제관기

해설
속도제어 및 전동기 용량
일그너 방식은 워드레오나드 방식에 플라이휠을 장치한 방식으로 부하 변동이 심한 제철용 압연기, 가변속도 대용량 제관기에 적합하다.

20 권상하중 10[t], 매분 24[m/min]의 속도로 물체를 올리는 권상용 전동기의 용량[kW]은 약 얼마인가? (단, 전동기를 포함한 기중기의 효율은 65[%]이다.)
① 41
② 73
③ 60
④ 97

해설
속도제어 및 전동기 용량
기중기 및 권상기용 전동기 $P = \dfrac{9.8KvW}{\eta} = \dfrac{KVW}{6.12\eta}$ [kW]를 이용
분당 속도이며 여유계수는 조건에 주지 않았으므로 $K=1$
$P = \dfrac{KVW}{6.12\eta} = \dfrac{1 \times 24 \times 10}{6.12 \times 0.65} = 60.331 ≒ 60$ [kW]
여기서, K : 여유계수(손실계수), W[ton] : 중량(하중)
v[m/sec] : 권상속도, η : 효율, V[m/min] : 권상속도

[정답] 15 ③ 16 ② 17 ④ 18 ② 19 ④ 20 ③

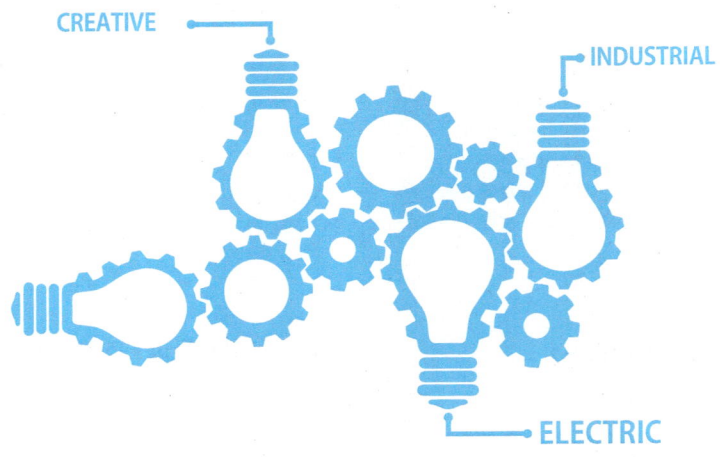

2026 최신경향 　한국전기설비규정 반영
전기응용 및 공사재료

발행일　6판1쇄 발행　2025년 12월 20일
발행처　듀오북스
지은이　대산전기수험연구회
펴낸이　박승희

등록일자　2018년 10월 12일 제2021-20호
주소　서울시 중랑구 용마산로96길 82, 2층(면목동)
편집부　(070)7807_3690
팩스　(050)4277_8651
웹사이트　www.duobooks.co.kr

이 책에 실린 모든 글과 일러스트 및 편집 형태에 대한 저작권은 듀오북스에 있으므로 무단 복사, 복제는 법에 저촉 받습니다.
잘못 제작된 책은 교환해 드립니다.

정가 24,000원　ISBN 979-11-90349-91-8　13560